高等职业教育系列教材

UG NX 10.0 数控加工编程实例精讲

主编　夏　雨

参编　高云霄

机械工业出版社

本书结合工程实际和教学经验，主要介绍了 UG NX 10.0 CAM 模块的软件功能、使用方法和使用技巧。全书共 10 章，内容包括 UG NX 数控加工介绍、数控加工基本操作、平面铣和面铣、型腔铣和深度轮廓加工铣、固定轮廓铣、钻加工、空调面板模具数控加工实例、空调面板电极数控加工实例、肥皂盒模框数控加工实例、遥控器后盖模具数控加工实例。

本书适合高职高专院校机械及相关专业的师生，企业模具制造和数控编程工作人员，以及希望通过自学快速掌握 UG NX 数控编程并用于实际工作的读者。

本书配有授课电子课件、教学视频和案例源文件，需要的教师可登录机械工业出版社教育服务网 www.cmpedu.com 免费注册后下载，或联系编辑索取（微信：15910938545，电话：010-88379739）。

图书在版编目（CIP）数据

UG NX 10.0 数控加工编程实例精讲 / 夏雨主编. --北京 ：机械工业出版社，2019.10（2024.8 重印）
高等职业教育系列教材
ISBN 978-7-111-63730-1

Ⅰ. ①U… Ⅱ. ①夏… Ⅲ. ①数控机床－加工－计算机辅助设计－应用软件－高等职业教育－教材 Ⅳ.①TG659-39

中国版本图书馆 CIP 数据核字（2019）第 208487 号

机械工业出版社（北京市百万庄大街 22 号 邮政编码 100037）
策划编辑：曹帅鹏　　责任编辑：曹帅鹏
责任校对：张艳霞　　责任印制：邓　博

北京盛通数码印刷有限公司印刷

2024 年 8 月第 1 版 · 第 10 次印刷
184mm×260mm · 17.25 印张 · 426 千字
标准书号：ISBN 978-7-111-63730-1
定价：52.00 元

电话服务
客服电话：010-88361066
010-88379833
010-68326294

网络服务
机　工　官　网：www.cmpbook.com
机　工　官　博：weibo.com/cmp1952
金　　书　　网：www.golden-book.com
机工教育服务网：www.cmpedu.com

前　言

UG NX（Unigraphics NX）是 Siemens PLM Software 公司出品的一个产品工程解决方案，它为用户的产品设计及加工过程提供了数字化造型和验证手段。UG NX 针对用户的虚拟产品设计和工艺设计的需求，提供了经过实践验证的解决方案。

本书在讲解 UG 命令与功能后，以企业的典型案例进行实例精讲，并融入工程实际经验，包括加工工艺分析、刀具的选用、切削用量的选择等。通过学习能够有效地掌握数控编程方法，帮助读者快速入门。

本书共 10 章，包括 UG NX 数控加工介绍、数控加工基本操作、平面铣和面铣、型腔铣和深度轮廓加工铣、固定轮廓铣、钻加工、空调面板模具数控加工实例、空调面板电极数控加工实例、肥皂盒模框数控加工实例、遥控器后盖模具数控加工实例。

为方便读者自主学习，书中实例所涉及的全部“.prt”文件都收录在本书配套资源的“课堂练习”文件夹中，练习文件放在“课后习题”文件夹中。

本书适合高职高专院校机械及相关专业的师生，企业模具制造和数控编程工作人员，以及希望通过自学快速掌握 UG NX 数控编程并用于实际工作的读者。

本书力求严谨细致，但由于编者水平有限，加之时间仓促，书中难免出现疏漏和不妥之处，敬请广大读者批评指正。

编　者

目　录

第 1 章　UG NX 数控加工介绍

1.1　数控加工模块及 UG NX 10.0 介绍

目前应用于数控编程的软件很多，大多数都集 CAD（Computer Aided Design，计算机辅助设计）与 CAM（Computer Aided Manufacturing，计算机辅助制造）于一体。UG NX 10.0 是当今世界上最经济、有效及全面的 CAD/ CAM 软件之一。

1.1.1　CAD/CAM 软件

1. CAD/CAM 基本概念

CAD 是指在产品设计过程中，以计算机为辅助工具，根据产品的功能要求，进行产品设计的各项工作。

CAM 是指在产品制造过程中，以计算机为辅助工具，控制刀具进行指定的运动，加工出需要的工件。

2. 常用 CAD/CAM 软件介绍

（1）Mastercam

Mastercam 是由美国 CNC Software 公司推出的基于 PC 平台的 CAD/CAM 软件，它具有强大的加工功能，尤其是在对复杂曲面自动生成加工代码方面，具有独到的优势。由于 Mastercam 主要针对数控加工，所以其对零件进行设计造型方面的功能不强，但它对硬件要求不高，且操作灵活、易学易用、价格较低，因此受到很多企业的欢迎。

（2）UG NX

UG NX 由 Siemens PLM Software 公司开发，其不仅具有复杂造型和数控加工的功能，还具有管理复杂产品装配、进行多种设计方案的对比分析和优化等功能。该软件具有较好的二次开发环境和数据交换能力。其庞大的模块群为企业提供从产品设计、产品分析、加工装配、检验，到过程管理、虚拟运作等全系列的技术支持。由于软件运行对计算机的硬件配置有很高的要求，其早期试用版只能在小型机和工作站上使用。随着微型计算机配置的不断升级，在微型计算机上的使用日益广泛。目前该软件在国际市场上已占有较大的份额，本书将以 UG NX 10.0 为例来介绍零件自动编程的方法。

（3）Pro/Engineer

Pro/Engineer 是美国 PTC 公司研制和开发的软件，它开创了三维 CAD/CAM 参数化的先河。该软件具有基于特征全参数、全相关和单一数据库的特点，可用于设计和加工复杂零件。另外，它还具有零件装配、机构仿真、有限元分析、逆向工程、同步工程等功能。

（4）CATIA

CATIA 是法国达索公司研制和开发的、最早实现曲面造型的软件，它开创了三维设计的新时代。它的出现首次实现了计算机完整描述零件的主要信息，使 CAM 技术的开发有了现实的基础。目前 CATIA 系统已发展成从产品设计、产品分析、加工、装配和检验，到过程管理、虚拟运动等众多功能的大型 CAD/CAM/CAE（Computer Aided Engineering，计算机辅助工程）软件。

（5）Cimatron

Cimatron 是以色列 Cimatron 公司提供的 CAD/CAM/CAE 软件，它是较早在微型计算机平台上实现三维 CAD/CAM 的全功能系统。它具有三维造型、生成工程图、数控加工等功能，还具有专用的数据接口及产品数据管理等功能。该软件在我国很早就得到了全面汉化，已积累了一定的应用经验。

（6）CAXA

CAXA 是由北京数码大方科技股份有限公司研制开发的全中文、面向数控铣床和加工中心的三维 CAD/CAM 软件。CAXA 基于微型计算机平台，采用原创 Windows 菜单和交互方式全中文界面，便于用户轻松学习和操作。CAXA 既具有线框造型、曲面造型和实体造型的设计功能，又具有生成 2～5 轴的加工代码的数控加工功能，可用于加工具有复杂三维曲面的零件。其特点是易学易用、价格较低，已在国内众多企业、院校及研究院所中得到应用。

1.1.2 UG NX 10.0 数控加工模块

UG NX 10.0 的加工环境中提供了许多操作模板，但实际上只需要掌握几种最基本的操作即可具备编程的能力，并投入实际工作，其他操作都是从这几种基本操作中扩展出来的，稍有区别，在实际使用时甚至可以不使用扩展操作。以下为 UG NX 10.0 加工主要模块的介绍。

（1）型腔铣（Cavity Milling）

型腔铣模块在加工中特别有用，可应用于大部分工件的粗加工、半精加工和部分精加工。型腔铣的操作原理是通过计算毛坯除去工件后剩下的材料，并以此作为被加工的材料来产生刀轨，所以只需要定义工件和毛坯即可计算刀位轨迹，使用简便且智能化程度高。

（2）平面铣和面铣（Planar Milling）

平面铣和面铣是 UG NX 10.0 加工最基本的操作，这两种操作创建的刀位轨迹是基于平面曲线进行偏移而得到的。平面铣通过定义的边界在 XY 平面创建刀位轨迹。面铣是平面铣的特例，它基于平面的边界，在选择了工件几何体的情况下，可以自动防止过切。

（3）固定轴曲面轮廓铣（Fixed-Axis Milling）

固定轴曲面轮廓铣模块是 UG NX 10.0 的精髓，是 UG NX 10.0 精加工的主要操作。固定轴曲面轮廓铣的操作原理是，首先通过驱动几何体产生驱动点，然后将驱动点投影到工件几何体上，再通过工件几何体上的投影点计算得到刀位轨迹点，并通过设定的非切削运动计算出所需的刀位轨迹。

（4）可变轴曲面轮廓铣（Variable-Axis Milling）

可变轴曲面轮廓铣模块支持在任一 UG 曲面上的固定和多轴铣功能，它可以做完全的 3～5 轴轮廓运动，刀具方位和曲面表面粗糙度质量可以规定，可以利用曲面参数投射刀轨到曲面上并且可以用任一曲线或点控制刀轨。

（5）点位加工（Point To Point）

点位加工可产生钻、扩、镗、铰和攻螺纹等操作的加工路径，该加工的特点是用点作为驱动几何体，可根据需要选择不同的固定循环。

（6）车削加工（Lathe）

UG NX 10.0 提供了数控车削加工模块，包含了粗车加工、精车加工、中心钻孔加工、螺纹加工等操作，能够实现各种复杂回转类零件的数控加工编程。

（7）线切割（Wire EDM）

UG NX 10.0 提供了线切割加工的编程方法，包括外轮廓、内轮廓、开放边界等，能够实现 2 轴或 4 轴的数控加工编程。

1.2　UG NX 10.0 界面介绍

UG NX 10.0 的 Windows 版本界面风格是标准的 Windows 图形用户界面，界面简单易懂。用户只要了解各部分的位置与用途，就可以充分运用系统的操作功能，给设计工作带来方便。

1.2.1　界面功能区

UG NX 10.0 的界面如图 1-1 所示，主要包括菜单栏、工具栏、浮动工具条、资源条和图形工作区等。

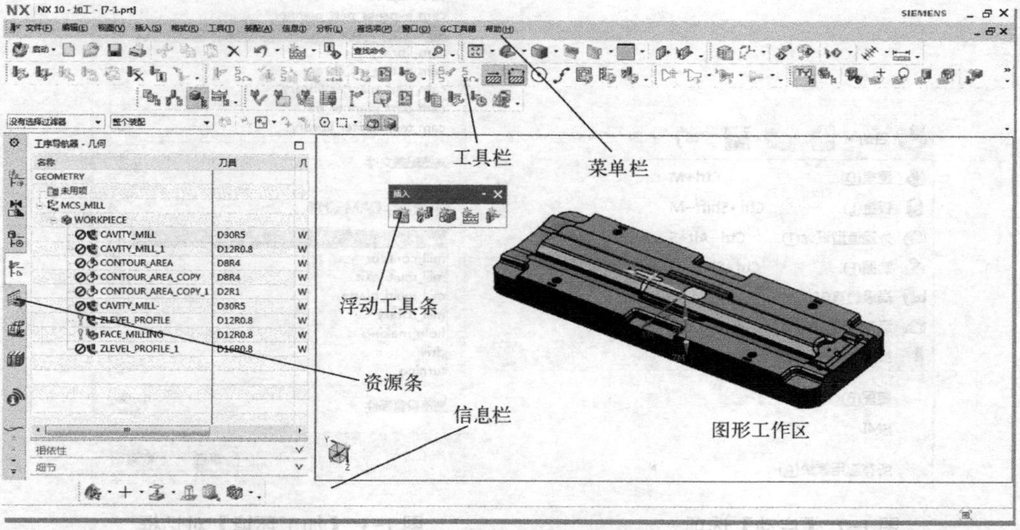

图 1-1　基本功能界面

菜单栏包含了 UG NX 10.0 的所有功能命令。系统将所有的命令或设置选项予以分类，分别放置在不同的菜单项中，以方便用户进行查询及使用。

工具条可以是固定的也可以是浮动的，系统按照功能模式的要求建立了各种工具条，工具条的图标几乎包含了 UG NX 10.0 系统的全部功能。每个工具图标栏中的图标按钮都对应着不同的命令，而且图标按钮都以图形的方式直观地表现了该命令的功能，用户可以通过使用定制工具条的按钮功能，来选择下方是否显示文本提示等。

资源条中包含了在具体的应用模块中系统可以提供的资源，如在加工模块中，可以调用【装配导航器】、【约束导航器】、【部件导航器】、【工序导航器】、【加工特征导航器】和【机床导航器】等多个资源条，方便用户使用。

图形工作区是用户使用的最大的工作窗口，在其中主要进行模型的显示和编辑等操作。

1.2.2 加工环境的设置

进入 UG NX 10.0 的基本环境，在工具栏上单击【启动】图标按钮，弹出其下拉列表，如图 1-2 所示。选择【加工】命令，当一个工件首次进入加工模块时，系统将会弹出【加工环境】对话框，如图 1-3 所示。如果是第 2 次或多次进入加工模块时，则不会弹出该对话框。【加工环境】对话框要求对加工环境进行初始化，在对话框的【要创建的 CAM 设置】列表中要指定加工设定的默认文件即加工方式，选择一个加工模板集。选择的模板文件决定了加工环境初始化后可以选用的操作类型，同时决定了在生成程序、刀具、方法、几何体时可以选择的父节点类型。【要创建的 CAM 设置】选择好后，单击【加工环境】对话框中的【确定】按钮，系统则根据指定的加工配置调用相应的模板和相关的数据，进行加工环境的初始化。

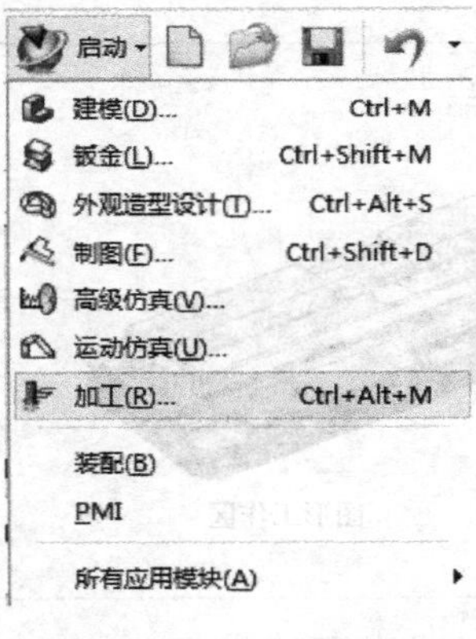

图 1-2 【启动】选项

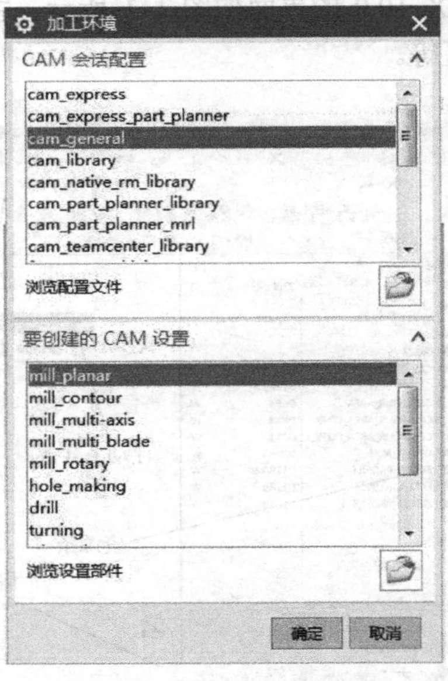

图 1-3 【加工环境】对话框

1.2.3【插入】工具条

图 1-4 所示为加工环境中的【插入】工具条，包含了【创建程序】、【创建刀具】、【创建几何体】、【创建方法】和【创建工序】5 个工具，其作用分别如下。

（1）创建程序 用于新建程序对象。

（2）创建刀具　用于新建加工所用的刀具并设置参数。

（3）创建几何体　用于新建几何体对象，可设定该几何体包含的工件、毛坯或坐标系等。

（4）创建方法　用于新建加工方法，设定该方法的余量和加工公差。

（5）创建工序　用于新建操作，选择操作模板，并设定操作参数。

图 1-4 【插入】工具条

1.2.4 【导航器】工具条和视图

UG NX 10.0 加工环境中的【导航器】工具条是一个对创建的操作进行全面管理的窗口，它有 4 个视图，分别是【程序顺序】视图、【机床】视图、【几何】视图和【加工方法】视图，如图 1-5 所示。这 4 个视图分别使用程序组、刀具、几何体和方法作为主线，通过树形结构显示所有的操作，如图 1-6～图 1-9 所示。

图 1-5 【导航器】工具条

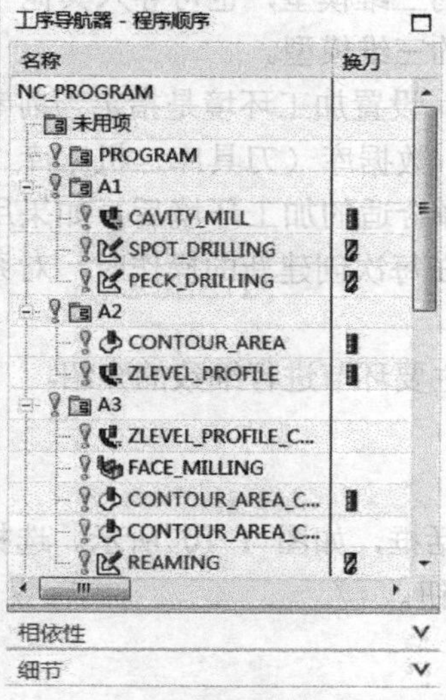

图 1-6 【工序导航器-程序顺序】视图

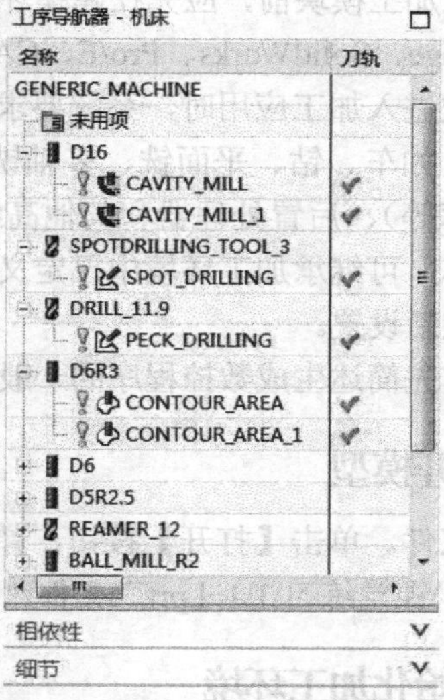

图 1-7 【工序导航器-机床】视图

工序导航器的 4 个视图是互相联系、统一的整体，绝不可误解为是各自孤立的部分，它们都始终围绕着操作这条主线，按照各自的规律显示。工序导航器的 4 个视图只反映数控程序的几个侧面，通过不同主线，分别集中显示程序、刀具、几何体和方法，使所进行的操作看起来一目了然。

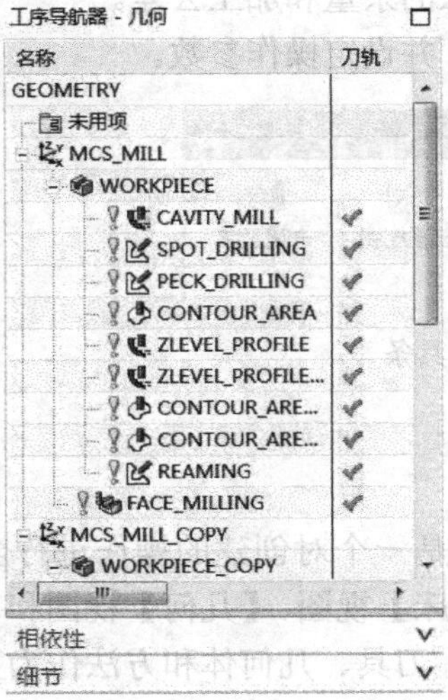

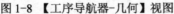

图 1-8 【工序导航器-几何】视图

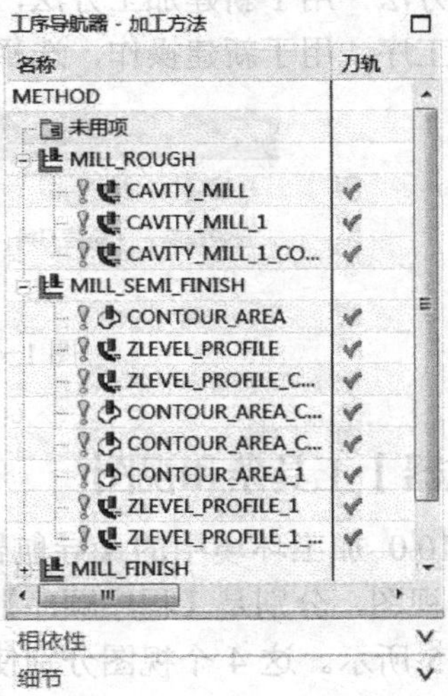

图 1-9 【工序导航器-加工方法】视图

1.3 UG NX 10.0 典型编程流程

在进入加工模块前，应在建模环境下建立用于加工零件的毛坯模型。因为 UG NX 10.0 在创建操作时，需要选择毛坯几何体来模拟刀具路径，使用毛坯来观察零件的成形过程。因此，在进入加工模块前，应先在建模环境下建立零件的三维模型，也可导入其他 CAD 软件（如 SolidEdge、SolidWorks、Pro/E、CATIA 等）创建的三维模型。

当首次进入加工应用时，系统要求设置加工环境。设置加工环境是指定当前零件相应的加工模板（如车、钻、平面铣、多轴铣和型腔铣等）、数据库（刀具库、机床库、切削用量库和材料库等）、后置处理器和其他高级参数。在选择合适的加工环境后，如果用户需要创建多个操作，可继承加工环境中已定义的参数，不必在每次创建新的操作时，对系统的默认参数进行重新设置。

本节首先简述生成数控程序的一般步骤，然后对主要环节进行细致的介绍。

1.3.1 打开模型

调入工件。单击【打开】按钮，弹出【打开】对话框，如图 1-10 所示。选择本书配套资源中的“\课堂练习\1\1-1.prt”文件，单击【OK】按钮。

1.3.2 初始化加工环境

步骤 01：初始化加工环境。选择【启动】按钮下拉列表中的【加工】命令，系统打开【加工环境】对话框，如图 1-11 所示。在【要创建的 CAM 设置】列表中选择【mill_contour】作为操作模板，单击【确定】按钮进入加工环境。

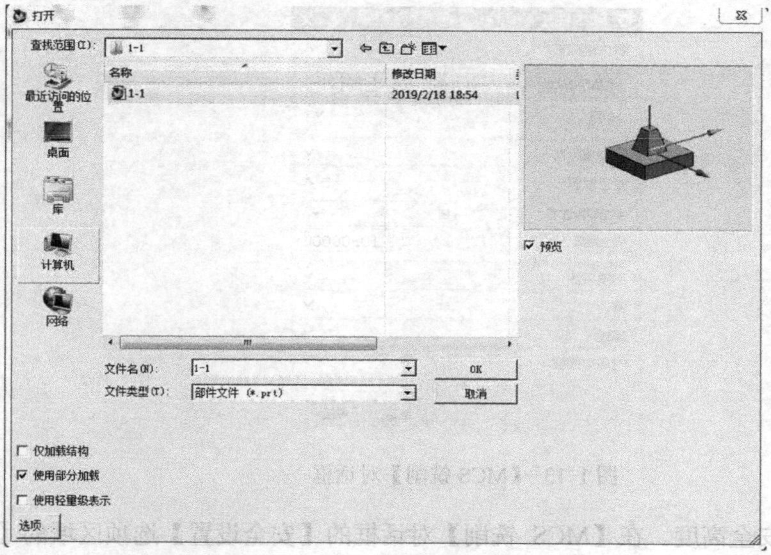

图 1-10 【打开】对话框

1-1 加工入门

步骤 02：设定工序导航器。单击界面左侧资源条中的【工序导航器】按钮，打开【导航器】工具条，单击【资源条选项】 按钮，选中【锁住】选项，这样就锁定了导航器，在【导航器】工具条中单击【几何视图】图标按钮，则【工序导航器-几何】视图如图 1-12 所示。

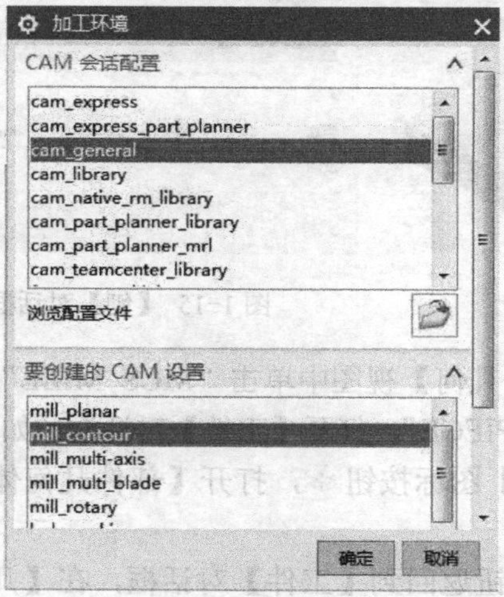

图 1-11 【加工环境】对话框

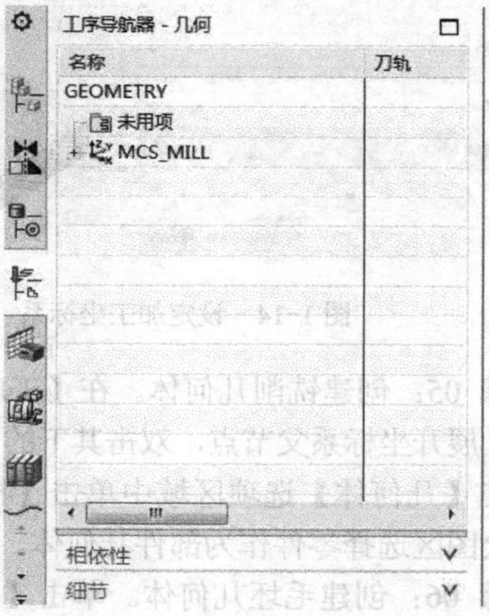

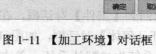

图 1-12 【工序导航器-几何】视图

步骤 03：设定加工坐标系。在【工序导航器-几何】视图中双击坐标系“MCS_MILL”，打开【MCS 铣削】对话框，如图 1-13 所示。在【机床坐标系】选项区域中单击【指定 MCS】，弹出【CSYS】对话框，在【类型】下拉列表中选择【对象的 CSYS】，在绘图区将加工坐标系放于锥形方块上表面的正中心，如图 1-14 所示，确定后返回【MCS 铣削】对话框。

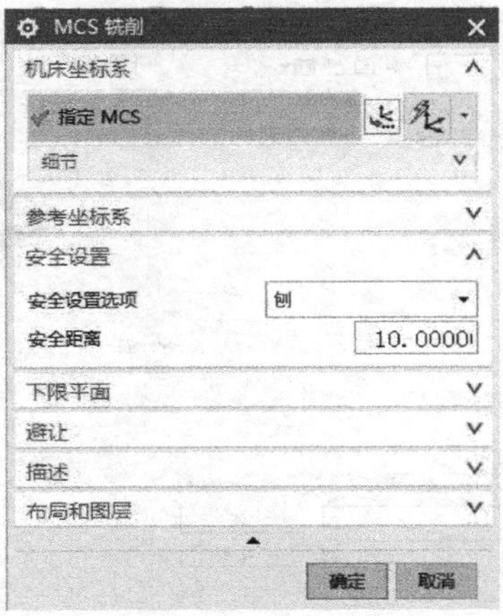

图 1-13 【MCS 铣削】对话框

步骤 04：设置安全高度。在【MCS 铣削】对话框的【安全设置】选项区域的【安全设置选项】下拉列表中选取【刨】，并单击【指定平面】中的【平面】，弹出【刨】对话框，如图 1-15 所示。在【类型】下拉列表中选择【按某一距离】，在绘图区单击零件顶面，并在【距离】文本框输入“20mm”，即安全高度为 Z20，单击【确定】按钮，完成设置。

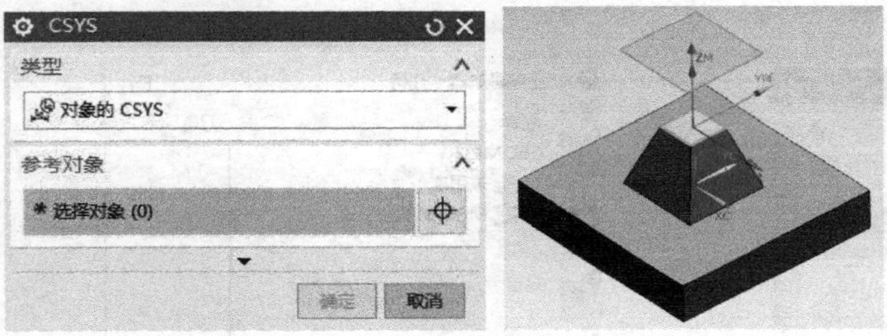

图 1-14 设定加工坐标系

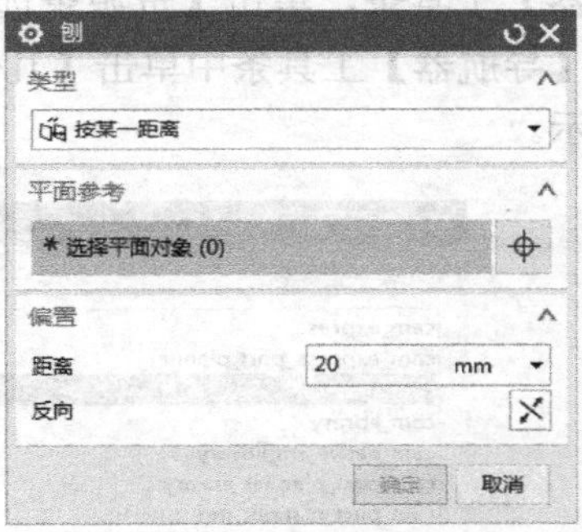

图 1-15 【刨】对话框

步骤 05：创建铣削几何体。在【工序导航器-几何】视图中单击“MCS_MILL”前面的“+”号，展开坐标系父节点，双击其下的“WORKPIECE”，打开【工件】对话框，如图 1-16 所示。在【几何体】选项区域中单击【指定部件】图标按钮，打开【部件几何体】对话框，在绘图区选择零件作为部件几何体。

步骤 06：创建毛坯几何体。单击【确定】按钮返回到【工件】对话框，在【几何体】选项区域中单击【指定毛坯】图标按钮，打开【毛坯几何体】对话框，如图 1-17 所示。选择【类型】下拉列表中的第 3 个图标【包容块】，系统生成默认毛坯。单击【毛坯几何体】和【工件】对话框的【确定】按钮，返回主界面。

1.3.3 创建粗加工操作

步骤 01：创建刀具。单击【插入】工具条中的【创建刀具】图标按钮 创建刀具 ，打开【创建刀具】对话框，默认的【刀具子类型】为铣刀图标按钮，在【名称】文本框中输入“D16”，如图 1-18 所示。单击【应用】按钮，打开【铣刀-5 参数】对话框，在【直径】文本框中输入“16”，如图 1-19 所示。

图 1-16 【工件】对话框

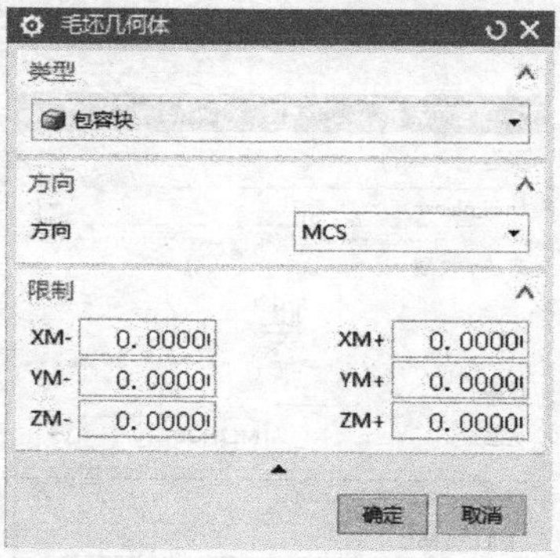

图 1-17 【毛坯几何体】对话框

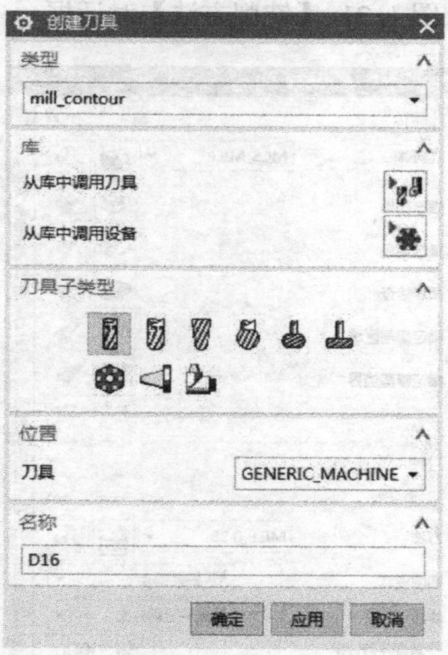

图 1-18 【创建刀具】对话框

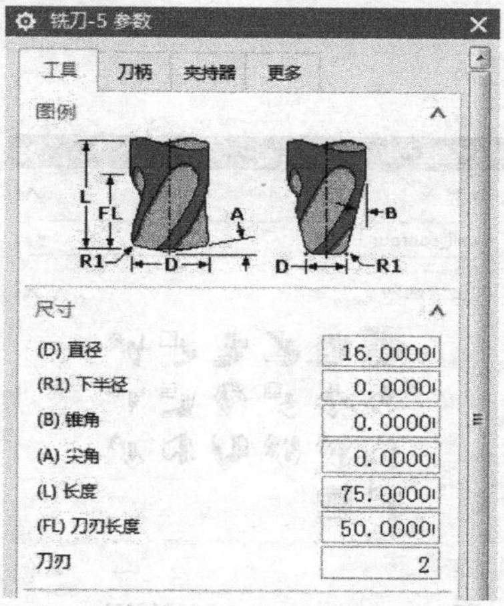

图 1-19 【铣刀-5 参数】对话框

步骤 02：创建方法。单击【插入】工具条中的【创建方法】图标按钮，打开【创建方法】对话框，在【名称】文本框中输入“MILL_0.35”，如图 1-20 所示。单击【应用】按钮，打开【铣削方法】对话框，在【部件余量】文本框中输入“0.35”，【公差】选项区域中设定【内公差】和【外公差】均为“0.03”，如图 1-21 所示。单击【确定】按钮，这样就创建了一个余量为 0.35mm 的方法。

步骤 03：创建型腔铣。单击【插入】工具条中的【创建工序】图标按钮，打开【创建工序】对话框，如图 1-22 所示。【工序子类型】为型腔铣（CAVITY_MILL）图标按钮，设置【几何体】为【WORKPIECE】，选择【刀具】为【D16】，选择【方法】为【MILL_0.35】，名称默认为“CAVITY_MILL”，单击【确定】按钮，打开【型腔铣】对话框，如图 1-23 所示。

图 1-20 【创建方法】对话框

图 1-21 【铣削方法】对话框

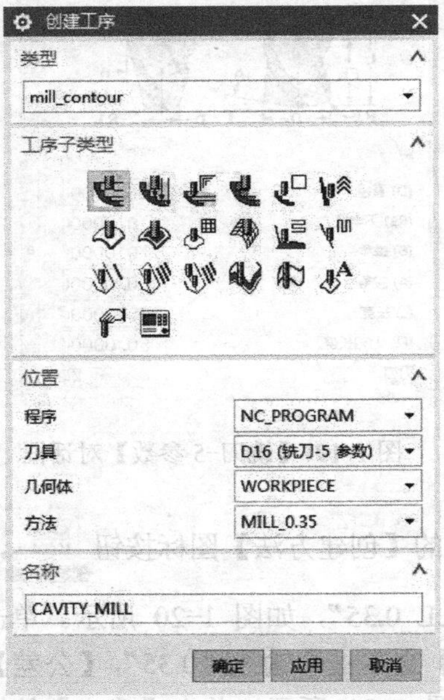

图 1-22 【创建工序】对话框

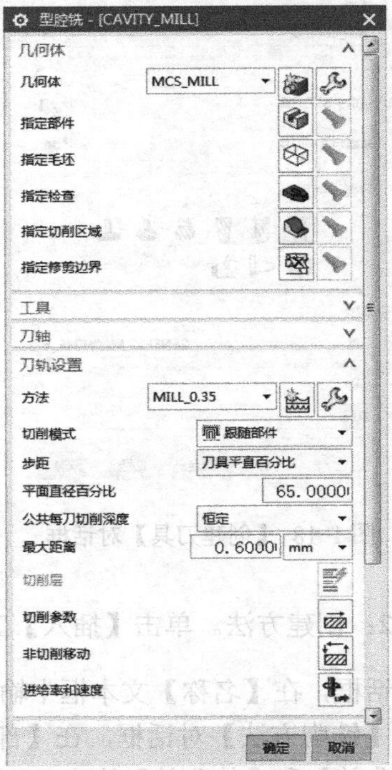

图 1-23 【型腔铣】对话框

步骤 04：刀轨设定。在【型腔铣】对话框的【刀轨设置】选项区域组中，【切削模式】选择【跟随部件】，【步距】选择【刀具平直百分比】，【平面直径百分比】设定为“65”，【公共每刀切削深度】设定为【恒定】，【最大距离】设定为“0.6mm”，如图 1-24 所示。

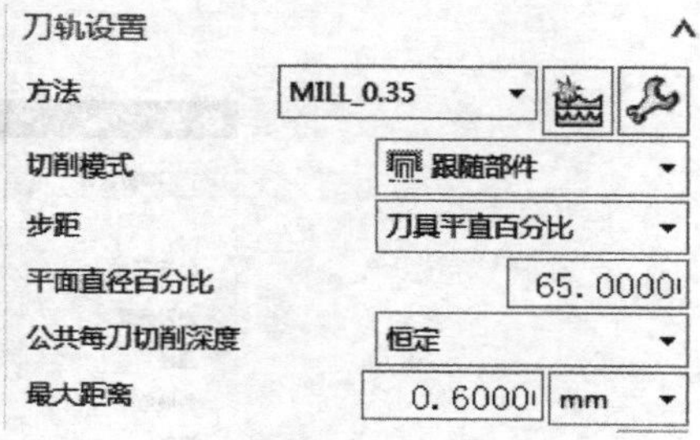

图 1-24　【刀轨设置】选项区域

步骤 05：设定切削策略和连接。在【型腔铣】对话框的【刀轨设置】选项区域中，单击【切削参数】图标按钮，打开【切削参数】对话框，在【策略】选项卡中设置【切削方向】为【顺铣】，【切削顺序】为【深度优先】，如图 1-25 所示。在【连接】选项卡中设置【开放刀路】为【变换切削方向】，如图 1-26 所示。

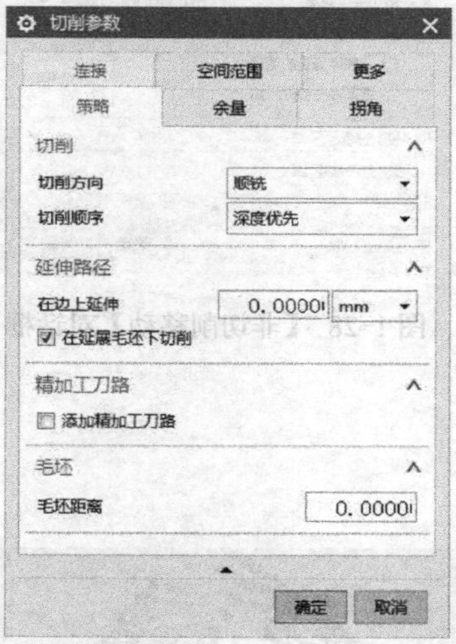

图 1-25　【策略】选项卡

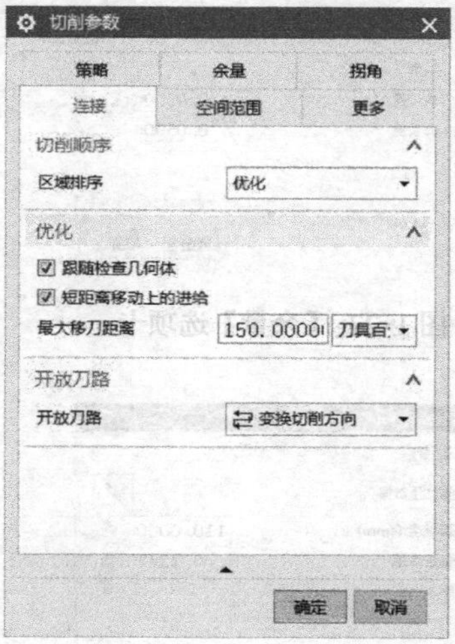

图 1-26　【连接】选项卡

步骤 06：设定切削余量。在【切削参数】对话框中，打开【余量】选项卡，取消选中【使底部余量与侧面余量一致】复选框，修改【部件侧面余量】为“0.35”，【部件底面余量】为“0.15”，【内公差】和【外公差】均设为“0.05”，如图 1-27 所示，单击【确定】按钮。

步骤 07：设定进刀参数。在【型腔铣】对话框的【刀轨设置】选项区域中，单击【非切削移动】图标按钮，弹出【非切削移动】对话框，设定进刀参数，如图 1-28 所示。

步骤 08：设定进给和速度。在【型腔铣】对话框的【刀轨设置】选项区域中，单击【进给和速度】图标按钮，弹出【进给率和速度】对话框，在【主轴速度】选项区域中，选中【主轴速度】复选框，在文本框中输入“2200”，【进给率】选项区域中的【切削】设定为“1000”“mmpm”，再单击【主轴速度】后的【计算】图标按钮，生成表面速度和进给量，如图 1-29 所示，单击【确定】按钮。

步骤 09：生成刀位轨迹。单击【生成】图标按钮，系统计算出型腔铣粗加工的刀位轨迹，如图 1-30 所示。

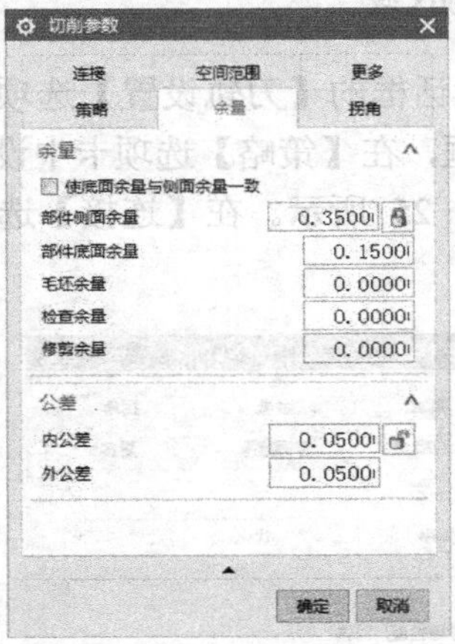

图 1-27 【余量】选项卡

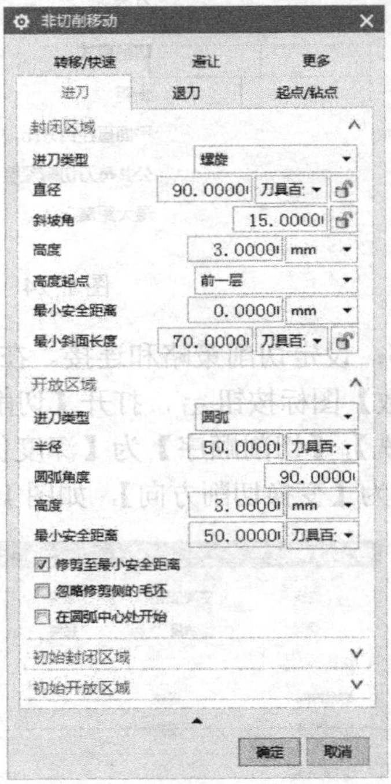

图 1-28 【非切削移动】对话框

图 1-29 【进给率和速度】对话框

图 1-30 型腔铣粗加工的刀位轨迹

1.3.4 仿真模拟加工

下面进行仿真模拟加工。在【工序导航器-几何】视图中，在“WORKPIECE”节点上右击，如图 1-31 所示。在打开的快捷菜单中选择【刀轨】→【确认】命令，则回放该节点下的所有刀轨，接着打开【刀轨可视化】对话框，如图 1-32 所示。打开其中的【2D 动态】

或者【3D 动态】选项卡，单击下面的【播放】按钮▶，系统开始模拟加工的全过程。图 1-33 所示为模拟中的工件。

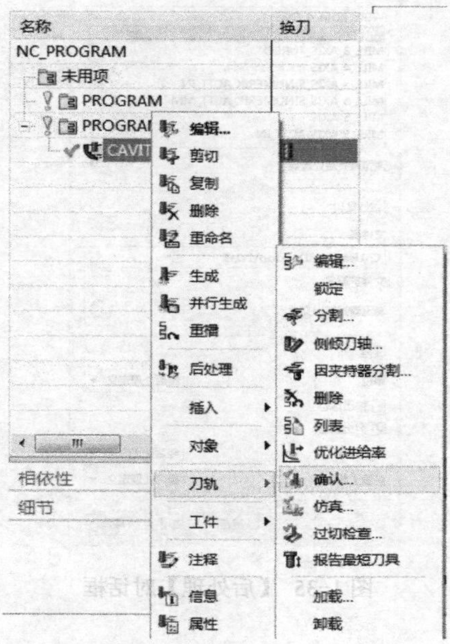

图 1-31 刀轨确认

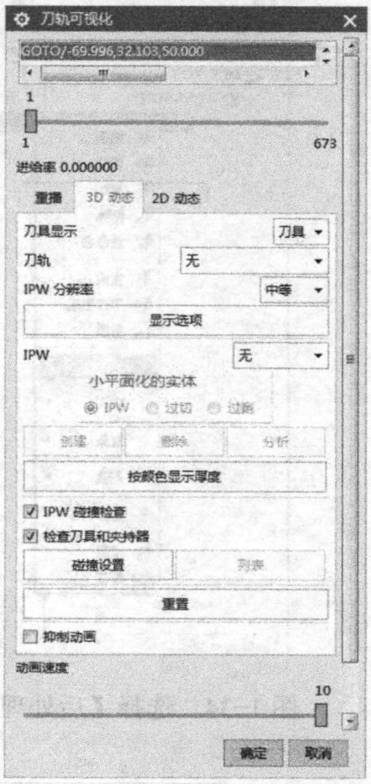

图 1-32 【刀轨可视化】对话框

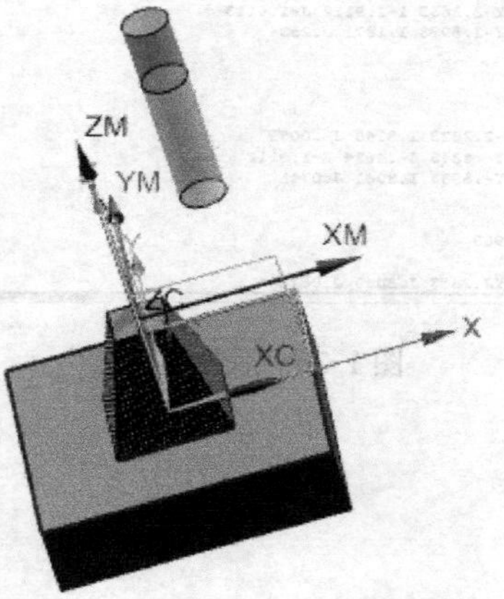

图 1-33 刀轨实体 3D 加工模拟

1.3.5 后处理

在【工序导航器-几何】视图中，在创建的操作型腔铣“CAVITY_MILL”上右击，弹出快捷菜单，如图 1-34 所示，选择【后处理】命令，打开【后处理】对话框，如图 1-35 所示。在【文件名】文本框中输入文件名及路径。单击【确定】按钮，系统开始对选择的操作进行后处理，产生一个文本文件 1-1.NC，内容如图 1-36 所示，将 NC 文件输入数控机床，即可以实现零件的自动控制加工。

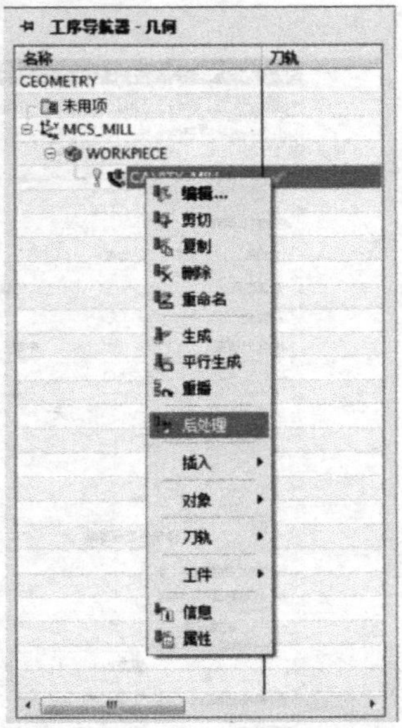

图 1-34　选择【后处理】命令

图 1-35　【后处理】对话框

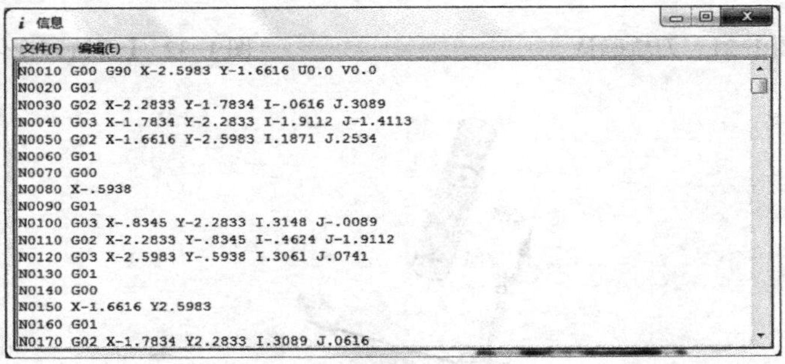

图 1-36　后处理信息

1.4　本章小结

本章介绍了常用数控加工软件以及 UG NX 10.0 数控模块的特点，对 UG NX 10.0 的操作界面和其典型的生成刀路轨迹的步骤做了详细的讲解，使读者对 UG NX 10.0 软件的使用有一个基本的思路，以便更好地学习后面的内容。

1.5　思考题

1. UG NX 10.0 的数控模块有哪些？
2. UG NX 10.0 有哪些加工方式？各自有什么特点？

第 2 章　数控加工基本操作

2.1　创建加工操作的 4 个对象

在创建各种数控加工操作之前，一般需要先创建此加工操作的 4 个父对象，包括程序组、刀具、几何体及加工方法。

2.1.1　创建程序组

创建程序组用于排列各加工操作在程序中的次序，将几个加工操作存放在一个程序组对象中。例如一个复杂零件如果需要在不同的机床上完成表面加工，则应该将同一机床上加工的操作组合成程序组，以便刀具路径的输出。合理地安排程序组，可以在一次后置处理中按程序组的顺序输出多个操作。在【导航器】的【程序顺序】视图中，显示每个操作所属的程序组以及各操作在机床上的执行顺序。在【插入】工具条中选择【创建程序】按钮，然后在【创建程序】对话框中设置【类型】【位置】【名称】，如图 2-1 所示。单击【创建程序】和【程序】对话框的【确定】按钮后，就建立了一个程序。打开【工序导航器-程序顺序】视图，可以看到刚刚建立的程序 AA。

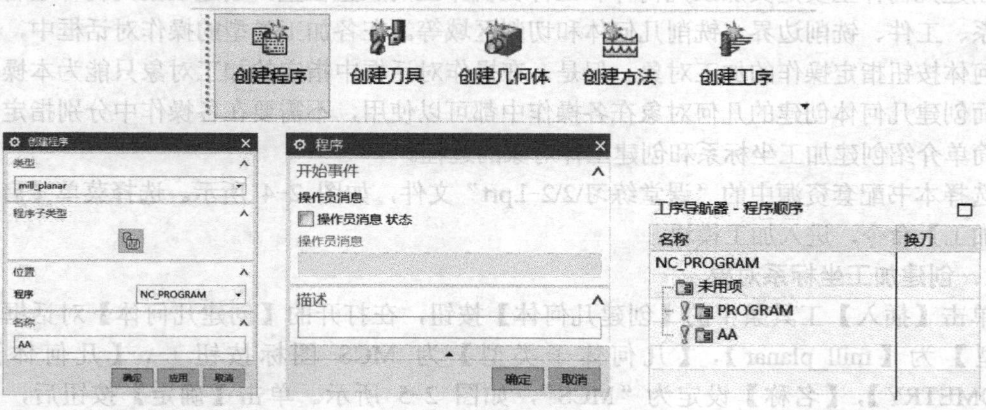

图 2-1　创建程序步骤

2.1.2　创建刀具

在创建铣削、车削和孔加工操作时，必须创建刀具或从刀具库中选取刀具。创建和选取刀具时，应考虑加工类型、加工表面的形状和加工部位的尺寸大小等因素。

单击【插入】工具条中的【创建刀具】按钮，弹出【创建刀具】对话框，在【类型】下拉列表中选取【mill_planar】，在【刀具子类型】中选择铣刀图标按钮，并在刀具【名称】

文本框中输入刀具名称“D12”，最后单击【确定】按钮或【应用】按钮，如图 2-2 所示。

单击【确定】按钮后，弹出【铣刀-5 参数】对话框。在该对话框中将刀具的有关参数设置好后，单击【确定】按钮，如图 2-3 所示，完成刀具参数的设置。

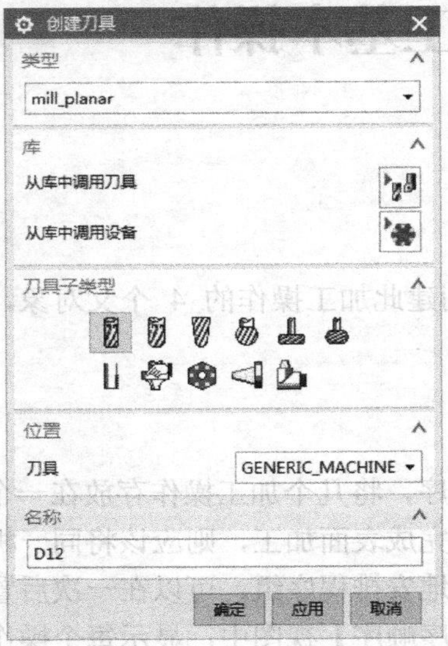

图 2-2 【创建刀具】对话框

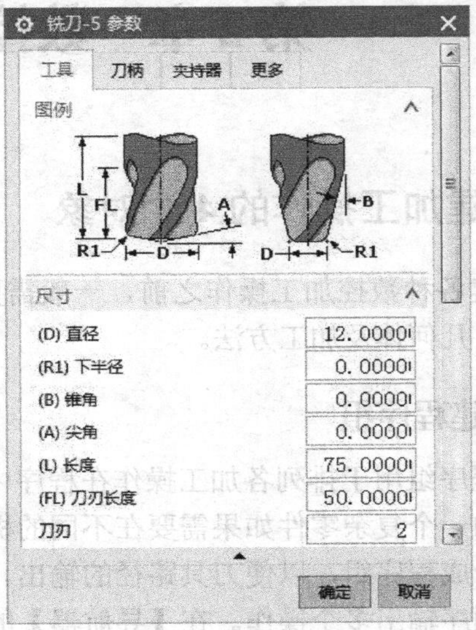

图 2-3 【铣刀-5 参数】对话框

2.1.3 创建几何体

创建几何体主要定义加工几何体和工件在机床上的放置位置，创建铣削几何体包含加工坐标系、工件、铣削边界、铣削几何体和切削区域等。在各加工类型的操作对话框中，也可用几何体按钮指定操作的加工对象。但是，在操作对话框中指定的加工对象只能为本操作使用，而创建几何体创建的几何对象在各操作中都可以使用，不需要在各操作中分别指定。本节将简单介绍创建加工坐标系和创建工件对象的过程。

选择本书配套资源中的“课堂练习\2\2-1.prt”文件，如图 2-4 所示。选择菜单【启动】→【加工】命令，进入加工模块。

1. 创建加工坐标系对象

单击【插入】工具条中的【创建几何体】按钮，在打开的【创建几何体】对话框设置【类型】为【mill_planar】，【几何体子类型】为 MCS 图标按钮，【几何体】为【GEOMETRY】，【名称】设定为“MCS”，如图 2-5 所示。单击【确定】按钮后，弹出【MCS】对话框，如图 2-6 所示。

在【MCS】对话框中单击【指定 MCS】图标，弹出【CSYS】对话框，如图 2-7 所示。在【类型】下拉列表中选择【对象的 CSYS】，在绘图区单击零件上表面，系统自动将加工坐标系 MCS 设置在平面的中心。单击【确定】按钮，返回【MCS】对话框，在【安全设置选项】下拉列表中选择【刨】，单击【指定平面】中的【平面】图标按钮，弹出【刨】对话框，在【类型】下拉列表中选择【自动判断】，【距离】文本框中输入“20”，完成安全平面的创建，如图 2-8 所示，再单击【确定】按钮完成 MCS 的设定。

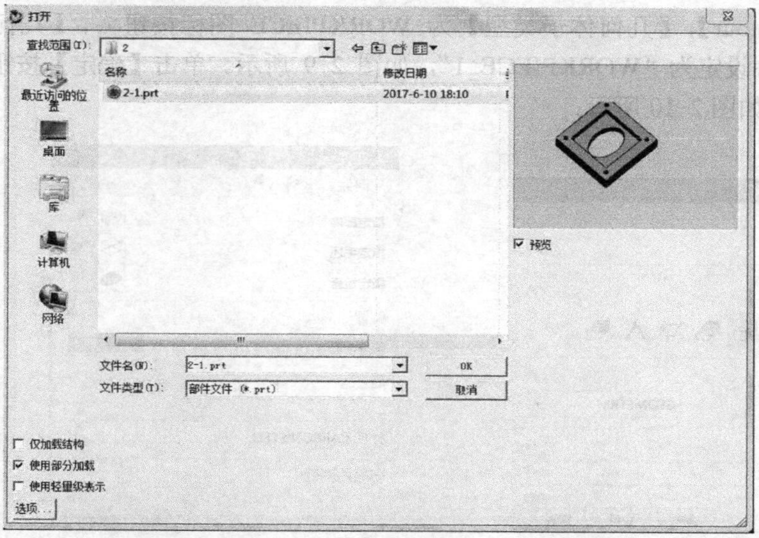

图 2-4 【打开】对话框

2-1　型腔铣粗加工

2-2　侧面精加工

2-3　点孔

2-4　钻孔

2-5　铰孔

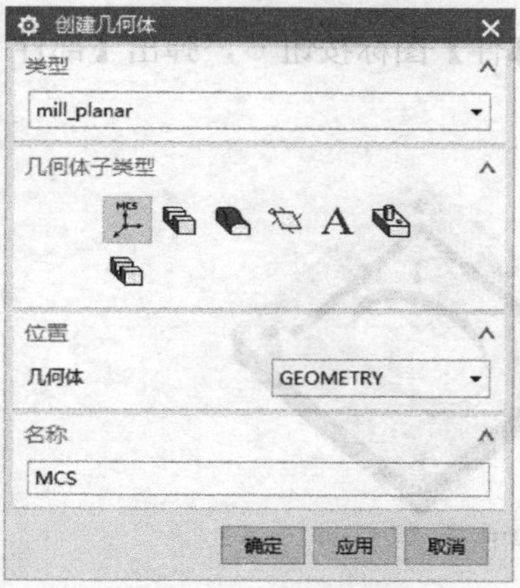

图 2-5 【创建几何体】对话框

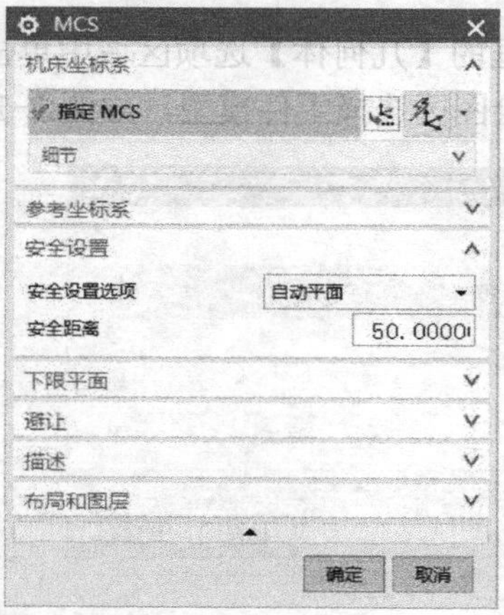

图 2-6 【MCS】对话框

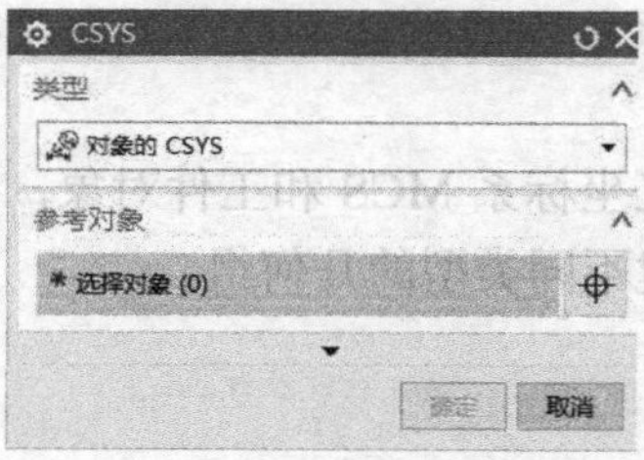

图 2-7 【CSYS】对话框

图 2-8 【MCS】对话框

2．创建工件对象

单击【插入】工具条中的【创建几何体】按钮，在打开的【创建几何体】对话框中设置

【类型】为【mill_contour】,【几何体子类型】为 WORKPIECE 图标按钮，【几何体】为【GEOMETRY】，名称设定为“WORKPIECE_1”，如图 2-9 所示。单击【确定】按钮后，弹出【工件】对话框，如图 2-10 所示。

图 2-9 【创建几何体】对话框

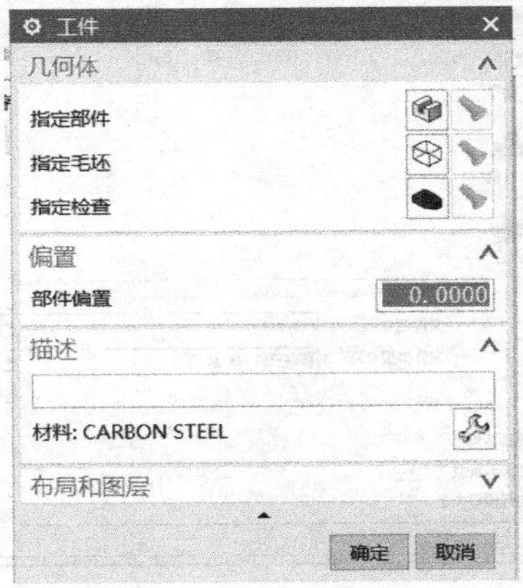

图 2-10 【工件】对话框

在【工件】对话框的【几何体】选项区域中单击【指定部件】图标按钮，弹出【部件几何体】对话框，在绘图区选择零件模型，如图 2-11 所示。

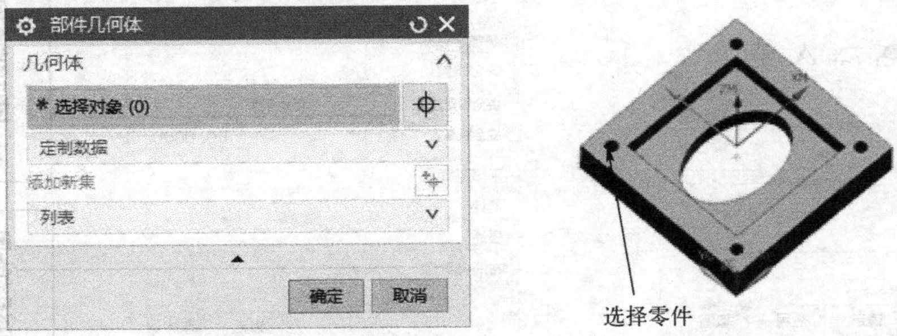

图 2-11 【部件几何体】对话框

毛坯几何体是指定将要切削的原始材料的模型，即被加工零件毛坯的几何形状。在【工件】对话框的【几何体】选项区域中单击【指定毛坯】图标按钮，弹出【毛坯几何体】对话框，选择【类型】下拉列表中的第 3 个【包容块】，系统生成默认毛坯，单击【确定】按钮，如图 2-12 所示。

打开【工序导航器-几何】视图，可以看到刚刚建立的加工坐标系 MCS 和工件对象，如图 2-13 所示。复杂零件加工时需要建立多个坐标系，以便创建不同类型的几何组。

2.1.4 创建方法

加工方法对象指定义切削的方法，系统已经定义了粗加工、半精加工和精加工方法，用户可以自定义加工方法对象，如图 2-14 所示。【铣削方法】对话框中的参数对象包含内公差、外公差、部件余量、切削方法、进给和速度、颜色和显示控制，如图 2-15 所示。在不同的类型中，加工对象的参数也有所不同。

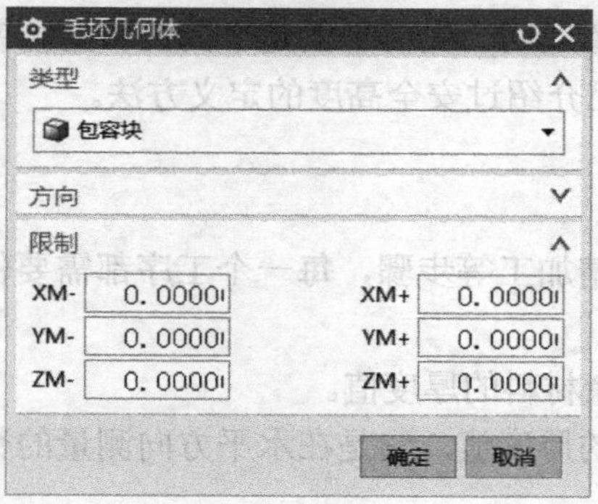

图 2-12 【毛坯几何体】对话框

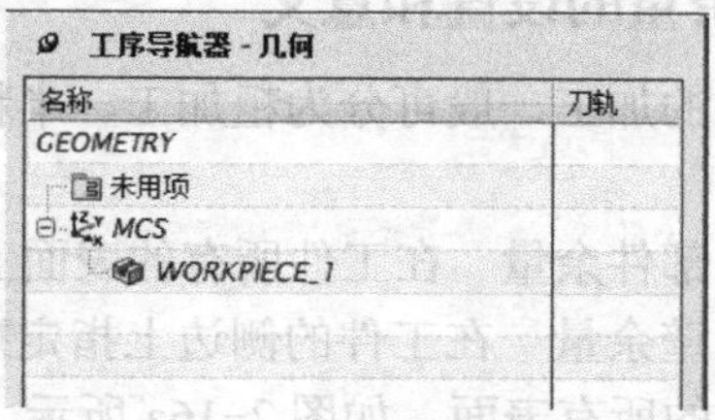

图 2-13 【工序导航器-几何】视图

图 2-14 【创建方法】对话框

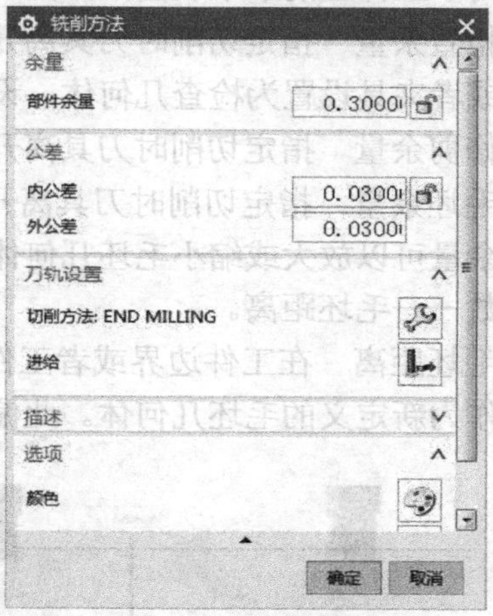

图 2-15 【铣削方法】对话框

2.1.5 创建工序

创建工序是创建刀位轨迹的最后环节，在创建工序的过程中需要设定操作的类型、工序子类型、4 个父对象以及相关的控制参数，并设定名称等。该内容在后面的章节中将详细介绍。

2.2 加工中的共同项

UG NX 10.0 提供的各种加工操作中有一些加工操作的参数是相同的，本节将详细介绍加工中的共同项，这样可以对 UG NX 10.0 加工过程中的一些概念建立初步的认识，为后面的学习打下基础。

2.2.1 安全高度

当一段刀轨结束，要转移到另一处加工时，就需要将刀具提高到安全高度，运动到另一处再进行加工，这个过程就是横越运动。但实际加工时，为提高加工效率，通常指定横越运动发生在先前平面的高度上，系统会自动计算避免过切。先前平面是平面铣和型腔铣操作中的进退刀参数，指的是上一层的高度。第 1 章中已介绍过安全高度的定义方法。

2.2.2 余量的设置和意义

工件的加工一般可分为粗加工、半精加工和精加工等步骤，每一个工序都需要保留加工余量。

（1）部件余量　在工件所有的表面上指定剩余材料的厚度值。

（2）壁余量　在工件的侧边上指定剩余材料的厚度值，它是在水平方向测量的数值，应用于工件的所有表面，如图 2-16a 所示。

（3）最终底面余量　在工件的底边上指定剩余材料的厚度值，它是在刀具轴向测量的数值，只应用于工件上的水平表面，如图 2-16b 所示。

（4）检查余量　指定切削时刀具离开检查几何体的距离，如图 2-16c 所示。将一些重要的加工面或者夹具设置为检查几何体，设置余量可以起到安全保护作用。

（5）修剪余量　指定切削时刀具离开修剪几何体的距离，如图 2-16d 所示。

（6）毛坯余量　指定切削时刀具离开毛坯几何体的距离，毛坯余量可以使用负值，所以使用毛坯余量可以放大或缩小毛坯几何体，如图 2-16e 所示。在切削参数中，还需要说明另外一个参数——毛坯距离。

（7）毛坯距离　在工件边界或者工件几何体上增加一个偏置距离，而将产生的新的边界或几何体作为新定义的毛坯几何体。此偏置距离即为毛坯距离，如图 2-16f 所示。

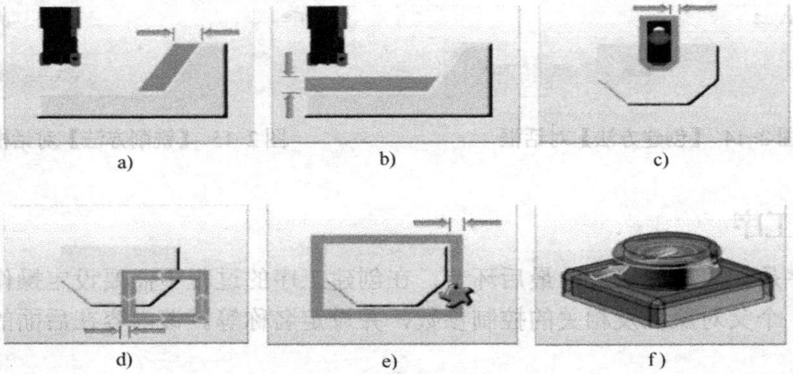

图 2-16　余量的设置

a) 壁余量　b) 最终底面余量　c) 检查余量　d) 修剪余量　e) 毛坯余量　f) 毛坯距离

不要混淆毛坯余量和毛坯距离的概念，虽然它们都用于调整和定义毛坯，但毛坯余量应用于毛坯几何体，而毛坯距离则应用于工件几何体。

2.2.3 刀具的定义

在加工的过程中，刀具是从工件上切除材料的工具，在创建铣削、车削和孔加工操作时，必须创建刀具或从刀具库中选取刀具。创建和选取刀具时，应考虑加工类型、加工表面的形状和加工部位的尺寸大小等因素。

UG NX 10.0 可以使用的刀具种类多，功能强，主要的铣刀种类有 4 种，分别为 5 参数、7 参数、10 参数和球形铣刀。一般常用的是 5 参数铣刀，例如最常用的平刀、牛鼻刀、球刀都属于 5 参数铣刀。如果不考虑刀柄的干涉检查，常用的铣刀通常只定义直径和下半径就可以了。

1．自定义刀具

单击【插入】工具条中的【创建刀具】按钮，弹出【创建刀具】对话框，如图 2-17 所示，根据加工情况在【类型】下拉列表中选择【mill_planar】，【刀具子类型】选择铣刀图标按钮，在【名称】文本框中输入“D25R5”，单击【确定】按钮，打开【铣刀-5 参数】对话框，其中可以设置所需刀具的各项参数，如图 2-18 所示，在【直径】文本框中输入“25”，在【下半径】文本框中输入“5”，单击【预览】选项区域中的【显示】按钮，则在绘图区原点的位置显示刀具的形状。单击【确定】按钮，创建了一把直径为 25mm，下半径为 5mm 的铣刀。

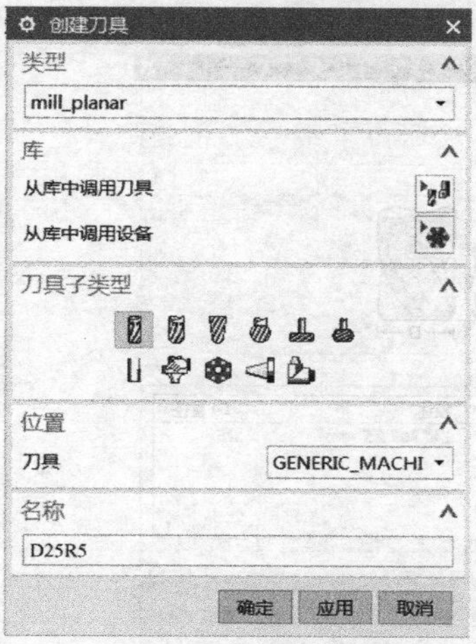

图 2-17 【创建刀具】对话框

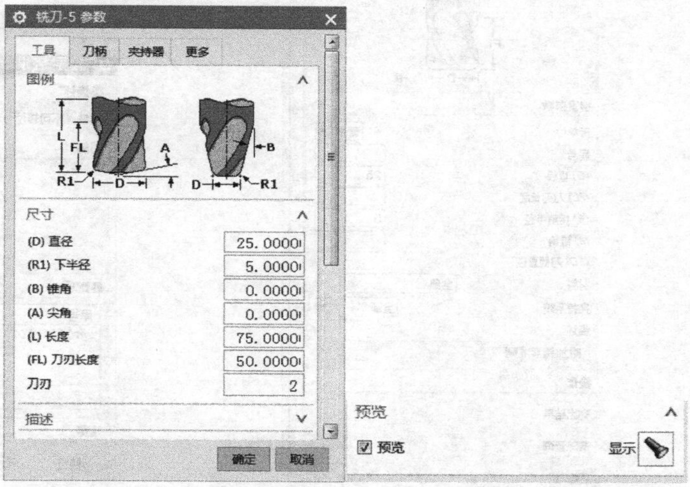

图 2-18 【铣刀-5 参数】的设置

单击资源条中的【工序导航器】按钮，打开【工序导航器】对话框，单击【确定】按钮固定视图，单击【工序导航器】工具条上的【机床视图】图标按钮，在打开的【工序导航器-机床】视图中可以看到刚创建的刀具，如图 2-19 所示。如果需要修改，在【工序导航器-机床】视图中双击刀具显示条，打开刀具的参数对话框，在对话框中修改其参数。

2．在刀具库中调出刀具

对于常用的刀具，UG NX 10.0 使用刀具库来进行管理。在创建刀具时可以从刀具库中调用某一刀具。在【创建刀具】对话框中单击【库】选项，打开该选项区域，单击【从库中调用刀】图标按钮，系统弹出图 2-20 所示的【选择目标类】对话框。

选取刀具时，首先确定加工机床及其刀具的类别，如铣刀（Milling）或车刀（Turning），单击对应类别前的“+”号，展开该类别的刀具类型，然后选择所需要的刀具类型，单击【确定】按钮；系统弹出图 2-21 所示的【搜索准则】对话框，在对话框中输入查询条件，单击【确定】按钮，弹出图 2-22 所示的【搜索结果】对话框，系统把当前刀具库内符合条件的刀具列表显示，从列表中可以选择一个所需的刀具，单击【确定】按钮。

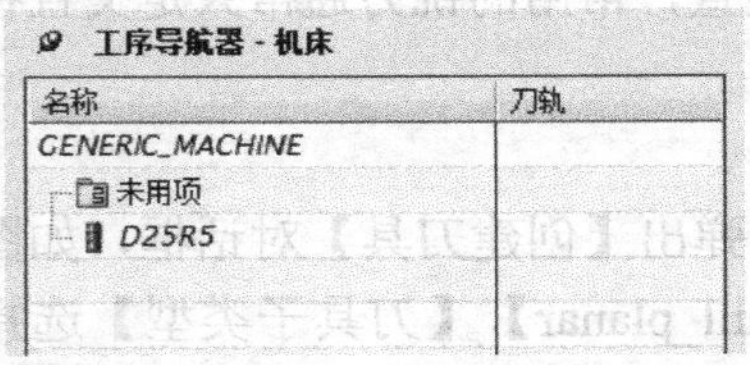

图 2-19 【工序导航器-机床】视图

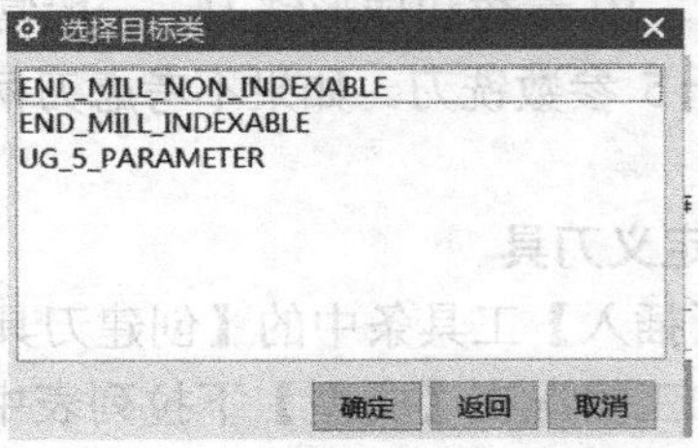

图 2-20 【选择目标类】对话框

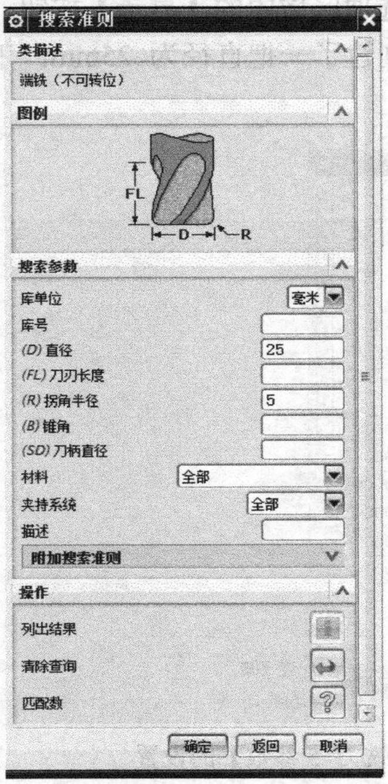

图 2-21 【搜索准则】对话框

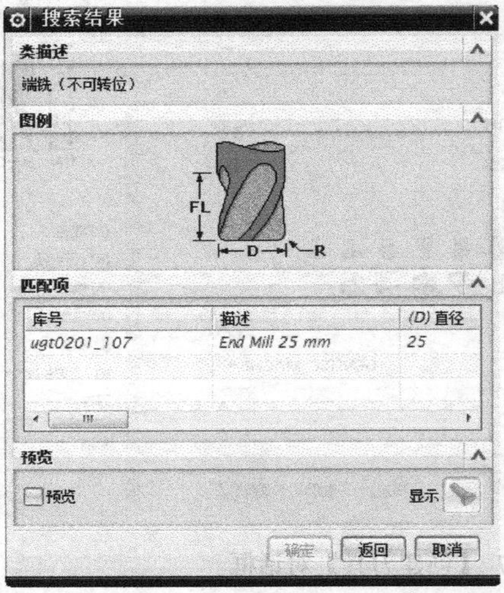

图 2-22 【搜索结果】对话框

2.2.4 切削步距

切削步距指的是在每一个切削层相邻两次走刀之间的距离。

切削步距的确定需要考虑刀具的承受能力、加工后残余材料量、切削负荷等因素。切削步距有 4 种常用的指定方法，如图 2-23 所示，分别是恒定、残余高度、刀具平直百分比、变量平均值，下面分别进行介绍。

1．恒定

通过指定的距离常数值作为切削的步距值。在用球刀进行精加工时常使用此参数来控制步距，此参数较为直观，但要根据一定的经验才能给出。

2．残余高度

通过指定加工后残余材料的高度值来计算出切削步距值。残余高度一般设置得都很小，在 0.001～0.01mm 之间，可以先大约设定一个值，系统计算后生成刀轨，再测量出刀轨的切削步距的大小。大致就可以估计出加工的表面质量，再来调整设定值。

3．刀具平直百分比

以刀具直径乘以百分比参数的积作为切削步距值。工件的粗加工常用此参数，一般粗加工可设定切削步距为刀具直径的 50%～75%。

步距计算时刀具直径是按有效刀具直径计算的，对于平刀和球刀，刀具直径指的是刀具参数中的直径，而对于牛鼻刀，刀具直径指的是刀具参数中的直径减去两个刀角半径的差值。

4．变量平均值

对于双向切削、单向切削、单向带轮廓切削方法，要求指定最大和最小两个切削步距值，对于跟随周边切削、跟随部件切削、轮廓加工和标准驱动方法，要求指定多个切削步距值以及每个切削步距值的走刀数量，如图 2-24 所示。依据可变步距的设定，可以得到刀轨，刀轨间的距离都按设定的步距大小和刀路数进行排列。

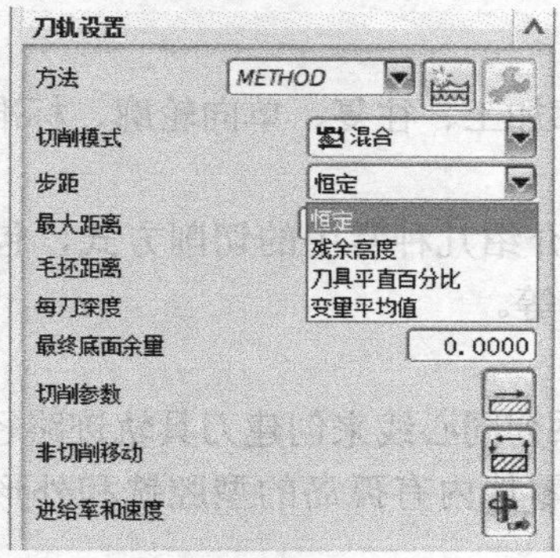

图 2-23　切削步距选项

图 2-24　【变量平均值】对话框

2.2.5　内、外公差

内、外公差就是刀具在主轴旋转时切入工件的偏差。

内、外公差决定了刀具可以偏置工件表面的允许距离，也就是实际加工出的工件表面与理想模型之间的允许偏差。内公差是实际加工过切的最大允许误差，外公差是实际加工不足的最大允许误差。

公差值越小，工件表面就越光滑，越接近理想模型，反之则工件表面越粗糙。虽然公差值越小，工件表面的加工质量越高，但系统生成刀轨的时间会变长，NC 文件大小会剧增。因此要在能满足工件精度和粗糙度要求的前提下，尽量取大的公差值。

按经验，一般工件的粗加工设置内、外公差均为 0.05mm；半精加工设置内、外公差均为 0.03mm；精加工设置内、外公差均为 0.01mm。

2.2.6　顺铣与逆铣

在铣削加工中，根据铣刀的旋转方向和切削进给方向之间的关系，可以分为顺铣和逆铣两种。如果铣刀旋转方向与工件进给方向相同，称为顺铣，如图 2-25a 所示；铣刀旋转方向与工件进给方向相反，称为逆铣，如图 2-25b 所示。

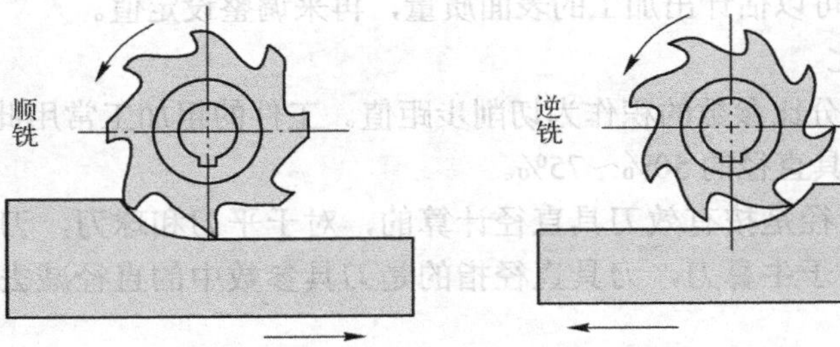

图 2-25　顺铣和逆铣

因为逆铣较容易产生过切现象，所以通常在数控加工中尽量采用顺铣加工。但在设置余量较大的粗加工，以及精加工余量均匀的工件表面加工时，为了提高加工效率，可以采用顺铣和逆铣的混合加工。也有一些特殊的加工更适合逆铣。

2.2.7　切削模式

常用的切削方式包括跟随部件、跟随周边、轮廓加工、往复、单向轮廓、标准驱动（仅平面铣）、单向式走刀。

UG NX 10.0 提供了多种切削模式，下面重点介绍几种常用的切削方式，包括跟随部件、跟随周边、轮廓、标准驱动、摆线、往复、单向等。

1．跟随部件

跟随部件的走刀方式是沿着零件几何体产生一系列同心线来创建刀具轨迹路径，该方式可以保证刀具沿所有零件几何体进行切削。可用于零件内有孤岛的型腔铣和外形轮廓的加工，如图 2-26 所示。

2．跟随周边

跟随周边的走刀方式是沿切削区域轮廓产生一系列同心线来创建刀具轨迹路径，该方式在横向进刀的过程中一直保持切削状态。一般用于零件型腔域的加工，如图 2-27 所示。

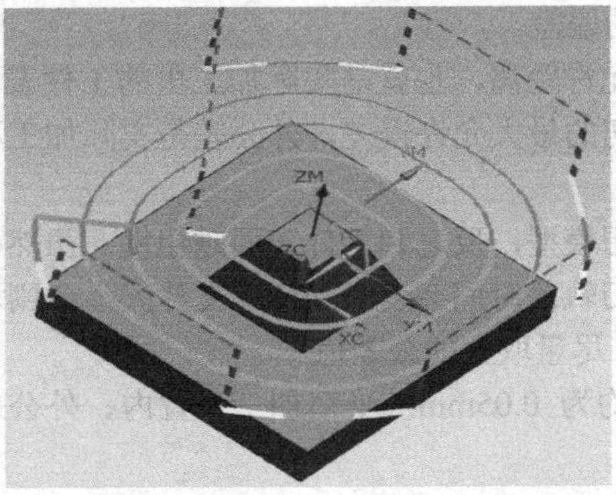

图 2-26 【跟随部件】刀轨

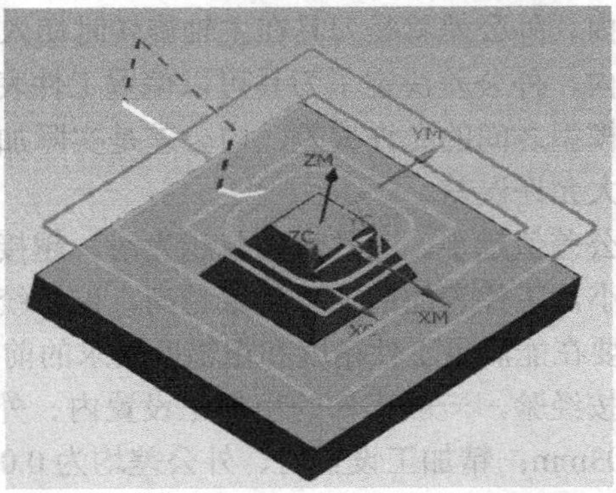

图 2-27 【跟随周边】刀轨

3．轮廓

轮廓走刀是创建一条刀路或指定数量的切削刀路对部件的侧壁或轮廓进行精加工。它可以加工开放区域，也可以加工闭合区域，如图 2-28 所示。

4．标准驱动

标准驱动（仅平面铣）是一种轮廓切削方式，它允许刀具准确地沿指定边界移动，从而不需要应用【轮廓】中使用的自动边界裁剪功能。可以使用【标准驱动】来确定是否允许刀轨相交。

5．摆线

摆线切削是一种刀具以圆形回环模式移动而圆心沿刀轨方向移动的铣削方法。

6．往复

往复式走刀创建的是一系列往返方向的平行线，这种【标准驱动】刀轨加工方法能够有效地减少刀具在横向跨越时的空刀距离，提高加工的效率，但往复式走刀在加工程中要交替变换顺铣、逆铣的加工方式，比较适合粗加工表面加工，如图 2-29 所示。

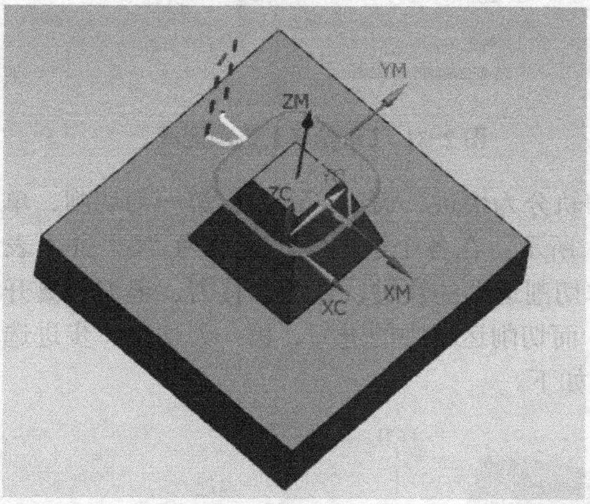

图 2-28 【轮廓】刀轨

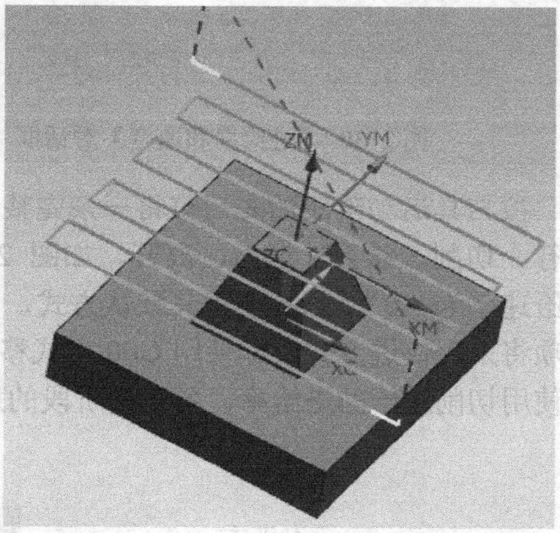

图 2-29 【往复】刀轨

7．单向

单向式走刀的加工方法能够保证在整个加工过程中都保持同一种加工方式，比较适合精铣表面加工。

2.2.8 进给率和主轴转速的设定

进给率是在数控模型加工的设置中，设置进给率，用于控制刀具对工件的切削速度，即刀具随主轴高速旋转，按预设的刀具路径向前切削的速度。

主轴转速就是数控机床加工时，机床主轴设定的运行速度。一条完整的刀轨按刀具运动阶段的先后分为快进、逼近、进刀、第一刀切削、单步执行、切削、移刀、退刀、离开。

进给率和主轴转速是操作的重要参数，对于没有现场加工经验的初学者来说，很难快速给出适当的进给率和主轴转速参数。实际加工过程中，在数控机床的操作面板上可以调整进给率和主轴转速，所以在编制程序时只要给出大致的参数值即可，也可参照有关铣削加工手册进行设置。

单击各类操作对话框中的【进给率和速度】图标按钮，打开【进给率和速度】对话框，如图 2–30 所示。选中【主轴速度】复选框，可在其后文本框中输入刀具转速的值。

单击【进给率】选项区域中的【更多】按钮，可以设定刀轨在不同的运动阶段的进给速率。在 UG NX 10.0 中，关于刀轨的各种进给速率及其对应的运动阶段如图 2–31 所示。

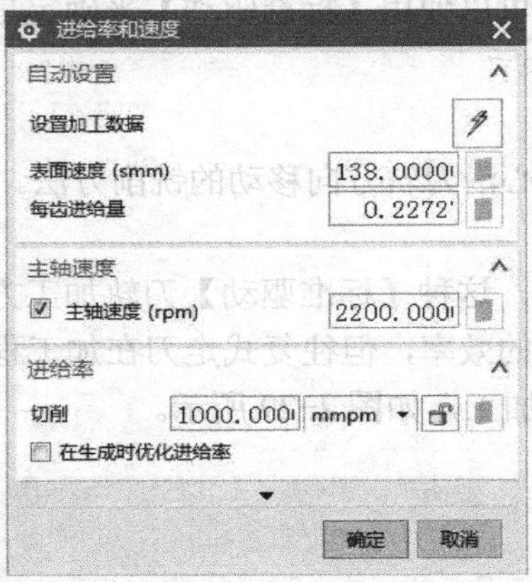

图 2–30 【进给率和速度】对话框

图 2–31 【进给率】选项区域

按刀具运动阶段的先后可将一条完整的刀轨分为快进、逼近、进刀、第一刀切削、单步执行、切削、移刀、退刀、离开，如图 2–32 所示。在各个选项中，设置为“0”并不表示进给速率为“0”，而是使用其默认方式，如非切削运动的快进、逼近、移刀、退刀、离开等选项将采用快进方式，即使用 G00 方式移动。而切削运动中的进刀、第一刀切削、步进选项将使用切削进给的进给率。各运动阶段的意义如下。

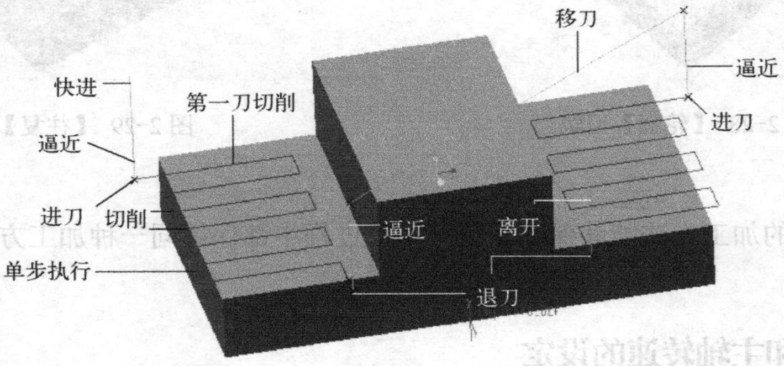

图 2–32 刀轨的运动阶段示意图

（1）快进 在非切削状态下的快速换位速度。一般采用默认设置。

（2）逼近 进入切削前的进给速度。一般可比快进速度小一些，也可以设置为零。

（3）进刀 进刀速度。需要考虑切入时的冲击，应取较小的速度值。

（4）第一刀切削 切入材料后的第一刀切削。需要考虑到毛坯表面有一层硬皮，应取比剪切更小的速度值。

（5）单步执行 相邻两刀之间的跨过速度。一般可取与切削速度相同的速度。

（6）切削 切削进给的速度也是最重要的切削参数之一，一般根据经验综合考虑刀具和被加工材料的硬度及韧性，给出速度值。

（7）移刀　刀具从一个切削区域转移到另一个切削区域时的非切削移动速度。可以取较高的速度值，最好不要取零值。

（8）退刀　离开切削区的速度。可以取与进给速度相同的速度，当取零时，如果是线性退刀，系统就使用快进速度，如果是圆弧退刀，系统就使用切削速度。

（9）离开　退刀运动完成后的返回运动。一般采用默认设置。

2.2.9　非切削运动

非切削运动包括进刀运动、退刀运动、刀具接近运动、离开运动和移动等，这里主要介绍铣削加工中的进刀、退刀运动。

在 UG NX 10.0 中提供了非常完善的进刀和退刀的控制方法，针对封闭区域提供了螺旋线进刀、沿形状斜进刀和插铣进刀方法；针对开放区域提供了线性、圆弧等常用进刀方法。退刀方法可以与进刀方法相同。

1．封闭区域的进刀

（1）螺旋线进刀　螺旋线进刀方式能够在比较狭小的槽腔内进行进刀，进刀占用的空间不大，并且进刀的效果比较好，适合粗加工和精加工。螺旋线进刀主要由 6 个参数来控制，包括直径、斜坡角、高度、高度起点、最小安全距离、最小斜面长度，如图 2-33 所示。

（2）沿形状斜进刀　当零件沿某个切削方向比较长时，可以采用斜线进刀的方式控制进刀，这种进刀方式比较适合粗铣加工。沿形状斜进刀主要由 6 个参数来控制，包括斜坡角、高度、高度起点、最大宽度、最小安全距离、最小倾斜长度，如图 2-34 所示。

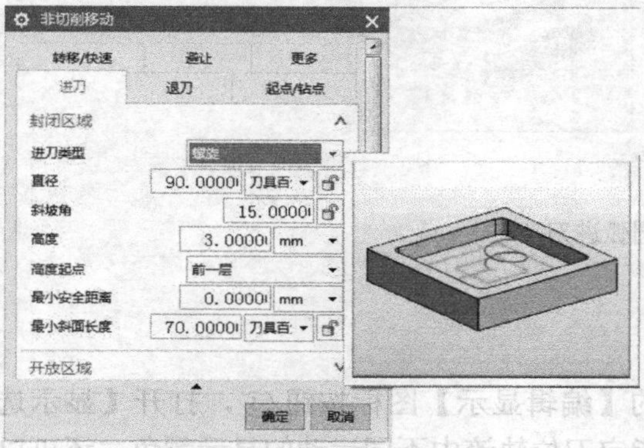

图 2-33　螺旋线进刀

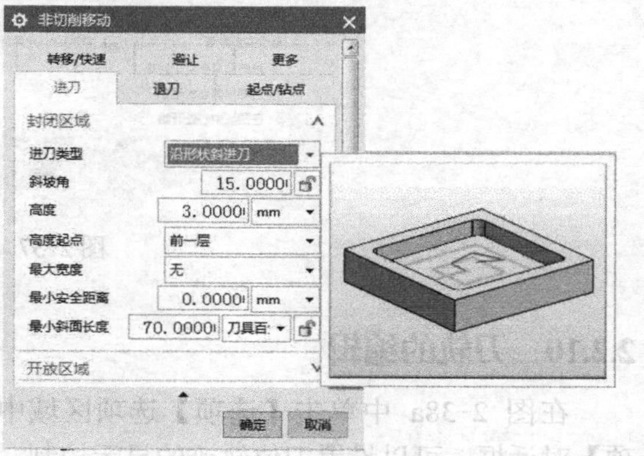

图 2-34　沿形状斜进刀

（3）插铣进刀　当零件封闭区域面积较小，不能使用螺旋线进刀和沿形状斜进刀时，可以采用插铣进刀的方式，这种进刀方式需要严格控制进刀的进给速度，否则容易使刀具折断。插铣进刀主要由高度和高度起点这两个参数来控制插铣的深度，如图 2-35 所示。

2．开放区域的进刀

开放区域的进刀包括线性进刀、圆弧进刀。

（1）线性进刀　对于开放区域的进刀运动，线性进刀方法由 5 个参数来控制，包括长度、旋转角度、斜坡角、高度和最小安全距离，如图 2-36 所示。

（2）圆弧进刀　对于开放区域的进刀运动，圆弧进刀方法可以创建一个圆弧的运动并与零件加工的切削起点相切，圆弧进刀方法由 4 个参数来控制，包括半径、圆弧角度、高度和最小安全距离，如图 2-37 所示。

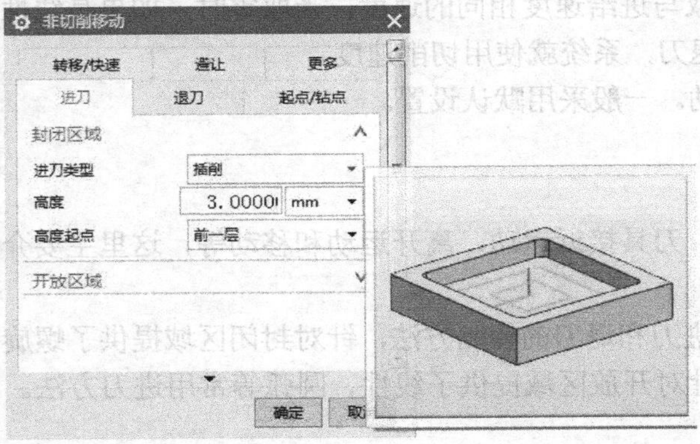

图 2-35　插铣进刀

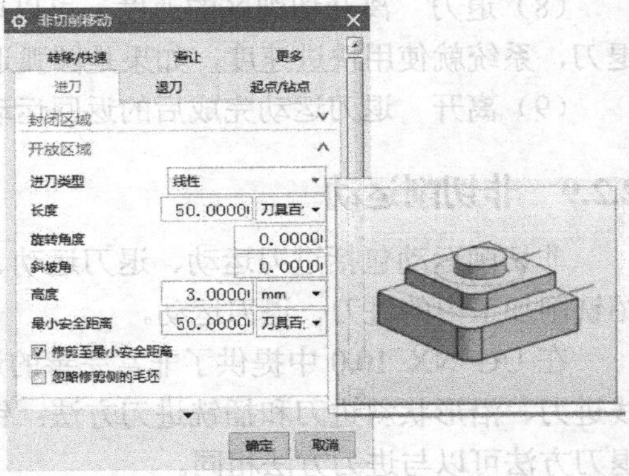

图 2-36　线性进刀

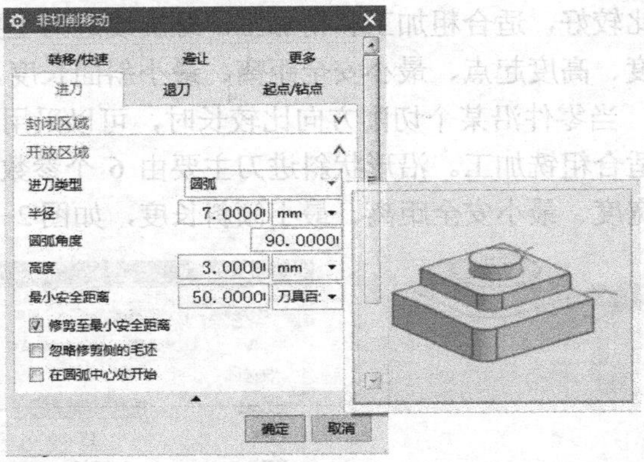

图 2-37　圆弧进刀

2.2.10　刀轨的编辑

在图 2-38a 中单击【选项】选项区域中的【编辑显示】图标按钮，打开【显示选项】对话框，可以设置刀位轨迹的显示控制，指定刀位轨迹中不同运动的显示颜色，还可以设置过程显示参数等。

（1）刀具显示　刀具显示下拉列表有【无】、【2D】和【3D】这 3 个选项，分别表示不显示刀具、以一个圆显示刀具和三维显示刀具。

（2）刀轨显示颜色　为刀轨的各段指定显示颜色，一般采用默认值。

2.2.11　刀轨的确认控制

生成刀位轨迹后需要对刀位轨迹进行确认，系统提供了 3 种确认的方式，包括刀位轨迹重播、刀位轨迹 3D 动态仿真和刀位轨迹 2D 动态仿真，如图 2-39 所示。

刀轨确认后，打开工序导航器，如图 2-40 所示。此时每个操作所使用的几何体、刀具和方法都清楚地显示出来，而且每个节点和操作前会出现各种状态标记，这些标记标明节点和操作的当前状态，其意义分别如下。

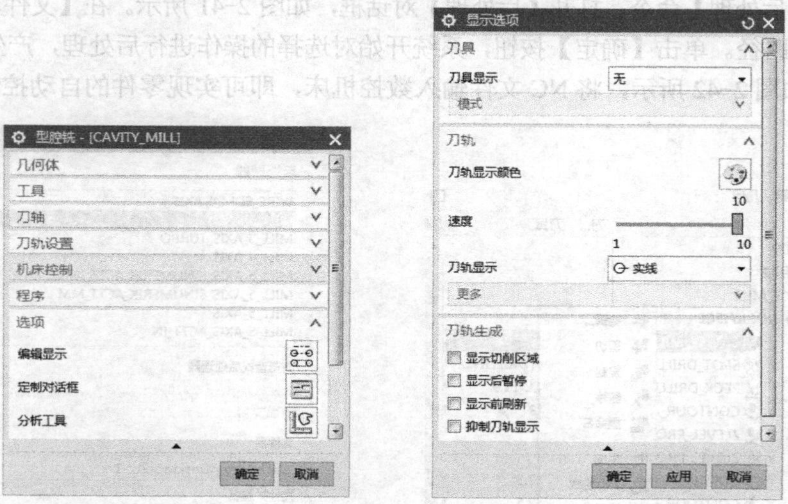

a)　　　　　　　　　　　　　　b)

图 2-38　编辑显示选项

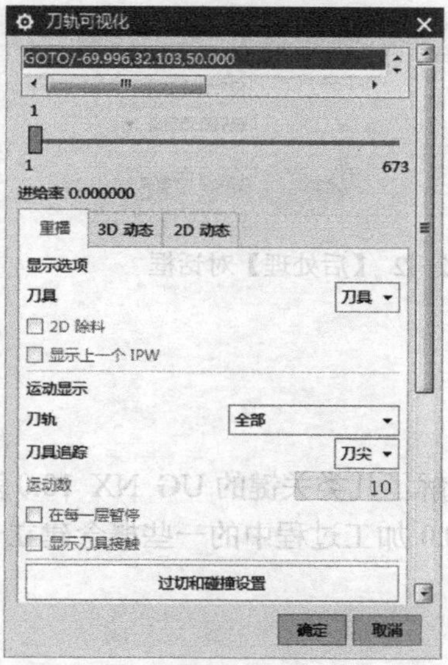

图 2-39 【刀轨可视化】对话框

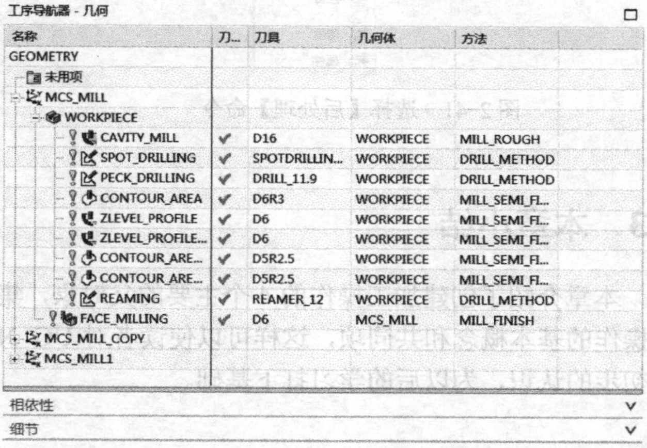

图 2-40 【工序导航器-几何】视图

⊘表示操作没有正常生成，或节点下至少包含一个未生成的操作。

♀表示操作正常生成，或节点下的所有操作都已生成。

✔表示操作正常生成且已后处理输出，或节点下的所有操作已生成且已后处理输出。

2.2.12　刀轨的后处理操作

系统对选择的操作进行后处理，会产生一个文本文件*.NC，将其输入数控机床，可实现零件的自动控制加工。

在【工序导航器-几何】视图中，选择创建的操作 CAVITY_MILL，然后右击弹出快捷菜单，选择【后处理】命令，打开【后处理】对话框，如图 2-41 所示。在【文件名】文本框中输入文件名及路径。单击【确定】按钮，系统开始对选择的操作进行后处理，产生一个文本文件 2-1.NC，如图 2-42 所示，将 NC 文件输入数控机床，即可实现零件的自动控制加工。

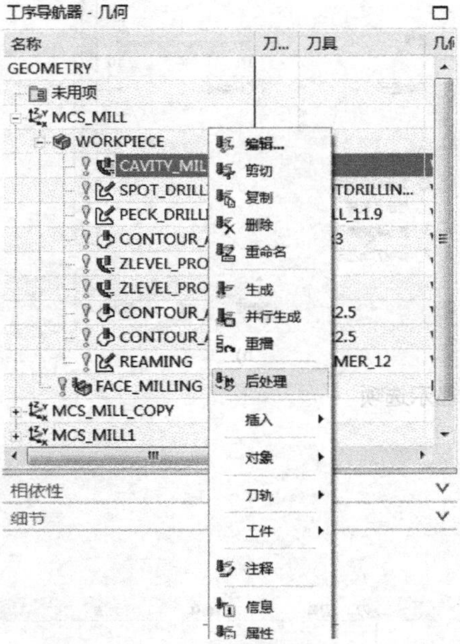

图 2-41 选择【后处理】命令

图 2-42 【后处理】对话框

2.3 本章小结

本章介绍了创建加工操作的 4 个主要的父对象，集中讲解了几类关键的 UG NX 10.0 基本操作的基本概念和共同项，这样可以使读者对 UG NX 10.0 加工过程中的一些概念建立一个初步的认识，为以后的学习打下基础。

2.4 思考与练习

1. 思考题

（1）安全平面有什么作用？

（2）刀具的定义有哪些方法？

（3）公差的设置要注意哪些问题？

（4）切削模式有哪几种？它们的适用范围是什么？

（5）在非切削参数的设置中，各种进刀类型的应用场合是什么？

2．练习题

（1）打开本书配套资源文件“\课后习题\2\2-1.prt”，利用平面铣和面铣加工路径对图 2-43 所示的实体进行粗、精加工，并生成 NC 代码。

（2）打开本书配套资源文件“\课后习题\2\2-2.prt”，利用平面铣和面铣加工路径对图 2-44 所示的实体进行粗、精加工，并生成 NC 代码。

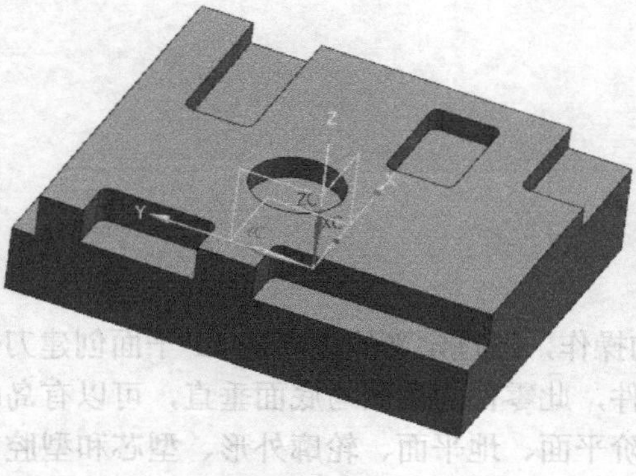

图 2-43 习题 2-1

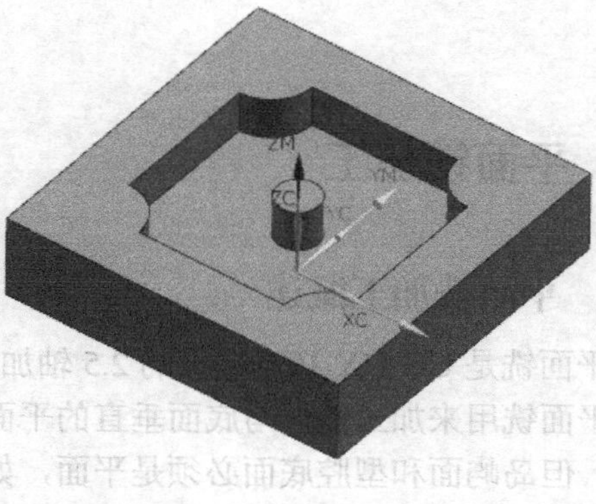

图 2-44 习题 2-2

第 3 章　平面铣和面铣

3.1　平面铣加工

3.1.1　平面铣加工概述

平面铣是 UG UX 10.0 提供的 2.5 轴加工的操作，通过定义的边界在 *XY* 平面创建刀位轨迹。平面铣用来加工侧面与底面垂直的平面零件，此零件的侧面与底面垂直，可以有岛屿或型腔，但岛屿面和型腔底面必须是平面，如台阶平面、地平面、轮廓外形、型芯和型腔的基准平面等。

3.1.2　平面铣选项设置

1．几何体

创建几何体主要是定义要加工的几何对象（包括部件几何体、毛坯几何体、切削区域、检查几何体、修剪几何体）和指定零件几何体在数控机床上的机床坐标系（MCS）。几何体可以在创建工序之前定义，【创建几何体】对话框如图 3-1 所示，也可以在创建工序过程中指定，【平面铣】对话框如图 3-2 所示。其区别是提前定义的加工几何体可以为多个工序使用，而在创建工序过程中指定的加工体只能为该工序使用。

2．指定部件边界

部件边界指被加工零件的加工位置，可以通过选取面、曲线和点来定义部件边界。

3．指定毛坯边界

毛坯边界用于定义切削材料的范围，控制刀轨的加工范围。定义方式与部件边界相似，但边界必须是封闭的，通常情况下可不定义。

4．指定检查边界

检查边界用于定义刀具需要避让的位置，定义方式与部件边界相似，但边界必须是封闭的。

5．指定修剪边界

修剪边界用于修剪刀位轨迹，去除修剪边界内侧或外侧的刀轨，必须是封闭边界，修剪边界可不定义。

6．指定底面

底面用于定义最深的切削面，只用于平面铣操作，而且必须被定义，如果没有定义底面，平面铣将无法计算切削深度。

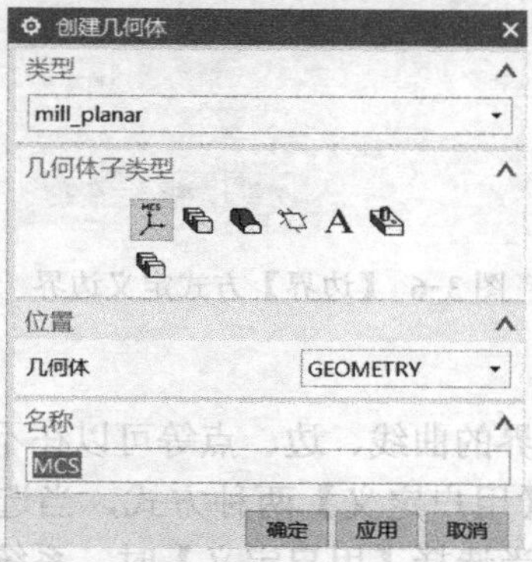

图 3-1 【创建几何体】对话框

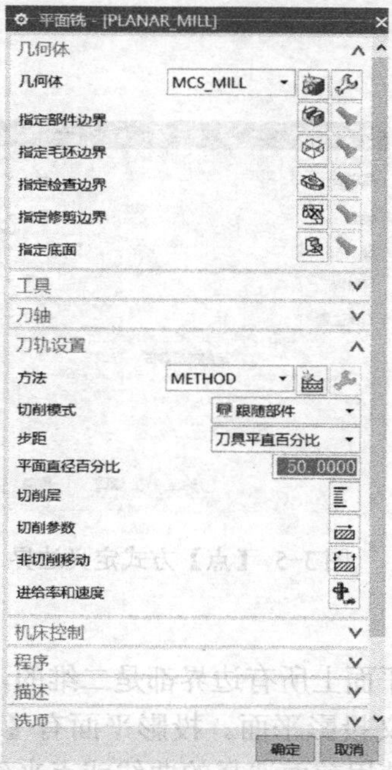

图 3-2 【平面铣】对话框

3.1.3 边界的设置

边界是平面铣重要的参数，平面铣的边界定义有 4 种模式，分别为曲线/边、边界、面和点。这 4 种模式的定义对话框如图 3-3～图 3-6 所示，下面具体讲解各选项的含义。

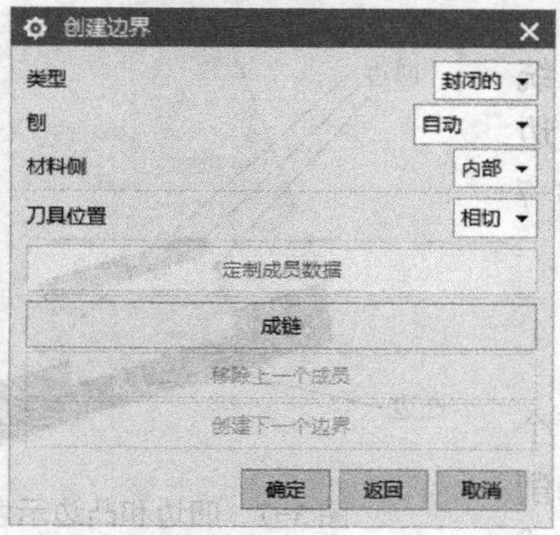

图 3-3 【曲线/边】方式定义边界

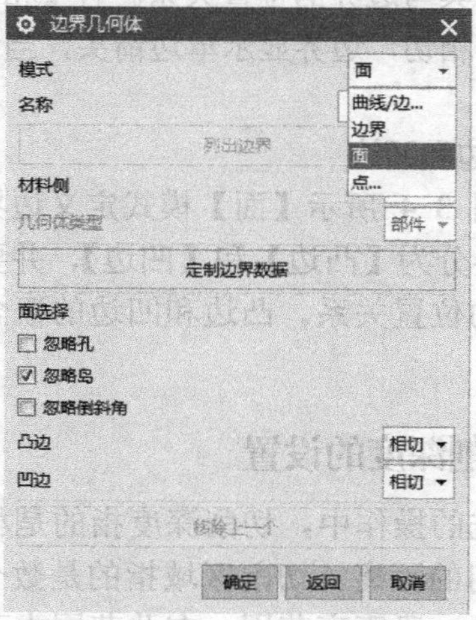

图 3-4 【面】方式定义边界

1. 类型

边界类型可以是封闭的，也可以是开放的。

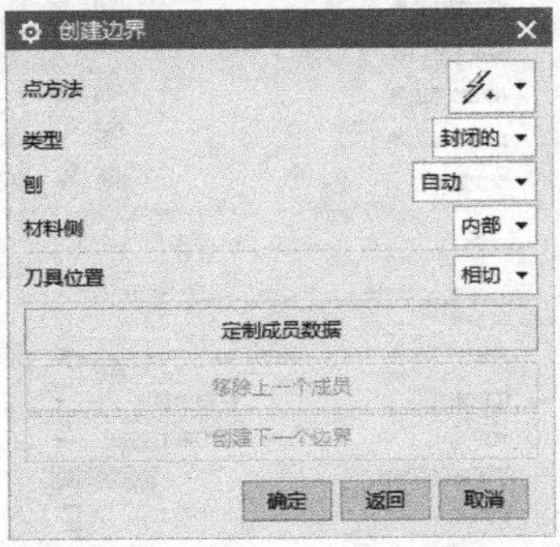

图 3-5 【点】方式定义边界

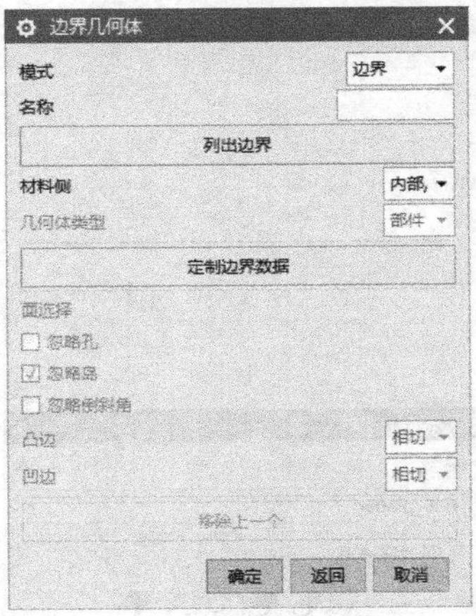

图 3-6 【边界】方式定义边界

2. 刨

在同一平面上所有边界都是二维的，而创建边界的曲线、边、点等可以在不同平面，此时就需要定义投影平面。投影平面有【自动】和【用户定义】两种方式，当选择【自动】时，系统将使用前面选择的曲线或点来建立平面，当选择【用户定义】时，系统将调用平面构造器来定义投影平面。

3. 材料侧

定义材料的保留侧，当边界封闭时可定义为内部或外部，当边界开放时可定义为左侧或右侧。

4. 刀具位置

定义刀具与边界的位置关系。有【相切】和【对中】两种方式。当设定为【相切】时，刀具与边界相切，边界显示单边箭头，当设定为【对中】时，刀具中心与边界重合，边界显示双边箭头。

5. 凸边和凹边

在用图 3-4 所示【面】模式定义边界时，系统将面的边界分为【凸边】和【凹边】，并要求设定边界与刀具的位置关系。凸边和凹边的概念如图 3-7 所示。

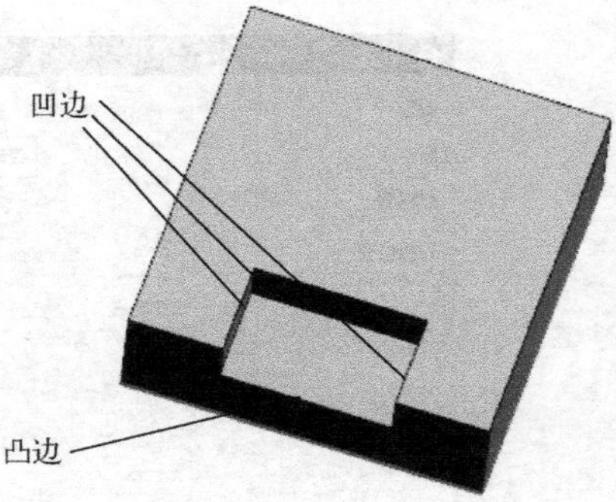

图 3-7 凹边和凸边示意图

3.1.4 切削深度的设置

平面铣的操作中，切削深度指的是相邻的两个切削层之间的距离。切削区域指的是数个连续切削层连接成的一段距离范围，在此范围内可有一个或多个切削层，示意图如图 3-8 所示。

平面铣操作定义切削深度有 5 种方式，分别是用户定义、仅底面、底面及临界深度、临界深度、恒定，如图 3-9 所示。不同的切削深度方式可实现对多种形式切削层数和切削范围的控制。下面对 5 种切削深度定义方式分别进行介绍。

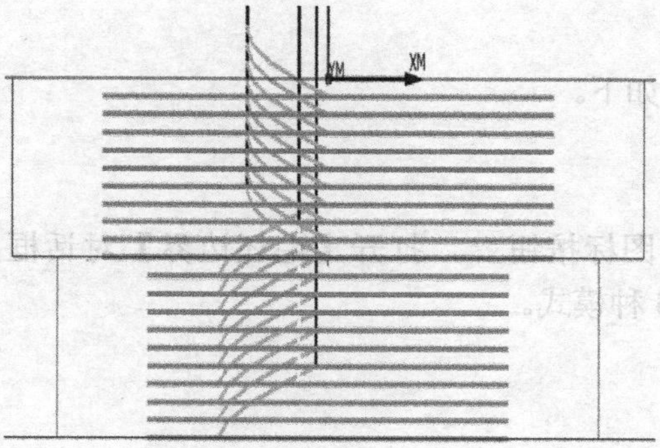

图 3-8　切削深度示意图

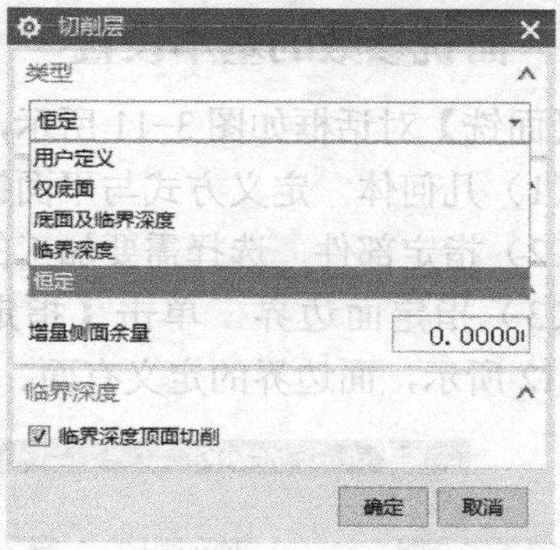

图 3-9　切削层类型

（1）用户定义　用户自定义切削深度，对话框下部的所有参数选项均被激活，可在对应文本框中输入数值。除初始层和最终层外，其余各层在最大和最小切削深度之间取值。

（2）仅底面　只在底面创建一个切削层。

（3）底面及临界深度　在底部面和岛屿的顶面创建切削层，岛屿顶面的切削层不会超出定义的岛屿边界。

（4）临界深度　切削层的位置在岛屿的顶面和底平面上，刀具在整个毛坯断面内切削。

（5）恒定　只设定一个最大深度值，除最后一层可能小于最大深度值外，其余层都等于最大深度值。

3.2　面铣加工

面铣是平面铣的特例，可直接选择表面来指定要加工的几何表面，也可通过选择存在的曲线、边缘或制定一系列有序点来定义几何表面。面铣加工基于平面的边界，在选择了工件几何体的情况下，可以自动防止过切。

面铣常用于多个平面底面的精加工，也可用于平面底面粗加工和侧壁的精加工。所加工的工件侧壁可以是不垂直的，如复杂型芯和型腔上的多个平面的精加工，如图 3-10 所示。

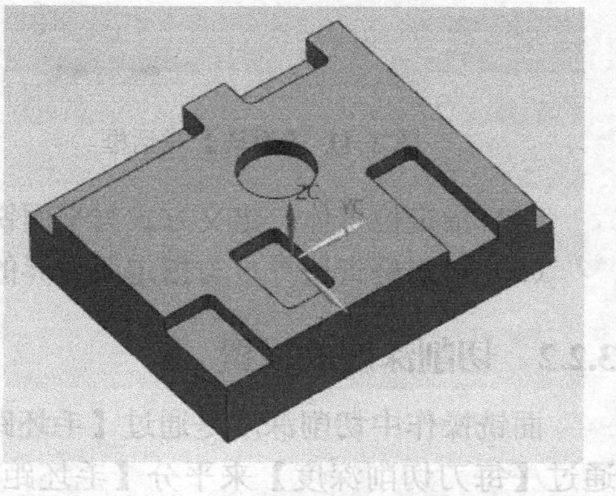

图 3-10　面铣的工件示例

平面铣和面铣的区别如下。

（1）切削深度的定义不同　平面铣是通过边界和底面的高度差来定义的，面铣是参照定义平面的相对深度来定义的，只要设定相对值即可。

（2）毛坯体和检查体选择的不同　平面铣只能选择边界，面铣可以选择边界、实体和片体。

（3）底面的定义不同　平面铣必须要定义底面，而面铣不用定义底面，因为选择的平面就是底面。

3.2.1 面铣参数的基本设置

【面铣】对话框如图 3-11 所示，面铣参数如下。

（1）几何体　定义方式与平面铣相同。

（2）指定部件　选择需要加工的部件。

（3）指定面边界　单击【指定面边界】图标按钮，打开【毛坯边界】对话框，如图 3-12 所示，面边界的定义有面、曲线、点 3 种模式。

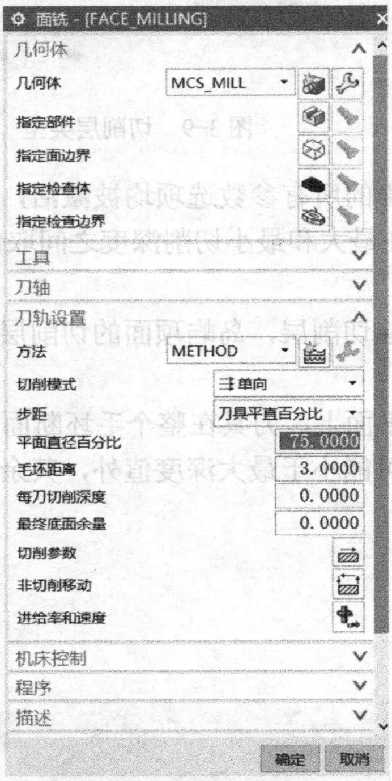

图 3-11 【面铣】对话框

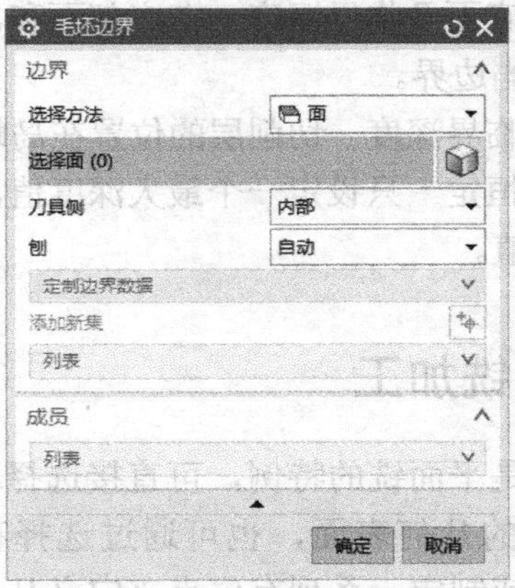

图 3-12 【毛坯边界】对话框

（4）指定检查体　定义方式与平面铣相同，可以不定义。

（5）指定检查边界　与指定面边界的定义基本相同，可以不定义。

3.2.2 切削深度的设置

面铣操作中切削深度是通过【毛坯距离】和【每刀切削深度】两个参数值来定义的，即通过【每刀切削深度】来平分【毛坯距离】得到应该切削的层数，如图 3-13 所示。如果【每刀切削深度】设定为 0，则切削的层数为 1 层，不管【毛坯距离】是多少，都会一次切除到最终底面余量值。

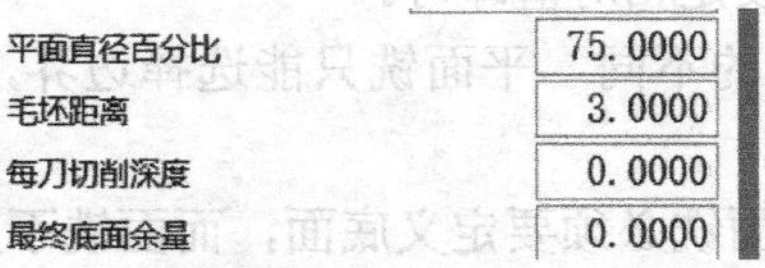

图 3-13 【面铣】切削深度设定

3.3　工程实例精解——平面零件数控加工

3.3.1　实例分析

零件模型如图 3-14 所示。本实例是一个典型的平面零件加工，主要包括平面铣、轮廓精加工和表面精加工。本实例的主要目的是通过介绍零件加工的过程，让读者逐步熟悉平面铣和面铣加工的基本思路和步骤。

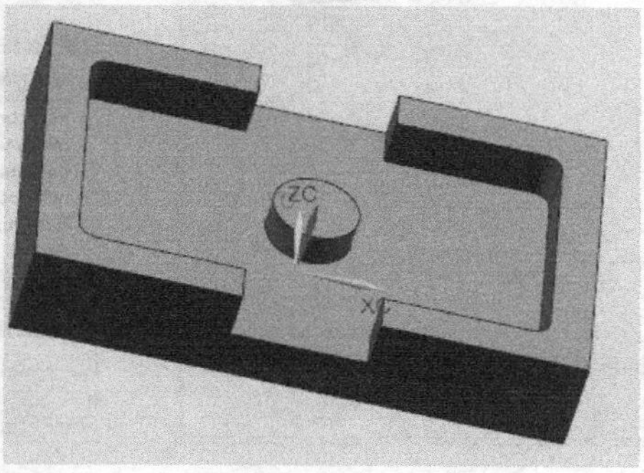

3-1　粗加工

图 3-14　零件的模型

零件材料是 45 钢，加工思路是先通过平面铣进行粗加工，侧面留 0.35mm 的加工余量，底面留 0.15mm 的加工余量。再用面铣精加工底面，最后用平面铣精加工侧壁。

3.3.2　粗加工 PLANAR_MILL

步骤 01：调入零件。单击【打开】图标按钮，弹出【打开】对话框，如图 3-15 所示。选择本书配套资源中的“\课堂练习\3\3-1.prt”文件，单击【OK】按钮。

步骤 02：初始化加工环境。选择菜单【启动】→【加工】命令，进入加工模块，当一个工件首次进入加工模块时，系统弹出图 3-16 所示的【加工环境】对话框。在【要创建的 CAM 设置】下拉列表中选择【mill_planar】，单击【确定】按钮后进入加工环境。

步骤 03：设定【工序导航器】。单击界面左侧资源条中的【工序导航器】按钮，打开【工序导航器】，单击【资源条选项】按钮，选中【锁住】选项，这样就锁定了导航器。在【工序导航器】中右击，在打开的【导航器】工具条中单击【几何视图】图标按钮，则【工序导航器-几何】视图如图 3-17 所示。

步骤 04：设定坐标系和安全高度。在【工序导航器-几何】视图中双击坐标系“MCS_MILL”，打开【MCS 铣削】对话框，如图 3-18 所示。在【机床坐标系】选项区域中单击【指定 MCS】图标按钮，打开【CSYS】对话框，如图 3-19 所示。在【类型】下拉列表中选取【对象的 CSYS】，在绘图区单击平面，高度提高 5mm，设定加工坐标系在平面的中心，如图 3-20 所示。

在【MCS 铣削】对话框的【安全设置】选项区域，【安全设置选项】下拉列表中选取【刨】，如图 3-21 所示，并单击【指定平面】图标按钮，弹出【刨】对话框，如图 3-22 所示。默认选择【类型】为【自动判断】，在绘图区单击零件顶面，并在【距离】文本框输入

“20”，即安全高度为 Z20，单击【确定】按钮，完成设置。

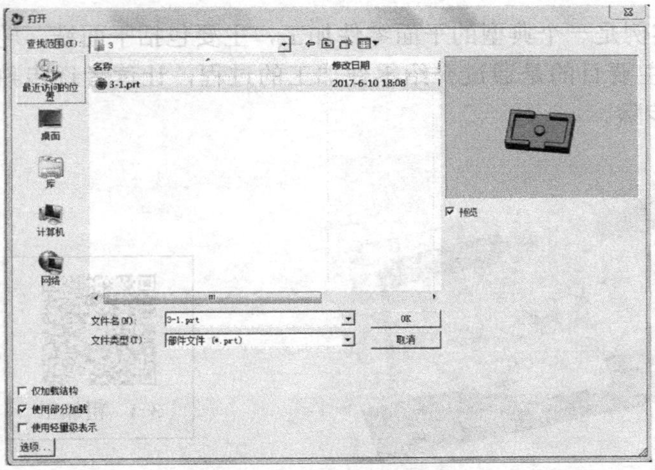

图 3-15 【打开】对话框

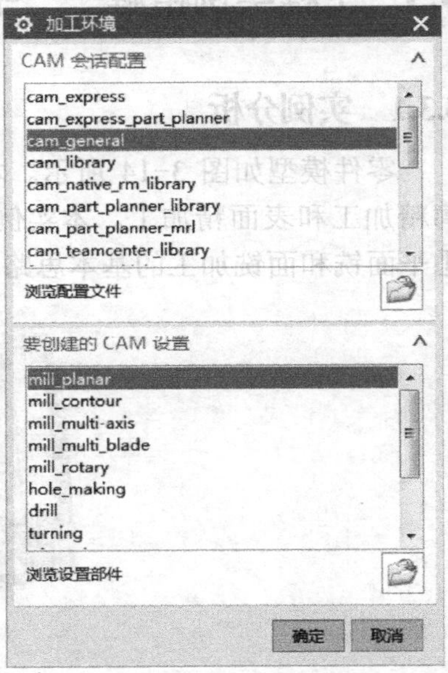

图 3-16 【加工环境】对话框

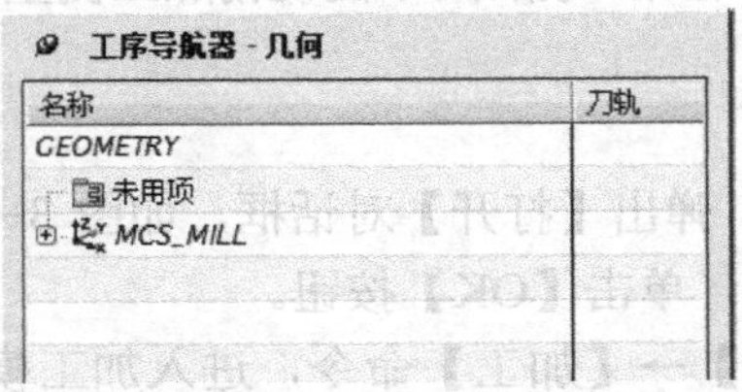

图 3-17 【工序导航器-几何】视图

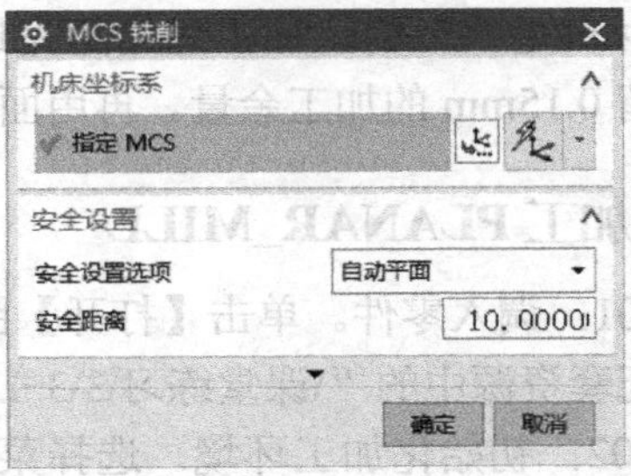

图 3-18 【MCS 铣削】对话框

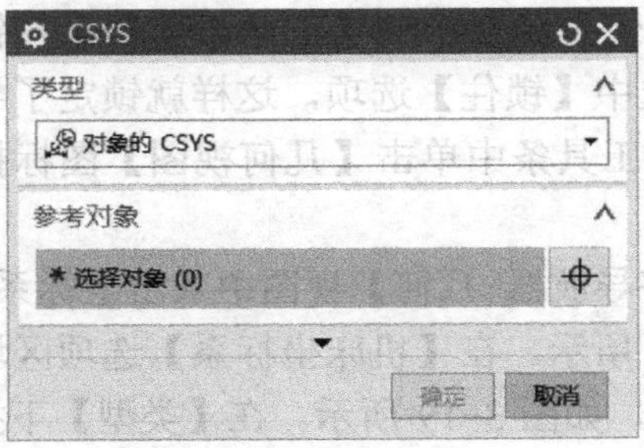

图 3-19 【CSYS】对话框

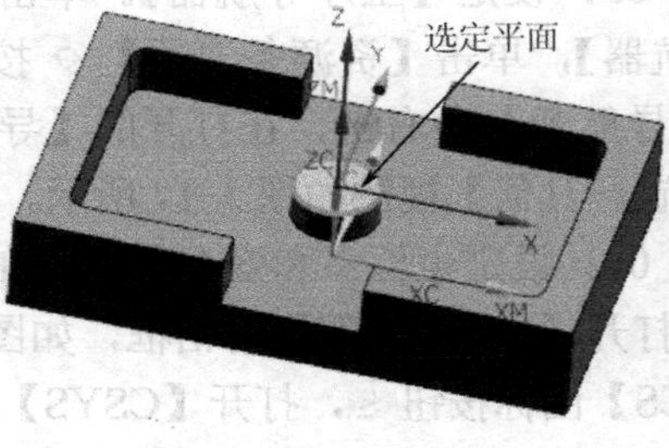

图 3-20 设定坐标系

步骤 05：创建刀具。单击【插入】工具条中的【创建刀具】图标按钮，打开【创建刀具】对话框，默认的【刀具子类型】为铣刀图标按钮，在【名称】文本框中输入“D8”，如图 3-23 所示。单击【应用】按钮，打开【铣刀-5 参数】对话框，在【直径】文本框中输入“8”，如图 3-24 所示，这样就创建了一把直径为 8mm 的平铣刀。选用合适的刀具时，首先要对零件最小边界处进行测量，然后确定刀具的大小，如图 3-25 所示。

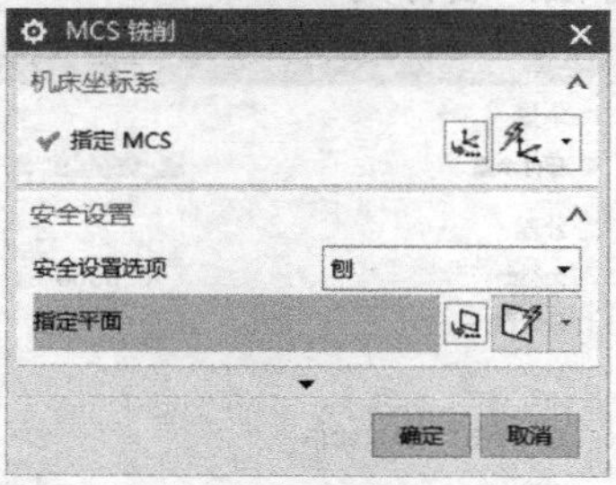

图 3-21　【安全设置】选项区域

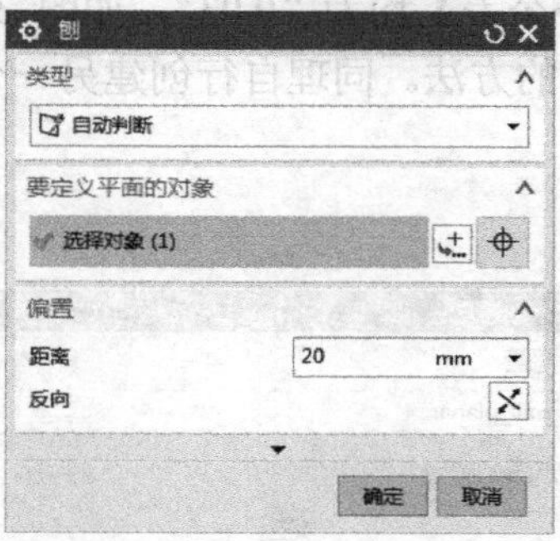

图 3-22　【刨】对话框

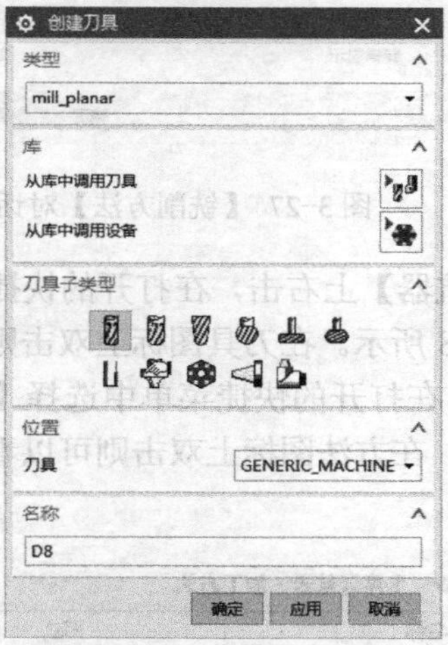

图 3-23　【创建刀具】对话框

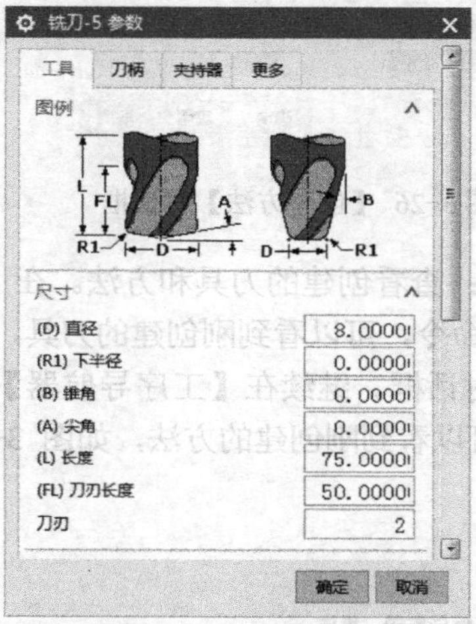

图 3-24　【铣刀-5 参数】对话框

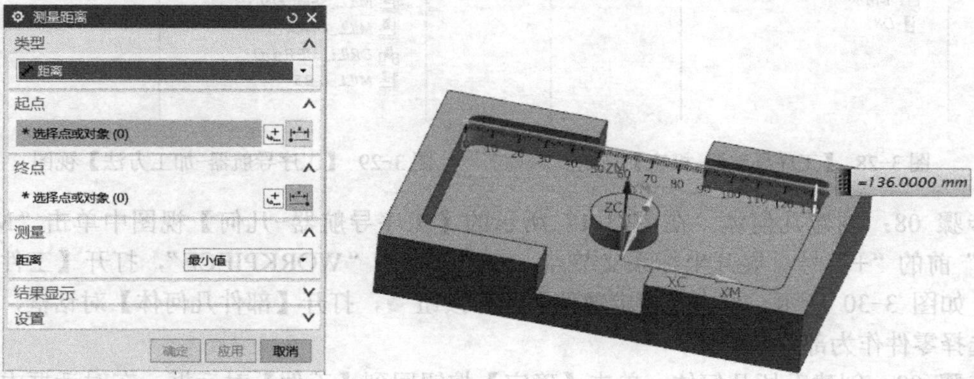

图 3-25　测量距离

步骤 06：创建方法。单击【插入】工具条中的【创建方法】图示按钮，打开【创建方法】对话框，在【名称】文本框中输入“M1LL_0.35”，如图 3-26 所示。单击【确定】按钮，打开【铣削方法】对话框，在【部件余量】文本框中输入“0.35”，公差选项设定【内公差】和【外公差】均为“0.03”，如图 3-27 所示。单击【确定】按钮，这样就创建了一个余量 0.35mm 的方法。同理自行创建另一个余量为 0 的方法，名称为 MILL_0.0。

图 3-26 【创建方法】对话框

图 3-27 【铣削方法】对话框

步骤 07：查看创建的刀具和方法。在【工序导航器】上右击，在打开的快捷菜单中选择【机床视图】命令，可以看到刚创建的刀具，如图 3-28 所示。在刀具图标上双击则可以看到该刀具的参数对话框。继续在【工序导航器】上右击，在打开的快捷菜单中选择【加工方法视图】命令，可以看到刚创建的方法，如图 3-29 所示，在方法图标上双击则可以看到该方法的参数对话框。

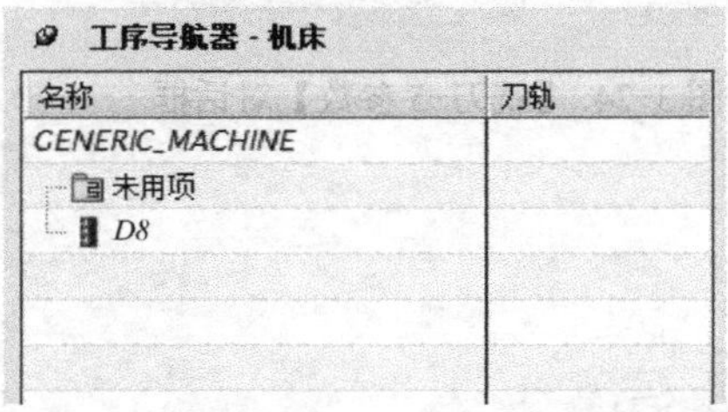

图 3-28 【工序导航器-机床】视图

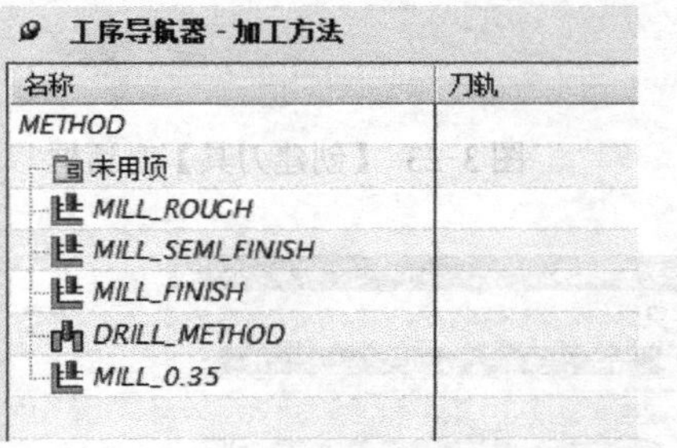

图 3-29 【工序导航器-加工方法】视图

步骤 08：创建几何体。在图 3-17 所示的【工序导航器-几何】视图中单击“MCS_MILL”前的“+”号，展开坐标系父节点，双击其下的“WORKPIECE”，打开【工件】对话框，如图 3-30 所示。单击【指定部件】图标按钮，打开【部件几何体】对话框，在绘图区选择零件作为部件几何体。

步骤 09：创建毛坯几何体。单击【确定】按钮回到【工件】对话框，在对话框中单击【指定毛坯】图标按钮，打开【毛坯几何体】对话框。选择【类型】下拉列表中的【包容块】，系统自动生成默认毛坯，如图 3-31 所示。单击【毛坯几何体】和【工件】对话框的【确定】按钮返回主界面。

图 3-30 【工件】对话框

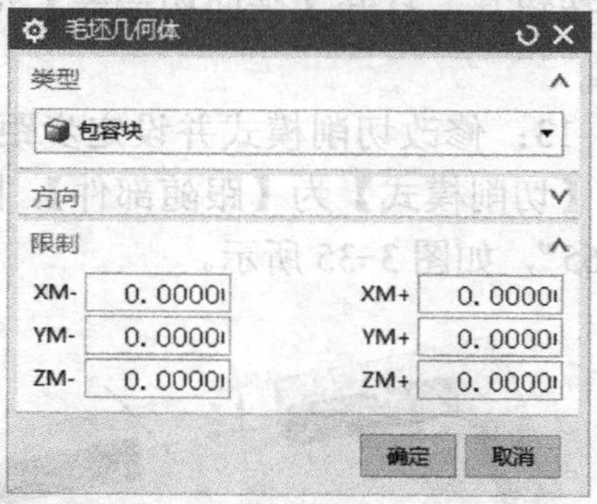

图 3-31 【毛坯几何体】对话框

步骤 10：创建平面铣。单击【插入】工具条中的【创建工序】图标按钮，打开【创建工序】对话框，如图 3-32 所示，在【类型】下拉列表中选择【mill_planar】，即选择了平面铣加工操作模板，修改位置参数，填写名称，然后单击【工序子类型】中的 PLANAR_MILL 图标按钮，打开【平面铣】对话框。

步骤 11：创建边界，在【平面铣】对话框中，单击【指定部件边界】图标按钮，打开【边界几何体】对话框，在【模式】下拉列表中选择【曲线/边】，打开【创建边界】对话框，在【材料侧】下拉列表中选择【外部】，如图 3-33 所示。然后在绘图区按顺序依次选取图 3-34 所示的边界 1，然后修改【刀具位置】为【对中】，接着选择边界 2，单击【确定】按钮。

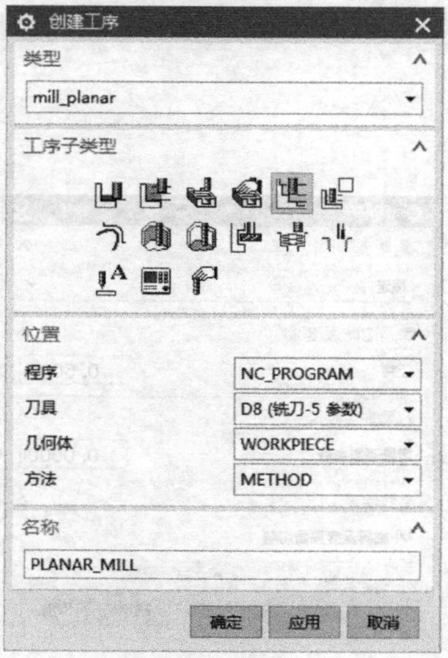

图 3-32 【创建工序】对话框

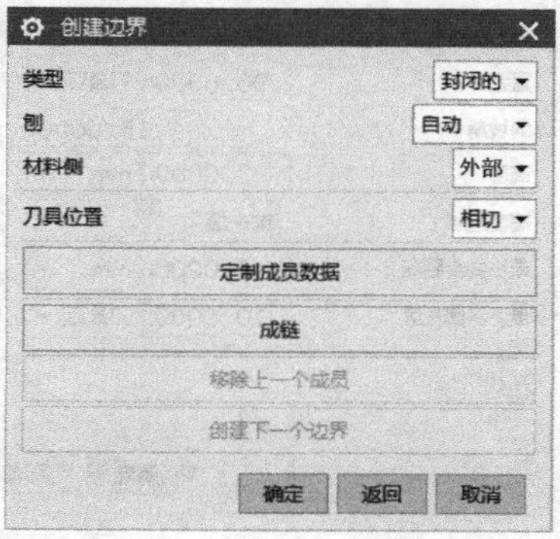

图 3-33 【创建边界】对话框

返回【边界几何体】对话框，继续以【曲线/边】模式选取边界，在【创建边界】对话框框中，【材料侧】下拉列表中选择【内部】选项，然后在绘图区选取图 3-34 所示的边界 3，单击【确定】按钮直到返回【平面铣】对话框。

步骤 12：设定底面。在【平面铣】对话框的【几何体】选项区域中，单击【指定底面】图标按钮，打开【平面构造器】对话框，直接在绘图区选择零件的底面，单击【确定】按钮。

步骤 13：修改切削模式并设定步距。在【平面铣】对话框的【刀轨设置】选项区域中，选择【切削模式】为【跟随部件】，【步距】选择【刀具平直百分比】，【平面直径百分比】为“65”，如图 3-35 所示。

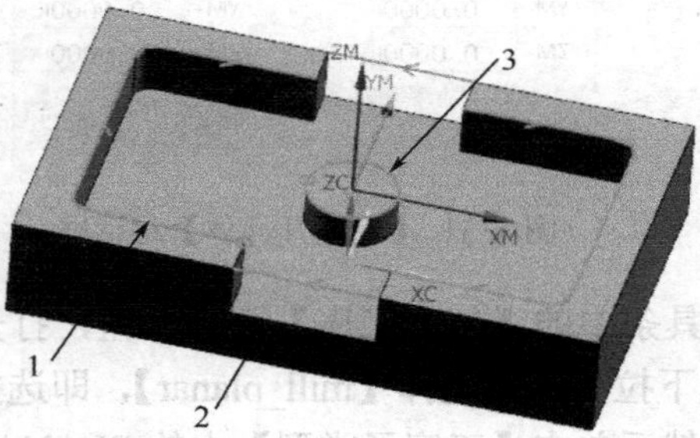

图 3-34　选择边界

图 3-35　切削模式选项

步骤 14：设定进刀参数。在【平面铣】对话框的【刀轨设置】选项区域中，单击【非切削移动】图标按钮，打开【非切削移动】对话框，在【进刀】选项卡下，设定【进刀类型】为【螺旋】，【直径】和【斜坡角】设置如图 3-36 所示，单击【确定】按钮。

步骤 15：设定切削深度。在【平面铣】对话框的【刀轨设置】选项区域中，单击【切削层】图标按钮，打开【切削层】对话框，在【类型】下拉列表中选择【恒定】，并设置【每刀切削深度】为“0.5”，如图 3-37 所示。

图 3-36　【进刀】选项卡

图 3-37　【切削层】对话框

步骤 16：设定切削余量。在【平面铣】对话框的【刀轨设置】选项区域中，单击【切削参数】图标按钮，打开【切削参数】对话框，在【余量】选项卡中修改【最终底面余量】为“0.15”，如图 3-38 所示，单击【确定】按钮。

步骤 17：设定进给率和刀具转速。在【平面铣】对话框的【刀轨设置】选项区域中，单击【进给率和速度】图标按钮，打开【进给率和速度】对话框，在【主轴速度】选项区域中，选中【主轴速度】复选框，在文本框中输入“3000”。在【进给率】选项区域中设定【切削】为“800”，并单击【主轴速度】后的【计算】图标按钮，生成表面速度和进给量，如图 3-39 所示，单击【确定】按钮。

步骤 18：生成刀位轨迹。单击【生成】图标按钮，系统计算出平面铣加工的刀位轨迹，如图 3-40 所示。

3-2　底面精加工

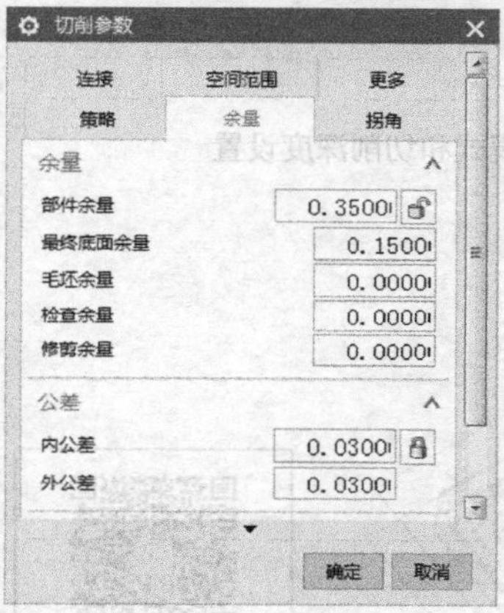

图 3-38 【切削参数】对话框

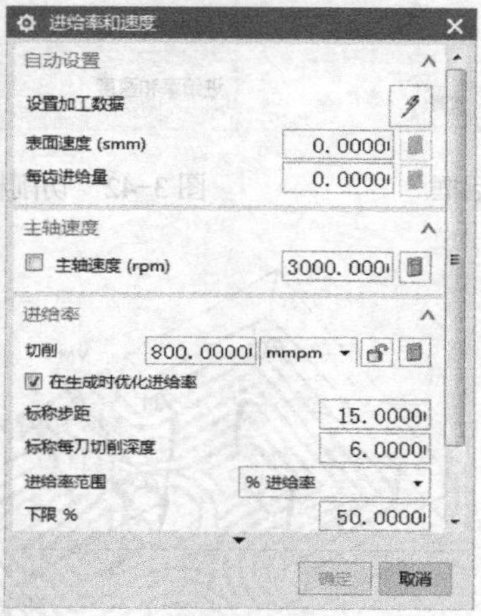

图 3-39 【进给率和速度】对话框

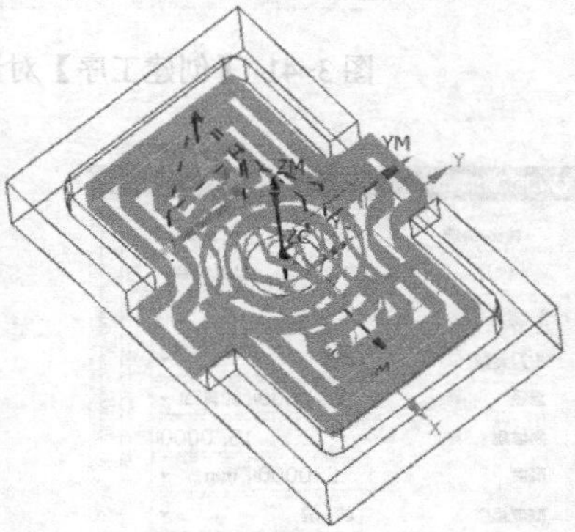

图 3-40 平面铣的刀位轨迹

3.3.3　精加工底平面 FACE_MILLING

步骤 01：创建面铣操作。单击【插入】工具条中的【创建工序】图标按钮，打开【创建工序】对话框，设置参数如图 3-41 所示，单击【确定】按钮，打开【面铣】对话框。

步骤 02：指定面边界。在【面铣】对话框的【几何体】选项区域中，单击【指定面边界】图标按钮，打开【毛坯边界】对话框，直接在绘图区选择零件底面，单击【确定】按钮。

步骤 03：设定切削模式和切削深度。在【面铣】对话框的【刀轨设置】选项区域中，更改【切削模式】为【跟随周边】，并设定【毛坯距离】和【每刀深度】均为“1”，如图 3-42 所示。

步骤 04：设定螺旋进刀。在图 3-42 所示【刀轨设置】选项区域中，单击【非切削移动】图标按钮，打开【非切削移动】对话框，在【进刀】选项卡下，设定【进刀类型】为【螺旋】，【直径】和【斜坡角】设置如图 3-43 所示，单击【确定】按钮。

步骤 05：生成刀位轨迹。单击【生成】图标按钮，系统算出面铣的底面精加工刀位，生成刀位轨迹，如图 3-44 所示。

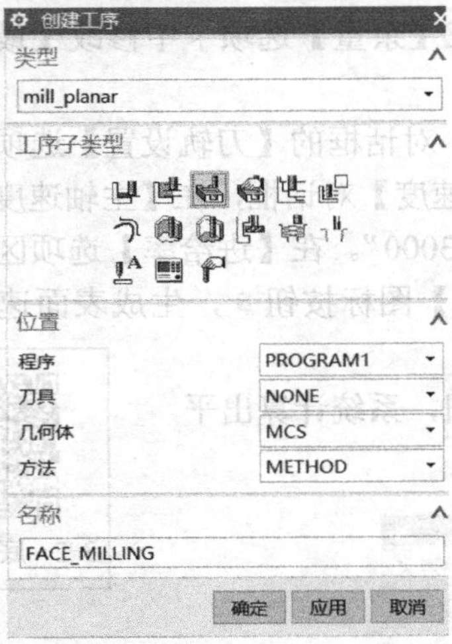

图 3-41 【创建工序】对话框

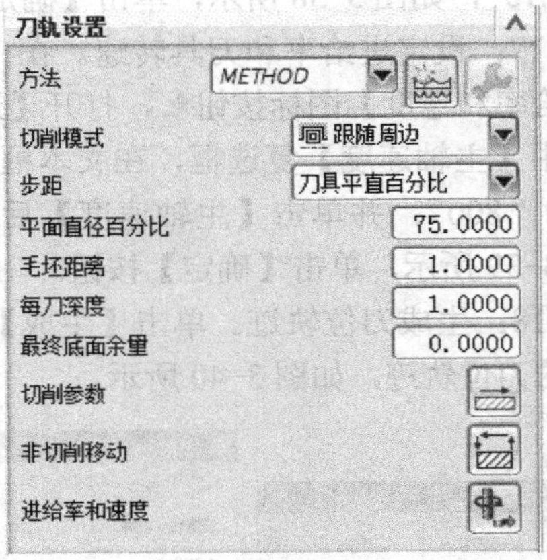

图 3-42 切削模式和切削深度设置

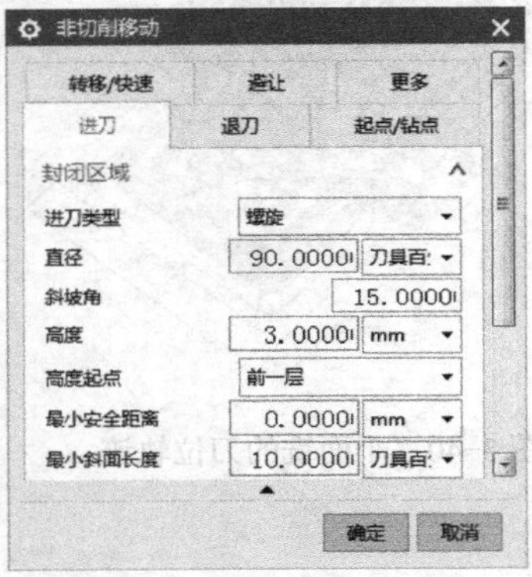

图 3-43 【进刀】选项卡

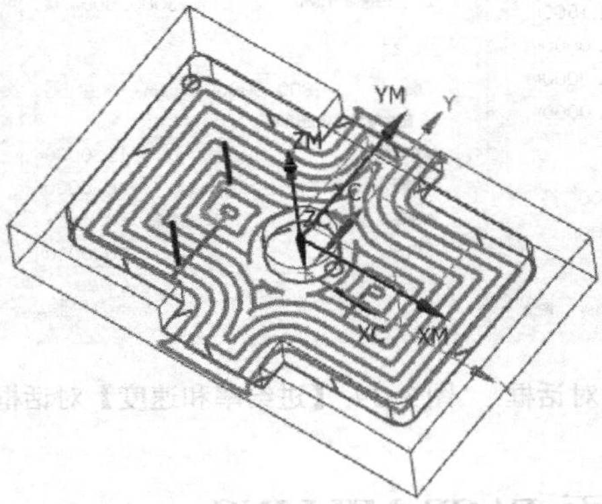

图 3-44 底面精加工的刀位轨迹

3-3 侧面精加工

3.3.4 精加工侧面 PLANAR_MILL

步骤 01：复制平面铣操作。在【工序导航器-几何】视图中，在粗加工的平面铣操作"PLANAR_MILL"上右击，在打开的快捷菜单中选择【复制】命令，如图 3-45 所示。再在平面铣几何体节点上右击，在打开的快捷菜单中选择【粘贴】命令，则复制一个新的平面铣操作，如图 3-46 所示。

步骤 02：修改【方法】。双击新建的平面铣操作，打开【平面铣】对话框，在【刀轨设置】选项区域中，在【方法】下拉列表中选择【MILL_0.0】，如图 3-47 所示。这一步重新定义了精加工侧壁的余量为 0。

步骤 03：设定切削模式。在【刀轨设置】选项区域中，修改【切削模式】为【轮廓加工】，使刀具围绕轮廓切削。

步骤 04：设定切削底面余量。在【刀轨设置】选项区域中，单击【切削参数】图标按钮，打开【切削参数】对话框，在【余量】选项卡中修改【部件余量】和【最终底面余量】均为“0”，【内公差】和【外公差】均设定为“0.01”，单击【确定】按钮，如图 3-48 所示。

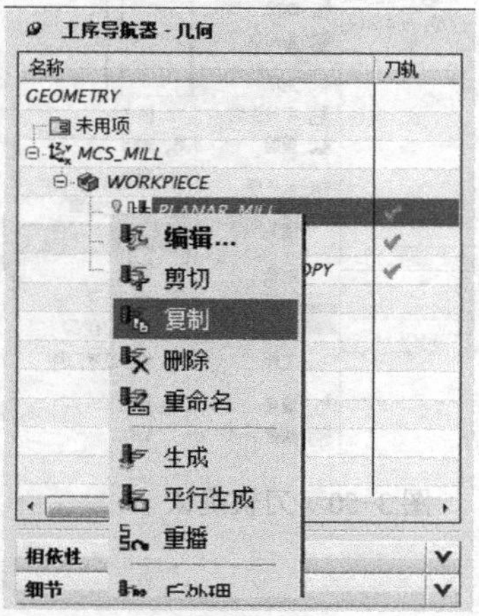

图 3-45　快捷菜单

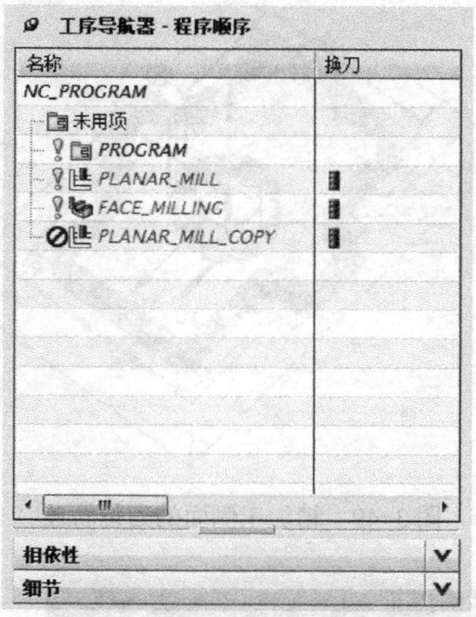

图 3-46　复制平面铣操作

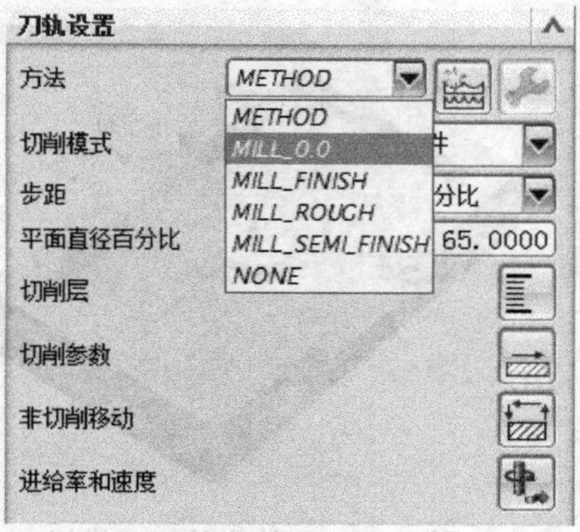

图 3-47　修改方法

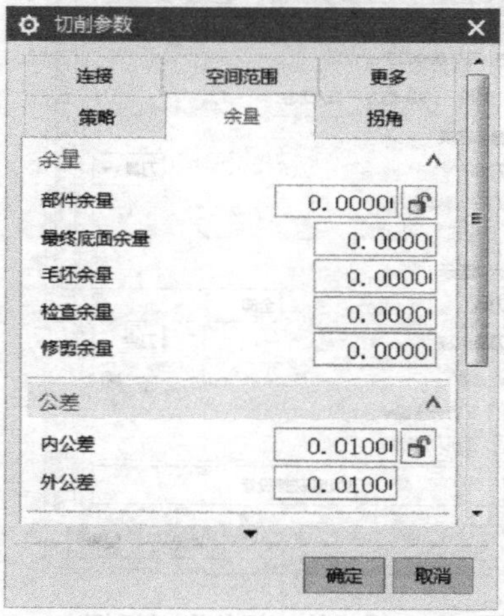

图 3-48　修改切削参数

步骤 05：生成刀位轨迹。单击【生成】图标按钮，系统计算出精加工侧面的刀位轨迹，如图 3-49 所示。

步骤 06：刀轨实体加工模拟。在【工序导航器-几何】视图中，在“WORKPIECE”节点上右击，如图 3-50 所示。在打开的快捷菜单中选择【刀轨】→【确认】命令，则回放该节点下所有的刀轨，接着打开【刀轨可视化】对话框，如图 3-51 所示。打开其中的【2D 动态】或【3D 动态】选项卡，单击选项卡中的【播放】按钮，系统开始模拟加工的全过程，图 3-52 所示为模拟中的工件。

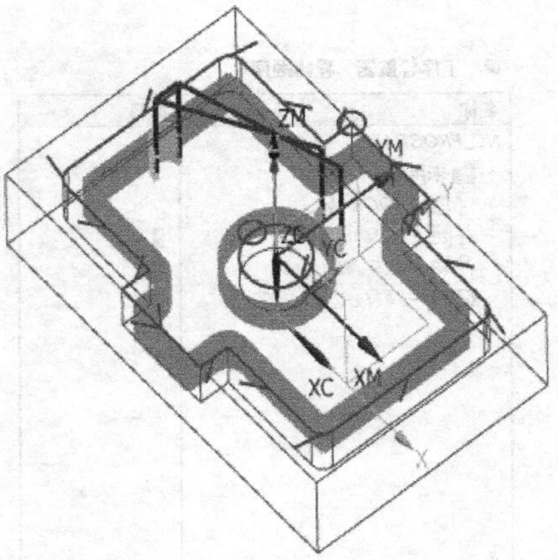

图 3-49　精加工侧面的刀位轨迹

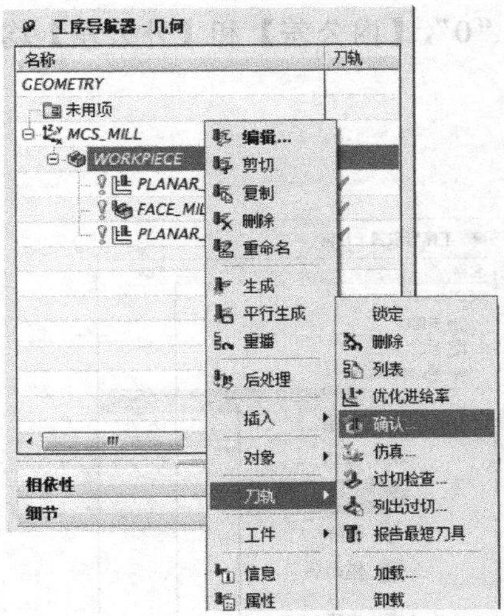

图 3-50　刀轨确认

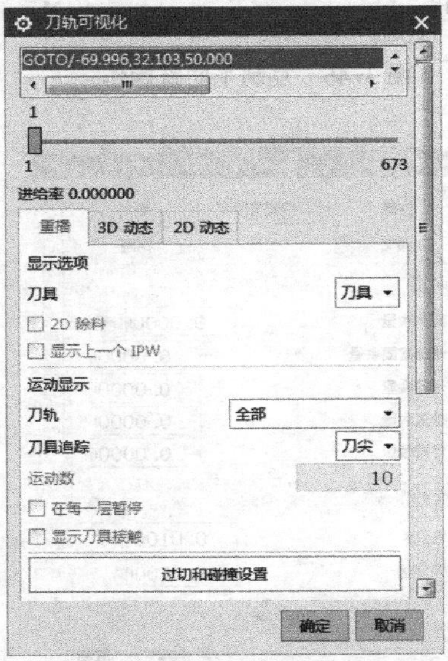

图 3-51　【刀轨可视化】对话框

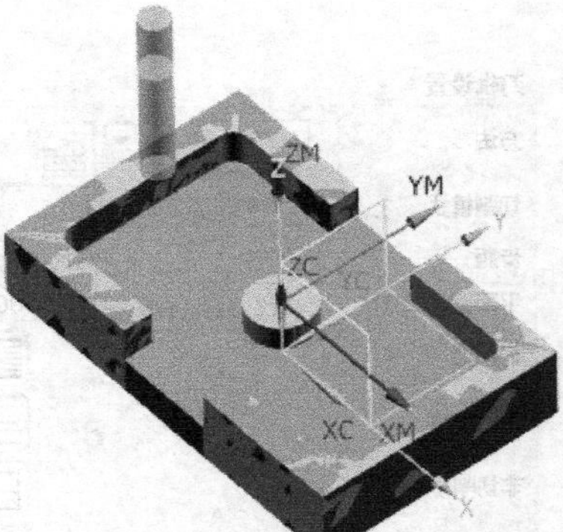

图 3-52　刀轨实体加工模拟

3.4　工程实例精解——模具型腔平面数控加工实例

3.4.1　实例分析

模具型腔零件如图 3-53 所示。加工思路是首先对平面进行补面，这样可以使做出来的刀路痕迹比较美观。另外，利用直线、偏置曲线、抽取虚拟曲线等命令，绘制圆形流道的边界线，作为刀路的边界线。然后通过平面铣刀对平面进行面铣半精加工和精加工，保证平面的表面粗糙度；最后，通过平面铣利用球头铣刀直接加工流道，设定球头铣刀与边界的位置关系，控制刀位轨迹在流道的中心上。

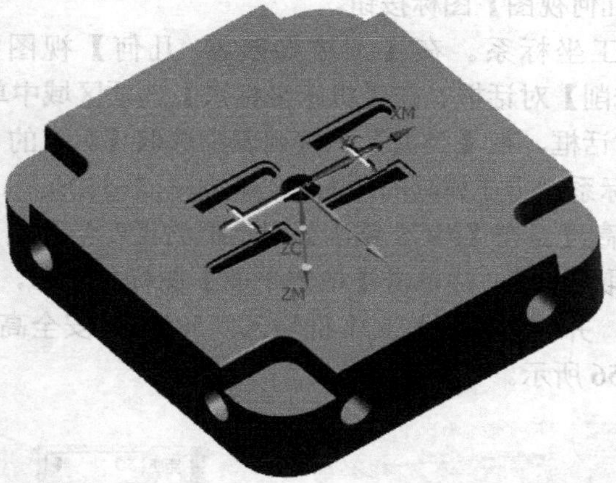

图 3-53　模具型腔零件

3-4　粗加工 1

3.4.2　型腔的粗加工 CAVITY_MILL（1）

步骤 01：单击【打开】按钮，弹出【打开】对话框，如图 3-54 所示。选择本书配套资源中的“\课堂练习\3\3-2.prt”文件，单击【OK】按钮。

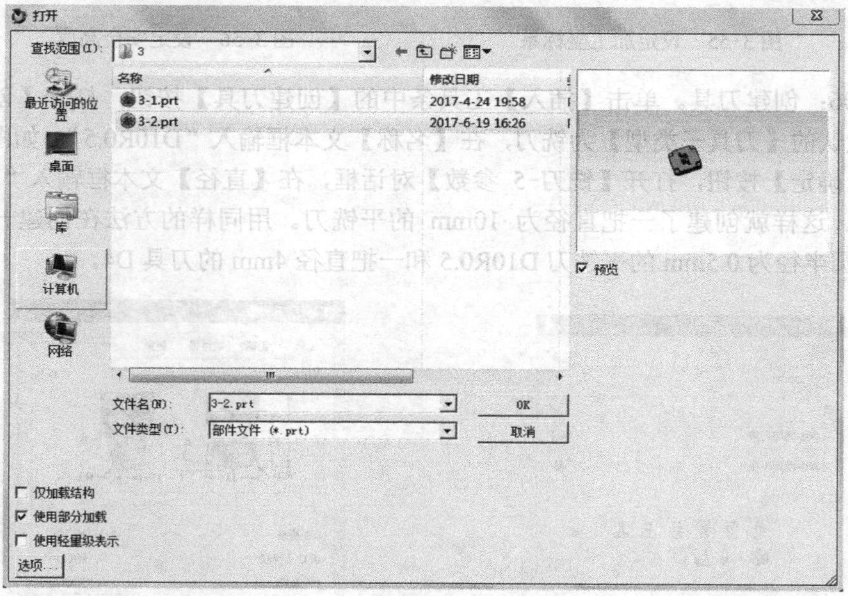

图 3-54　【打开】对话框

步骤 02：初始化加工环境。选择菜单【启动】→【加工】命令，系统弹出【加工环境】对话框。在【CAM 设置】下拉列表中选择【mill_contour】，单击【确定】按钮后进入加工环境。

步骤 03：设定【工序导航器】。单击界面左侧资源条中的【工序导航器】图标按钮，打开工序导航器，单击【资源条选项】按钮，选中【锁住】选项，锁定导航器，在打开的【导航器】工具条中单击【几何视图】图标按钮。

步骤 04：设定加工坐标系。在【工序导航器-几何】视图中双击坐标系“MCS_MILL”，打开【MCS 铣削】对话框。在【机床坐标系】选项区域中单击【指定 MCS】图标按钮，打开【CSYS】对话框，在【类型】下拉列表中选取【对象的 CSYS】，在绘图区单击模具的顶面，将加工坐标系设定在模具的顶面中心，如图 3-55 所示。

步骤 05：设定安全高度。在【MCS 铣削】对话框的【安全设置】选项区域中，【安全设置选项】下拉列表中选取【刨】，并单击【指定平面】图标按钮，弹出【刨】对话框。在绘图区单击模具的顶面，并在【距离】文本框输入“50”，即安全高度 Z50，单击【确定】按钮完成设置，如图 3-56 所示。

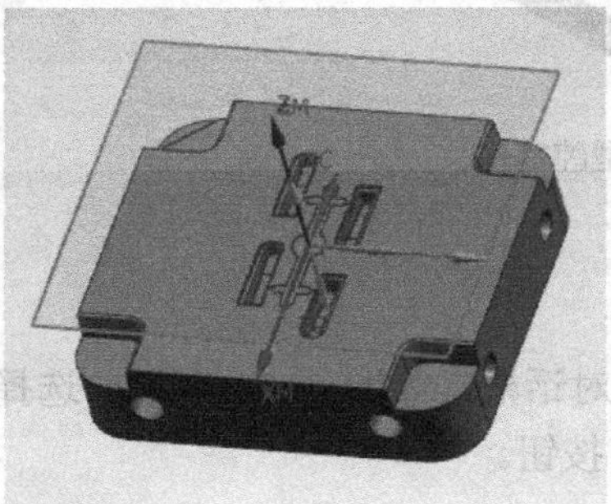

图 3-55　设定加工坐标系

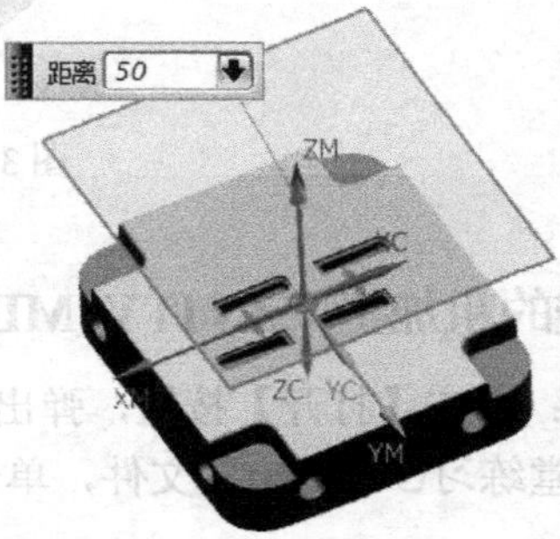

图 3-56　设定安全高度

步骤 06：创建刀具。单击【插入】工具条中的【创建刀具】按钮，打开【创建刀具】对话框，默认的【刀具子类型】为铣刀，在【名称】文本框输入“D10R0.5”，如图 3-57 所示，单击【确定】按钮，打开【铣刀-5 参数】对话框，在【直径】文本框输入“10”，如图 3-58 所示。这样就创建了一把直径为 10mm 的平铣刀。用同样的方法在创建一把直径为 10mm，底圆半径为 0.5mm 的平铣刀 D10R0.5 和一把直径 4mm 的刀具 D4。

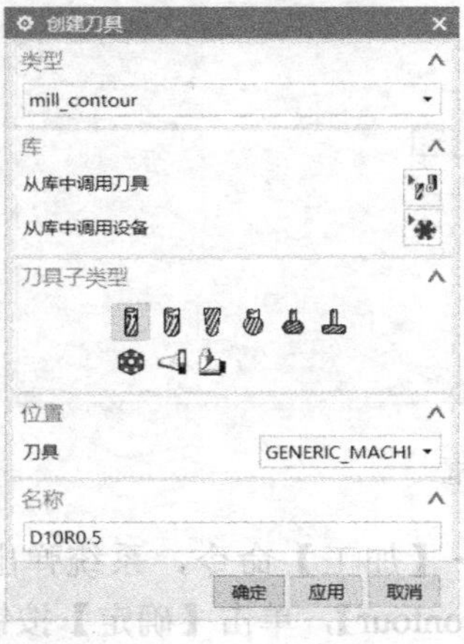

图 3-57 【创建刀具】对话框

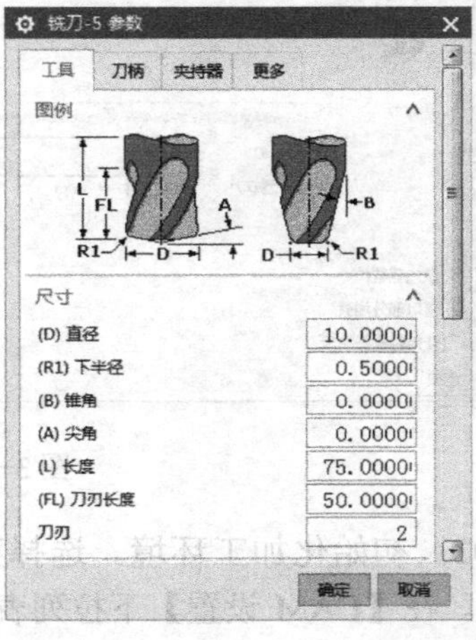

图 3-58 【铣刀-5 参数】对话框

步骤 07：创建几何体。在【工序导航器-几何】视图中单击“MCS_MILL”前面的+号，展开坐标系父节点，双击其下的“WORKPIECE”，打开【工件】对话框，单击【指定部件】图标按钮，打开【部件几何体】对话框，在绘图区选择模具型腔作为部件几何体。

步骤 08：创建毛坯几何体。单击【部件几何体】对话框的【确定】按钮回到【工件】对话框，在对话框中单击【指定毛坯】图标按钮，打开【毛坯几何体】对话框。选择第 3 个图标【包容块】，如图 3-59 所示。单击【毛坯几何体】和【铣削几何体】对话框的【确定】按钮，返回主界面。

步骤 09：创建程序组。选择菜单【刀片】→【创建程序】命令，然后在【创建程序】对话框中设置【类型】【位置】【名称】，如图 3-60 所示。单击【确定】按钮后，就建立了一个程序 AA1。用同样的方法建立另一个程序 AA2。打开【工序导航器-程序顺序】视图，如图 3-61 所示，可以看到刚刚建立的程序 AA1 和 AA2。

图 3-59 【毛坯几何体】对话框

图 3-60 【创建程序】对话框

步骤 10：建立有界平面。返回建模界面，通过直线将中间部分连起来，再通过有界平面，把中间的面补上，为面铣提供条件，如图 3-62 所示。

步骤 11：建立型腔铣。单击【插入】工具条中的【创建工序】按钮，打开【创建工序】对话框，在【类型】下拉菜单中选择【mill_contour】，修改位置参数，填写名称，然后在【工序子类型】中单击 CAVITY_MILL 图标按钮，打开【型腔铣】对话框，如图 3-63 所示。

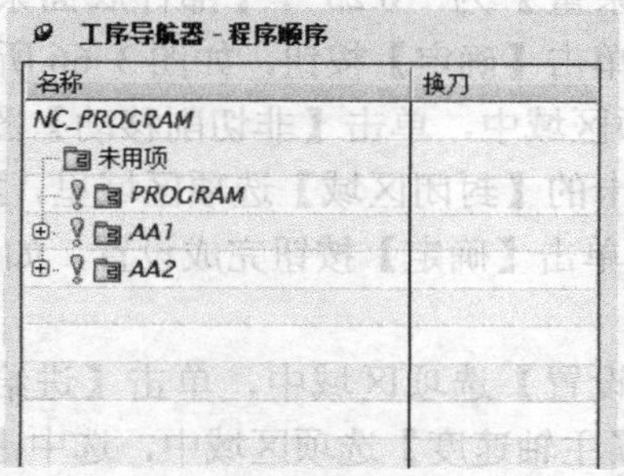

图 3-61 【工序导航器-程序顺序】视图

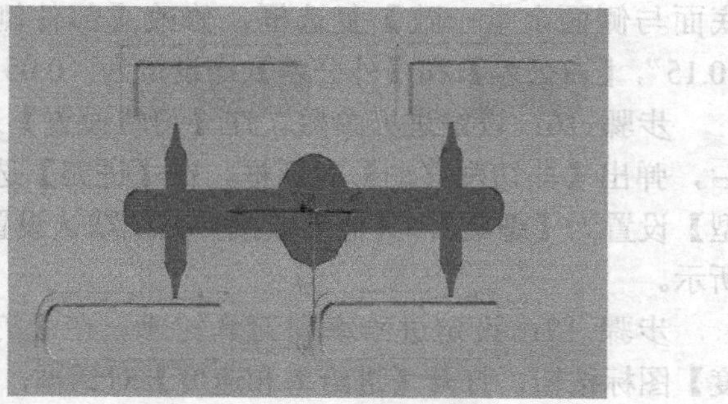

图 3-62 补面圆形流道

步骤 12：修改切削模式和每一刀的切削深度。在【型腔铣】对话框的【刀轨设置】选项区域中，【切削模式】设定为【跟随部件】，【步距】设定为【刀具平直百分比】，【平面直径百分比】设定为“65”，【公共每刀切削深度】设定为【恒定】，【最大距离】设置为“0.5”“mm”，如图 3-64 所示。

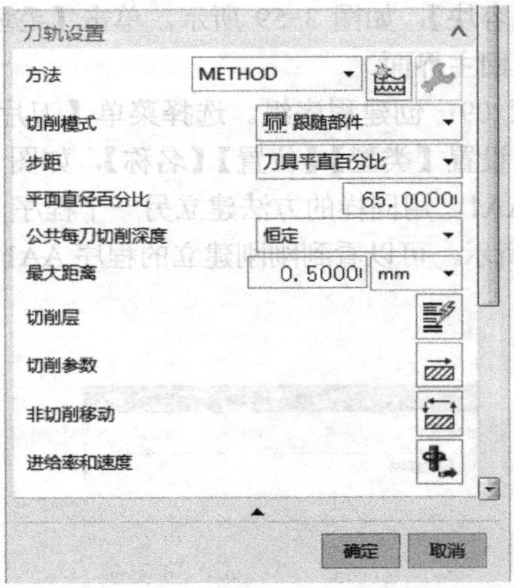

图 3-63 【创建工序】对话框　　　　图 3-64 切削模式和切削深度

步骤 13：设定切削层。在【型腔铣】对话框的【刀轨设置】选项区域中，单击【切削层】图标按钮，打开【切削层】对话框，在列表下删除所有的层数，再单击【选择对象】，选定型腔底面，单击【确定】按钮，如图 3-65 所示。

步骤 14：设定策略和连接。在【型腔铣】对话框的【刀轨设置】选项区域中，单击【切削参数】图标按钮，打开【切削参数】对话框，在【策略】选项卡中，【切削顺序】设定为【深度优先】。在【连接】选项卡中【开放刀路】设定为【变换切削方向】，单击【确定】按钮。

步骤 15：设定切削余量。在【切削参数】对话框的【余量】选项卡中，取消选中【使底面与侧面余量一致】复选框，修改【部件侧面余量】为“0.25”，【部件底面余量】为“0.15”，【内公差】和【外公差】均设定为“0.05”，单击【确定】按钮，如图 3-66 所示。

步骤 16：设定进刀参数。在【刀轨设置】选项区域中，单击【非切削移动】图标按钮，弹出【非切削移动】对话框，在【进刀】选项卡的【封闭区域】选项区域里，【进刀类型】设置为【螺旋】，其他参数接受系统默认设置，单击【确定】按钮完成设置，如图 3-67 所示。

步骤 17：设定进给率和刀具转速。在【刀轨设置】选项区域中，单击【进给率和速度】图标按钮，打开【进给率和速度】对话框，在【主轴速度】选项区域中，选中【主轴速度】复选框，在文本框输入“2200”，在【进给率】选项区域中设定【切削】为“1000”“mmpm”，如图 3-68 所示。

步骤 18：生成刀位轨迹。单击【生成】图标按钮，系统计算出前模型腔铣粗加工的刀位轨迹，如图 3-69 所示。

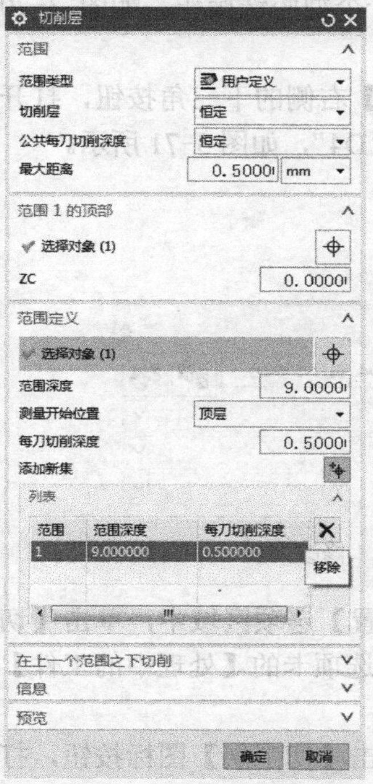

图 3-65 【切削层】对话框

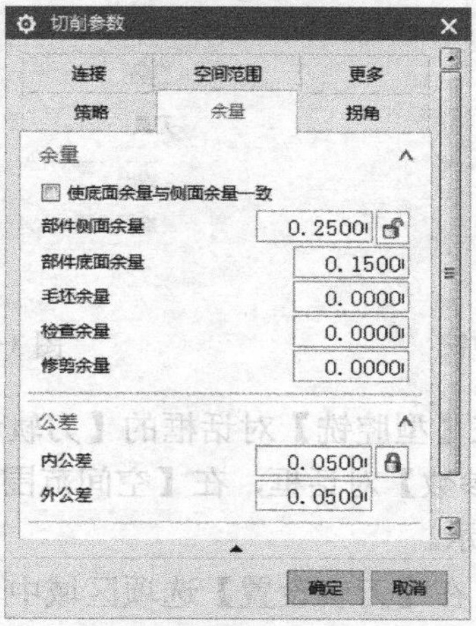

图 3-66 【切削参数】对话框

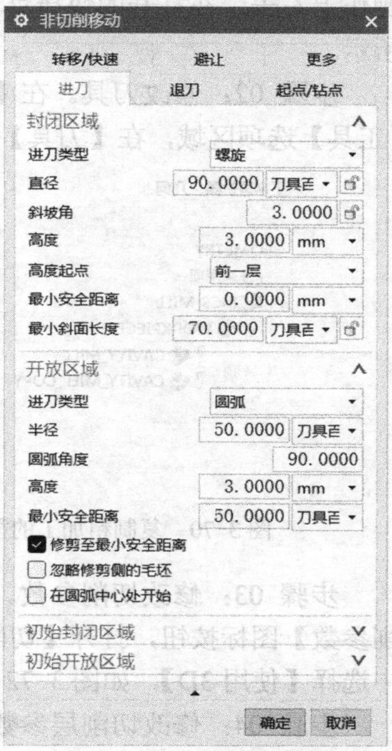

图 3-67 【非切削移动】对话框

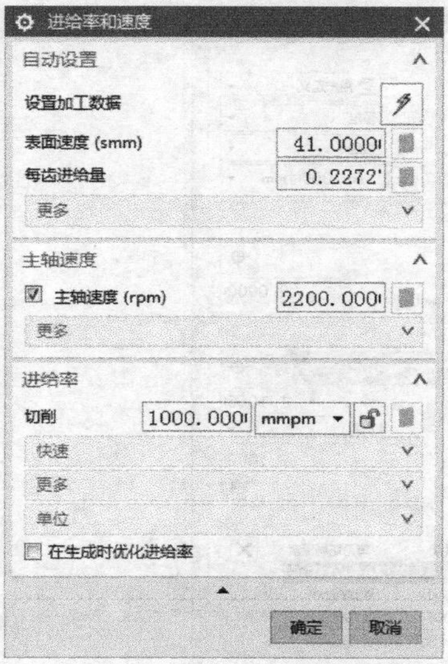

图 3-68 【进给率和速度】对话框

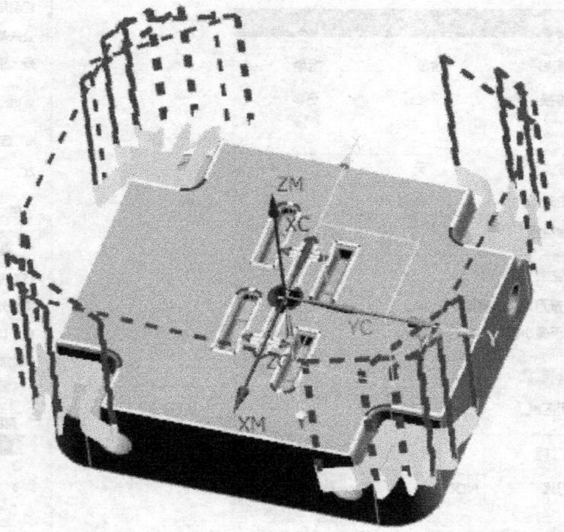

图 3-69 型腔铣粗加工的刀位轨迹

3-5 粗加工 2

3.4.3 型腔的粗加工 CAVITY_MILL（2）

步骤 01：复制粗加工的型腔铣操作。在【工序导航器-几何】视图中，先在已生成的型腔铣操作“CAVITY_MILL”上右击，在打开的快捷菜单中选择【复制】命令，再在型腔铣操作上右击，在打开的快捷菜单中选择【粘贴】命令，则复制一个型腔铣操作，如图 3-70 所示。

步骤 02：修改刀具。在【型腔铣】对话框中，单击【工具】右侧的下三角按钮，打开【工具】选项区域，在【刀具】下拉列表中选择之前建立的刀具“D4”，如图 3-71 所示。

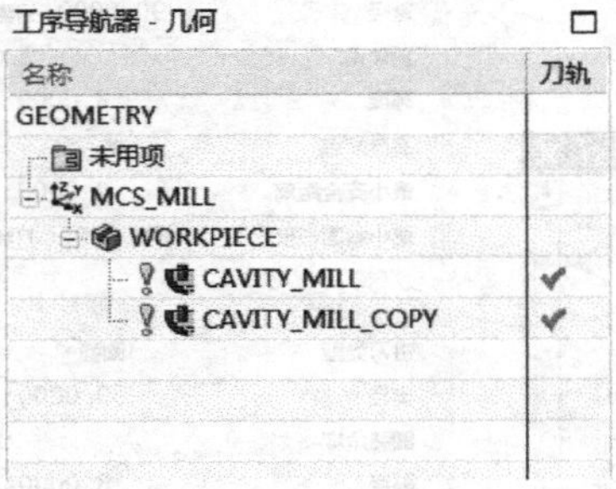

图 3-70　复制粗加工的型腔铣

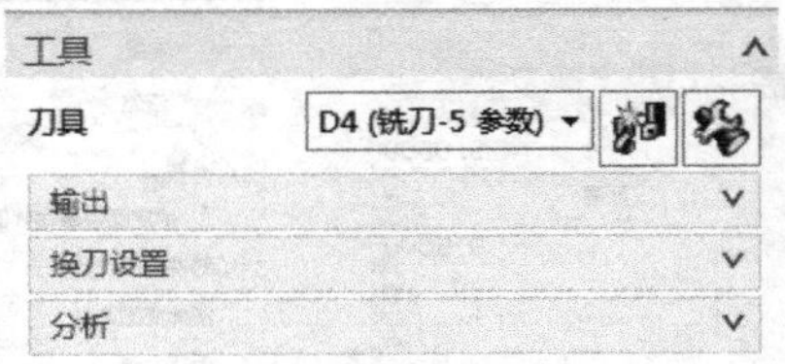

图 3-71　修改刀具

步骤 03：修改切削参数。在【型腔铣】对话框的【刀轨设置】选项区域中，单击【切削参数】图标按钮，打开【切削参数】对话框，在【空间范围】选项卡的【处理中的工件】中选择【使用 3D】，如图 3-72 所示。

步骤 04：修改切削层参数，在【刀轨设置】选项区域中单击【切削层】图标按钮，打开【切削层】对话框，在【范围类型】下拉列表选择【用户定义】选项，【最大距离】和【每刀切削深度】均设定为“0.1”，如图 3-73 所示。单击【确定】按钮完成设置。

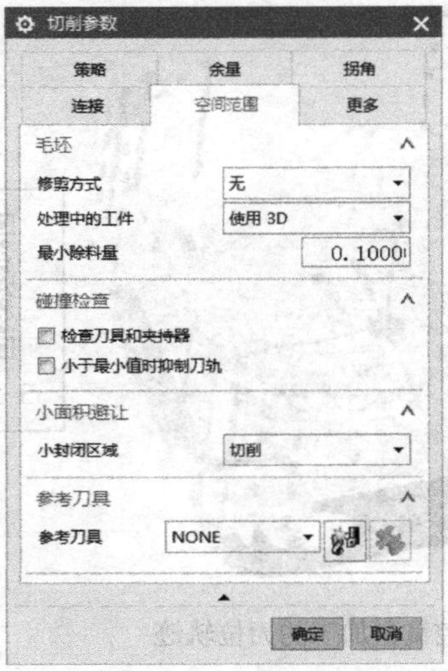

图 3-72　【空间范围】选项卡

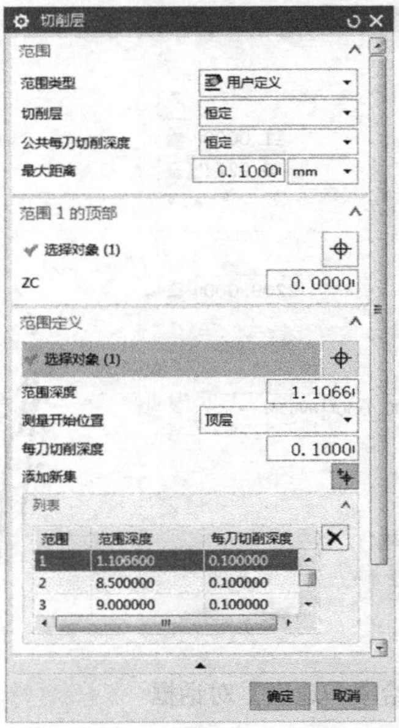

图 3-73　【切削层】对话框

步骤 05：修改进刀参数。在【刀轨设置】选项区域中，单击【非切削移动】图标按钮，打开【非切削移动】对话框，如图 3-74 所示。在【进刀】选项卡的【封闭区域】选项区域中，【进刀类型】设定为【螺旋】，【直径】设定为刀具直径的 90%，【高度】设定为“3”“mm”，【高度起点】设定为【前一层】，【最小安全距离】设定为“3”“mm”，【最小斜面长度】设定为刀具直径的 50%。

在【开放区域】选项区域中，【进刀类型】设定为【圆弧】，【半径】设定为“5”“mm”，【圆弧角度】设定为“90”，【高度】设定为“1.5”“mm”，【最小安全距离】设定为“5”“mm”，单击【确定】按钮完成设置。

步骤 06：修改转移/快速参数。在【非切削移动】对话框中，打开【转移/快速】选项卡，在【区域之间】选项区域中，【转移类型】设定为【前一平面】，【安全距离】设定为“3”“mm”。【区域内】选项区域中设定同样的参数，如图 3-75 所示，单击【确定】按钮完成设置。

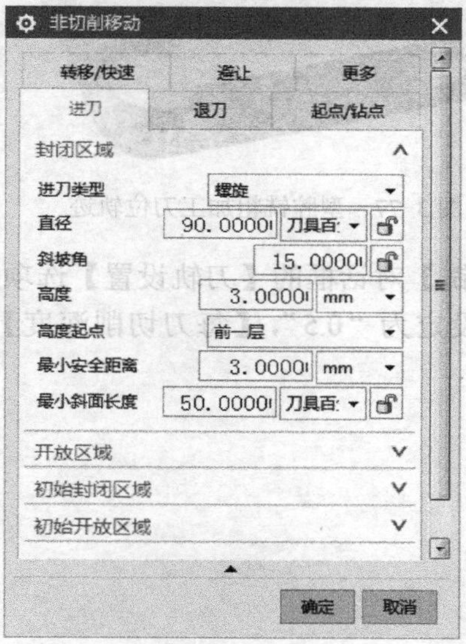

图 3-74 【进刀】选项卡

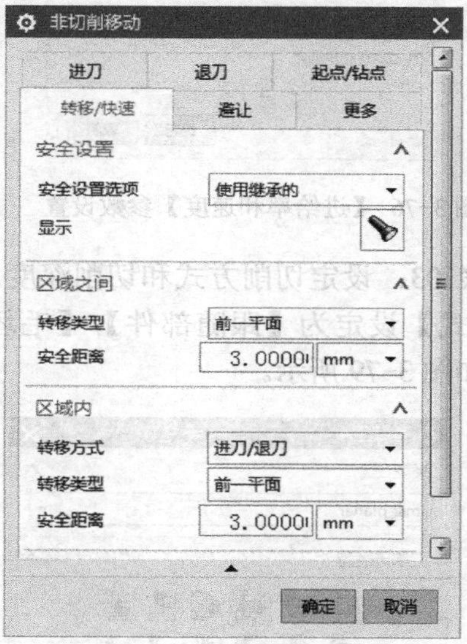

图 3-75 【转移/快速】参数设置

步骤 07：修改进给率和速度参数。在【刀轨设置】选项区域中，单击【进给率和速度】图标按钮，打开【进给率和速度】选项卡。在【主轴速度】选项区域中，选中【主轴速度】复选框，在文本框中输入“1800”。在【进给率】选项区域中，设定【切削】为“2200”“mmpm”，如图 3-76 所示，单击【确定】按钮完成设置。

步骤 08：生成刀位轨迹。单击【生成】图标按钮，系统计算出模具型腔铣粗加工的刀位轨迹，如图 3-77 所示。

3-6 面铣半精加工

3.4.4 底面的半精加工 FACE_MILLING

步骤 01：创建面铣。单击【插入】工具条中的【创建工序】按钮，打开【创建工序】对话框，如图 3-78 所示。在【类型】下拉列表中选择【mill_planar】，修改位置参数，填写名称，然后单击 FACE_MILLING 图标按钮，打开【面铣】对话框。

步骤 02：指定面边界。在【面铣】对话框的【几何体】选项区域中，单击【指定面边界】

图标按钮，打开【毛坯边界】对话框，在绘图区选择模具型腔的底面，单击【确定】按钮。

图 3-76 【进给率和速度】参数设置

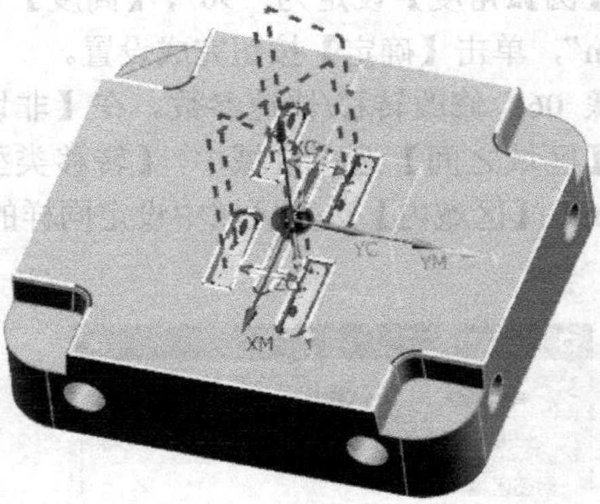

图 3-77 型腔铣粗加工刀位轨迹

步骤 03：设定切削方式和切削深度。在【面铣】对话框的【刀轨设置】选项区域中，【切削模式】设定为【跟随部件】，【毛坯距离】设定为“0.5”，【每刀切削深度】设定为“0.2”，如图 3-79 所示。

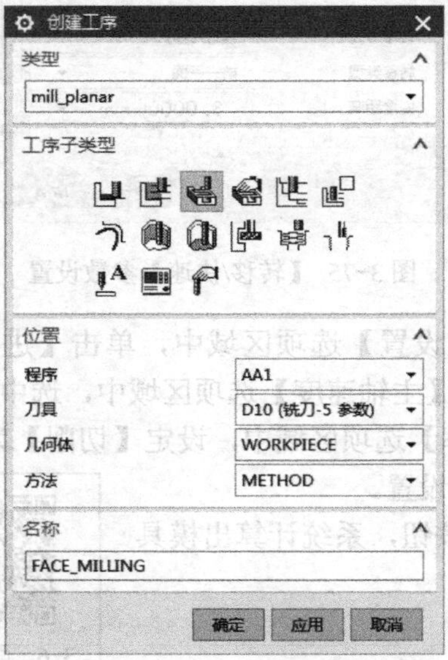

图 3-78 【创建工序】对话框

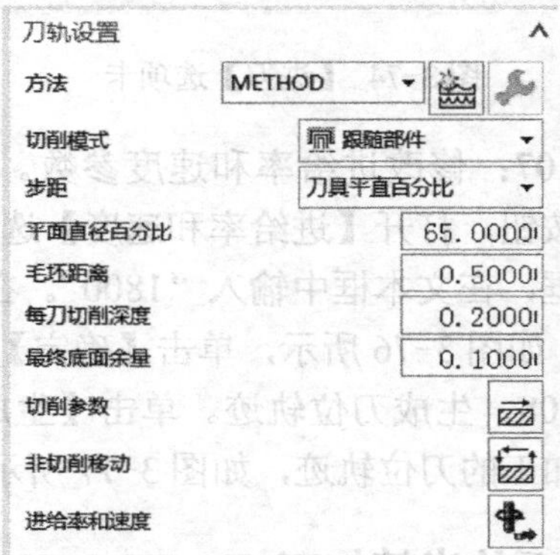

图 3-79 切削模式与切削参数设置

步骤 04：设定底面余量。在【刀轨设置】选项区域中单击【切削参数】图标按钮，打开【切削参数】对话框，在【余量】选项卡中修改【部件余量】为“0.3”，【最终底面余量】为“0.1”，如图 3-80 所示，单击【确定】按钮。

步骤 05：设定进刀参数。在【刀轨设置】选项区域中单击【非切削移动】图标按钮 ，打开【非切削移动】对话框，在【进刀】选项卡下，设定进刀类型为【沿形状斜进刀】，【斜坡角】和【最小斜面长度】设置如图 3-81 所示，单击【确定】按钮。

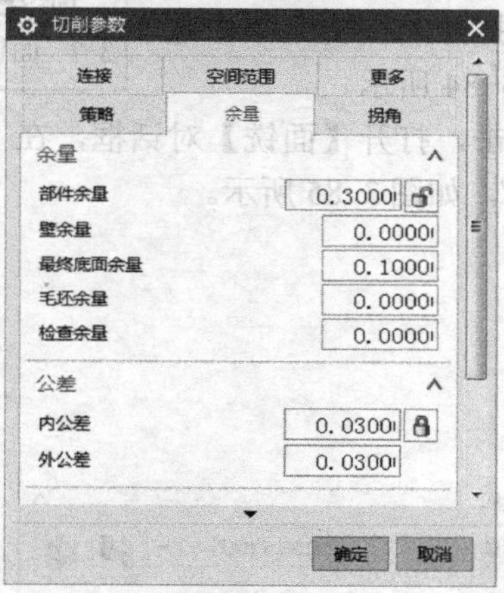

图 3-80　【切削参数】对话框

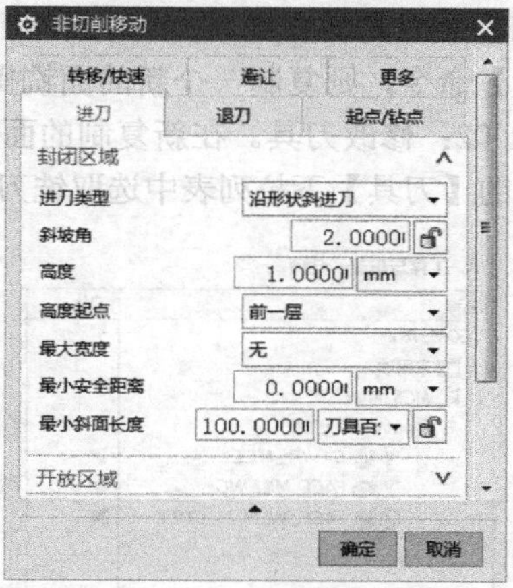

图 3-81　【非切削移动】对话框

步骤 06：设定进给率和刀具转速。在【刀轨设置】选项区域中单击【进给率和速度】图标按钮 ，打开【进给率和速度】对话框，在【主轴速度】选项区域中，选中【主轴速度】复选框，在文本框中输入“2000”，在【进给率】选项区域中，设定【切削】为“800”“mmpm”，并单击【主轴速度】后的【计算】图标按钮 ，生成表面速度和进给量，其他各参数接受默认设置，如图 3-82 所示。

步骤 07：生成刀位轨迹。单击【生成】图标按钮，系统计算出底面半精加工的刀位轨迹，如图 3-83 所示。

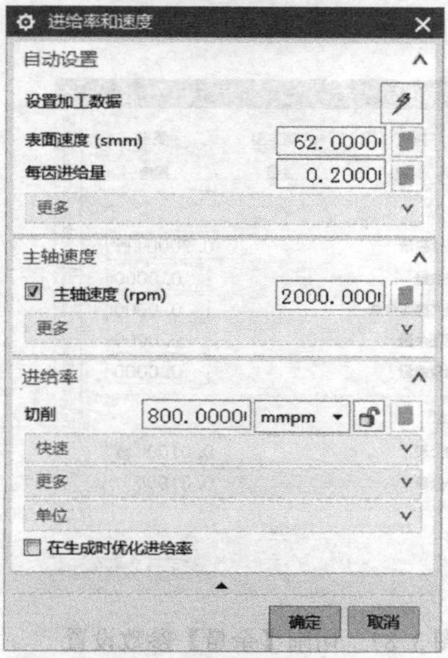

图 3-82　【进给率和速度】对话框

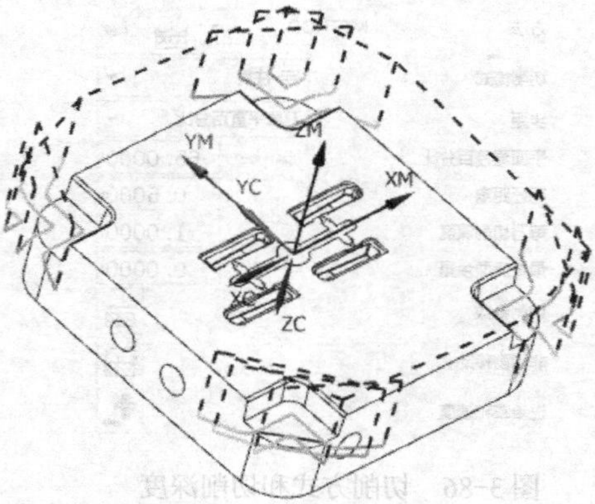

图 3-83　底面半精加工的刀位轨迹

3.4.5 底面的精加工 FACE_MILLING

3-7 面铣精加工

步骤 01：复制面铣操作。在【工序导航器-几何】视图中，先在半精加工的面铣操作“FACE_MILLING”上右击，在打开的快捷菜单中选择【复制】命令，再在面铣几何体节点上右击，在打开的快捷菜单中选择【粘贴】命令，则复制一个新的面铣操作，如图 3-84 所示。

步骤 02：修改刀具。在新复制的面铣操作上双击，打开【面铣】对话框，在【工具】选项区域的【刀具】下拉列表中选取铣刀“D10R0.5”，如图 3-85 所示。

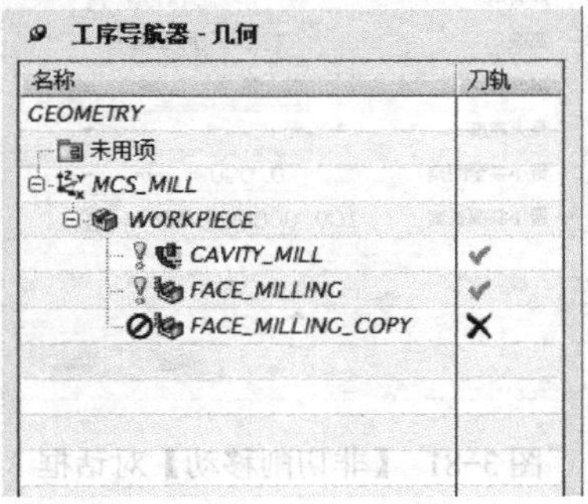

图 3-84 【工序导航器-几何】视图

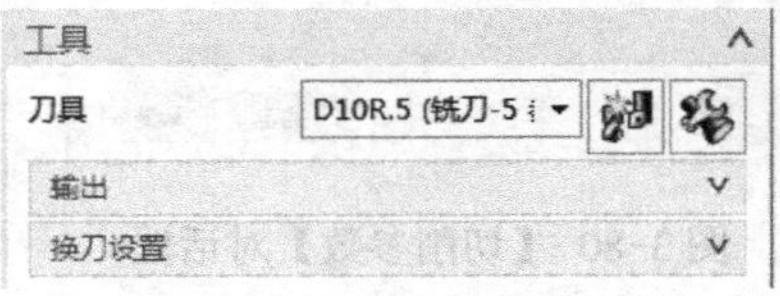

图 3-85 选取刀具

步骤 03：修改切削方式和切削深度。在【刀轨设置】选项区域中，设定【切削模式】为【往复】，【每刀切削深度】为“1”，即一次切除所有余量，【最终底面余量】为“0”，如图 3-86 所示。

步骤 04：修改余量和公差。在【刀轨设置】选项区域中，单击【切削参数】图标按钮，打开【切削参数】对话框，在【余量】选项卡中修改【部件余量】为“0.2”，【最终底面余量】为“0”。在【公差】选项区域中，【内公差】和【外公差】均设为“0.01”，如图 3-87 所示。

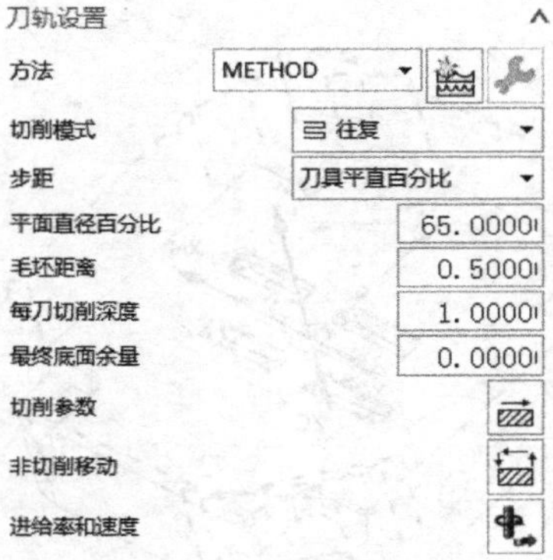

图 3-86 切削方式和切削深度

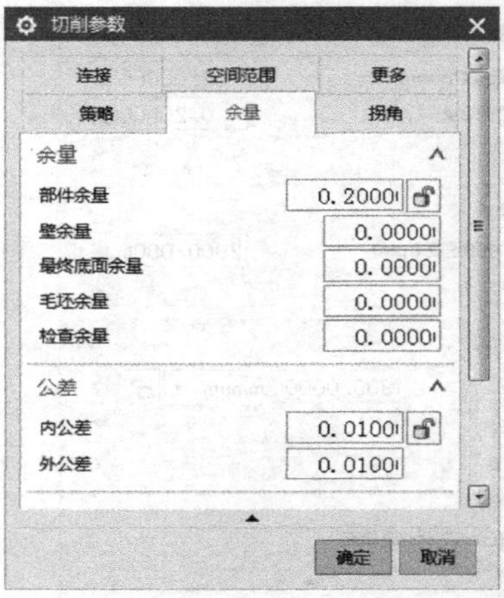

图 3-87 切削【余量】参数设置

步骤 05：修改策略。打开【切削参数】对话框，在【策略】选项卡中设置【切削方向】为【顺铣】。

步骤 06：修改主轴转速和切削速度。在【刀轨设置】选项区域中，单击【进给率和速度】图标按钮，打开【进给率和速度】对话框，在【主轴速度】选项区域中，选中【主轴速度】复选框，在文本框中输入“3000”。在【进给率】选项区域中，设定【切削】为“600”“mmpm”，其他各个参数为默认设置。

步骤 07：生成刀位轨迹。单击【生成】按钮，系统计算出底面精加工的刀位轨迹，如图 3-88 所示。

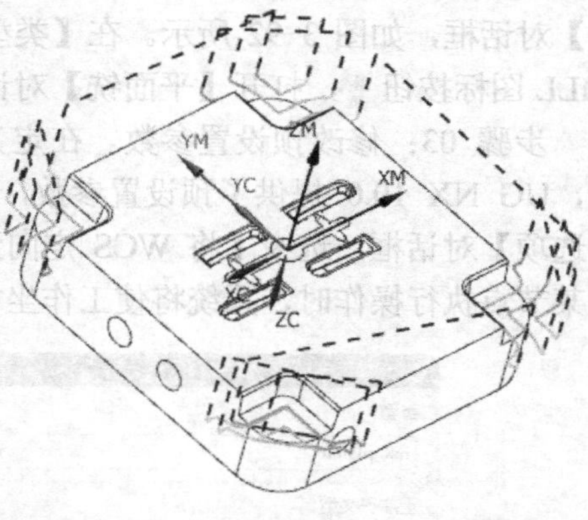

图 3-88　底面精加工的刀位轨迹

3.4.6　圆形流道的加工 PLANAR_MILL

首先将圆形流道划分为图 3-89 所示的 3 个边，按加工工艺，各个边可以单独加工，也可以组合加工。现以边界 1 单独加工，边界 2 和边界 3 为一组创建刀路，下面作详细介绍。

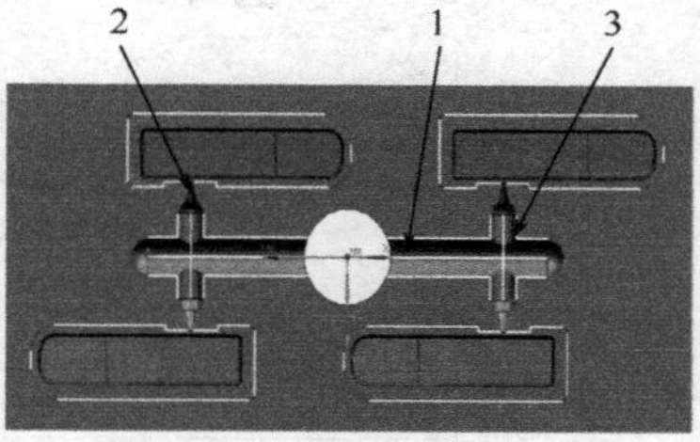

图 3-89　圆形流道

1．创建边界 1 的加工刀路

步骤 01：创建刀具。通过测量得圆形流道的半径为 2mm，可选用 R2 的球头铣刀。单击【插入】工具条中的【创建刀具】按钮，打开【创建刀具】对话框，【刀具子类型】选择球头铣刀图标按钮 ，在【名称】文本框中输入“R2”，如图 3-90 所示。单击【应用】按钮，打开【铣刀-球头铣】对话框，在【工具】选项卡的【球直径】文本框中输入“4”，如图 3-91 所示。单击【确定】按钮，这样就创建了一把半径为 2mm 的球头铣刀。

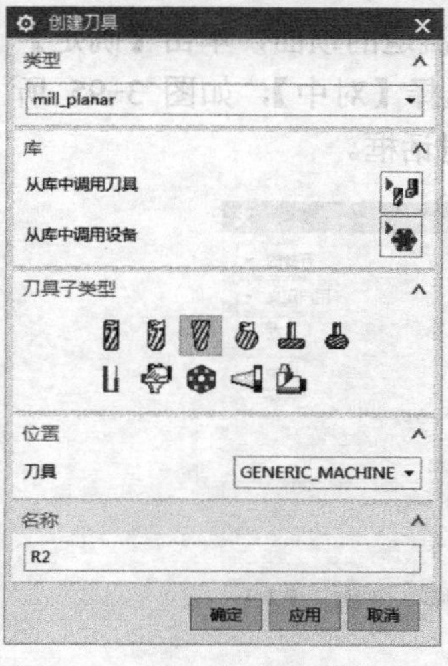

图 3-90　【创建刀具】对话框

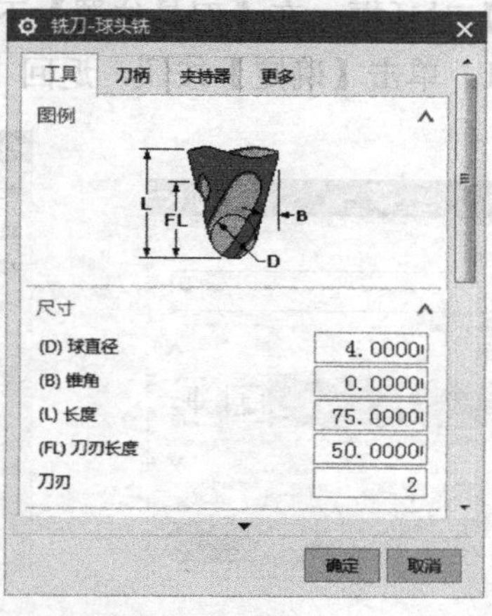

图 3-91　【铣刀-球头铣】对话框设置

3-8　流道加工

步骤 02：创建平面铣。单击【插入】工具条中的【创建工序】命令，打开【创建工序】对话框，如图 3-92 所示。在【类型】下拉列表中选择【mill_planar】后单击 PLANAR_MILL 图标按钮，打开【平面铣】对话框。

步骤 03：修改预设置参数。在定义边界前，本实例需要将工件坐标系定位到加工坐标系，UG NX 10.0 提供了预设置参数，在菜单【首选项】中单击【加工】命令，弹出【加工首选项】对话框，选中【将 WCS 定向到 MCS】复选框，如图 3-93 所示。设定参数后，在对某节点执行操作时，系统将使工作坐标系的原点和方向临时定位到该节点的加工坐标系。

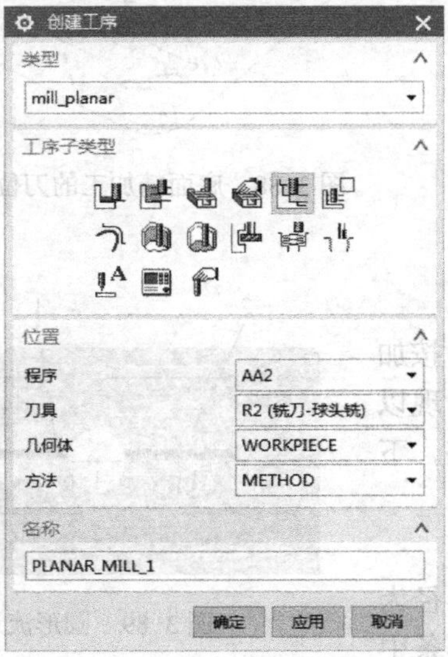

图 3-92 【创建工序】对话框

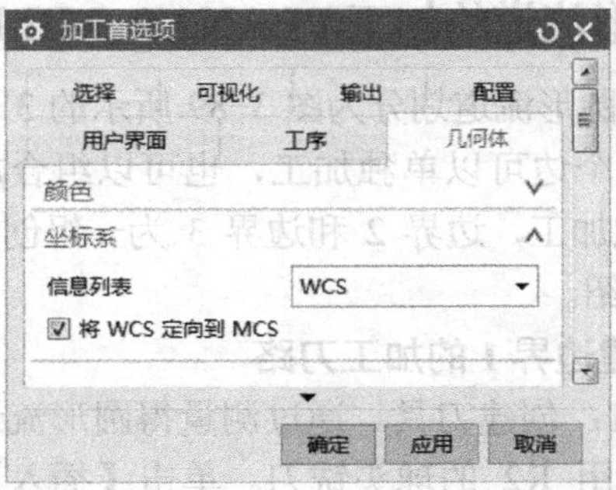

图 3-93 【加工首选项】对话框

步骤 04：创建边界。在【平面铣】对话框的【几何体】选项区域中，单击【指定部件边界】图标按钮，打开【边界几何体】对话框，在【模式】下拉列表中选择【曲线/边】，打开【创建边界】对话框，【类型】下拉列表中选择【开放的】；【刨】下拉列表中选择【用户定义】，打开【刨】对话框，如图 3-94 所示。在绘图区选择圆形流道的顶面，单击【确定】按钮，返回【创建边界】对话框。在【刀具位置】下拉列表中选择【对中】，如图 3-95 所示。在绘图区选择边界 1，单击【确定】按钮，返回【平面铣】对话框。

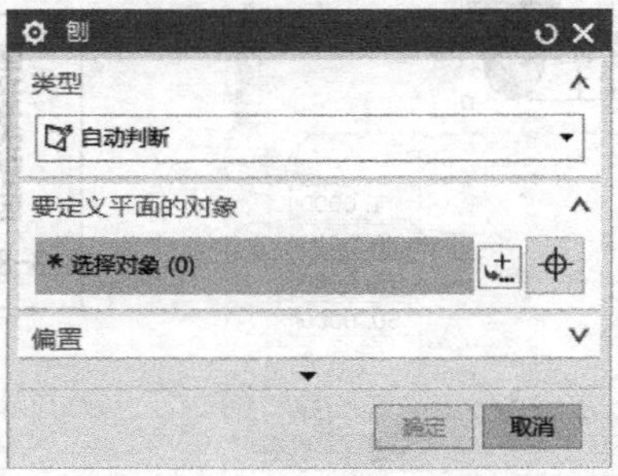

图 3-94 【刨】对话框

图 3-95 【创建边界】对话框

步骤 05：指定底面。在【平面铣】对话框的【几何体】选项区域中单击【指定底面】

图标按钮，打开【刨】对话框，在【距离】文本框中输入圆形流道的半径“-2”，然后在绘图区中选择圆形流道的顶面，单击【确定】按钮，如图 3-96 所示。

步骤 06：修改切削模式。在【平面铣】对话框的【刀轨设置】选项区域中选择【切削模式】为【轮廓加工】。

步骤 07：设定进刀参数。此流道加工不允许有进刀和退刀，否则会过切，所以应取消进退刀，在【平面铣】对话框的【刀轨设置】选项区域中单击【非切削移动】图标按钮，打开【非切削移动】对话框，在【进刀】选项卡的【封闭区域】选项区域中，【进刀类型】选择【插削】，【开放区域】选项区域的【进刀类型】选择【与封闭区域相同】，如图 3-97 所示。打开【退刀】选项卡，【退刀类型】选择【与进刀相同】。在【起点/钻点】选项卡中选择【指定点】为流道中孔的圆心，如图 3-98 所示。

图 3-96 【刨】对话框

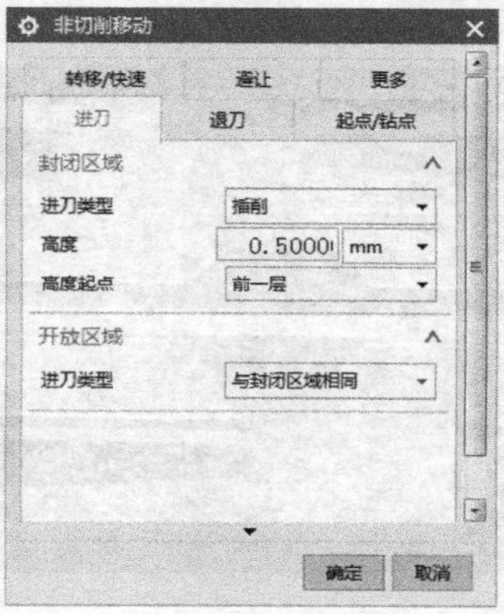
图 3-97 【进刀】选项卡

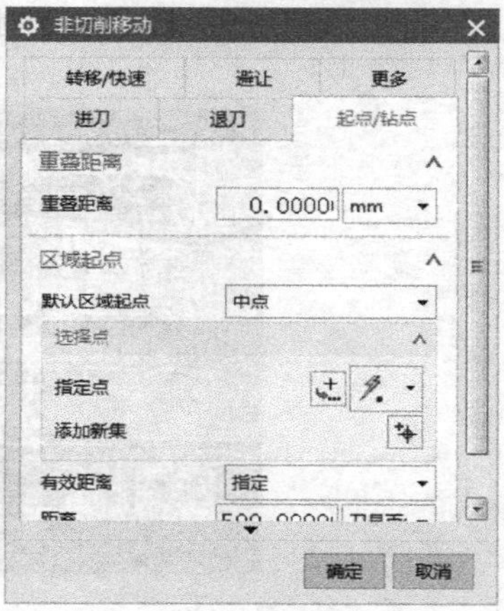
图 3-98 【起点/钻点】选项卡

步骤 08：设定切削深度。在【平面铣】对话框的【刀轨设置】选项区域中，单击【切削层】图标按钮，打开【切削层】对话框，在【类型】下拉列表中选择【恒定】，并设置【公共】为“0.2”，如图 3-99 所示。

步骤 09：设定切削余量。在【平面铣】对话框的【刀轨设置】选项区域中，单击【切削参数】图标按钮，打开【切削参数】对话框，在【余量】选项卡中设置【部件余量】和【最终底面余量】都为“0”，单击【确定】按钮。

步骤 10：修改主轴转速和切削速度。在【平面铣】对话框的【刀轨设置】选项区域中，单击【进给率和速度】图标按钮，打开【进给率和速度】对话框，在【主轴速度】选项区域中选中【主轴速度】复选框，在文本框中输入“3600”。在【进给率】选项区域中，【切削】设定为“1000”“mmpm”，其他各参数为默认设置，如图 3-100 所示。

步骤 11：生成刀位轨迹。单击【生成】按钮，系统计算出圆形流道 1 平面铣的刀位轨迹，如图 3-101 所示。

2. 创建边界 2 和边界 3 的加工刀路

步骤 01：复制平面铣操作。在【工序导航器-几何】视图中，先在平面铣操作“PLANAR_MILL”上右击，在打开的快捷菜单中选择【复制】命令，再在平面铣几何体节点上右击，在打开的快捷菜单中选择【粘贴】命令，则复制一个新的平面铣操作，如图 3-102 所示。

图 3-99 【切削层】对话框

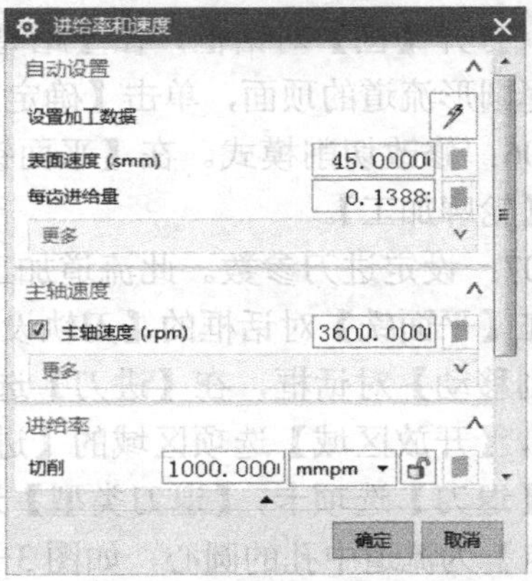

图 3-100 【进给率和速度】对话框

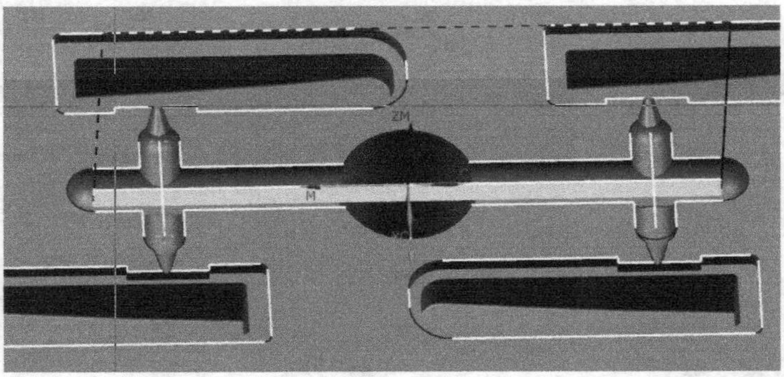

图 3-101 圆形流道 1 平面铣的刀位轨迹

步骤 02：修改边界。在【平面铣】对话框的【几何体】选项区域中，单击【指定部件边界】图标按钮，单击【移除】按钮，移除流道 1。再次打开【边界几何体】对话框，在【模式】下拉列表中选择【曲线/边】，打开【创建边界】对话框，如图 3-103 所示。直接在绘图区选择边界 2 和边界 3。注意，每选择一条边界后，都要单击【创建下一个边界】按钮，然后再选下一条边界。单击【确定】按钮返回主界面。

步骤 03：修改切削模式。在【平面铣】对话框的【刀轨设置】选项区域中，设定【切削模式】为【标准驱动】，如图 3-104 所示。

步骤 04：修改非切削移动。由于【标准驱动】模式允许刀轨自相交，在【非标准移动】对话框中需要取消选中【碰撞检查】复选框，如图 3-105 所示。

步骤 05：生成刀位轨迹。单击【生成】图标按钮，系统计算出圆形流道边界 2 和边界 3 平面铣的刀位轨迹，如图 3-106 所示。

3-9 深度轮廓加工

3.4.7 深度轮廓加工铣 ZLEVEL_PROFILE

步骤 01：创建深度轮廓加工。单击【插入】工具条中的【创建工序】按钮，打开【创建工序】对话框，如图 3-107 所示。在【类型】下拉列表中选择【mill contour】，修改位置参数，填写名称，然后单击 ZLEVEL_PROFILER 图标按钮，打开【深度轮廓加工】对话框，如图 3-108 所示。

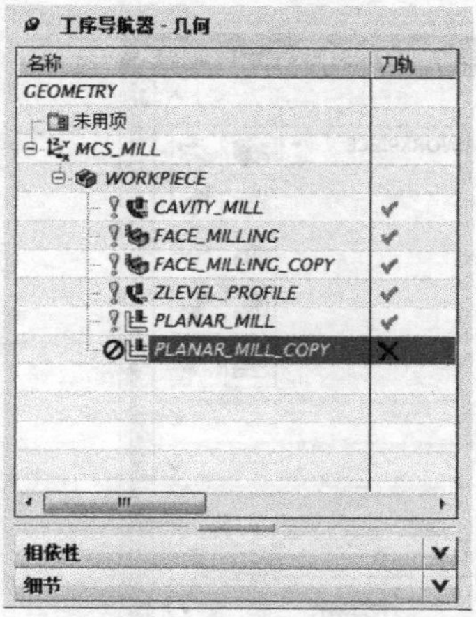

图 3-102　复制操作

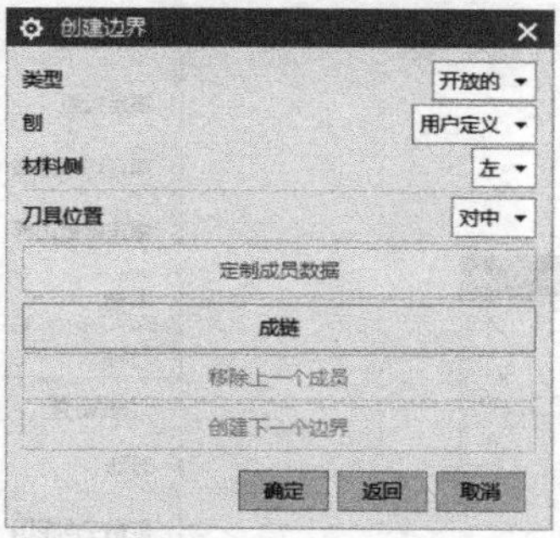

图 3-103　【创建边界】对话框

图 3-104　标准驱动

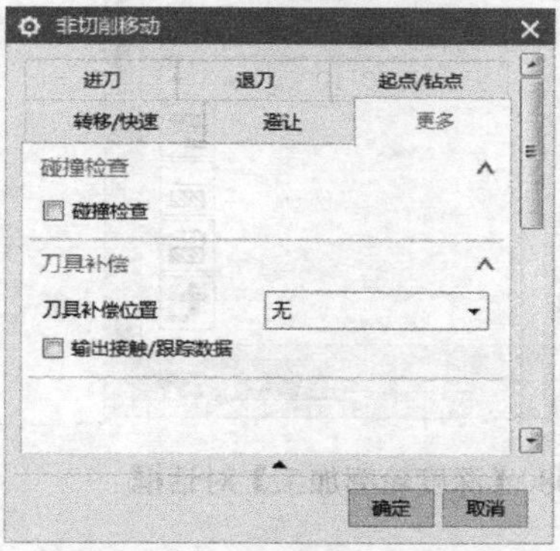

图 3-105　取消选中【碰撞检查】复选框

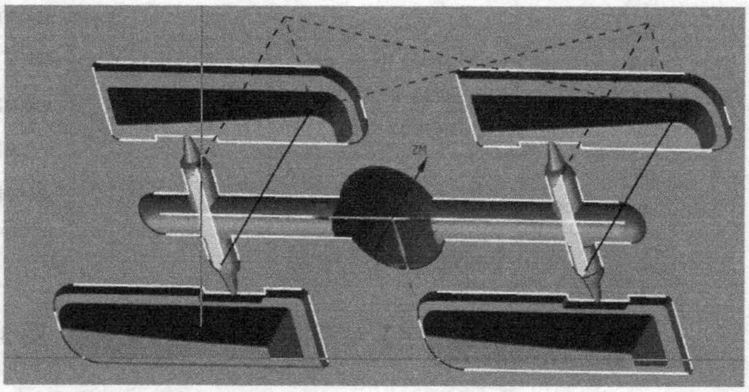

图 3-106　圆形流道 2、3 平面铣的刀位轨迹

步骤 02：指定部件。在【深度轮廓加工】对话框的【几何体】选项区域中单击【指定部件】图标按钮，弹出【部件几何体】对话框，如图 3-109 所示。在绘图区单击模具型腔，单击【确定】按钮返回。

步骤 03：指定切削区域。在【深度轮廓加工】对话框的【几何体】选项区域中单击【指定切削区域】图标按钮，弹出【切削区域】对话框，在绘图区的模具型腔上指定切削区域，如图 3-110 所示。

步骤 04：设定陡峭空间范围。在【深度轮廓加工】对话框的【刀轨设置】选项区域中，【陡峭空间范围】下拉列表中选择【仅陡峭的】，【角度】设定为“50”，其他选项设定如图 3-111 所示。

步骤 05：切削层的设置。在【深度轮廓加工】对话框的【刀轨设置】选项区域中单击【切削层】图标按钮，弹出【切削层】对话框，【每刀切削深度】设定为“0.1”，如图 3-112 所示。

步骤 06：设定连接。在【刀轨设置】选项区域中，单击【切削参数】图标按钮，打开【切削参数】对话框，在【连接】选项卡的【层到层】下拉列表中选择【直接对部件进刀】，如图 3-113 所示。

图 3-107 【创建工序】对话框

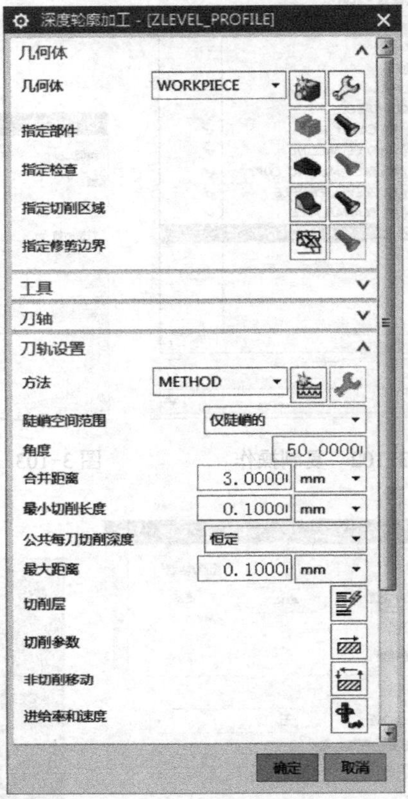

图 3-108 【深度轮廓加工】对话框

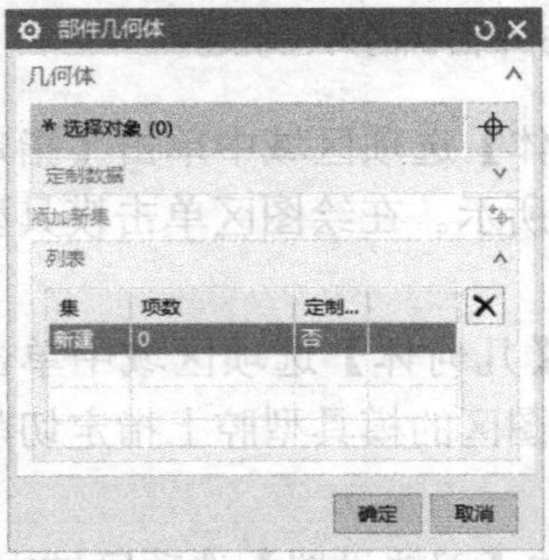

图 3-109 【部件几何体】对话框

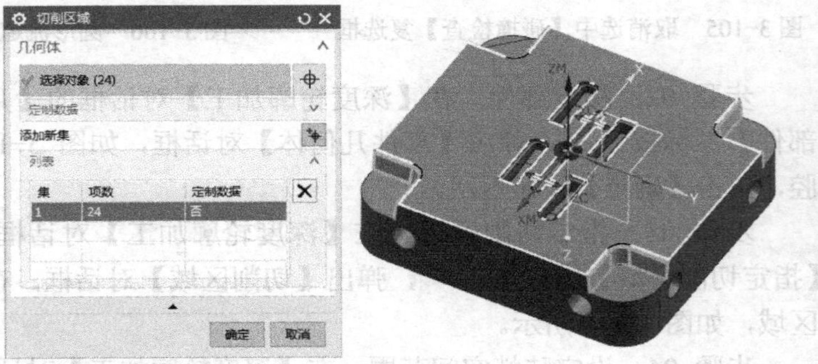

图 3-110 【切削区域】对话框

步骤 07：设定切削策略。在【切削参数】对话框的【策略】选项卡中设置【切削方向】为【混合】，【切削顺序】为【深度优先】。选中【在边上延伸】复选框，【距离】设置为“1”“mm”，如图 3-114 所示。

步骤 08：设定切削余量。在【切削参数】对话框中的【余量】选项卡中，修改【部件侧面余量】为“0”，【部件底面余量】为“0”，【内公差】和【外公差】均设定为“0.01”，如

图 3-115 所示，单击【确定】按钮。

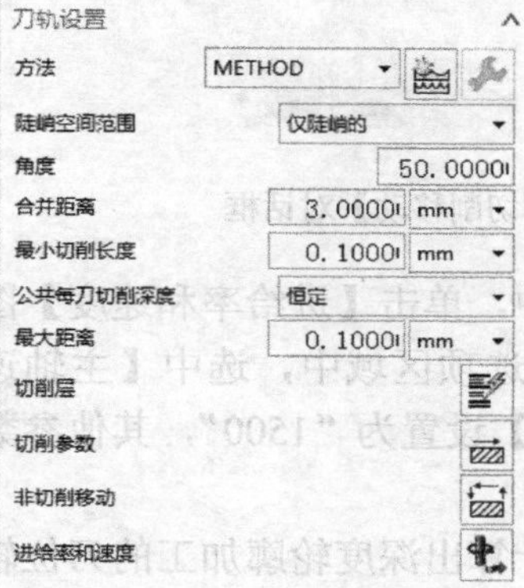

图 3-111　设定【陡峭空间范围】

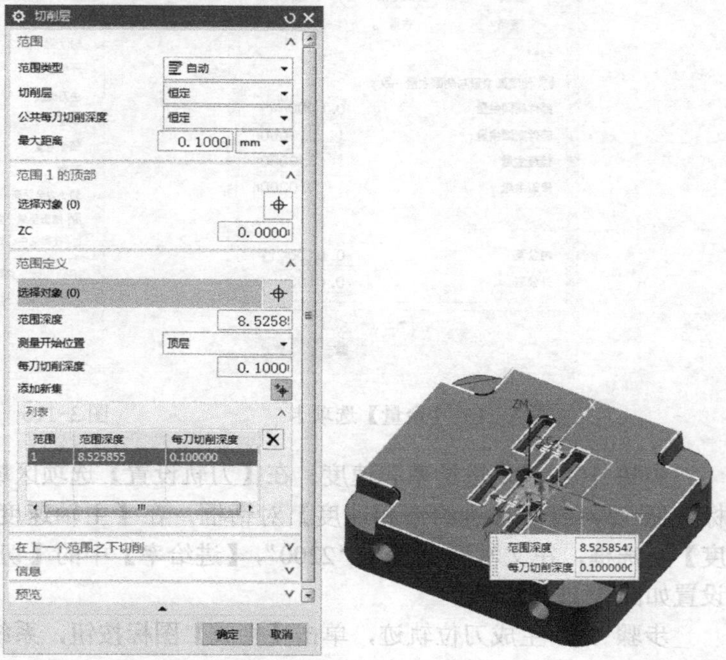

图 3-112　【切削层】对话框

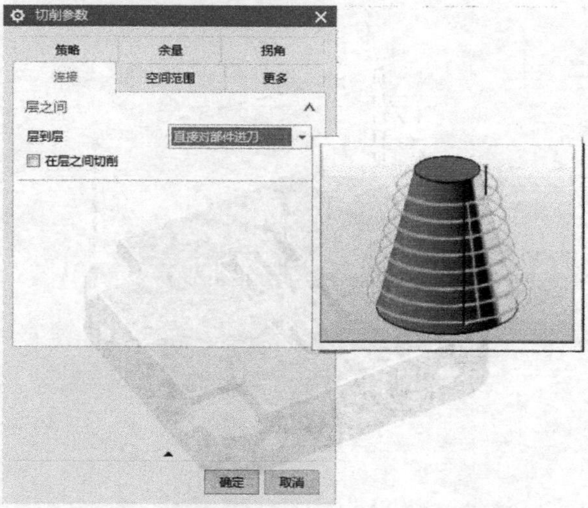

图 3-113　【连接】选项卡

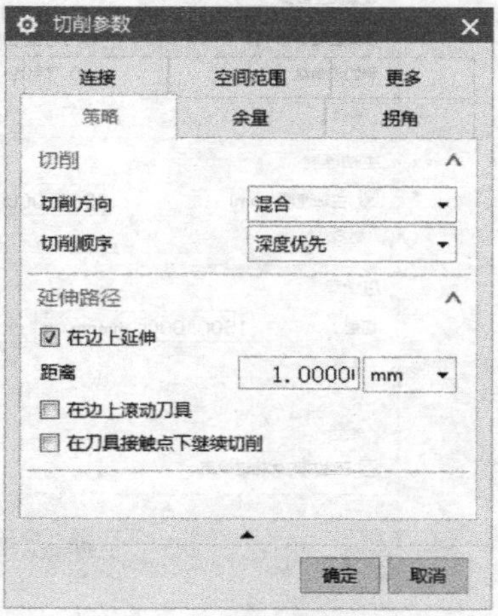

图 3-114　【策略】选项卡

步骤 09：设定非切削移动参数。在【刀轨设置】选项区域中，单击【非切削移动】图标按钮，打开【非切削移动】对话框，在【进刀】选项卡的【开放区域】选项区域中，【进刀类型】设定为【圆弧】，【半径】设定为刀具直径的 50%，【圆弧角度】设定为“90”，【高度】设定为“3”“mm”，【最小安全距离】设定为“3”“mm”，如图 3-116 所示。

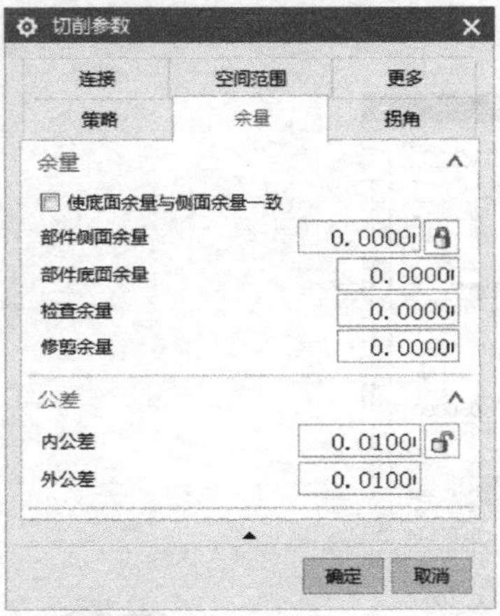

图 3-115 【余量】选项卡

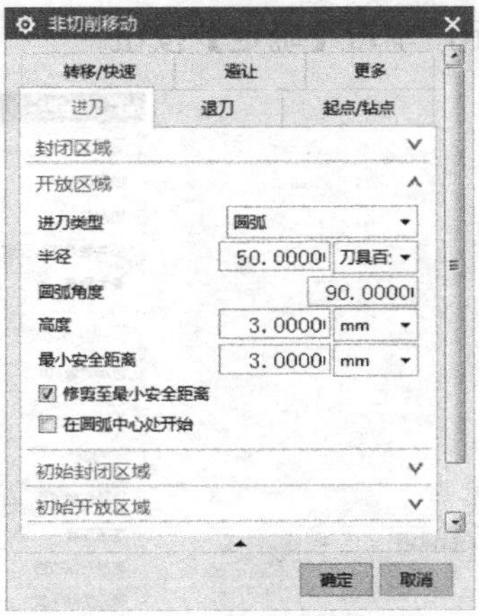

图 3-116 【非切削移动】对话框

步骤 10：设定进给率和速度。在【刀轨设置】选项区域中，单击【进给率和速度】图标按钮，打开【进给率和速度】对话框，在【主轴速度】选项区域中，选中【主轴速度】复选框，在文本框中输入“2200”，【进给率】中的【切削】设置为“1500”，其他参数设置如图 3-117 所示。

步骤 11：生成刀位轨迹，单击【生成】图标按钮，系统计算出深度轮廓加工的刀位轨迹，如图 3-118 所示。

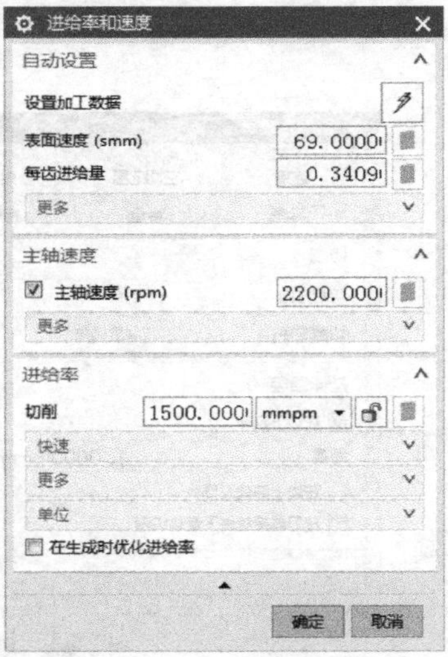

图 3-117 【进给率和速度】对话框

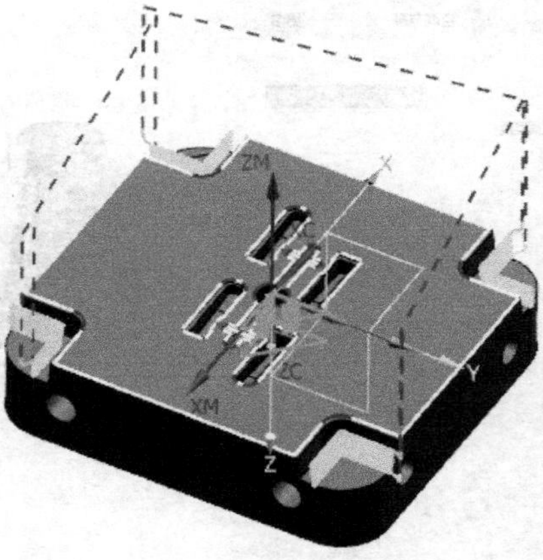

图 3-118 深度轮廓加工的刀位轨迹

3.5 本章小结

本章主要介绍平面铣和面铣的加工特点、加工的适用范围，一般平面铣和面铣的创建过程，平面铣加工几何体的类型和创建，公用选项参数的基本设置，包括切削模式、切削步距、切削参数、非切削参数、进给率和速度等。然后通过实例来说明平面铣和面铣的运用。

3.6　思考与练习

1. 思考题

（1）平面铣与面铣的区别是什么？

（2）平面铣中如何指定部件边界？

2. 练习题

打开本书配套资源文件“\课后习题\3\3-1.prt”，利用平面铣和面铣加工路径对图 3-119 所示的实体进行粗、精加工，并生成 NC 代码。

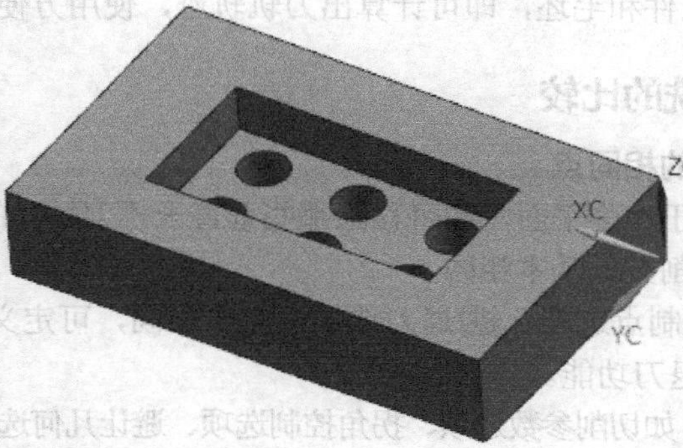

图 3-119　习题 3-1

第4章　型腔铣和深度轮廓加工铣

4.1　型腔铣概述

型腔铣主要用于工件的粗加工，快速去除余量，可加工不同形状的模型，也可进行工件的半精加工和部分精加工。型腔铣的操作原理是通过计算毛坯除去工件后剩下的材料来产生刀轨，所以只需要定义工件和毛坯，即可计算出刀轨轨迹，使用方便且智能化程度高。

4.1.1　型腔铣与平面铣的比较

1．型腔铣与平面铣的相同点

1）二者刀轴都垂直于切削平面，都可移除那些垂直于“刀轴”的切削层中的材料。

2）二者所使用的切削方式基本相同。

3）二者的开始点/控制点选项、进/退刀选项也完全相同，可定义每层的切削区域的开始点。提供多种方式的进/退刀功能。

4）其他的参数选项，如切削参数选项、拐角控制选项、避让几何选项等的设置基本相同。

2．型腔铣与平面铣的不同点

1）二者用于定义材料的方法不同。平面铣使用边界来定义工件材料，而型腔铣使用边界、面、曲线、实体来定义工件材料。

2）切削深度的定义不同。平面铣通过指定的边界和底平面的高度差来定义总的切削深度，型腔铣通过毛坯几何和零件几何来共同定义切削深度，通过切削层选项可以定义最多10个不同切削深度的切削区间。

4.1.2　型腔铣的适用范围

型腔铣的适用范围很广泛，所加工工件的侧壁可垂直或不垂直于底面，底面或顶面可为平面或曲面，如模具的型芯和型腔等。可用于大部分的粗加工，也可用于直壁或斜度不大的侧壁的精加工，通过限定高度值，只做一层切削，型腔铣还可用于平面的精加工以及清角加工等。适用于型腔铣的工件类型实例如图4-1和图4-2所示。

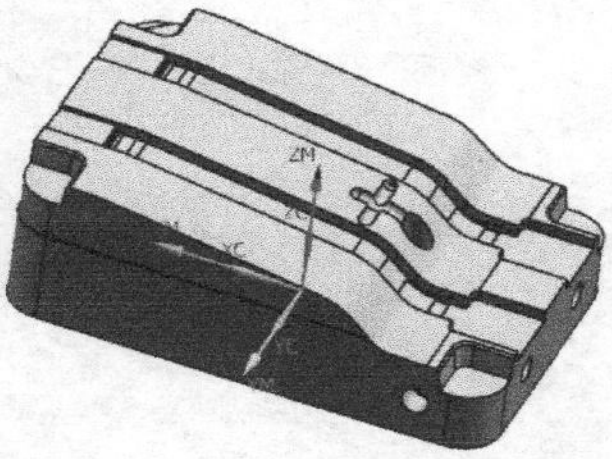

图4-1　玩具支架的模具型腔

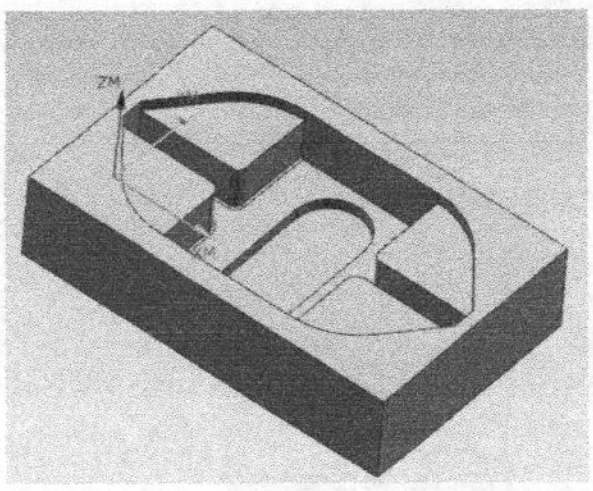

图4-2　凹形模型零件

4.2　型腔铣的参数设置

【型腔铣】对话框如图 4-3 所示，最关键的参数是切削层、切削区域以及处理中的工件（IPW）的应用。型腔铣的加工原理是在刀轨路径的同一高度内完成一层切削，当遇到曲面时将会绕过，再下降一个高度进行下一层的切削，系统按照零件在不同深度的截面形状计算各层的刀路轨迹，如图 4-4 所示。

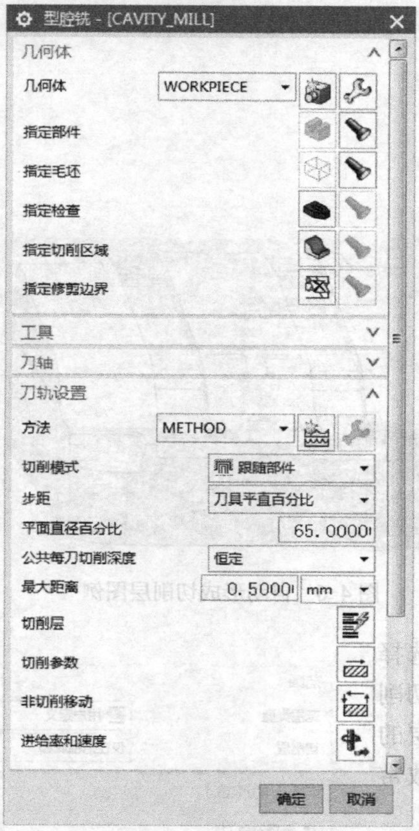

图 4-3 【型腔铣】对话框

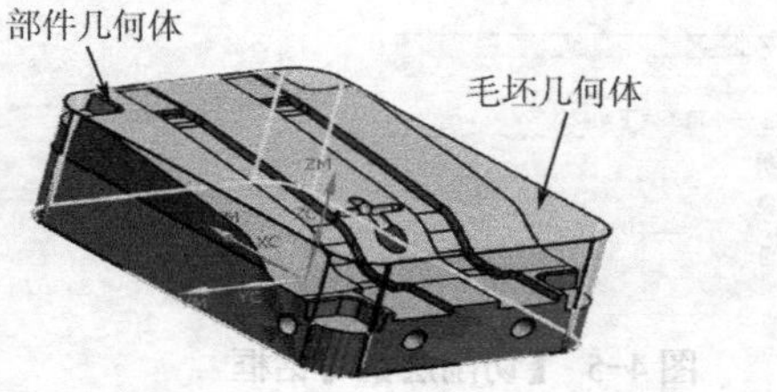

图 4-4 【型腔铣】的几何体

4.2.1　切削层

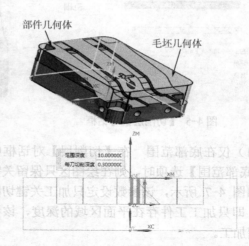

切削层用于为型腔铣操作指定切削平面。切削层由切削深度范围和每层深度来定义。一个范围由两个垂直于刀轨矢量的小平面来定义，可以同时定义多个切削范围。每个切削范围可以根据部件几何体的形状确定切削层的切削深度，各个切削范围都可以独立地设定各自的均匀深度。

在【型腔铣】对话框的【刀轨设置】选项区域中单击【切削层】图标按钮，打开【切削层】对话框，如图 4-5 所示。在【切削层】对话框中，型腔铣操作提供了全面、灵活的方法对切削范围、切削深度进行编辑。下面讲解切削层中的各个选项的定义和用法。

1. 自动生成切削层

选择这种方式时系统会自动寻找部件中垂直于刀轨矢量的平面。在两平面之间定义一个切削范围，并且两个平面上生成的较大的三角形平面之间表示一个切削层，每两个小三角形平面之间表示范围内的切削深度，如图 4-6 所示。

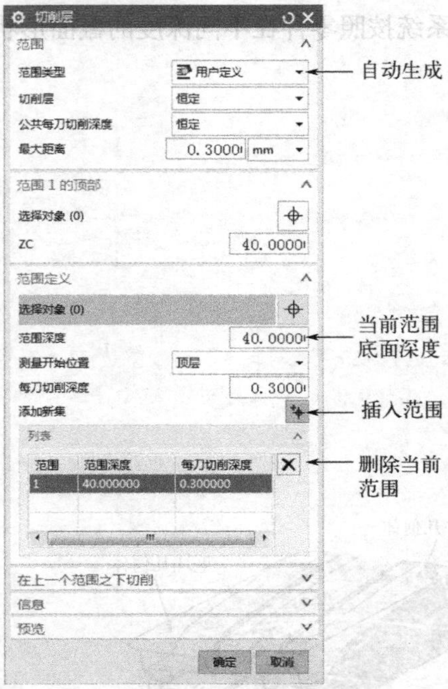

图 4-5 【切削层】对话框

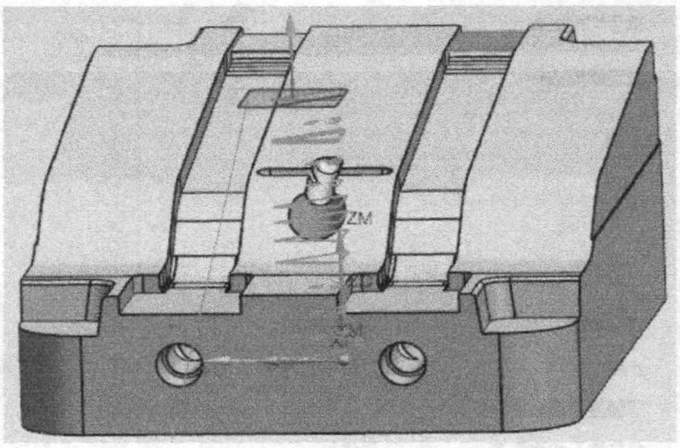

图 4-6 自动形成切削层图例

（1）仅在底部范围 在【切削层】对话框中选择【仅在底部范围】选项时，则在绘图区只保留关键切削层，如图 4-7 所示，该参数设定只加工关键切削层的深度，即只加工工件存在平面区域的深度，该参数常用于精加工。

（2）切削深度 切削深度可以分为总的切削深度和每一刀的深度，可以定义为全局切削深度和某个切削范围内的局部切削深度。

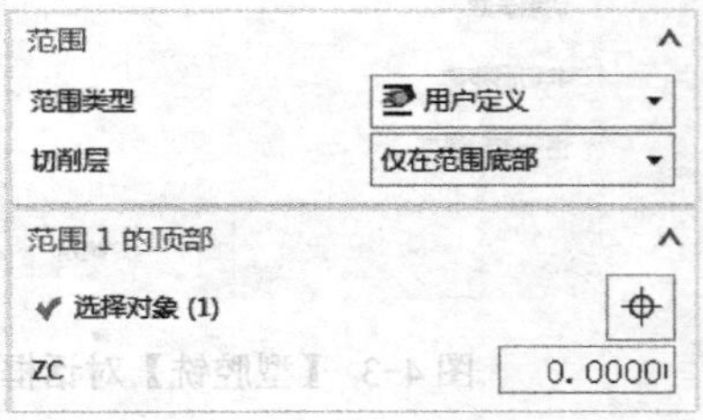

图 4-7 【仅在范围底部】选项

（3）插入范围 单击【插入范围】图标按钮可在当前的范围下增加一个新范围。

（4）删除当前范围 单击【删除当前范围】图标按钮×可删除当前的范围。当删除一个范围时，所删除范围的下一个范围将会进行扩展，以自顶向下的方式填充缝隙。如果删除仅有的一个范围时，系统将恢复默认的切削范围，该范围将从整个切削体积的顶部延伸到底部。

（5）测量开始位置

顶层：从第一个切削范围的顶部开始测量范围深度值。

范围顶部：从当前突出显示的范围的顶部开始测量范围深度值。

范围底部：从当前突出显示的范围的底部开始测量范围深度。也可使用滑尺来修改范围底部的位置。

WCS 原点：从工作坐标系原点处开始测量范围深度值。

（6）信息　在单独的窗口中显示关于该范围的详细说明。

（7）预览　可重新显示范围以作为视觉参考。

2．用户定义切削层

允许用户通过定义每个新范围的底面来创建范围，通过选择面定义的范围，保持与部件的关联性，但不会自动检测新的水平表面。

3．单个切削层

根据部件和毛坯几何体设置一个切削范围，如图 4-8 所示。在单个切削层中只能修改顶层和底层。

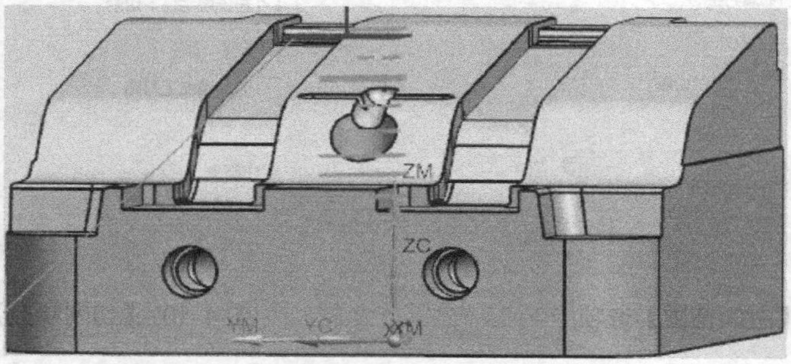

图 4-8　单个切削层图例

4.2.2　切削区域

型腔铣操作提供了多种方式来控制切削区域。

1．检查几何体

与平面铣类似，型腔铣的检查几何体用于指定不允许刀具切削的部位，如压板、虎钳等，不同之处是型腔铣可用实体等几何体对象定义任何形状的检查几何体，如可以用片体、实体、表面、曲线定义检查几何体。

2．修剪边界

修剪边界用于修剪刀位轨迹，去除修剪边界内侧或外侧的刀轨，且边界必须是封闭边界。

3．切削区域

切削区域用于创建局部刀轨路径。可以选择部件表面的某个面作为切削区域，而不是选择整个部件，这样就可以省去先创建整个部件的刀轨路径，然后使用修剪功能对刀轨路径进行编辑操作。当切削区域限制在较大部件的较小区域中时，切削区域还可以减少系统计算路径的时间。

4．轮廓线裁剪

在【切削参数】对话框中，可以在【空间范围】选项卡中将【修剪方式】设定为【轮廓线】，则系统利用工件几何体最大轮廓线决定切削范围，刀具可以定位到从这个范围偏置一个刀具半径的位置，如图 4-9 所示。

5. 参考刀具

在【切削参数】对话框的【空间范围】选项卡中，可以设定【参考刀具】，如图 4-9 所示设定此参数来创建清角刀轨，在对话框右边有产生的刀轨示意。如图 4-10 所示。

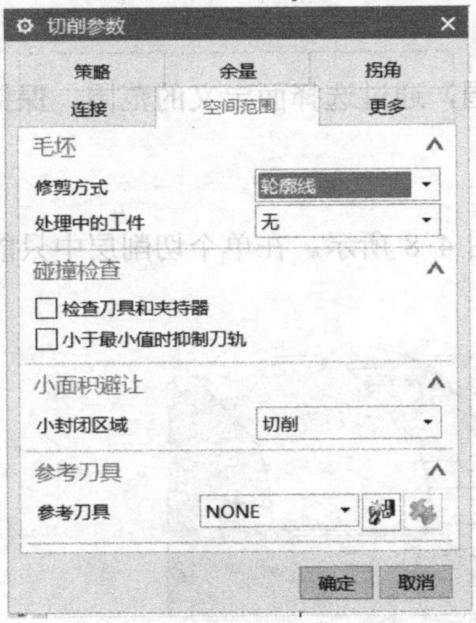

图 4-9 【空间范围】选项卡

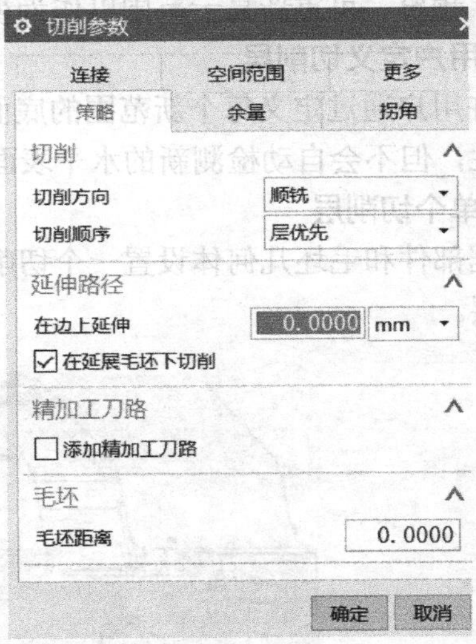

图 4-10 【切削参数】对话框

4.2.3 处理中的工件（IPW）

IPW（In Process Workpiece）是指处理中的工件——工序件的意思。该选项主要用于二次开粗，是型腔铣中非常重要的一个选项。处理中的工件（IPW）也就是操作完成后保留的工件，该选项可用于当前输出操作（IPW）的状态，【处理中的工件】包括【无】、【使用 3D】和【使用基于层的】3 个选项，如图 4-11 所示。

【无】选项是指在操作中不使用处理中的工件。也就是直接使用几何体父节点组中的毛坯几何体作为毛坯来进行切削，不使用之前操作加工后的剩余材料作为当前操作的毛坯几何体，如图 4-12 所示。

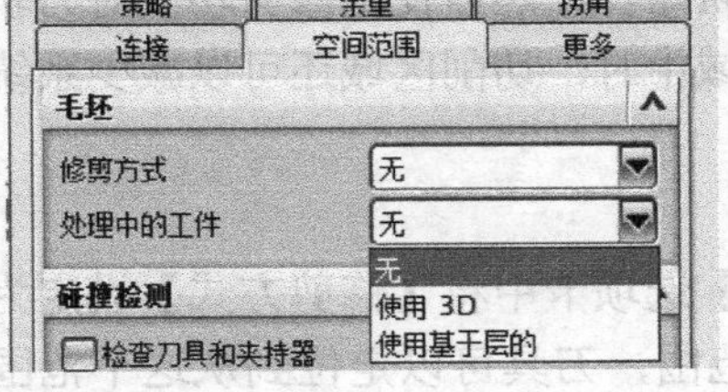

图 4-11 【处理中的工件】选项

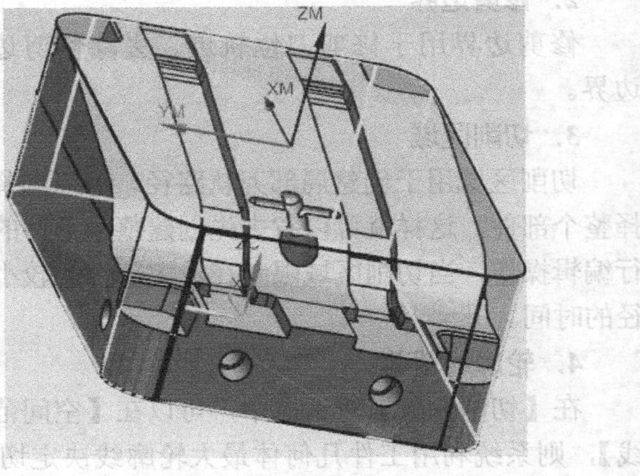

图 4-12 【无】处理中的工件

【使用 3D】选项是使用小屏幕几何体来表示剩余材料。选择该选项可以将前一次操作加工后剩余的材料作为当前操作的毛坯几何体，避免再次切削已经切削过的区域。

【使用基于层的】选项和【使用 3D】选项类似，也是使用之前操作加工后的剩余材料作为当前操作的毛坯几何体并且使用之前操作的刀轴矢量，操作都必须位于同一几何父节点组内。使用该选项可以高效地切削之前操作中留下的弯角和阶梯面。

IPW 可以成功执行的条件是，在使用之前的所有操作都必须在同一个几何体之下，且全部操作已生成。

4.3　深度轮廓加工铣操作

深度轮廓加工铣操作是型腔铣的特例，经常应用于陡峭曲面的精加工和半精加工，相对于型腔铣的【配置文件】方式，该操作增加了一些特定的参数，如陡峭角度、混合切削模式、层间过渡、层间剖切等，【深度轮廓加工】对话框如图 4-13 所示。

（1）陡峭角度　此参数限定加工区域的陡峭程度，而非陡峭面采取另外的加工方式，两者结合，达到对工件完整光顺精加工的目的，如图 4-14 所示。

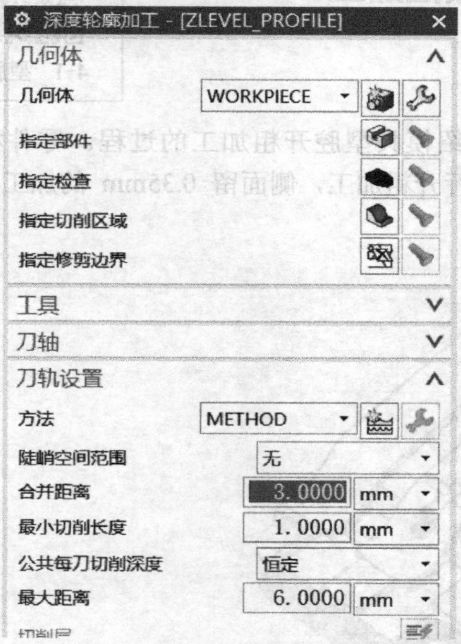

图 4-13　【深度轮廓加工】对话框

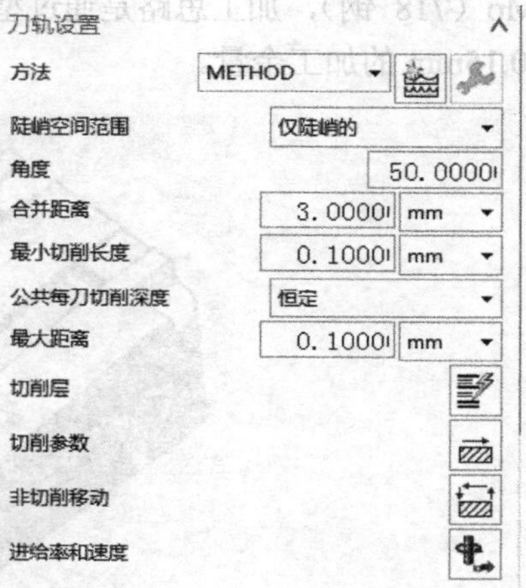

图 4-14　【刀轨设置】选项区域

（2）混合切削模式　当每层的导轨没有封闭时，单向切削模式会造成多次提刀，采用混合切削模式可以避免提刀，提高加工效率，使刀轨更为美观，如图 4-15 所示。

（3）层间过渡　提供了两种层到层之间的过渡方法，其中【直接对部件进刀】选项避免了提刀，使得产生的刀轨更为精简。【层到层】参数如图 4-16 所示。

（4）层间剖切　设定层间切削的步距和最大移动距离，可以实现在进行深度轮廓加工时，对非陡峭面进行均匀加工。

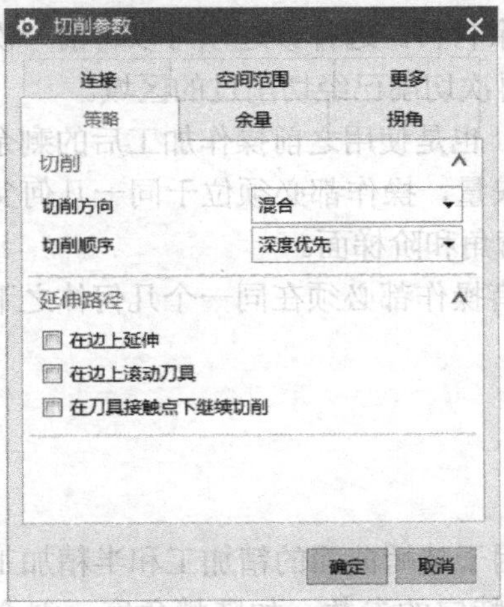

图 4-15 【混合】切削参数

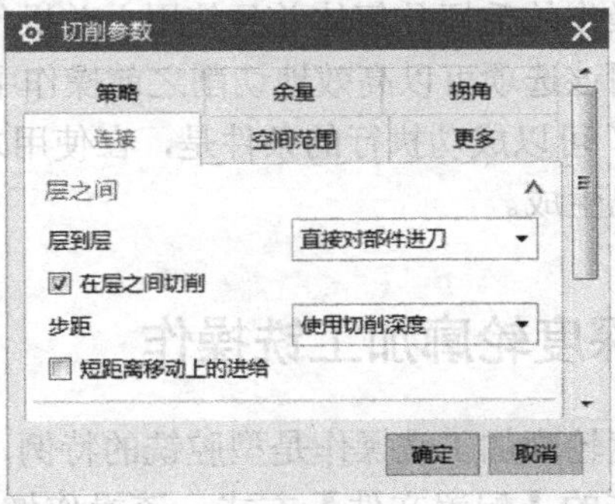

图 4-16 【层到层】选项

4.4 工程实例精解——模具型腔铣数控加工

4-1 型腔铣

4.4.1 实例分析

图 4-17 所示为模具型腔，本实例主要介绍模具型腔开粗加工的过程。零件材料是 3Cr2NiMo（718 钢），加工思路是通过型腔铣进行开粗加工，侧面留 0.35mm 的加工余量，底面留 0.15mm 的加工余量。

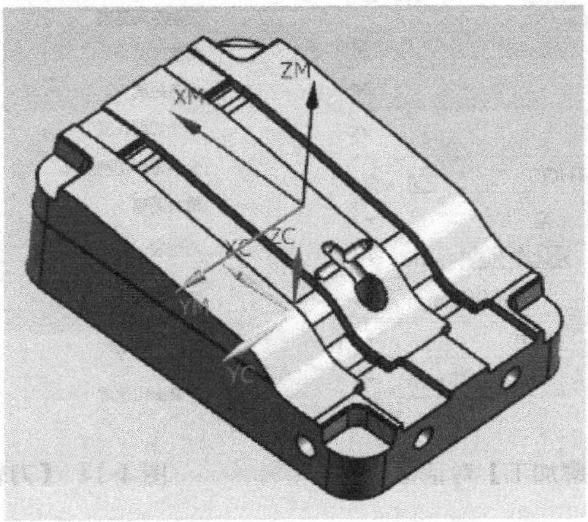

图 4-17 模具型腔

4.4.2 模具型腔的开粗 CAVITY_MILLING

步骤 01：调入工件。单击【打开】按钮，选择本书配套资源中的“\课堂练习\4\4-1.prt”文件，单击【OK】按钮，如图 4-18 所示。

步骤 02：初始化加工环境。选择菜单【启动】→【加工】命令，弹出【加工环境】对话框，如图 4-19 所示。在【要创建的 CAM 设置】下拉列表中选择【mill_contour】，单击【确定】按钮后进入加工环境。

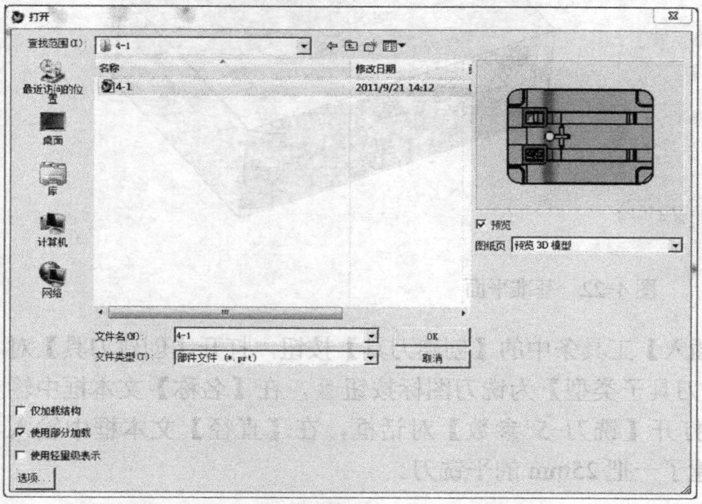

图 4-18 【打开】对话框

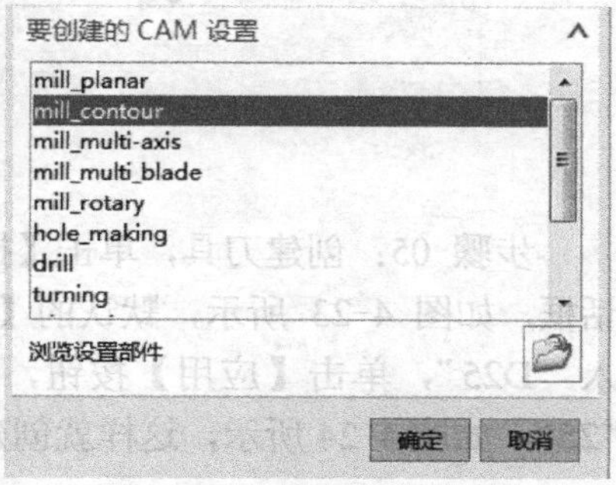

图 4-19 【加工环境】对话框

步骤 03：设定【工序导航器】。单击界面左侧资源条中的【工序导航器】图标按钮，打开【导航器】工具条，在【导航器】工具条中单击【几何视图】图标按钮，打开【工序导航器-几何】视图，如图 4-20 所示。

步骤 04：设定坐标系和安全高度。在【工序导航器-几何】视图中双击坐标系“MCS_MILL”，打开【MCS 铣削】对话框，如图 4-21 所示，在【机床坐标系】选项区域中单击【指定 MCS】，弹出【CSYS】对话框，在【类型】下拉列表中选择【对象的 CSYS】，单击零件的顶面，将加工坐标系设定在零件表面的中心。在【MCS 铣削】对话框的【安全设置】选项区域中，【安全设置选项】下拉列表选取【刨】，并单击【指定平面】图标按钮，弹出【刨】对话框。选择【类型】为【按某一距离】，在绘图区单击零件顶面，并在【距离】文本框中输入“20”，即安全高度为 Z20，单击【确定】完成设置，如图 4-22 所示。

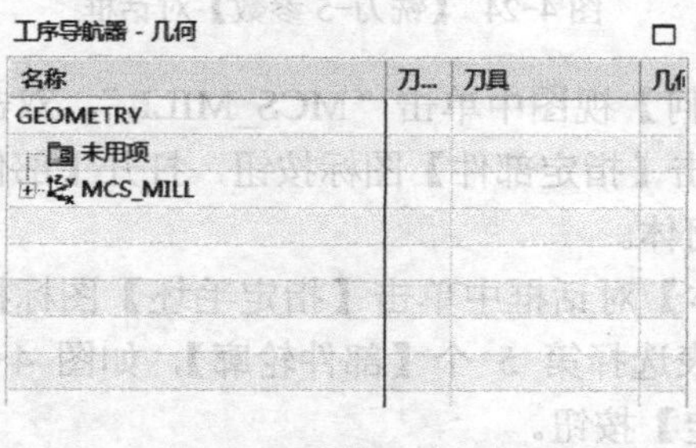

图 4-20 【工序导航器-几何】视图

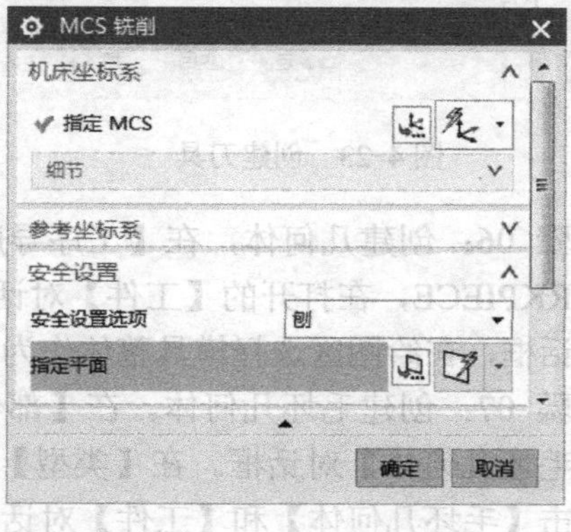

图 4-21 【MCS 铣削】对话框

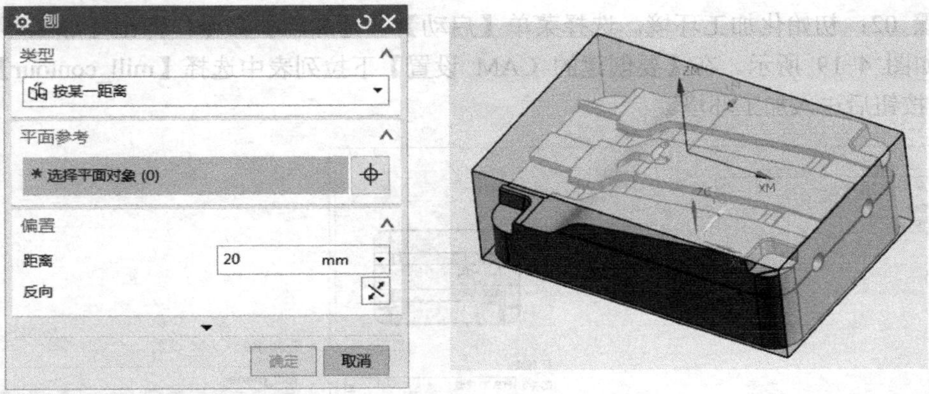

图 4-22 基准平面

步骤 05：创建刀具，单击【插入】工具条中的【创建刀具】按钮，打开【创建刀具】对话框，如图 4-23 所示，默认的【刀具子类型】为铣刀图标按钮，在【名称】文本框中输入“D25”，单击【应用】按钮，打开【铣刀-5 参数】对话框，在【直径】文本框中输入“25”，如图 4-24 所示，这样就创建了一把 25mm 的平铣刀。

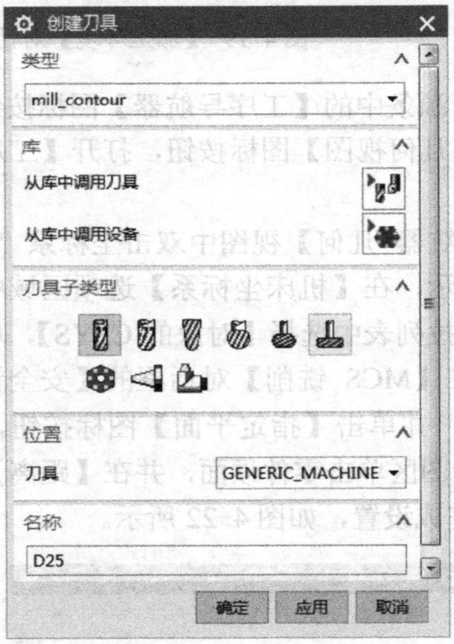

图 4-23 创建刀具

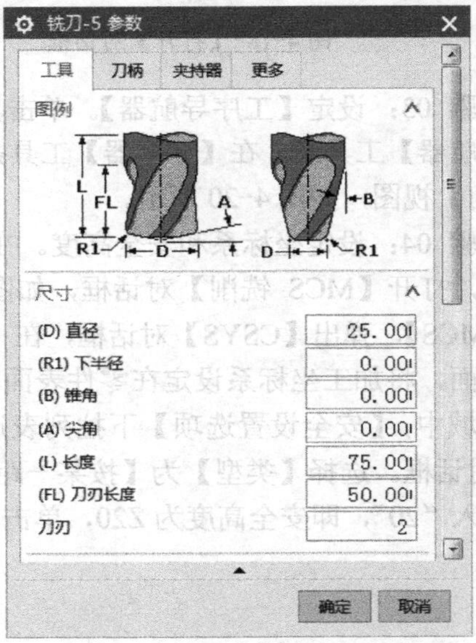

图 4-24 【铣刀-5 参数】对话框

步骤 06：创建几何体，在【工序导航器-几何】视图中单击“MCS_MILL”，双击其下的 WORKPIECE，在打开的【工件】对话框中单击【指定部件】图标按钮，打开【部件几何体】对话框，在绘图区选择模具整体作为部件几何体。

步骤 07：创建毛坯几何体。在【部件几何体】对话框中单击【指定毛坯】图标按钮，打开【毛坯几何体】对话框。在【类型】下拉列表选择第 5 个【部件轮廓】，如图 4-25 所示，单击【毛坯几何体】和【工件】对话框【确定】按钮。

步骤 08：创建型腔铣。单击【插入】工具条中的【创建工序】按钮，打开【创建工序】对话框。在【类型】下拉列表中选择【mill_contour】，修改位置参数，填写名称，然后单击 CAVITY_MILLING 图标按钮，打开【型腔铣】对话框，如图 4-26 所示。

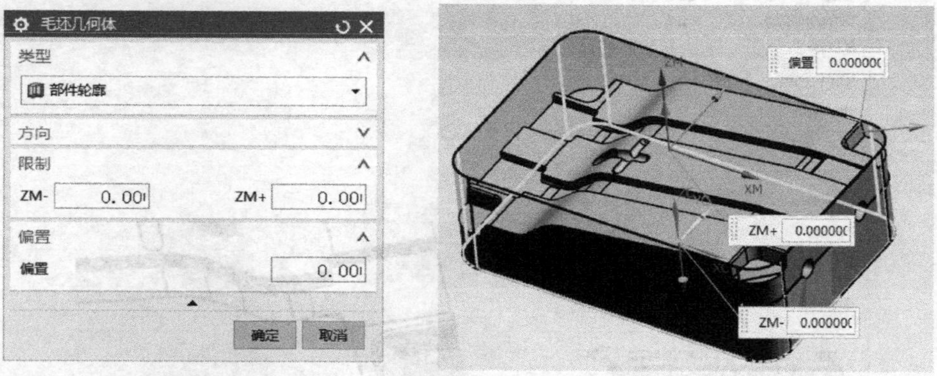

图 4-25　【毛坯几何体】对话框

步骤 09：在【型腔铣】对话框的【刀轨设置】选项区域中，修改【切削模式】为【跟随周边】，如图 4-27 所示。

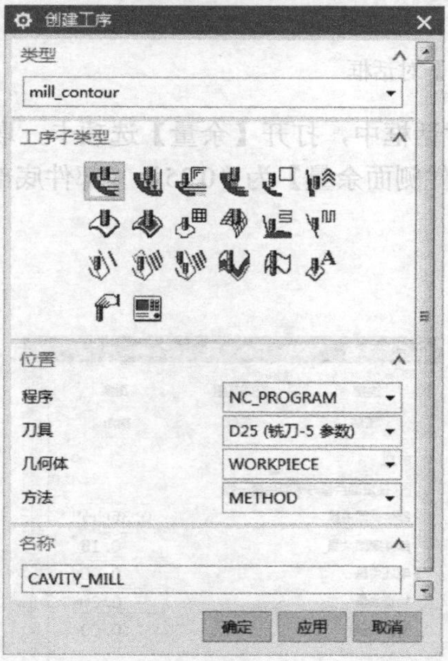

图 4-26　【创建工序】对话框

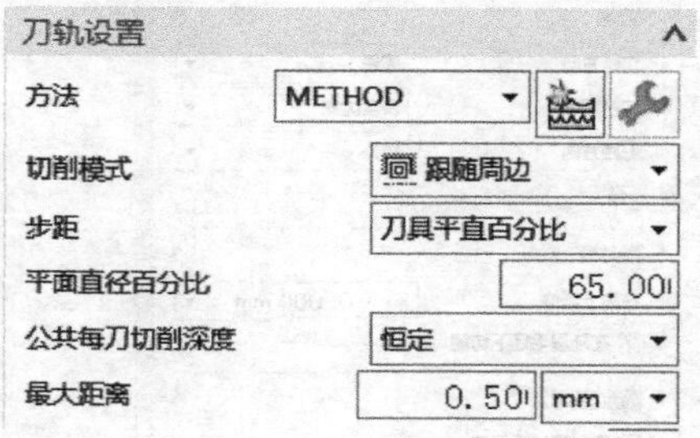

图 4-27　切削模式

步骤 10：设定切削层，在【型腔铣】对话框的【刀轨设置】选项区域中，单击【切削层】图标按钮，打开【切削层】对话框，在【最大距离】文本中输入“0.5”，如图 4-28 所示。在【范围定义】选项区域，删除其余切削层，只保留“36.313879mm”一个切削范围。

步骤 11：设定切削策略，在【型腔铣】对话框的【刀轨设置】选项区域中，单击【切削参数】图标按钮，打开【切削参数】对话框，在【策略】选项卡设置【切削方向】为【顺铣】，【切削顺序】为【深度优先】，如图 4-29 所示。

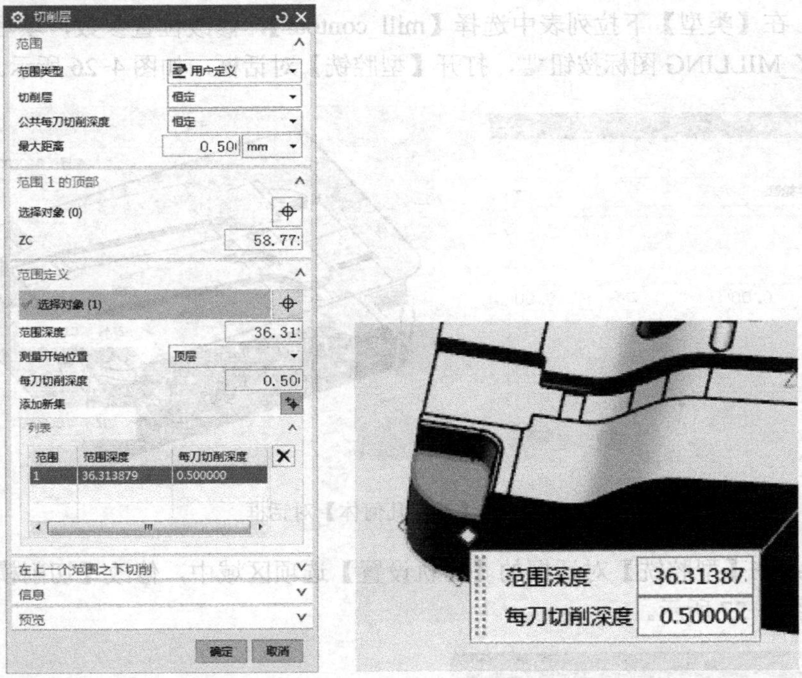

图 4-28 【切削层】对话框

步骤 12：设定切削余量。在【切削参数】对话框中，打开【余量】选项卡，取消选中【使底面余量与侧面余量一致】复选框，修改【部件侧面余量】为“0.35”，【部件底部余量】为“0.15”，如图 4-30 所示，单击【确定】按钮。

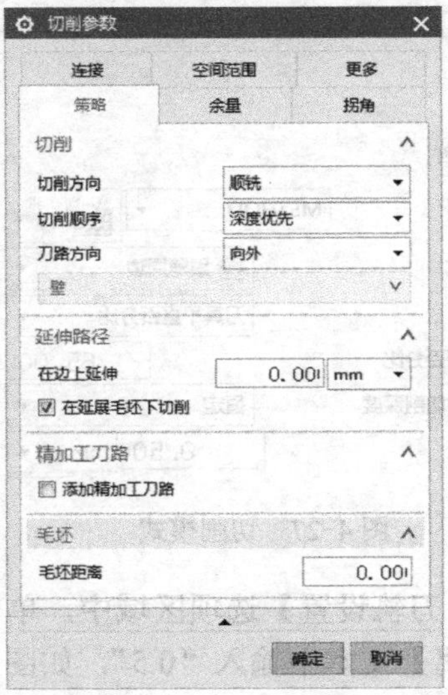

图 4-29 【策略】选项卡

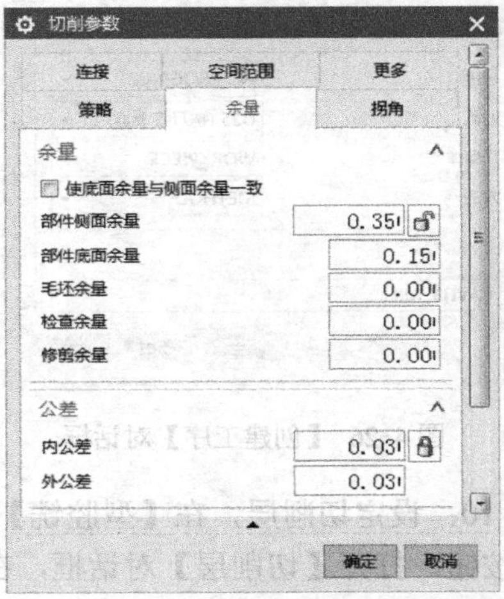

图 4-30 【余量】选项卡

步骤 13：设定连接参数。在【切削参数】对话框中，打开【连接】选项卡，设置【区域排序】为【优化】，如图 4-31 所示。

步骤 14：设定进刀参数。在【型腔铣】对话框的【刀轨设置】选项区域中，单击【非切削移动】图标按钮，打开【非切削移动】对话框，在【进刀】选项卡的【开放区域】选项区域中，【进刀类型】设定为【圆弧】，【半径】设定为刀具直径的 50%，【圆弧角度】设定为“90”，【高度】设定为“3”“mm”，【最小高度距离】设定为“3”“mm”，如图 4-32 所示，单击【确定】按钮完成设定。

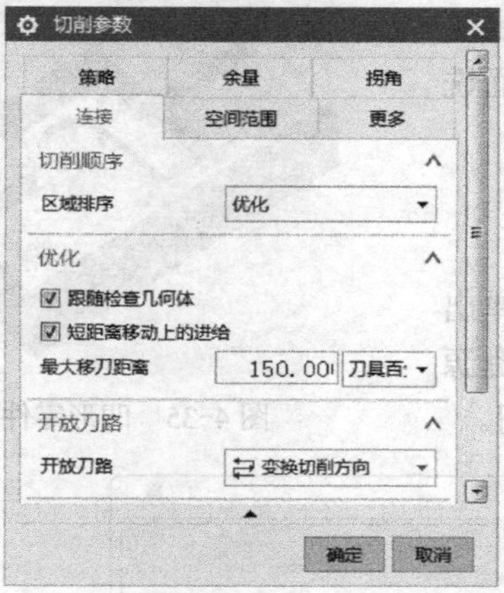

图 4-31　【连接】选项卡

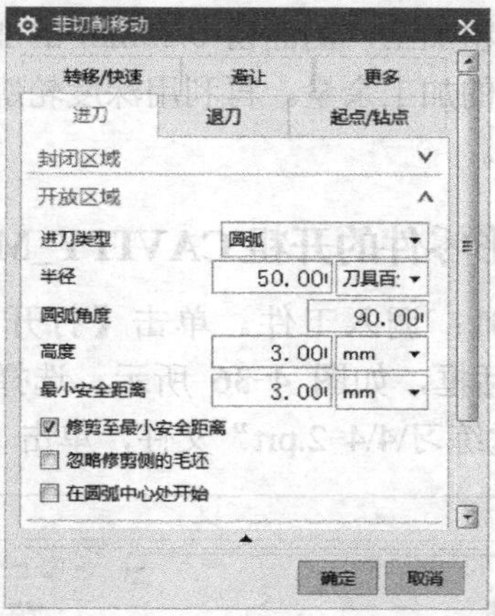

图 4-32　【非切削移动】对话框

步骤 15：设定进给率和刀具转速。在【型腔铣】对话框的【刀轨设置】选项区域中，单击【进给率】图标按钮，打开【进给率和速度】对话框，在【主轴速度】选项区域中，选中【主轴速度】复选框，在文本框中输入“1000”，在【进给率】选项区域中，【切削】设定为“800”“mmpm”，其他参数设置如图 4-33 所示。

步骤 16：生成刀位刀轨。单击【生成】图标按钮，系统计算出前模型腔铣的刀位轨迹，如图 4-34 所示。

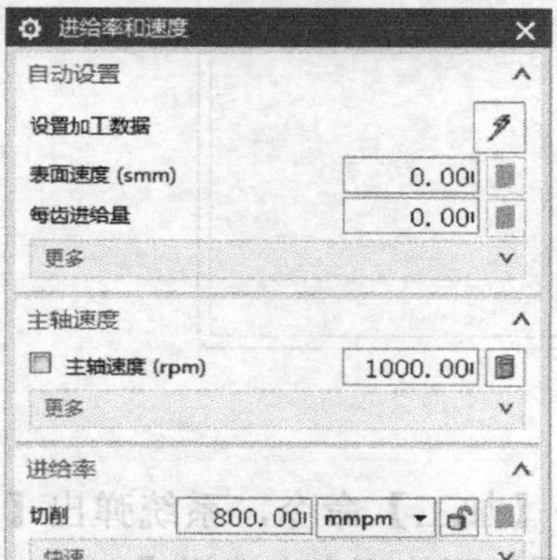

图 4-33　【进给率和速度】对话框

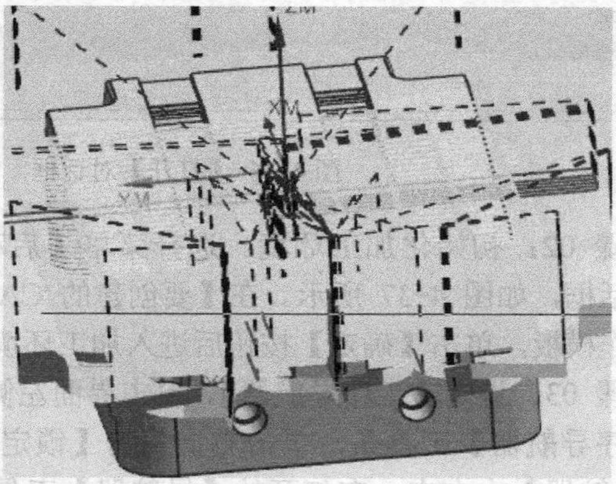

图 4-34　前模型腔铣的刀位轨迹

4.5 工程实例精解——凹形零件数控加工

4.5.1 实例分析

图 4-35 为凹形零件实例模型，加工思路是先通过型腔铣进行粗加工，侧面留 0.25mm 的加工余量，底面留 0.15mm 的加工余量。再利用深度轮廓加工铣和面铣进行精加工。

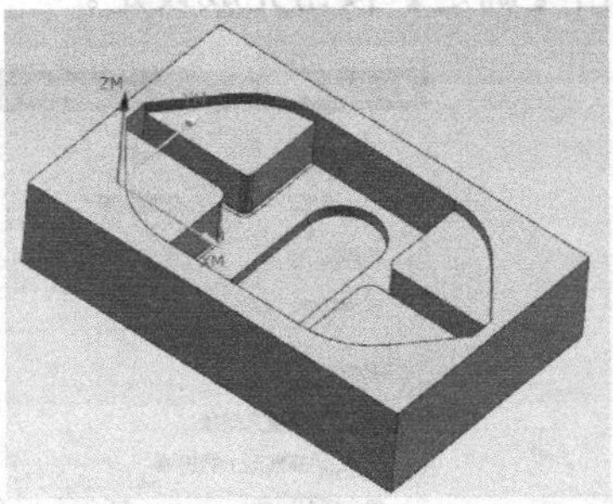

图 4-35 凹形零件外形

4.5.2 凹形零件的开粗 CAVITY_MILLING

步骤 01：调入工件。单击【打开】按钮，弹出【打开】对话框，如图 4-36 所示。选择本书配套资源中的“\课堂练习\4\4-2.prt”文件，单击【OK】按钮。

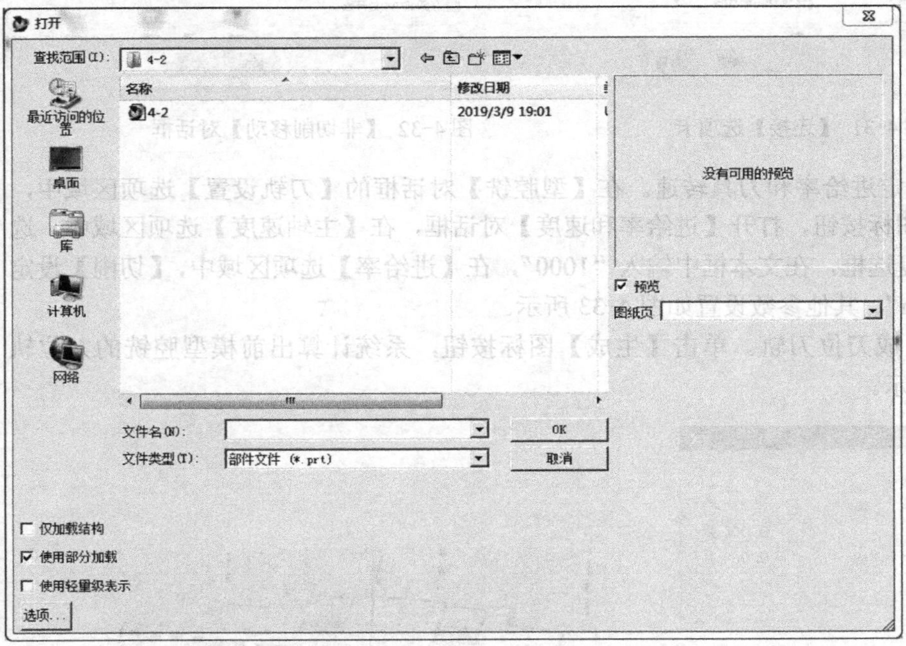

图 4-36 【打开】对话框

4-2 凹形零件型腔铣

步骤 02：初始化加工环境。选择菜单【启动】→【加工】命令，系统弹出【加工环境】对话框，如图 4-37 所示。在【要创建的 CAM 设置】下拉列表中选择【mill_contour】作为操作模板，单击【确定】按钮后进入加工环境。

步骤 03：设定【工序导航器】。单击界面左侧资源条中的【工序导航器】图标按钮，打开【工序导航器】工具条，单击右上角的【锁定】图标按钮，这样就锁定了导航器，再在【工序导航器】中右击，在打开的【导航器】工具条中单击【几何视图】图标按钮，则打开【工序导航器-几何】视图，如图 4-38 所示。

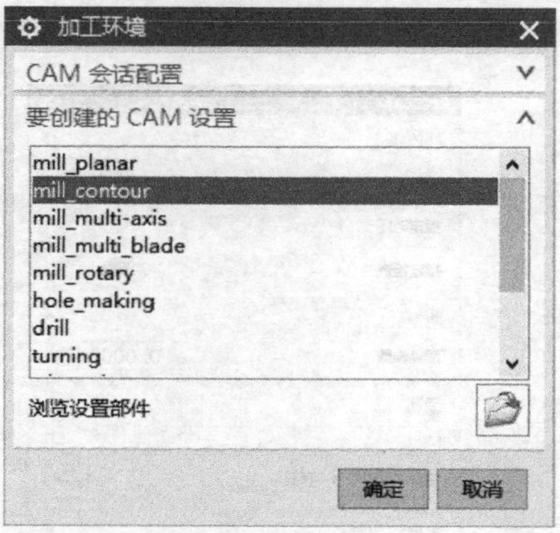

图 4-37 【加工环境】对话框

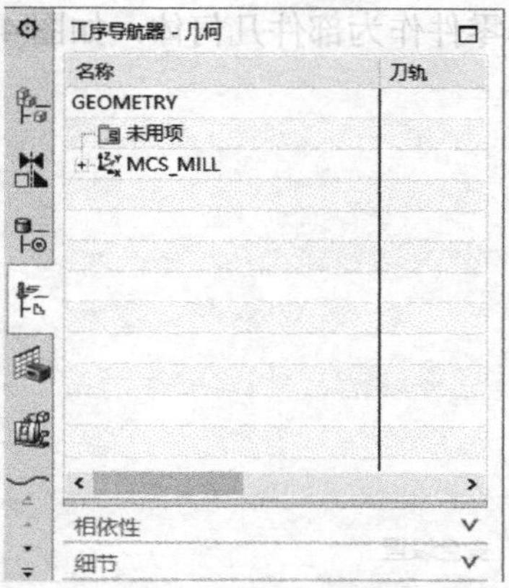

图 4-38 【工序导航器-几何】视图

步骤 04：设定坐标系。在【工序导航器】中双击坐标系“MCS_MILL”，打开【MCS 铣削】对话框，如图 4-39 所示。在【机床坐标系】中选择【指定 MCS】，单击图标按钮，弹出【CSYS】对话框，在【类型】下拉列表中选择【对象的 CSYS】，将加工坐标系放于零件表面的中心，如图 4-40 所示，单击【确定】按钮后返回【MCS 铣削】对话框。

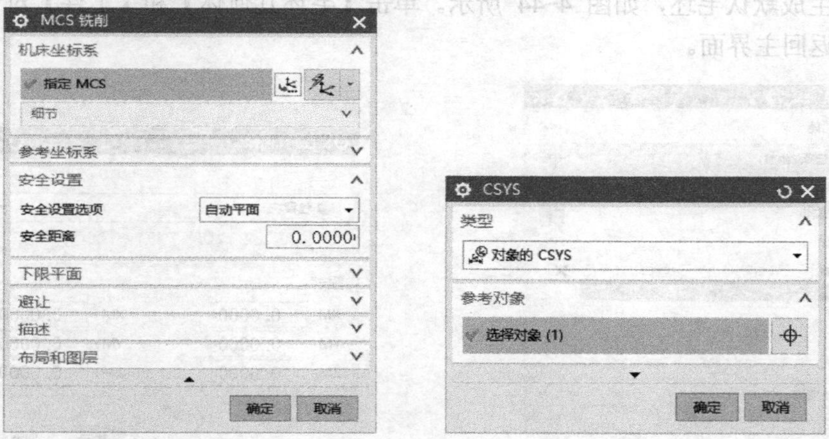

图 4-39 【MCS 铣削】对话框

步骤 05：设定安全高度。在【MCS 铣削】对话框的【安全设置】选项区域中，【安全设置选项】设为【自动平面】，并在【安全距离】文本框输入“20”，即安全高度为 Z20，如图 4-41 所示，完成设置。

步骤 06：创建铣削几何体。在【工序导航器-几何】视图中单击“MCS_MILL”前面的“+”号，展开坐标系父节点，双击其下的 WORKPIECE，打开【工件】对话框，如图 4-42 所示。单击【指定部件】图标按钮，打开【部件几何体】对话框，在绘

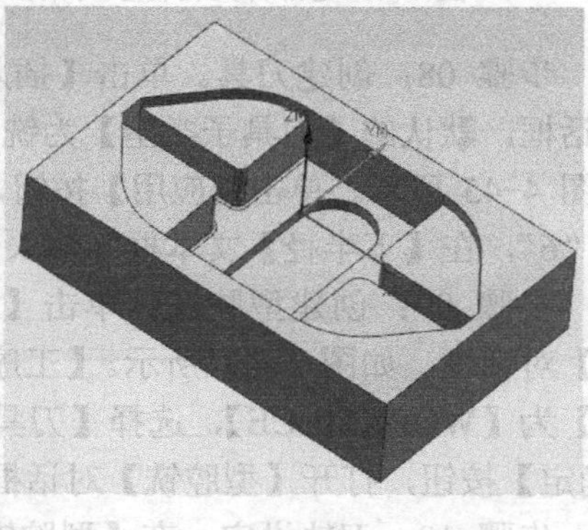

图 4-40 设定加工坐标系

图区选择零件作为部件几何体，如图 4-43 所示。

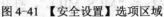

图 4-41 【安全设置】选项区域

图 4-42 【工件】对话框

步骤 07：创建毛坯几何体。单击【确定】按钮回到【工件】对话框，在对话框中单击【指定毛坯】图标按钮，打开【毛坯几何体】对话框。在【类型】下拉列表中选取【包容块】，系统生成默认毛坯，如图 4-44 所示。单击【毛坯几何体】和【工件】对话框的【确定】按钮，返回主界面。

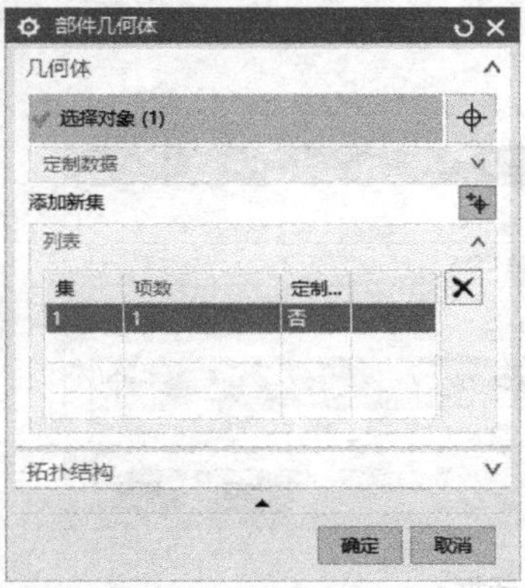

图 4-43 【部件几何体】对话框

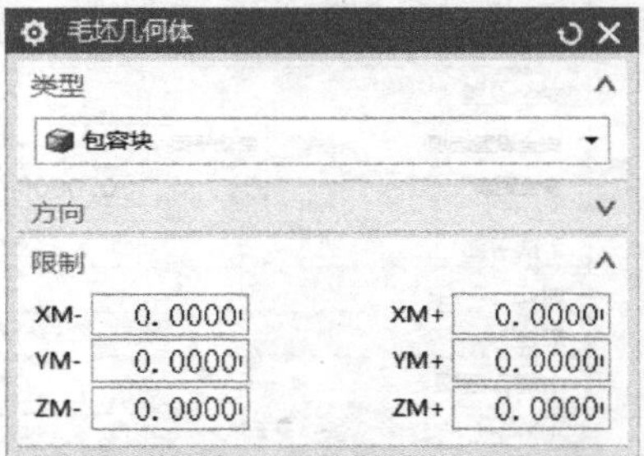

图 4-44 【毛坯几何体】对话框

步骤 08：创建刀具。单击【插入】工具条中的【创建刀具】按钮，打开【创建刀具】对话框，默认的【刀具子类型】为铣刀图标按钮，在【名称】文本框中输入“D6R0.8”，如图 4-45 所示。单击【应用】按钮，打开【铣刀-5 参数】对话框，在【直径】文本框中输入“6”，在【下半径】文本框中输入“0.8”，如图 4-46 所示。

步骤 09：创建型腔铣。单击【插入】工具条中的【创建工序】按钮，打开【创建工序】对话框，如图 4-47 所示。【工序子类型】为 CAVITY_MILL 图标按钮，设置【几何体】为【WORKPIECE】，选择【刀具】为【D6R0.8】，名称默认为“CAVITY_MILL”，单击【确定】按钮，打开【型腔铣】对话框，如图 4-48 所示。

步骤 10：刀轨设定。在【型腔铣】对话框的【刀轨设置】选项区域中，【切削模式】选择【跟随部件】，【步距】选择【刀具平直百分比】，【平面直径百分比】设定为“65”，【公共每刀切削深度】设定为【恒定】，【最大距离】设定为“0.6mm”，如图 4-48 所示。

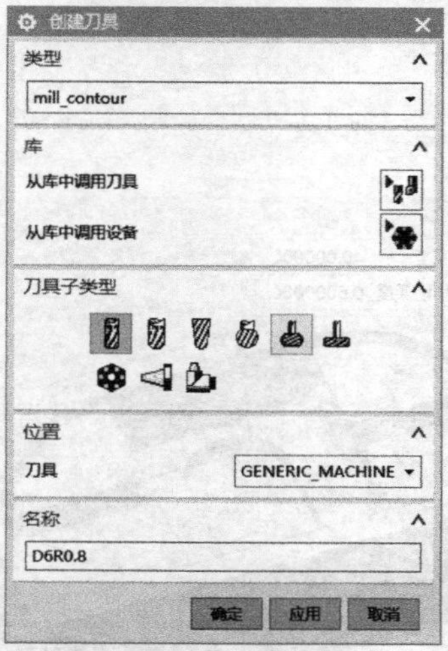

图 4-45 【创建刀具】对话框

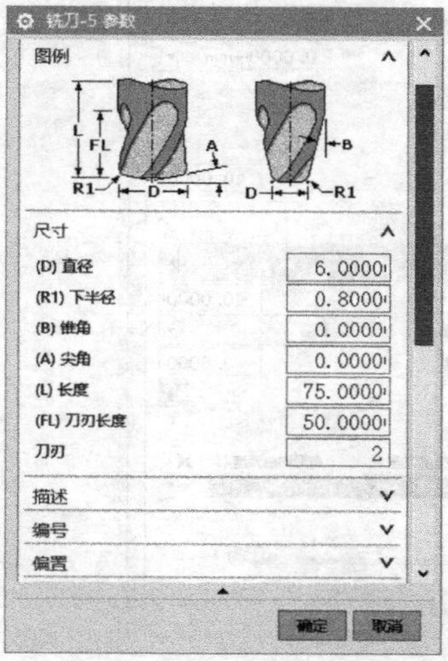

图 4-46 【铣刀-5 参数】对话框

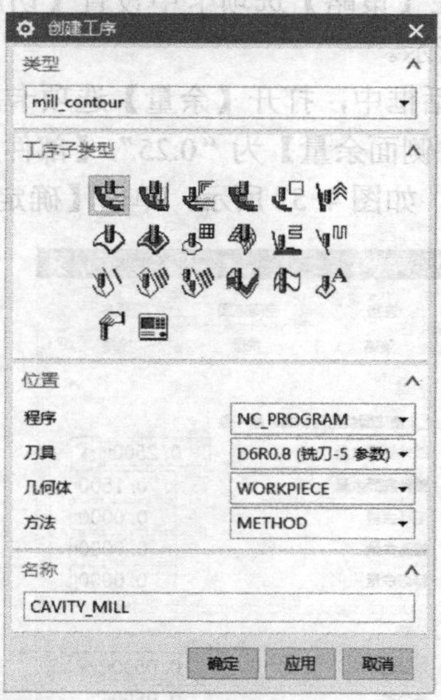

图 4-47 【创建工序】对话框

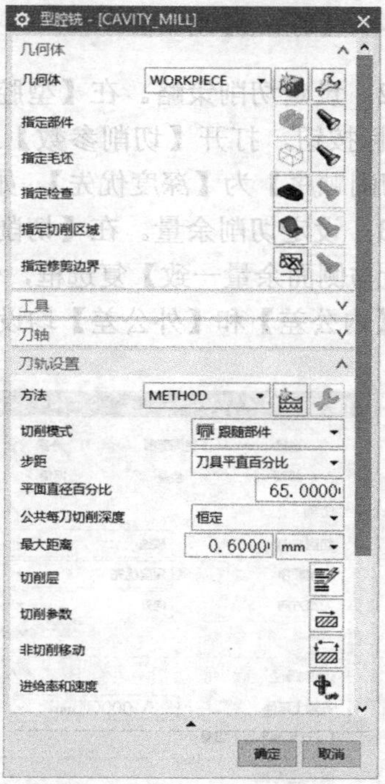

图 4-48 【型腔铣】对话框

步骤 11：设定切削层。在【型腔铣】对话框的【刀轨设置】选项区域中，单击【切削层】图标按钮，打开【切削层】对话框，在【最大距离】文本框中输入“0.6”，如图 4-49 所示。然后单击图 4-50 所示平面，单击【确定】按钮返回主界面。

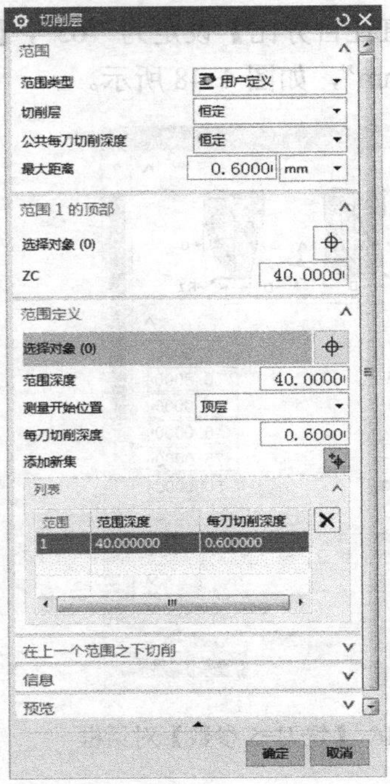

图 4-49 【切削层】对话框

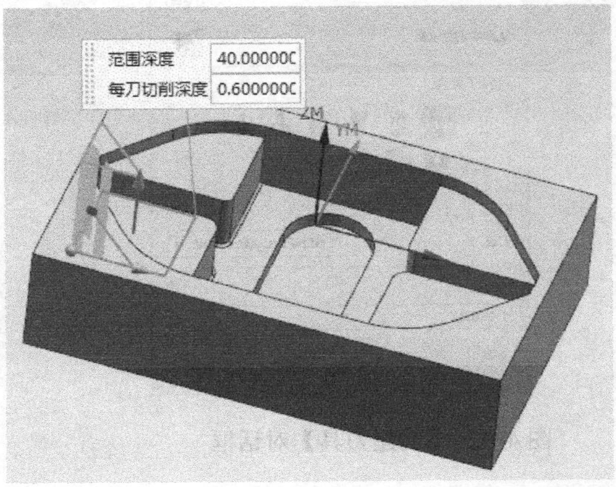

图 4-50 指定平面

步骤 12：设定切削策略。在【型腔铣】对话框的【刀轨设置】选项区域中，单击【切削参数】图标按钮，打开【切削参数】对话框，在【策略】选项卡中设置【切削方向】为【顺铣】，【切削顺序】为【深度优先】，如图 4-51 所示。

步骤 13：设定切削余量。在【切削参数】对话框中，打开【余量】选项卡，取消选中【使底面余量与侧面余量一致】复选框，修改【部件侧面余量】为“0.25”，【部件底面余量】为“0.15”。【内公差】和【外公差】均设为“0.05”，如图 4-52 所示，单击【确定】按钮。

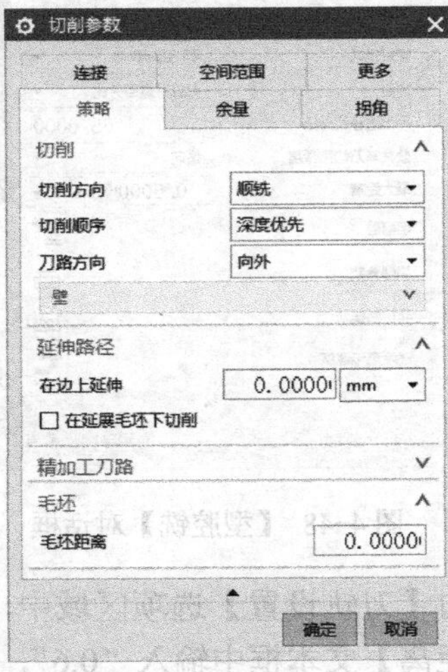

图 4-51 【策略】选项卡

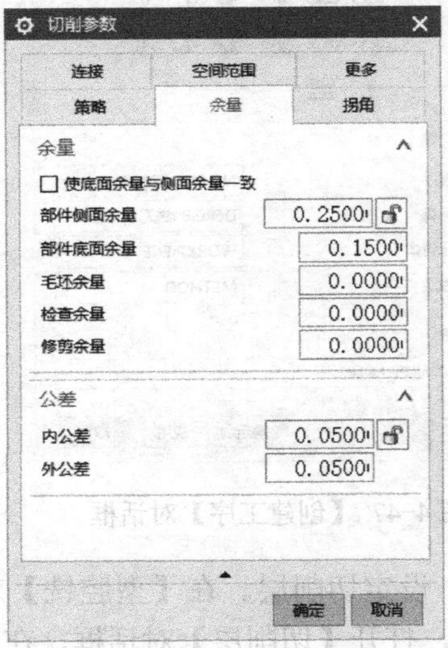

图 4-52 【余量】选项卡

步骤 14：设定进刀参数。在【型腔铣】对话框的【刀轨设置】选项区域中，单击【非切削移动】图标按钮，弹出【非切削移动】对话框，打开【进刀】选项卡，在【封闭区域】选项区域中，【进刀类型】设定为【螺旋】，其他参数接受系统默认设置，如图 4-53 所示，单击【确定】按钮完成设置。

步骤 15：设定进给率和刀具转速。在【型腔铣】对话框【刀轨设置】选项区域中单击【进给和速度】图标按钮，弹出【进给率和速度】对话框，在【主轴速度】选项区域中，选中【主轴速度】复选框，在文本框中输入“1500”，【进给率】选项区域中设定【切削】为“800”“mmpm”，再单击【主轴速度】后的【计算】图标按钮，生成表面速度和进给量，其他各参数设置如图 4-54 所示，单击【确定】按钮退出设定。

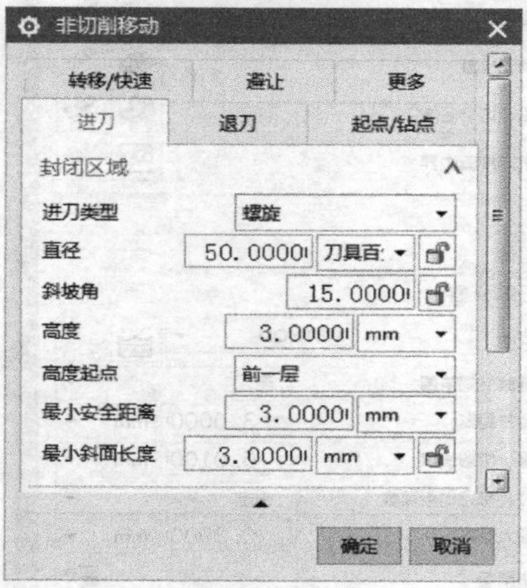

图 4-53　【非切削移动】对话框

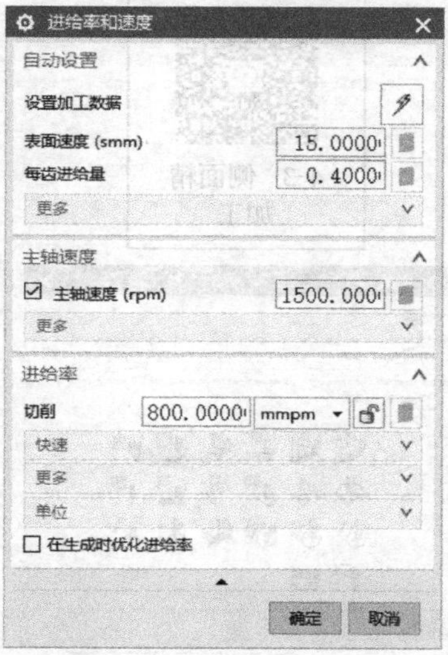

图 4-54　【进给率和速度】对话框

步骤 16：生成刀轨轨迹。单击【生成】图标按钮，系统计算出型腔铣粗加工的刀位轨迹，如图 4-55 所示。

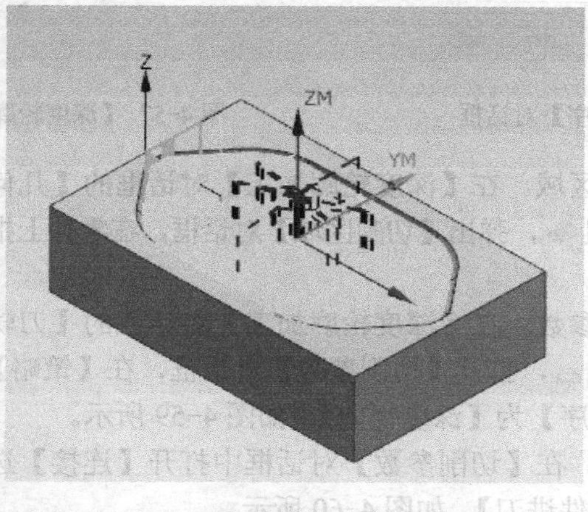

图 4-55　型腔铣粗加工的刀位轨迹

4.5.3 凹形零件的精加工 ZLEVEL_PROFILE

步骤 01：创建深度轮廓加工 ZLEVEL_PROFILE。单击【插入】工具条中的【创建工序】按钮，打开【创建工序】对话框，如图 4-56 所示。在【类型】下拉列表中选择【milL_contour】，修改位置参数，填写名称，然后单击 ZLEVEL_PROFILE 图标按钮，打开【深度轮廓加工】对话框，如图 4-57 所示。

步骤 02：设置每刀的公共深度。在【深度轮廓加工】对话框的【刀轨设置】选项区域中，【公共每刀切削深度】设定为【恒定】，【最大距离】设定为“0.3”“mm”，其他参数设定如图 4-57 所示。

4-3 侧面精加工

图 4-56 【创建工序】对话框

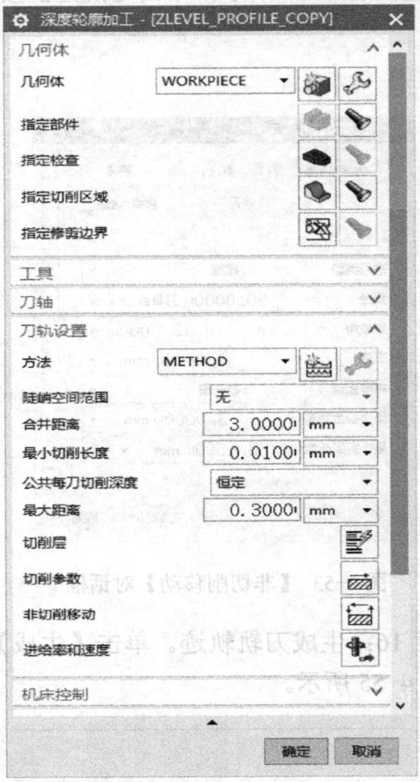

图 4-57 【深度轮廓加工】对话框

步骤 03：指定切削区域。在【深度轮廓加工】对话框的【几何体】选项区域中，单击【指定切削区域】图标按钮，弹出【切削区域】对话框，在零件上指定切削区域，如图 4-58 所示。

步骤 04：设定切削参数。在【深度轮廓加工】对话框的【刀轨设置】选项区域中，单击【切削参数】图标按钮，打开【切削参数】对话框，在【策略】选项卡中设置【切削方向】为【混合】，【切削顺序】为【深度优先】，如图 4-59 所示。

步骤 05：设定连接。在【切削参数】对话框中打开【连接】选项卡，在【层到层】下拉列表中选择【直接对部件进刀】，如图 4-60 所示。

步骤 06：设定切削余量。在【切削参数】对话框中，打开【余量】选项卡，取消选中

【使底面余量与侧面余量一致】复选框，修改【部件侧面余量】为“0.2”，修改【部件底面余量】为“0.1”，如图 4-61 所示，单击【确定】按钮。

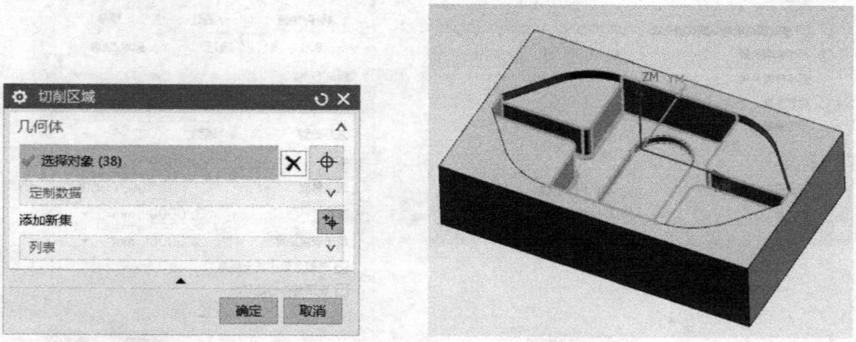

图 4-58 【切削区域】对话框

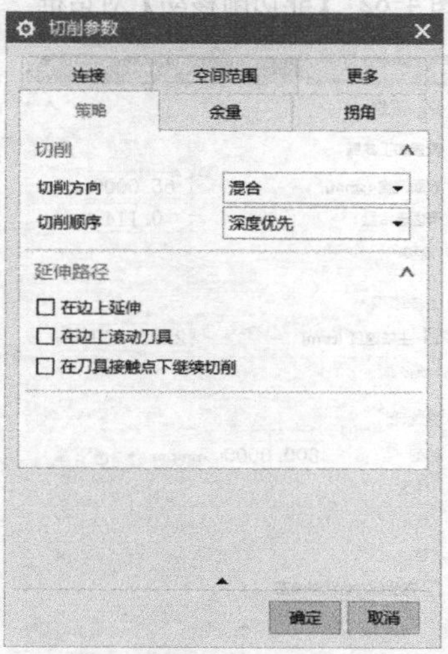

图 4-59 【切削参数】对话框

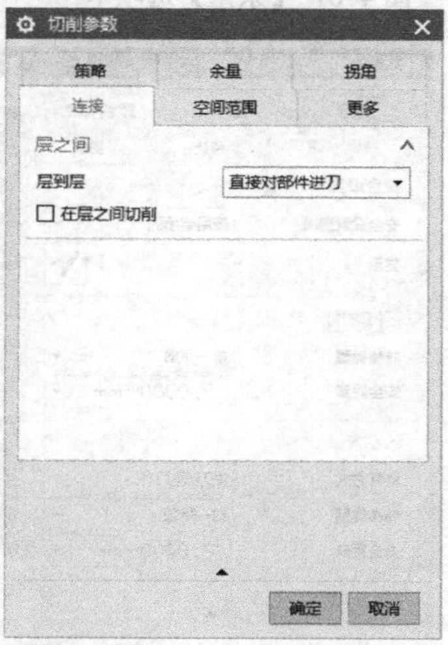

图 4-60 【连接】选项卡

步骤 07：设定进刀参数。单击【深度轮廓加工】对话框中【刀轨设置】选项区域中的【非切削移动】图标按钮，弹出【非切削移动】对话框，打开【进刀】选项卡，在【开放区域】选项区域中，【进刀类型】设定为【圆弧】，其他设置如图 4-62 所示。

步骤 08：设定转移/快速参数。在【非切削移动】对话框中，打开【转移/快速】选项卡，在【区域之间】和【区域内】选项区域中，【转移类型】选择【前一平面】，其他设置如图 4-63 所示，单击【确定】按钮完成设置。

步骤 09：设定进给率和速度。在【深度轮廓加工】对话框的【刀轨设置】选项区域中，单击【进给率和速度】图标按钮，弹出【进给率和速度】对话框，在【主轴速度】选项区域中，选中【主轴速度】复选框，在文本框中输入“2200”，【进给率】选项区域中，设置【切削】为“800”“mmpm”，其他参数设置如图 4-64 所示。

步骤 10：生成刀轨轨迹。单击【生成】图标按钮，系统计算出深度轮廓加工铣精加工的刀位轨迹，如图 4-65 所示。

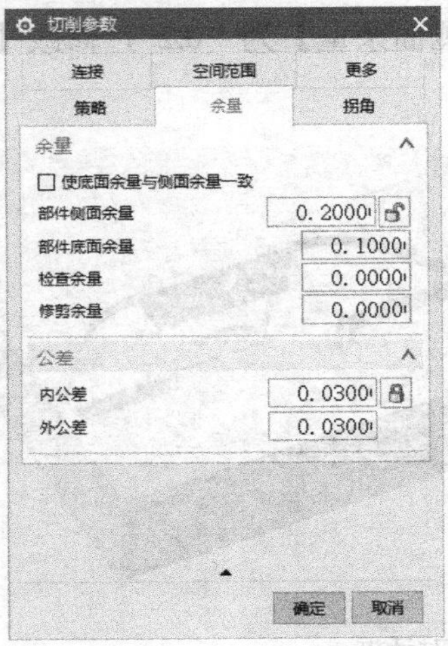

图 4-61 【余量】选项卡

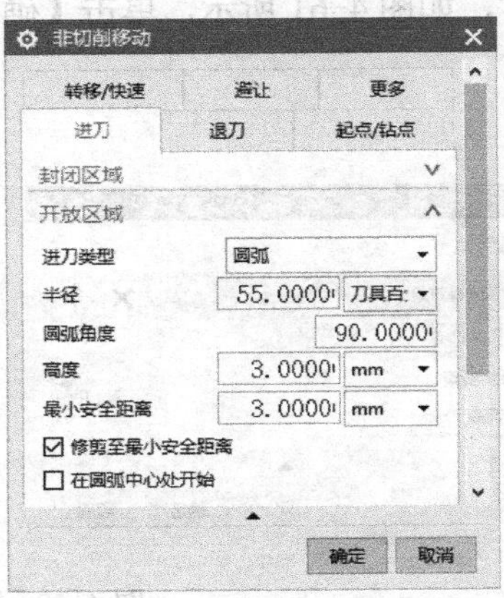

图 4-62 【非切削移动】对话框

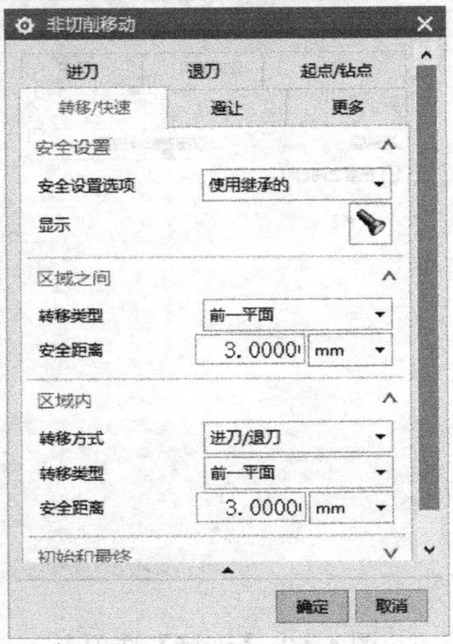

图 4-63 【转移/快速】选项卡

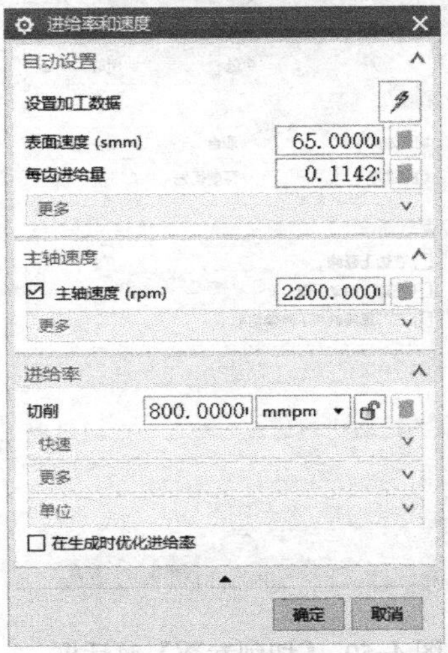

图 4-64 【进给率和速度】对话框

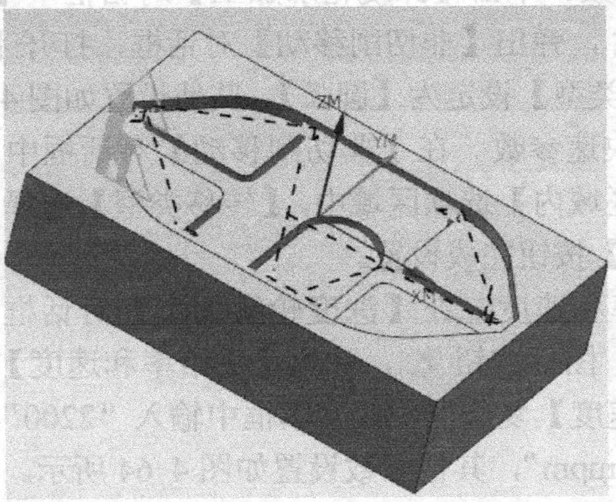

图 4-65 深度轮廓加工铣精加工的刀位轨迹

4.5.4　凹形零件的精加工 FACE_MILLING

步骤 01：创建面铣削区域。单击【插入】工具条中的【创建工序】按钮，打开【创建工序】对话框，如图 4-66 所示。在【类型】下拉列表中选择【mill_planar】，修改位置参数，填写名称，然后单击 FACE_MILLING 图标按钮，打开【面铣】对话框，如图 4-67 所示。

4-4　底面精加工

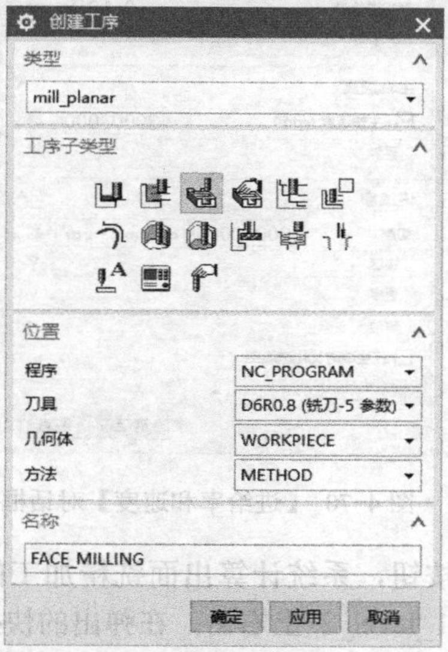

图 4-66　【创建工序】对话框

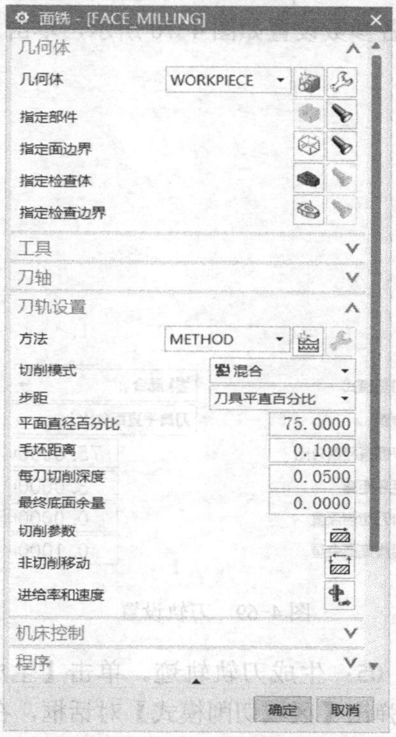

图 4-67　【面铣】对话框

步骤 02：指定切削区域。在【面铣】对话框的【几何体】选项区域中，单击【指定面边界】图标按钮，弹出【毛坯边界】对话框，在绘图区指定图 4-68 所示的平面，单击【确定】按钮。

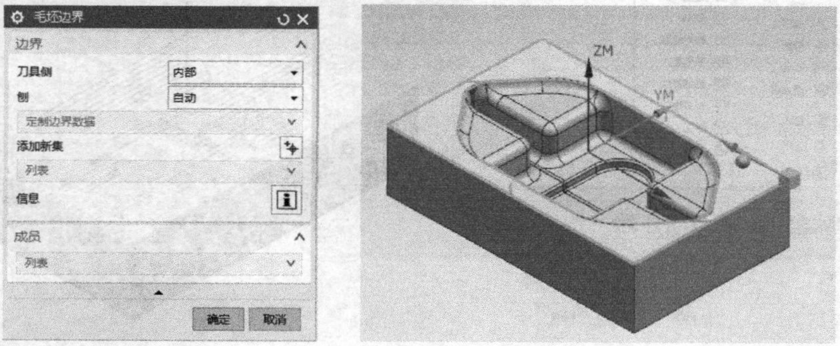

图 4-68　【毛坯边界】对话框

步骤 03：设定切削模式。在【面铣】对话框的【刀轨设置】选项区域中，【切削模式】选择【混合】，【最终底面余量】设定为“0.1”，其他设置如图 4-69 所示。

步骤 04：设定进给率和速度。在【面铣】对话框中的【刀轨设置】选项区域中，单击【进给率和速度】图标按钮，弹出【进给率和速度】对话框，在【主轴速度】选项区域中，选中【主轴速度】复选框，在文本框中输入“2200”，【进给率】选项区域中【切削】设定为“800”“mmpm”，单击【主轴速度】后的【计算】图标按钮，生成表面速度和进给量，其他各参数设置如图 4-70 所示，单击【确定】按钮。

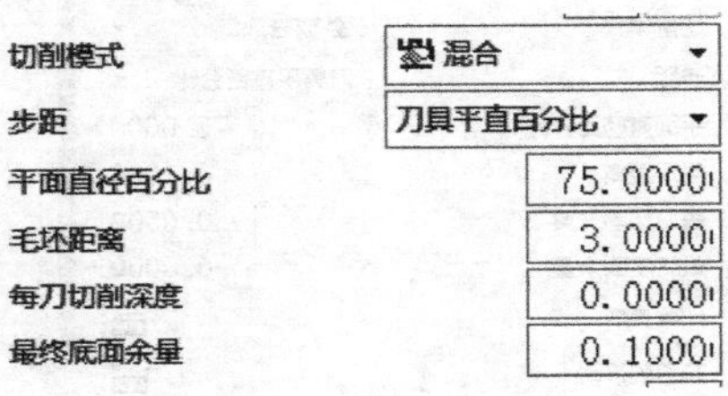

图 4-69　刀轨设置

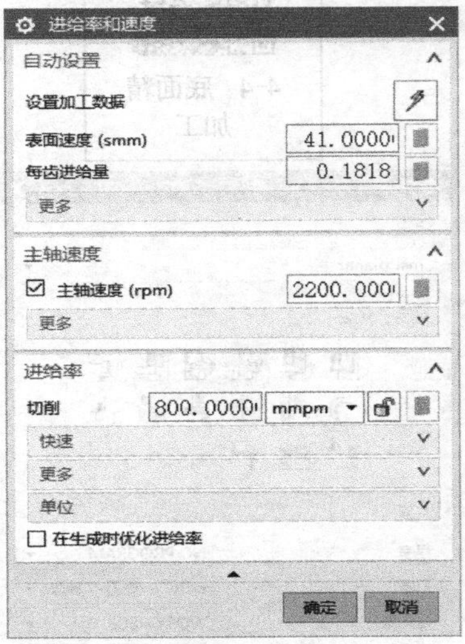

图 4-70 【进给率和速度】对话框

步骤 05：生成刀轨轨迹。单击【生成】图标按钮，系统计算出面铣精加工的刀位轨迹，此时弹出【区域切削模式】对话框，在 region_1_level_2 上右击，在弹出的快捷菜单中选择【更改方法】→【往复】命令，如图 4-71 所示。然后单击【确定】按钮生成刀路，如图 4-72 所示。

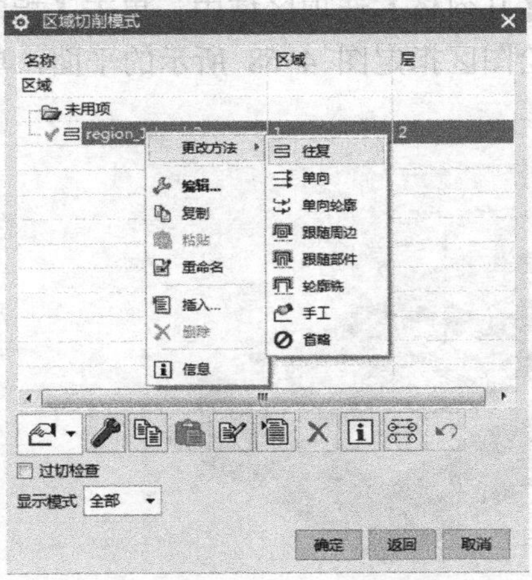

图 4-71 【区域切削模式】对话框

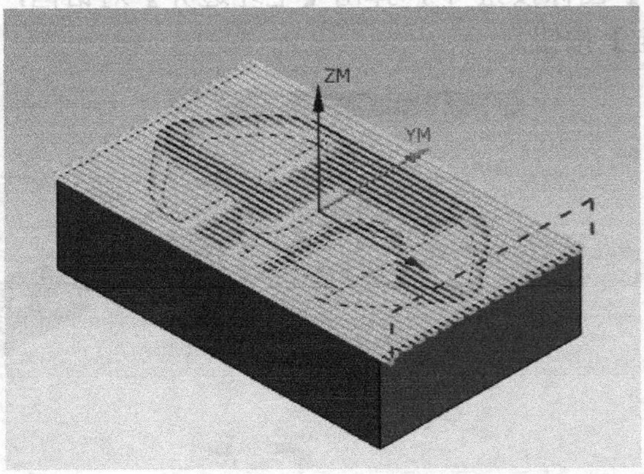

图 4-72　面铣精加工的刀位轨迹

4.6　本章小结

本章介绍了型腔的加工特点，型腔铣的适用范围、与深度轮廓加工铣的异同。重点介绍型腔铣和深度轮廓加工铣的参数设置，包括切削层、切削区域、处理中的工件（IPW）等。最后通过实例来说明型腔铣和深度轮廓加工铣操作的运用。

4.7　思考与练习

1．思考题

（1）型腔铣与平面铣的区别是什么？

（2）深度轮廓加工铣与型腔铣的区别是什么？

2．练习题

打开本书配套资源文件“\课后习题\4\4-1.prt”，该工件是一个滑块，利用型腔铣和深度轮廓加工铣加工路径对图 4-73 所示的实体进行粗、精加工，并生成 NC 代码。

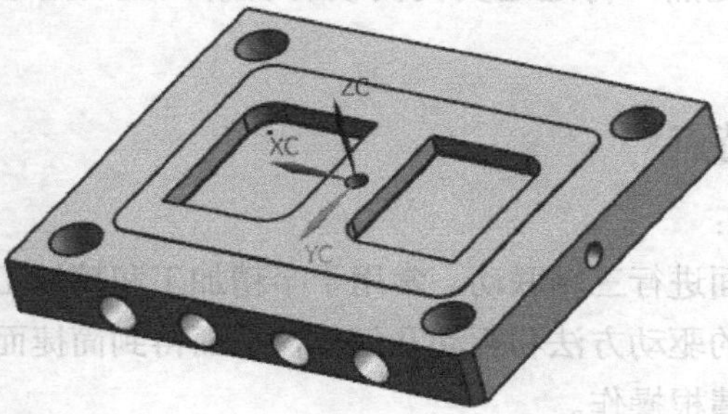

图 4-73　习题 4-1

第5章 固定轮廓铣

5.1 固定轮廓铣概述

固定轮廓铣操作是UG NX 10.0加工的精髓，是UG NX 10.0精加工的主要操作。固定轮廓铣操作的原理是，首先通过驱动几何体产生驱动点，然后将驱动点投影到工件几何体上，再通过工件几何体上的投影点计算得到刀位轨迹点，最后通过所有刀位轨迹点和设定的非切削运动计算出所需的刀位轨迹。

固定轮廓铣的驱动和加工方法很多，可以产生多样的精加工刀位轨迹。本章先介绍固定轮廓铣的特点和关键点，再通过实例向读者讲解固定轮廓铣的各种驱动方法的应用思路。

5.1.1 固定轮廓铣的特点

固定轮廓铣特点如下：

1）刀具沿复杂的曲面进行三轴联动，常用于半精加工和精加工，也可用于粗加工。

2）可设置灵活多样的驱动方法和驱动几何体，从而得到简捷而精准的刀位轨迹。

3）提供了智能化的清根操作。

4）非切削方式设置灵活。

5.1.2 固定轮廓铣的适用范围

固定轮廓铣的适用范围非常广，几乎应用于所有曲面工件的精加工和半精加工，适用于固定轮廓铣的工件类型实例如图5-1和图5-2所示。

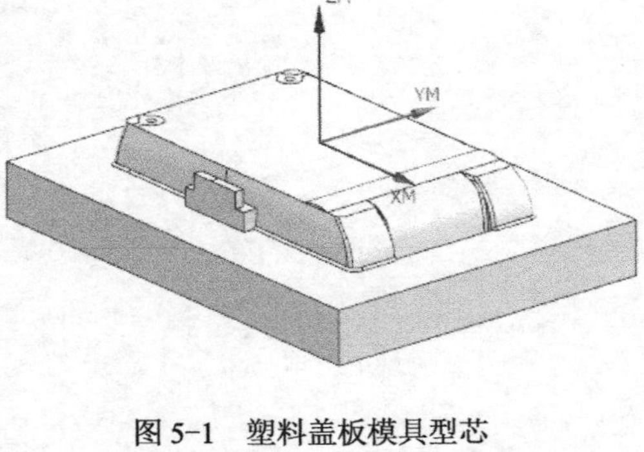

图5-1 塑料盖板模具型芯

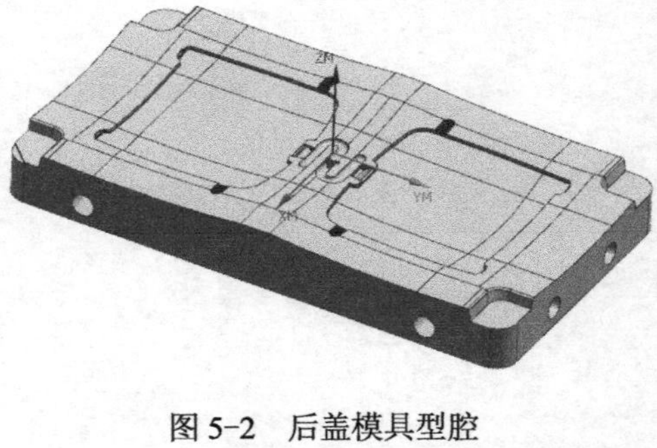

图5-2 后盖模具型腔

5.2　固定轮廓铣的参数设置

【固定轮廓铣】对话框如图 5-3 所示，固定轮廓铣最关键的参数是驱动方法、切削参数以及非切削移动的应用。

驱动方法是用于定义驱动点的定义方式，不同的驱动方法可以设定不同的驱动几何体、投影矢量和切削方法。选择合适的驱动方法对生成最优的刀轨非常重要。固定轮廓铣的驱动方法有区域铣削、曲线边、边界、螺旋、曲面区域、径向切削、清根切削和文本驱动等 11 种，配合多种切削图样、切削类型和投影矢量，可以生成多种多样的刀轨。下面先了解几个基本的概念。

（1）工件几何体　被加工的几何体，可以选择实体和曲面。

（2）驱动几何体　用于产生驱动点的几何体，可以是曲线或曲面。

（3）驱动方法　驱动点产生的方法。可以是在曲线上产生一系列的驱动点，也可以是在曲面上一定面积内产生阵列的驱动点。

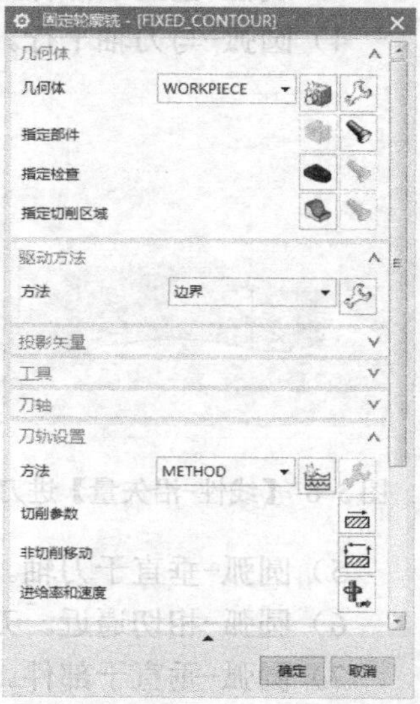

图 5-3 【固定轮廓铣】对话框

（4）投影矢量　定义驱动点投影到工件几何体上的投影方向。

（5）驱动点　从驱动几何体上产生，按定义的投射矢量投影到工件几何体上的点。

（6）非切削移动　定义进/退刀和没有切削工件时的刀具移动。

以上几个基本概念有助于理解固定轮廓铣刀轨的生成过程，下面将对非切削移动、切削参数、切削模式 3 个知识点进行详细讲解。

5.2.1　非切削移动

非切削移动是指刀具不进行切削时在空间中的运动。在【固定轮廓铣】对话框中，单击【非切削移动】图标按钮，系统弹出图 5-4 所示的【非切削移动】对话框。

1. 进刀

在【非切削移动】对话框中，打开【进刀】选项卡，如图 5-4 所示。其中包括【开放区域】【根据部件/检查】和【初始】3 个选项区域。

（1）开放区域的进刀类型

用于控制工件开放区域的进入类型。

1）线性。刀具以直线的方式直接进刀，如图 5-5 所示。

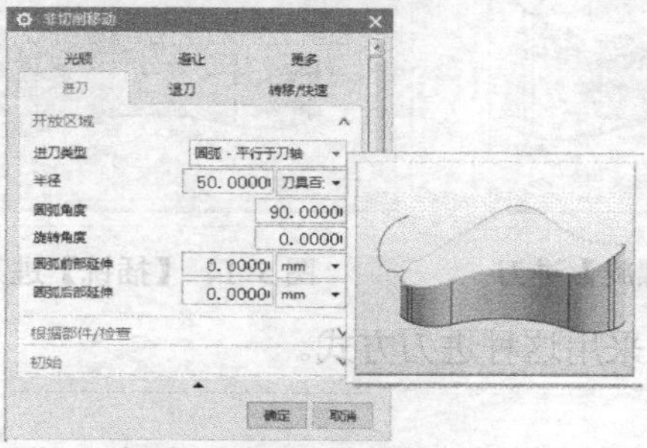

图 5-4 【非切削移动】对话框

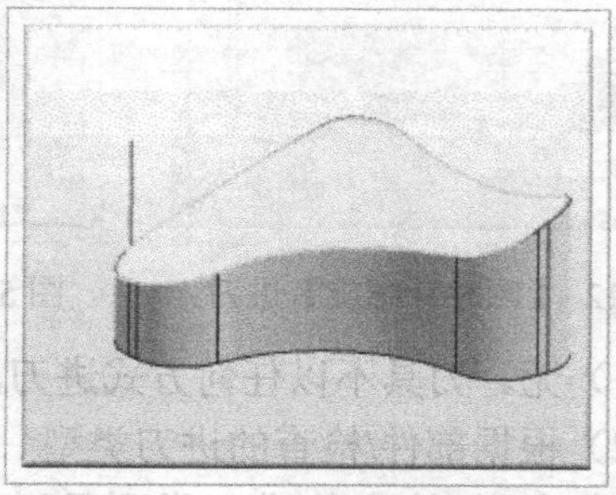

图 5-5 【线性】进刀

2）线性-沿矢量。通过矢量指定直线，采用直线方式直接进刀，如图 5-6 所示。

3）线性-垂直于部件。刀轴沿垂直于部件侧表面的直线进刀，如图 5-7 所示。

4）圆弧-与刀轴平行。刀具沿平行于刀轴的圆弧轨迹进刀，如图 5-8 所示。

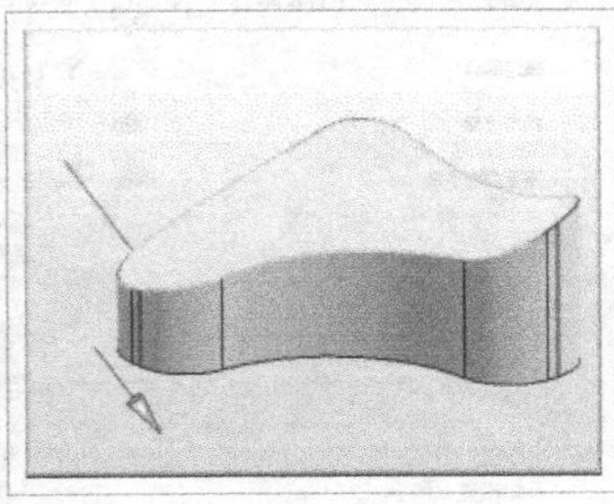

图 5-6 【线性-沿矢量】进刀

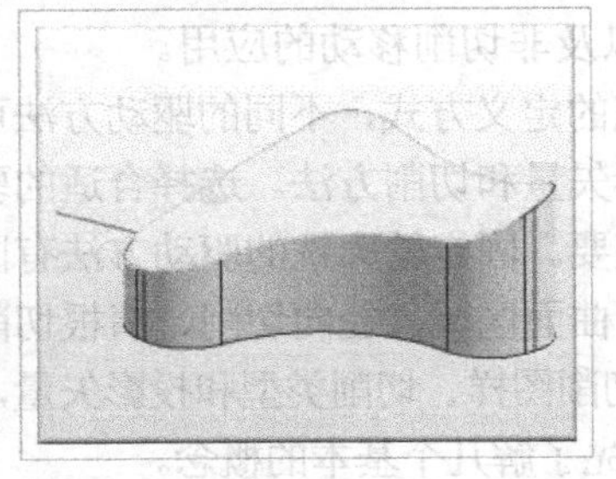

图 5-7 【线性-垂直于部件】进刀

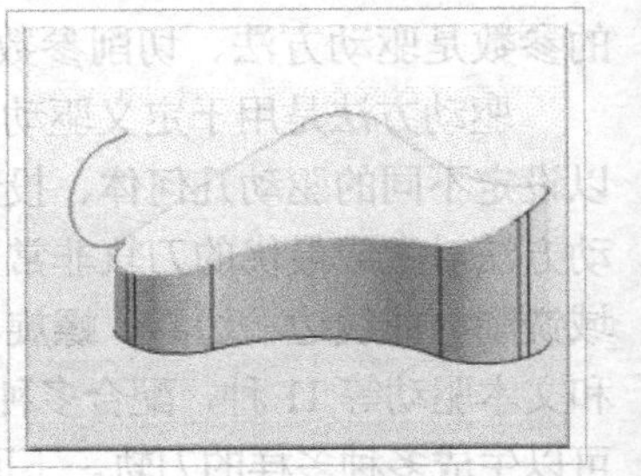

图 5-8 【圆弧-与刀轴平行】进刀

5）圆弧-垂直于刀轴。刀具沿垂直于刀轴的圆弧轨迹进刀，如图 5-9 所示。

6）圆弧-相切逼近。刀具沿与部件相切的圆弧轨迹进刀，如图 5-10 所示。

7）圆弧-垂直于部件。刀具沿垂直于部件的圆弧轨迹进刀，如图 5-11 所示。

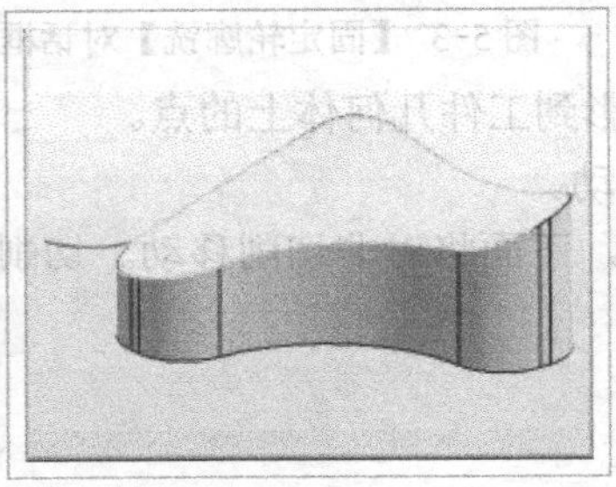

图 5-9 【圆弧-垂直于刀轴】进刀

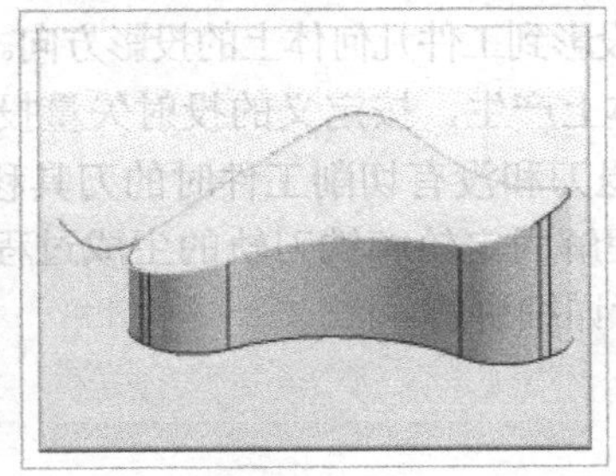

图 5-10 【圆弧-相切逼近】进刀

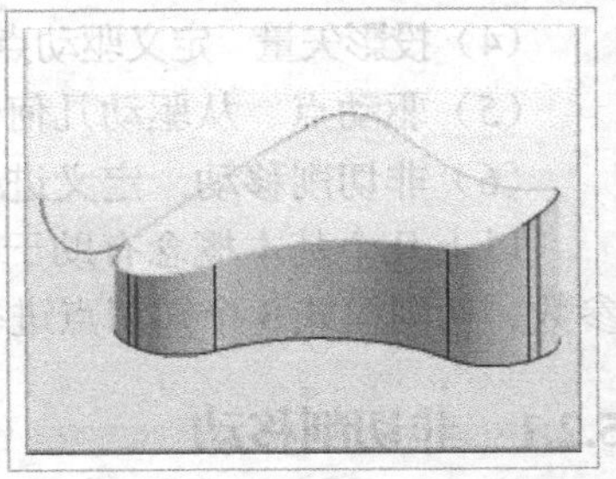

图 5-11 【圆弧-垂直于部件】进刀

8）顺时针螺旋。刀具沿一个顺时针盘旋的螺旋线轨迹进刀，如图 5-12 所示。

9）逆时针螺旋。刀具沿一个逆时针盘旋的螺旋线轨迹进刀，如图 5-13 所示。

10）插铣。刀具以插的方式进刀，如图 5-14 所示。

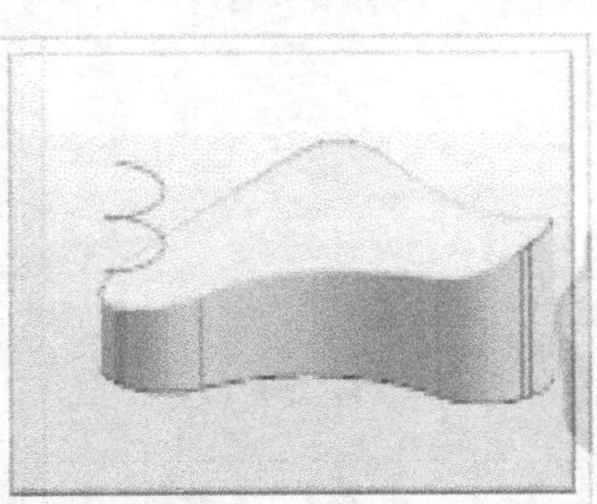

图 5-12 【顺时针螺旋】进刀

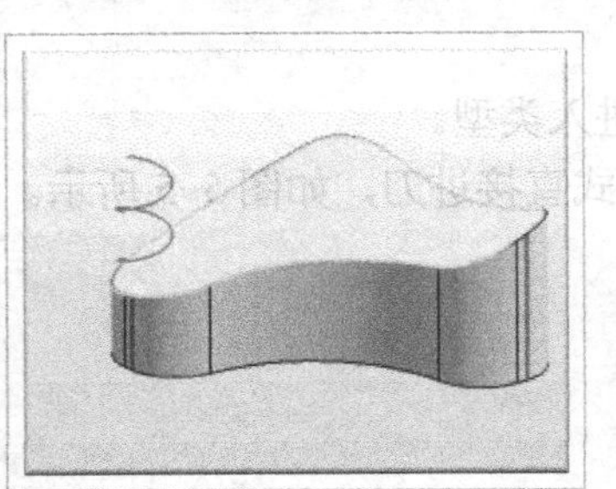

图 5-13 【逆时针螺旋】进刀

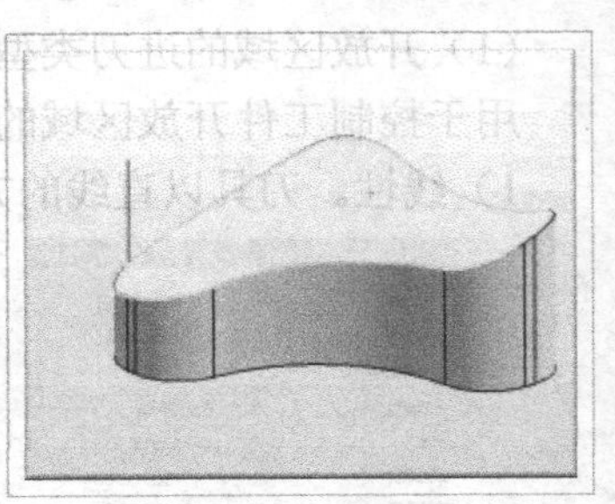

图 5-14 【插铣】进刀

11）无。刀具不以任何方式进刀，通常不建议采用这种进刀方式。

（2）根据部件/检查的进刀类型

根据部件/检查的进刀类型是以部件几何体和检查几何体为参考对象来确定进刀类型

的。有与开放区域相同的【线性】【线性-沿矢量】【线性-垂直于部件】【插铣】和【无】等进刀类型，设置方法与开放区域的进刀类型相似，读者可以参照其使用。

（3）初始的进刀类型

初始的进刀类型用于指定第一次进刀运动类型，在【初始】选项区域下的【进刀类型】下拉列表选项与开放区域的进刀类型基本相同，读者可参照其使用。

2. 退刀

在【非切削移动】对话框中，打开【退刀】选项卡，如图 5-15 所示。【开放区域】中的退刀运动形式设置方法与进刀相似，读者可以参照进刀进行设置。

非切削移动参数的定义非常重要，在实际加工过程中，较为重大的加工事故发生的主因常常就是刀具与工件发生碰撞，而碰撞事故又主要发生在非切削移动时。当然，可以通过碰撞检查来避免以上加工事故。

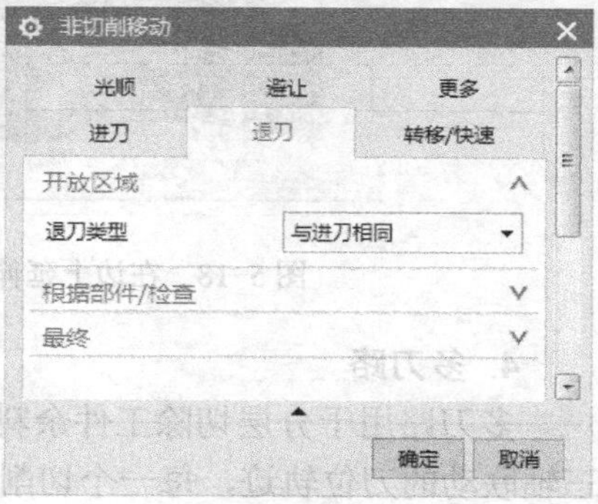

图 5-15 【退刀】参数

5.2.2 切削参数

在【固定轮廓铣】对话框中，单击【切削参数】图标按钮，系统弹出如图 5-16 所示【切削参数】对话框。理解和掌握固定轮廓铣操作的切削参数，可以控制生成更好的刀轨，下面介绍一些重要参数。

1. 在凸角上延伸

【在凸角上延伸】选项用于控制当刀具跨过工件内部凸边缘时，不随边缘滚动，使刀具避免始终压住凸边缘，如图 5-17 所示，此时，刀具不执行退刀/进刀操作，只稍微抬起。在指定的最大凸角外，不再发生抬刀现象。

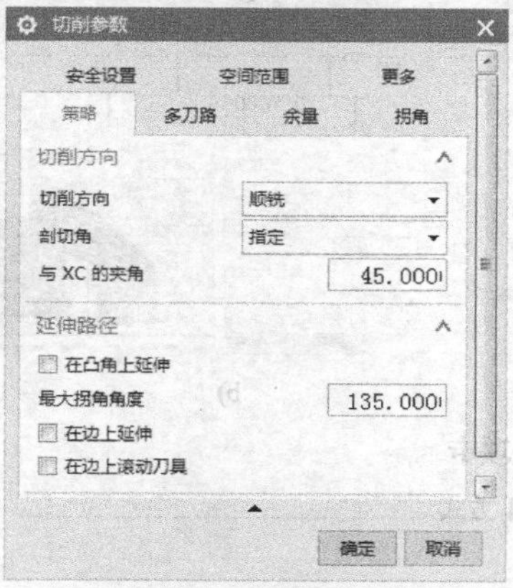

图 5-16 【切削参数】对话框

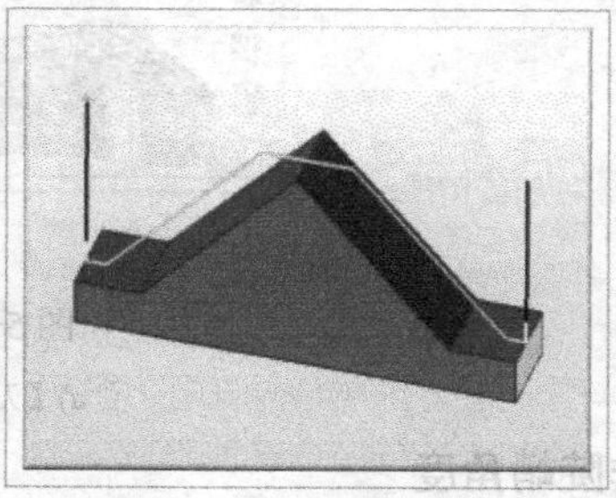

图 5-17 在凸角上延伸

2. 在边上延伸

【在边上延伸】选项用于控制当工件侧面还有余量时，刀具在工件表面加工而不会在边缘处留下毛边。如图 5-18 所示，此时，刀位轨迹沿工件边缘延伸，使被加工的表面完整光顺。

3. 在边缘滚动刀具

【在边缘滚动刀具】是当驱动路径延伸到工件表面以外产生的，图 5-19 所示为没有移除边缘跟踪的示意图。移除边缘跟踪缩短了刀轨长度，避免了刀具滚过边缘可能产生的过切。

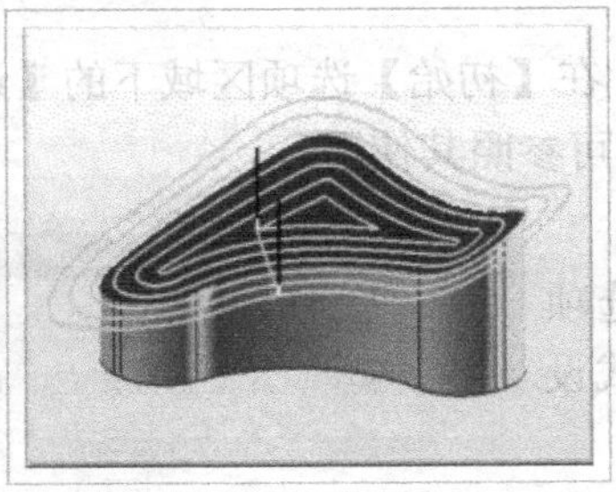

图 5-18　在边上延伸

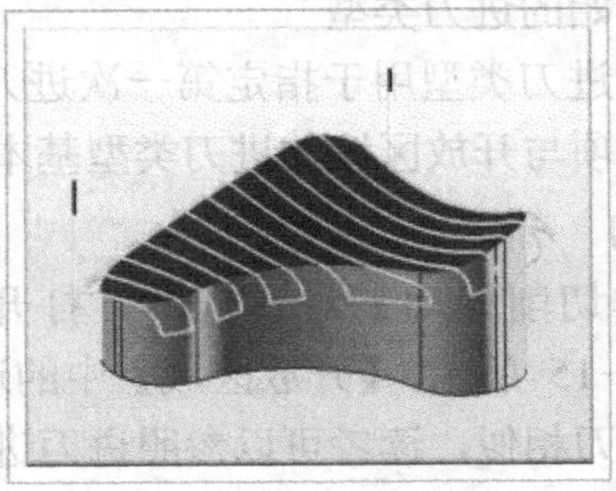

图 5-19　在边缘滚动刀具

4. 多刀路

多刀路用于分层切除工件余料，类似于型腔铣中的分层加工，不同的是产生的刀轨都为三轴联动的刀位轨迹，每一个切削层都在工件表面的一个偏置面上产生。

多刀路常应用于工件经过粗加工或半精加工后，局部余量较大、无法一次切除的情况下，其定义有两种方式，图 5-20a 所示为【刀路】方式，【部件余量偏置】为“0.6”，由【刀路数】为 3 可知每层深度为 0.2。图 5-20b 所示为【增量】方式，每层切削增量为 0.2，【部件余量偏置】为“0.6”，计算可得切削层数为 3。两种定义方法形式不同，但实际得到的刀轨是相同的。

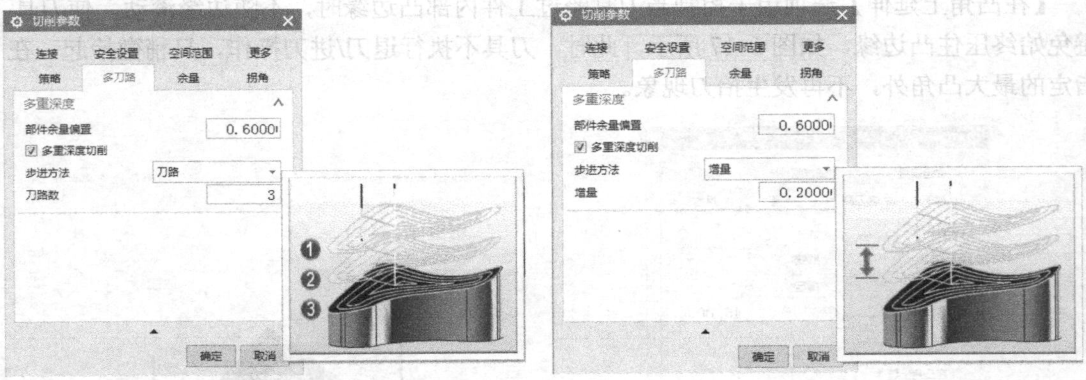

a)　　b)

图 5-20　【多刀路】选项卡

a)【刀路】方式　b)【增量】方式

5. 非陡峭角度

许多工件型面都较复杂，为了避免切削负载的急剧变化，可以通过定义一个陡峭角度的参数来约束刀轨的切削区域。使用此参数后，工件型面被分为两部分：陡峭区域和非陡峭区域。这样，在刀具切削过程中切削负载会比较均匀，图 5-21 所示为非陡峭角度的设定。

6. 步距

步距的控制，首先是在一个平面内创建切削模式，然后投射到工件的表面。因此，投射到平坦的表面，行距和残留余量会较均匀；而投射到陡的表面，行距和残留余量会出现不均匀的现象。

在固定轮廓铣的【区域铣削驱动方法】对话框中，【步距】的选项有【恒定】【残余高度】【刀具平直百分比】和【变量平均值】4 种，如图 5-22 所示。当设置【恒定】步距后，不论曲面形状如何，轨间总保持均匀的距离。

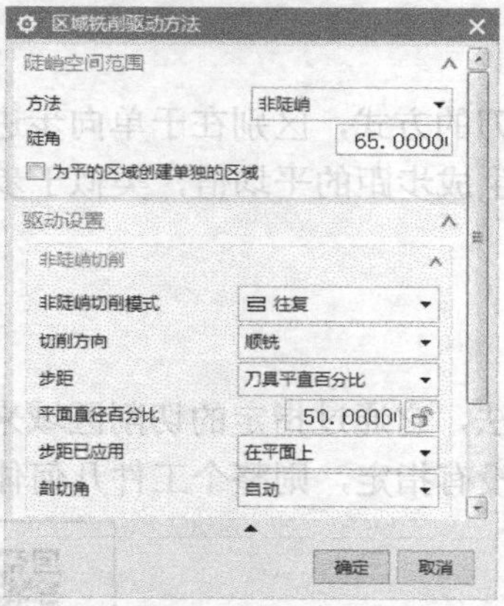

图 5-21　非陡峭角度的设定

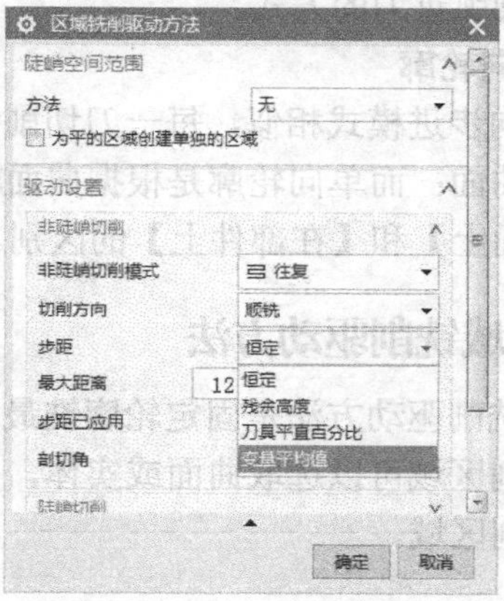

图 5-22　【步距】选项

5.2.3　切削模式

切削模式用于定义刀轨的形状。有些切削模式切削整个切削区域，而有些切削模式只沿切削区域的外周边进行铣削；有些切削模式跟随切削区域的形状进行切削，而有些切削模式独立于切削区域的形状进行切削。

固定轮廓铣的切削模式与型腔铣的切削模式有类似的地方，都有跟随周边、轮廓加工、平行线的切削方式，而型腔铣没有径向线、同心圆的切削方式。

1. 跟随周边

这种模式中，刀具跟随切削区域的外边缘进行加工，刀轨形状与切削区域形状有关，需要指定是顺铣还是逆铣，刀轨是从内向外，还是从外向内沿切削区域边缘形成。

2. 轮廓加工

这种模式中，刀具只沿切削区域的外围进行切削，通过指定附加刀路数，可以切除区域外围附近指定步距内的材料。

3. 平行线

平行线模式是通过平行线投影到工件表面来生成路径的切削模式，可以指定不同的切削类型来确定刀轨在平行线间的转移情况，还可通过切削角度参数来指定平行线的方向，走刀模式可分为【单向】和【往复】两种模式。

4. 径向线

径向线模式是通过用户定义或系统指定的最优中心点延伸出的一系列直线投影到工件表面来产生刀轨的切削模式。

5. 同心圆

同心圆模式是通过用户定义或系统指定的最优中心点为中心的一系列同心圆投影到工件

表面来产生刀轨的切削模式，可以控制是从内到外还是从外到内进行切制。

6. 单向步进

与平行线模式相似，单向步进模式是通过平行线投影到工件表面来生成路径的切削模式，区别在于进刀方式不同，平行线模式是采用直接线性进刀，而单向步进模式是每一刀切削都采用圆弧进刀的方式。

7. 单向轮廓

与单向步进模式相似，每一刀切削都采用圆弧进刀的方式，区别在于单向步进比较适用于非陡峭曲面：而单向轮廓是根据曲面轮廓的表面来生成步距的平均值，类似于步距已应用于【在平面上】和【在部件上】的区别。

5.2.4 区域铣削驱动方法

区域铣削驱动方法是固定轮廓铣最常用的驱动方法，它通过指定的切削区域来生成刀位轨迹。切削区域可以选取曲面或实体，如果切削区域没有指定，则整个工件几何体将被系统默认为切削区域。

5-1 粗加工

5.3 工程实例精解——塑料盖板模具型芯数控加工

5.3.1 实例分析

5-2 固定轮廓铣

图 5-23 所示为一个塑料盖板模具型芯，材料是 P20 钢，本实例使用固定轮廓铣的区域铣削驱动方法对该模芯顶面进行精加工。

5.3.2 曲面精加工 FIXED_CONTOUR

步骤 01：调入模芯。单击【打开】按钮，弹出【打开】对话框，如图 5-24 所示，选择本书配套资源中的“\课堂练习\5\5-1.prt”文件，单击【OK】按钮。

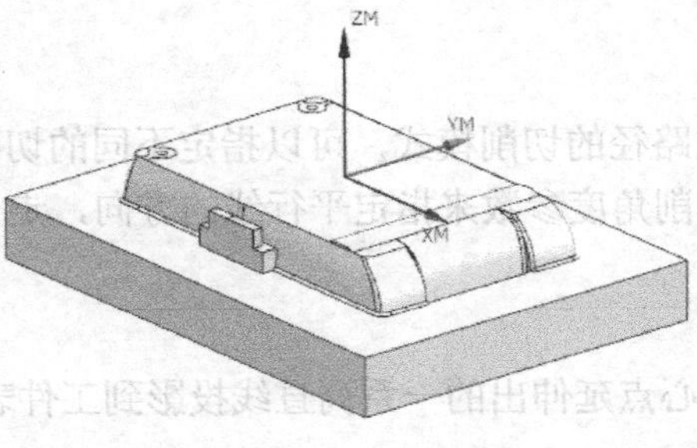

图 5-23 塑料盖板模具型芯

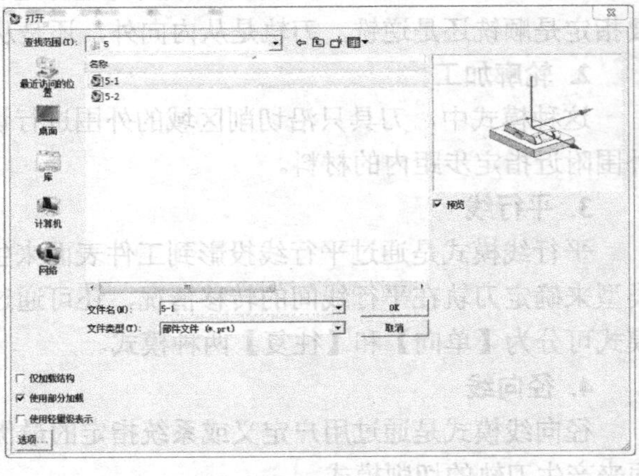

图 5-24 【打开】对话框

步骤 02：初始化加工环境。选择菜单【启动】→【加工】命令，弹出【加工环境】对话框，如图 5-25 所示。在【要创建的 CAM 设置】下拉列表中选择【mill_contour】，单击【确定】按钮后进入加工环境。

步骤 03：设定【工序导航器】。单击界面左侧资源条中的【工序导航器】图标按钮，打开【工序导航器】工具条，在【工序导航器】右击，单击【导航器】→【几何视图】图标按钮，打开【工序导航器-几何】视图，如图 5-26 所示。

图 5-25 【加工环境】对话框

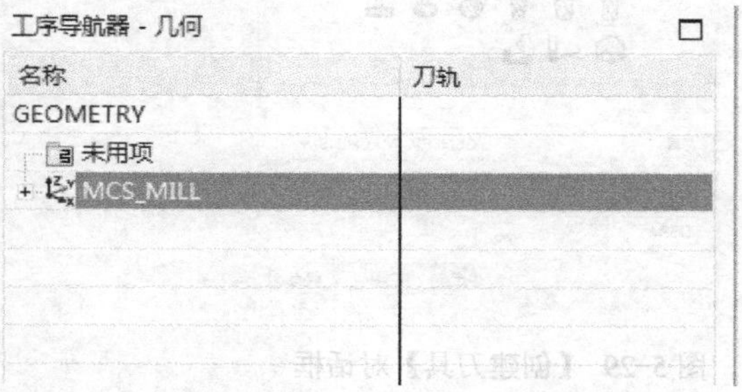

图 5-26 【工序导航器-几何】视图

步骤 04：设定坐标系和安全高度。在【工序导航器】中双击坐标系“MCS_MILL”，打开【MCS 铣削】对话框。单击【指定 MCS】后的图标按钮，在绘图区单击零件的顶面，将加工坐标系设定在零件表面的中心，如图 5-27 所示。

在【MCS 铣削】对话框【安全设置】选项区域中，【安全设置选项】选取【刨】选项，并单击【指定平面】图标按钮，弹出【刨】对话框。在绘图区单击零件顶面，并在【距离】文本框中输入“20”，即安全高度为 Z20，单击【确定】按钮完成设置，如图 5-28 所示。

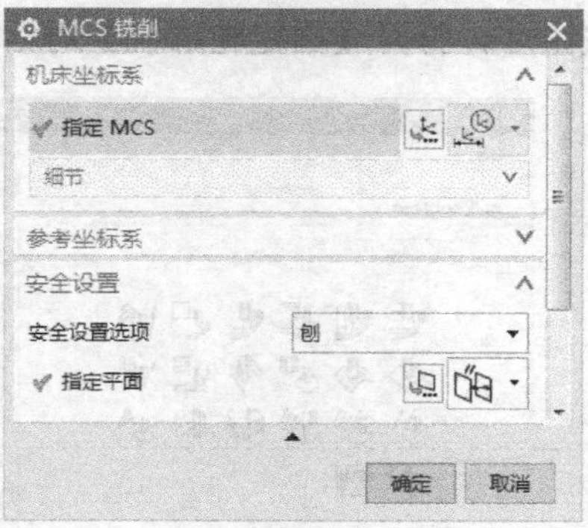

图 5-27 【MCS 铣削】对话框

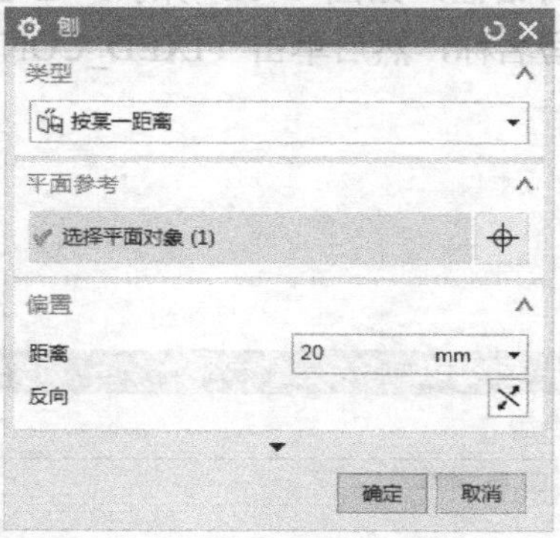

图 5-28 【刨】对话框

步骤 05：创建刀具。单击【插入】工具条中的【创建刀具】按钮，打开【创建刀具】对话框，默认的【刀具子类型】为铣刀，在【名称】文本框中输入“D8R4”，如图 5-29 所示，单击【确定】按钮，打开【铣刀-5 参数】对话框，在【直径】文本框中输入“8”，【下半径】文本框中输入“4”，如图 5-30 所示。这样就创建了一把直径为 8mm 的球铣刀。

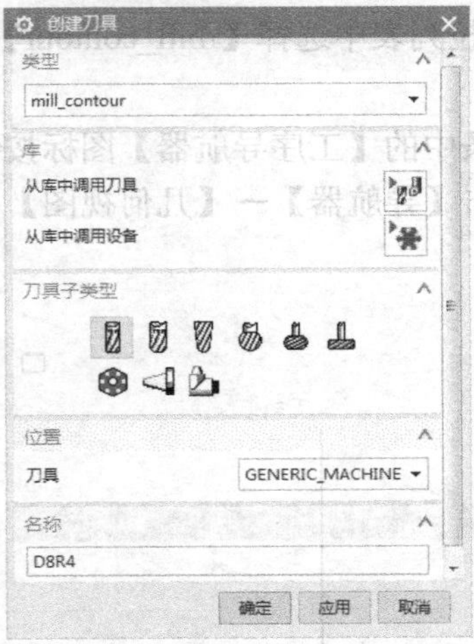

图 5-29 【创建刀具】对话框

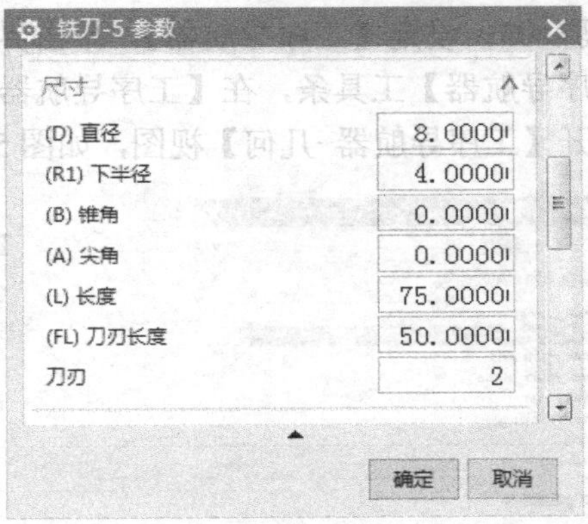

图 5-30 【铣刀-5 参数】对话框

步骤 06：创建几何体。在【工序导航器】中单击“MCS_MILL”前的“＋”号，展开坐标系父节点，双击其下的“WORKPIECE”，打开【工件】对话框，单击【指定部件】图标按钮，打开【部件几何体】对话框，在绘图区选择模芯作为部件几何体。

步骤 07：创建毛坯几何体。单击【确定】按钮回到【工件】对话框，在对话框中单击【指定毛坯】图标按钮，打开【毛坯几何体】对话框。在【类型】下拉列表中选择第 5 个【部件轮廓】，系统自动生成默认毛坯，如图 5-31 所示。单击【毛坯几何体】和【工件】对话框的【确定】按钮返回主界面。

步骤 08：创建固定轮廓铣。单击【插入】工具条中的【创建工序】按钮，打开【创建工序】对话框，如图 5-32 所示。在【类型】下拉列表中选择【mill contour】，修改位置参数，填写名称，然后单击 FIXED_CONTOUR 图标按钮，打开【固定轮廓铣】对话框。

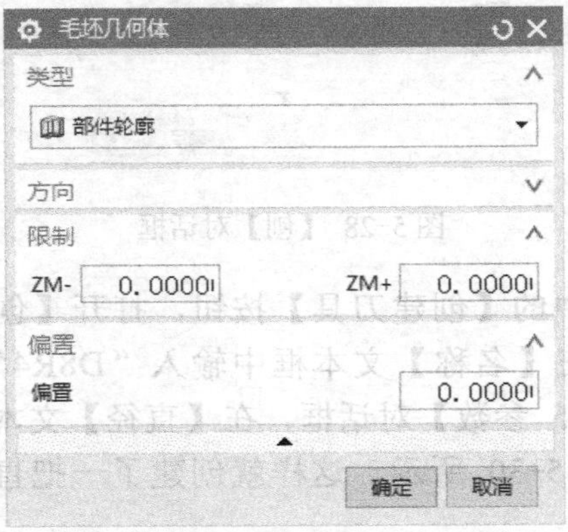

图 5-31 【毛坯几何体】对话框

图 5-32 【创建工序】对话框

步骤 09：设定驱动方法。在【固定轮廓铣】对话框的【驱动方法】下拉列表中选择【区域铣削】，弹出【驱动方法】提示框，如图 5-33 所示。单击【确定】按钮后，打开【区域铣削驱动方法】对话框，【驱动设置】选项区域中，【非陡峭切削模式】选择【跟随周边】，【步距已应用】选择【在部件上】，其他的设置如图 5-34 所示。

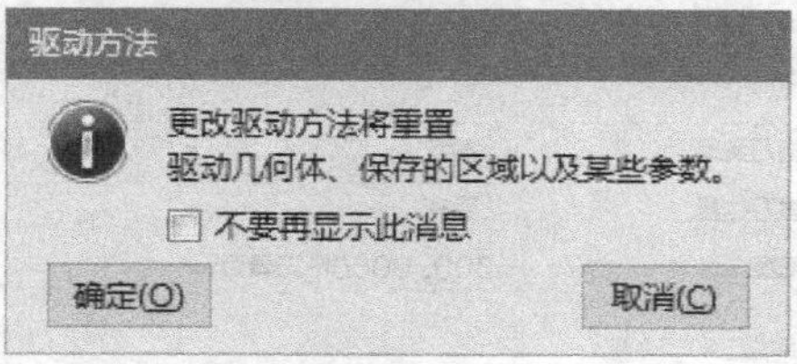

图 5-33 【驱动方法】提示框

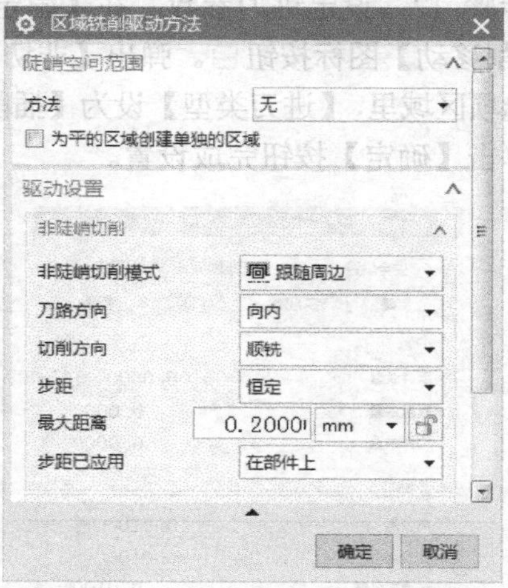

图 5-34 【区域铣削驱动方法】对话框

【步距已应用】的【在部件上】选项用于使用往复切削类型的跟随周边和平行切削图样，如果选择【在部件上】，那么当系统生成用于操作的刀轨时，步进是沿着部件测量的。因为在部件上沿着部件测量步进，因此它适用于具有陡峭壁的部件，可以对部件几何体较陡峭的部分保持更紧密的步进，以实现对残余波峰的附加控制，步进距离是相等的。

如果【步距已应用】选择切换为【在平面上】，那么当系统生成用于操作的刀轨时，步进是在垂直于刀具轴的平面上测量的。如果将此刀轨应用至具有陡峭壁的部件，那么此部件上实际的步进距离不相等，因此，【在平面上】选项用于非陡峭区域。

步骤 10：指定切削区域。在【固定轮廓铣】对话框中的【几何体】选项区域中，单击【指定切削区域】图标按钮，弹出【切削区域】对话框。在绘图区选择模芯上的表面，如图 5-35 所示。

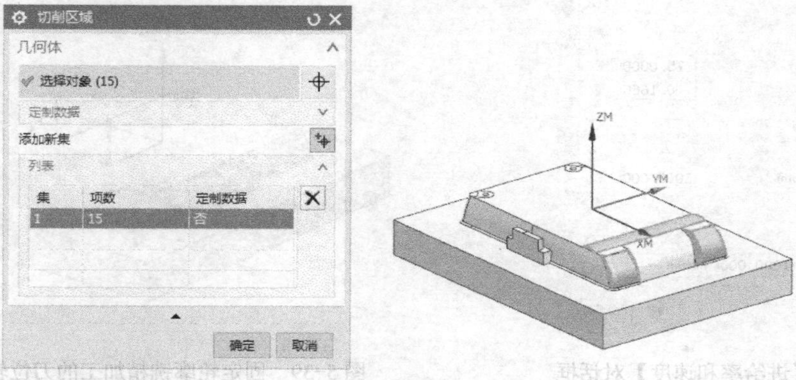

图 5-35 【余量】选项卡参数设置

步骤 11：设定部件余量。在【固定轮廓铣】对话框的【刀轨设置】选项区域中，单击【切削参数】图标按钮，弹出【切削参数】对话框，打开【余量】选项卡，在【部件余量】对话框中输入“0”，其他各公差选项均设定为“0.01”，单击【确定】按钮完成设置，如图 5-36 所示。

步骤 12：设定进刀参数，在【固定轮廓铣】对话框的【刀轨设置】选项区域中，单击【非切削移动】图标按钮。弹出【非切削移动】对话框，打开【进刀】选项卡，在【开放区域】选项区域里，【进刀类型】设为【插削】，【高度】设置为刀具直径的 200%，如图 5-37 所示，单击【确定】按钮完成设置。

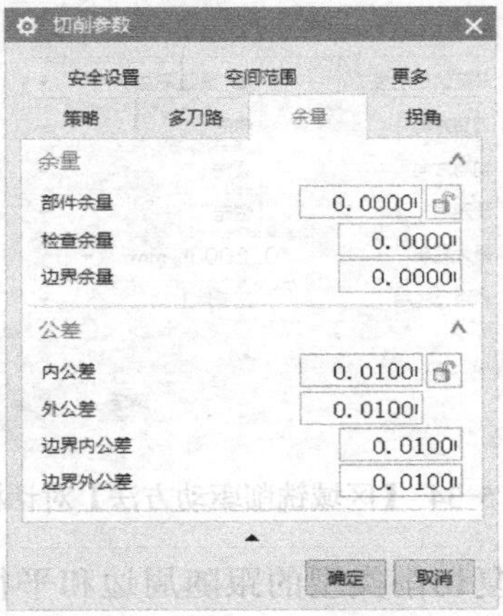

图 5-36 【切削区域】对话框

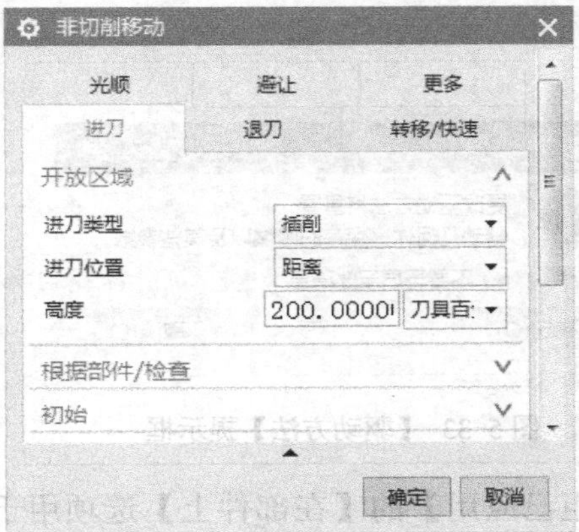

图 5-37 【非切削移动】对话框

步骤 13：设定进给率和刀具转速。在【固定轮廓铣】对话框的【刀轨设置】选项区域中，单击【进给率和速度】图标按钮，打开【进给率和速度】对话框，在【主轴速度】选项区域中，选中【主轴速度】复选框，在文本框中输入“3000”，再单击【主轴速度】后面的【计算】图标按钮，生成表面速度和进给量，其他各参数设置 5-38 所示。

步骤 14：生成刀位轨迹。单击【生成】按钮，系统计算出固定轮廓铣精加工的刀位轨迹，如图 5-39 所示。

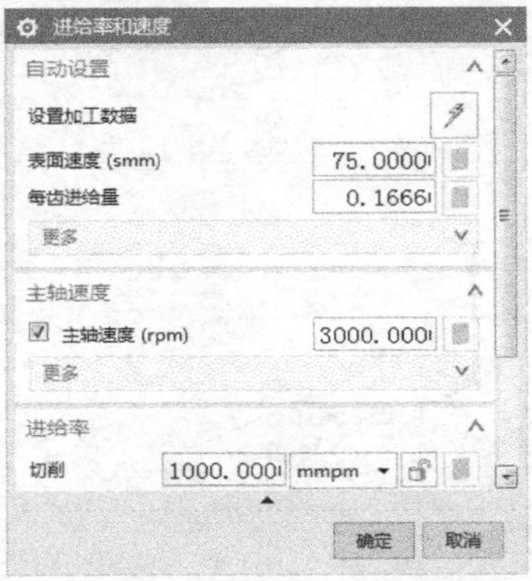

图 5-38 【进给率和速度】对话框

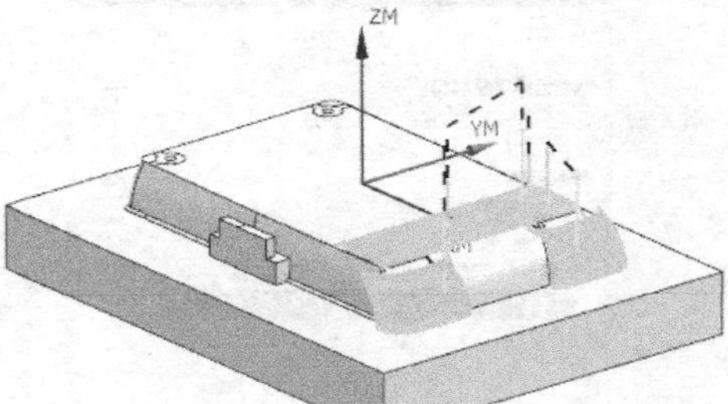

图 5-39 固定轮廓铣精加工的刀位轨迹

5.4 边界驱动方法

边界驱动方法是通过边界或环定义切削区域，在此切削区域内产生的驱动点按指定方向投影到工件表面上生成刀位轨迹，边界可由曲线、片体或固定边界产生，而环是由工件表面的边界产生，如果要使用环产生边界，则工件几何体必须是片体。边界驱动生成刀位轨迹的方法与平面铣有相似的地方，边界的创建方法与平面铣边界的创建方法也一样，不同的只是平面将由边界产生的驱动点投射到平面上。边界驱动方法的设定比区域驱动方法稍微复杂些，因此，可以用区域铣削驱动方法的情况下不用边界驱动方法。边界驱动方法常用于工件局部的半精加工和精加工。

5.5 工程实例精解——后盖模具型腔数控加工

5.5.1 实例分析

图 5-40 所示是一个后盖模具型腔，材料是 3Cr2NiMo 钢（718 钢），使用固定轮廓铣的边界驱动方法对型腔曲面进行精加工。后盖模具型腔曲面用球头刀 D8R4 精加工后，有些地方加工不到，这样就需要清根加工。

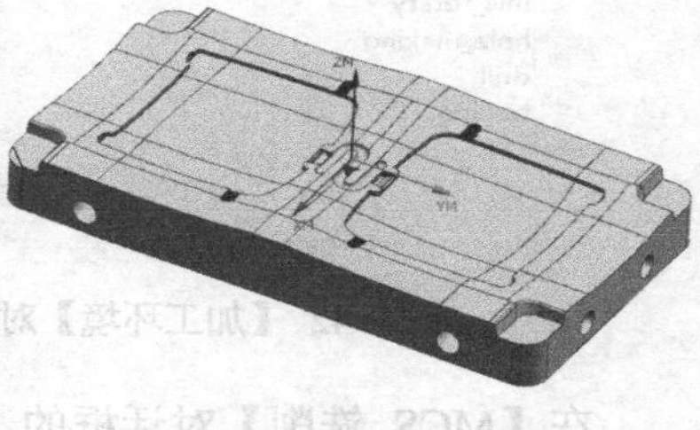

图 5-40 后盖模具型腔

5.5.2 后盖模具型腔的半精加工 FIXED_CONTOUR

步骤 01：调入模型。单击【打开】按钮，弹出【打开】对话框，如图 5-41 所示，选择本书配套资源中的“\课堂练习\5\5-2.prt”文件，单击【OK】按钮。

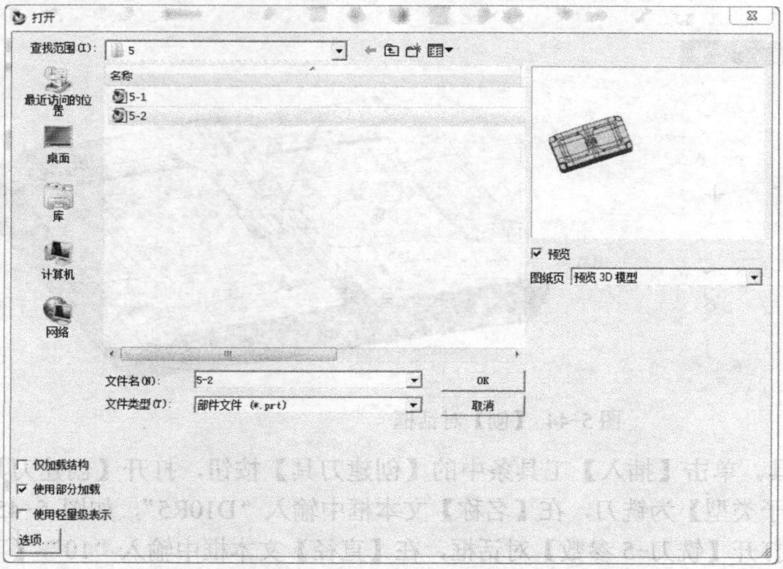

图 5-41 【打开】对话框

5-3 粗加工型腔铣

5-4 固定轮廓铣半精加工

5-5 精加工固定轮廓铣

步骤 02：初始化加工环境。选择菜单【启动】→【加工】命令，系统弹出【加工环境】对话框，如图 5-42 所示。在【要创建的 CAM 设置】下拉列表中选择【mill_contour】，单击【确定】按钮后进入加工环境。

步骤 03：设定工序导航器。单击界面左侧资源条中的【工序导航器】按钮，打开【工序导航器】，在【工序导航器】中右击，在打开的【导航器】工具条中单击【几何视图】图标按钮，进入【工序导航器-几何】视图。

步骤 04：设定坐标系和安全高度。在【工序导航器-几何】视图中双击坐标系“MCS_MILL”，打开【MCS 铣削】对话框。指定 MCS 加工坐标系，将加工坐标系设定在零件表面的中心，如图 5-43 所示。

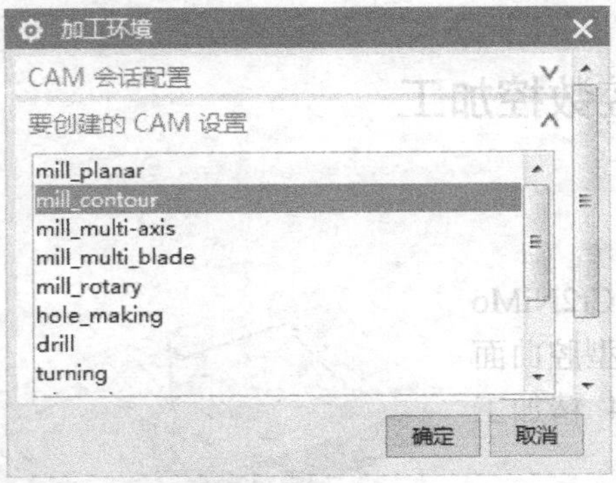

图 5-42 【加工环境】对话框

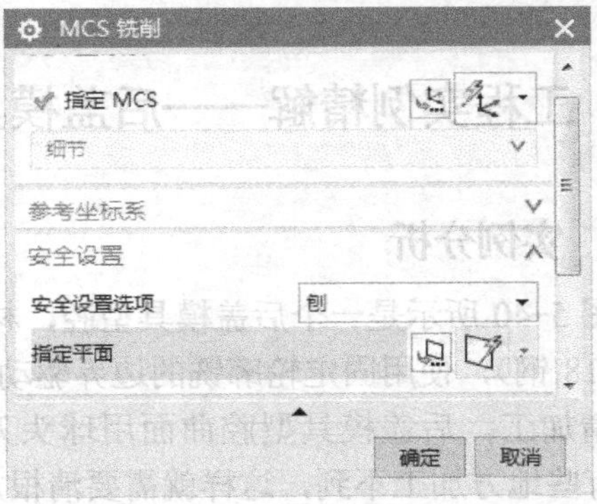

图 5-43 【MCS 铣削】对话框

在【MCS 铣削】对话框的【安全设置】选项区域里，【安全设置选项】选取【刨】，并单击【指定平面】图标按钮，弹出【刨】对话框，如图 5-44 所示。在绘图区单击零件顶面，并在【距离】文本框中输入“50”，即安全高度为 Z50，单击【确定】按钮完成设置，如图 5-45 所示。

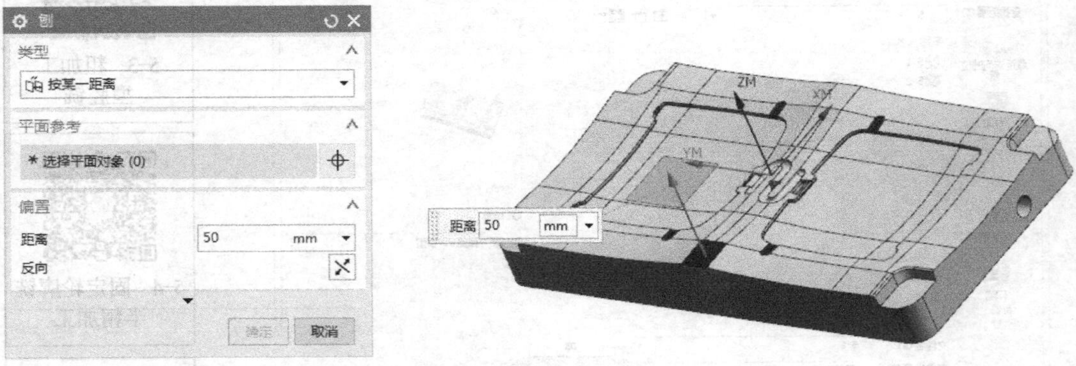

图 5-44 【刨】对话框

步骤 05：创建刀具。单击【插入】工具条中的【创建刀具】按钮，打开【创建刀具】对话框。默认的【刀具子类型】为铣刀，在【名称】文本框中输入“D10R5”，如图 5-45 所示单击【应用】按钮，打开【铣刀-5 参数】对话框，在【直径】文本框中输入“10”，【下半径】输入“5”，如图 5-46 所示。这样就创建了一把直径为 10mm 的球铣刀。

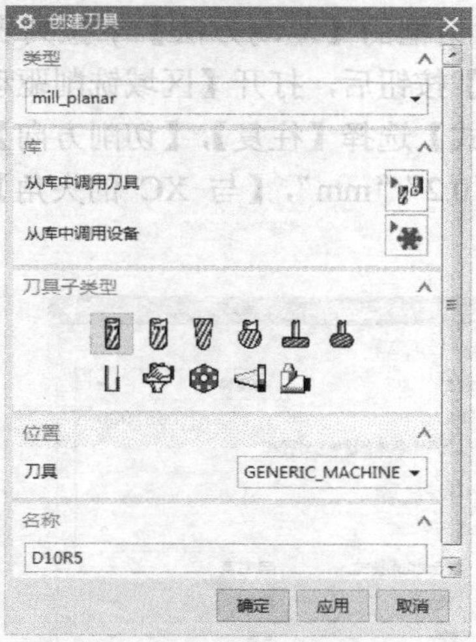

图 5-45 【创建刀具】对话框

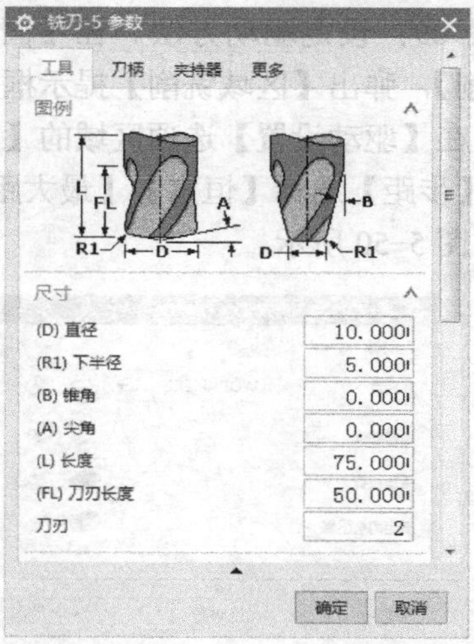

图 5-46 【铣刀-5 参数】对话框

步骤 06：创建几何体。在【工序导航器-几何】视图中单击“MCS_MILL”前的“+”号，展开坐标系父节点，双击其下的“WORKPIECE”，打开【工件】对话框，单击【指定部件】图标按钮，打开【部件几何体】对话框，在绘图区选择模具型腔作为部件几何体。

步骤 07：创建毛坯几何体。单击【确定】按钮回到【工件】对话框，在对话框中单击【指定毛坯】图标按钮，打开【毛坯几何体】对话框。在【类型】下拉列表中选择第 5 个【部件轮廓】，系统自动生成默认毛坯，如图 5-47 所示，单击【毛坯几何体】和【工件】对话框的【确定】按钮返回主界面。

步骤 08：创建固定轮廓铣，单击【插入】工具条中的【创建工序】按钮，打开【创建工序】对话框，如图 5-48 所示，在【类型】下拉列表中选择【mill_contour】，修改位置参数，填写名称，然后单击 FIXED CONTOUR 图标按钮，打开【固定轮廓铣】对话框，如图 5-49 所示。

图 5-47 【毛坯几何体】对话框

图 5-48 【创建工序】对话框

步骤 09：设定驱动方法。在【固定轮廓铣】对话框的【驱动方法】下拉列表中选择【区域铣削】，弹出【区域铣削】提示框，单击【确定】按钮后，打开【区域铣削驱动方法】对话框。在【驱动设置】选项区域的【非陡峭切削模式】选择【往复】，【切削方向】设定为【顺铣】，【步距】选择【恒定】，【最大距离】设定为“0.2”“mm”，【与 XC 的夹角】设置为“45”，如图 5-50 所示。

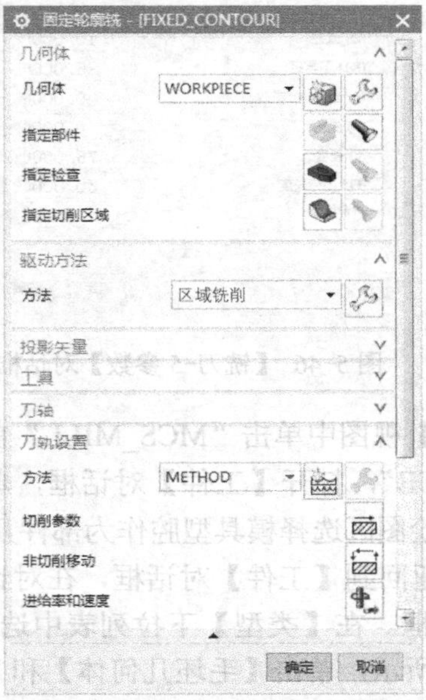

图 5-49 【固定轮廓铣】对话框

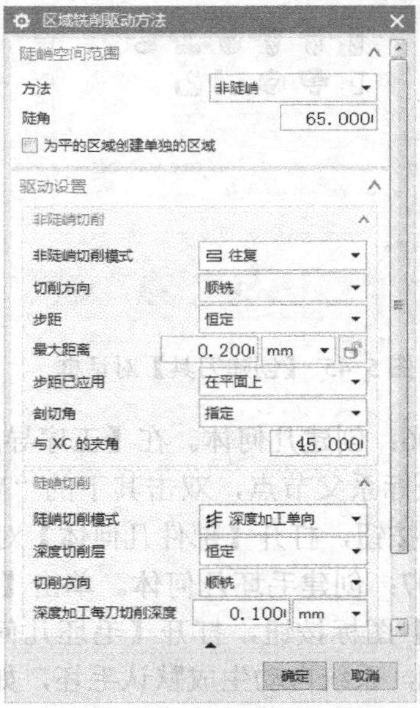

图 5-50 【区域铣削驱动方法】对话框

步骤 10：指定切削区域。在【固定轮廓铣】对话框中，选取【几何体】选项区域中的【指定切削区域】图标按钮，在绘图区选择型腔顶面曲面，如图 5-51 所示，单击【确定】按钮返回主界面。

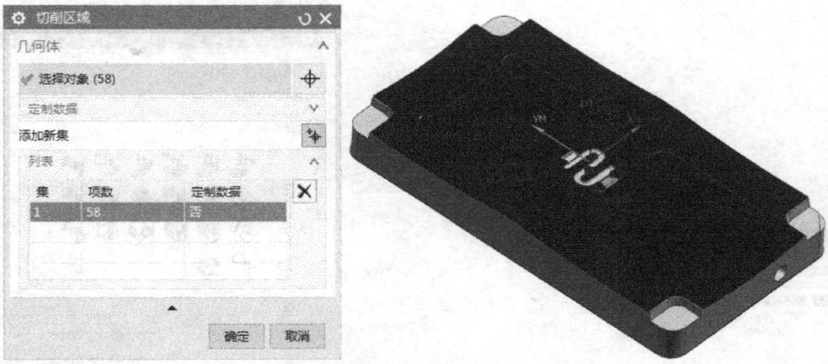

图 5-51 【指定切削区域】对话框

步骤 11：设定策略。在【固定轮廓铣】对话框的【刀轨设置】选项区域中，单击【切削参数】图标按钮，弹出【切削参数】对话框，打开【策略】选项卡，【切削方向】设定为【顺铣】，【剖切角】设定为【指定】，【与 XC 的夹角】设定为“45”，其他设置如图 5-52 所示。

步骤 12：设定部件余量。在【切削参数】对话框中，打开【余量】选项卡，如图 5-53

所示。在【部件余量】文本框中输入“0.05”，其他各选项的【公差】均设定为“0.03”，单击【确定】按钮完成设置。

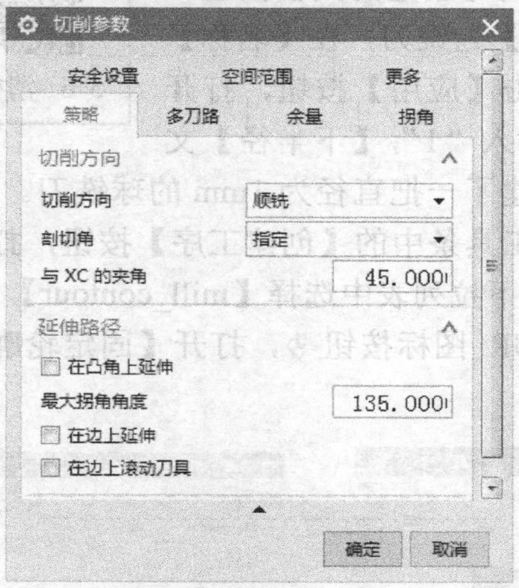

图 5-52　【策略】选项卡

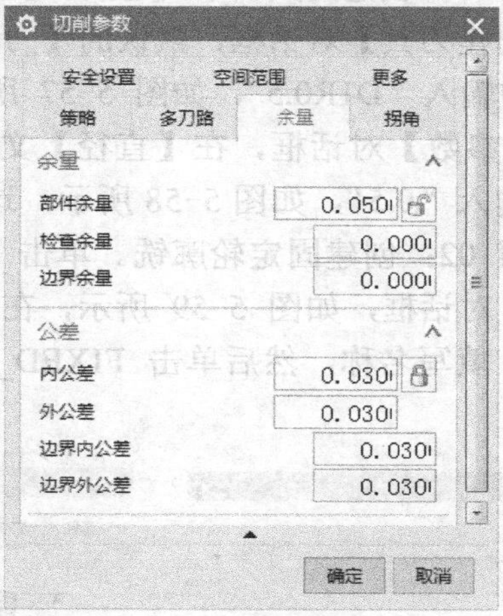

图 5-53　【余量】选项卡

步骤 13：设定进刀参数。在【固定轮廓铣】对话框的【刀轨设置】选项区域中，单击【非切削移动】图标按钮，弹出【非切削移动】对话框，打开【进刀】选项卡，如图 5-54 所示。在【开放区域】选项区域里，【进刀类型】设置为【插削】，【进刀位置】设置为【距离】，单击【确定】按钮完成非切削参数设置。

步骤 14：设定进给率和刀具转速。在【固定轮廓铣】对话框的【刀轨设置】选项区域中，单击【进给率和速度】图标按钮，打开【进给率和速度】对话框，在【主轴速度】选项区域中，选中【主轴速度】复选框，文本框中输入“2800”，在【进给率】选项区域中【切削】设定为“1500”“mmpm”，其他各参数为默认设置，如图 5-55 所示。

步骤 15：生成刀位轨迹。单击【生成】图标按钮，系统计算出固定轮廓铣半精加工的刀位轨迹，如图 5-56 所示。

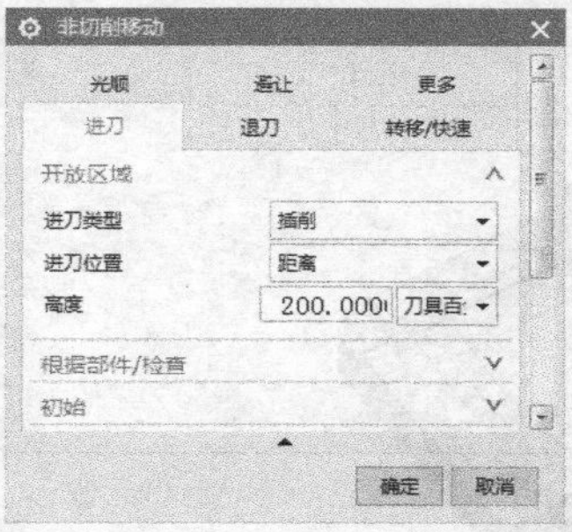

图 5-54　【进刀】选项卡

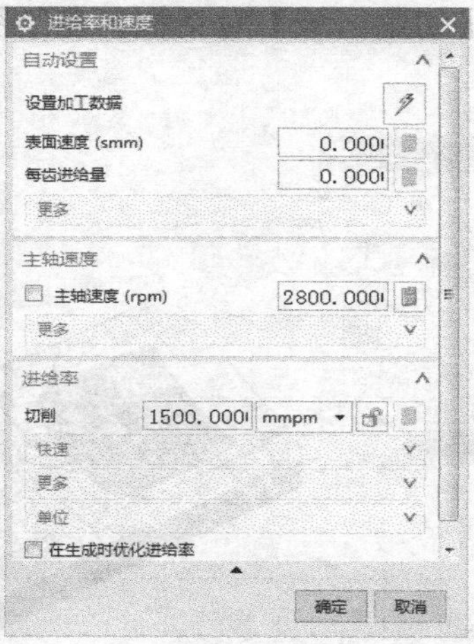

图 5-55　【进给率和速度】对话框

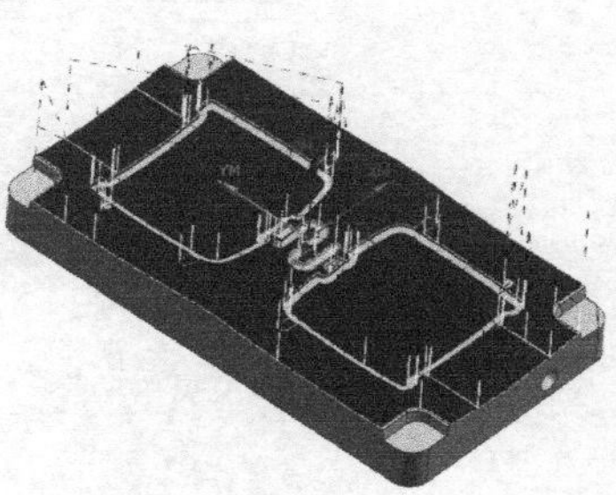

图 5-56　固定轮廓铣半精加工的刀位轨迹

5.5.3 清根加工 FIXED_CONTOUR

5-6 清根加工

步骤 01：创建刀具。单击【插入】工具条中的【创建刀具】按钮。打开【创建刀具】对话框，默认的【刀具子类型】为铣刀，在【名称】文本框中输入“D1R0.5”，如图 5-57 所示。单击【应用】按钮，打开【铣刀-5 参数】对话框，在【直径】文本框中输入“1”，【下半径】文本框中输入“0.5”，如图 5-58 所示，这样就创建了一把直径为 1mm 的球铣刀。

步骤 02：创建固定轮廓铣。单击【插入】工具条中的【创建工序】按钮，打开【创建工序】对话框，如图 5-59 所示，在【类型】下拉列表中选择【mill_contour】，修改位置参数，填写名称，然后单击 FIXED_CONTOUR 图标按钮，打开【固定轮廓铣】对话框。

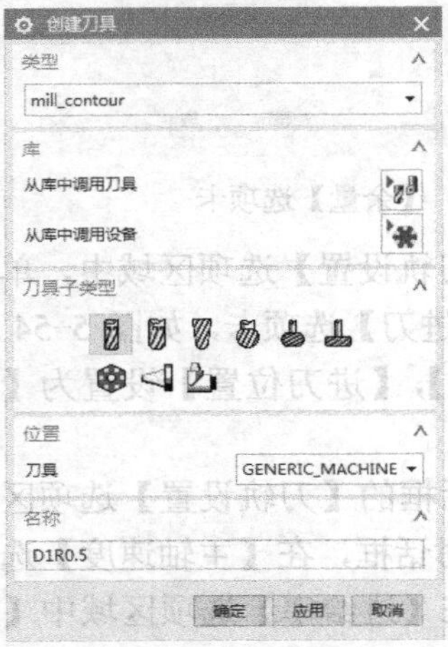

图 5-57 【创建刀具】对话框

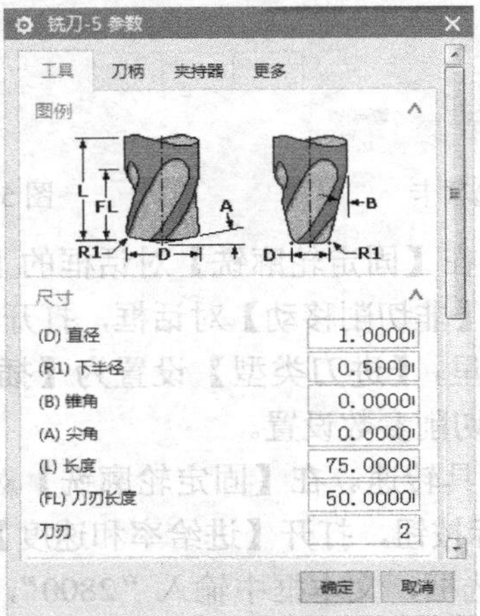

图 5-58 【铣刀-5 参数】对话框

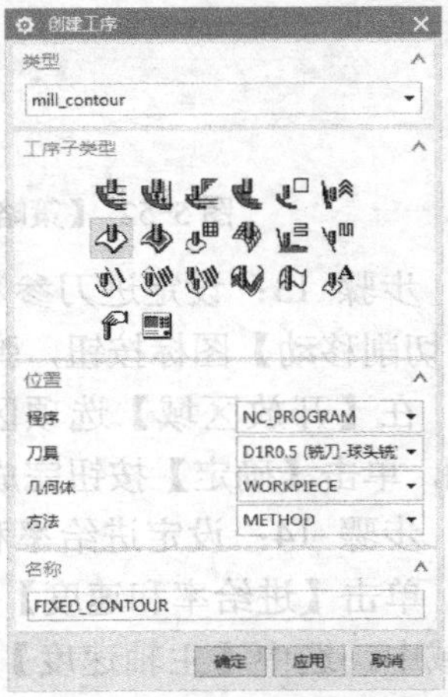

图 5-59 【创建工序】对话框

步骤 03：指定切削区域。在【固定轮廓铣】对话框的【几何体】选项区域中，单击【指定切削区域】图标按钮，弹出【切削区域】对话框，在绘图区选择型腔上的表面，如图 5-60 所示。

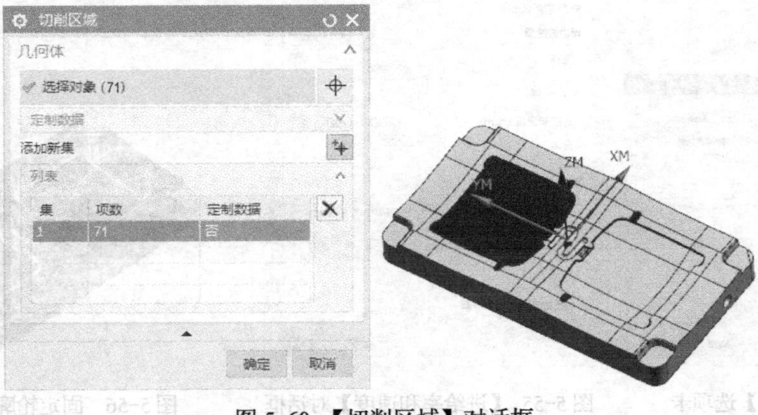

图 5-60 【切削区域】对话框

步骤 04：设定驱动方法。在【驱动方法】下拉列表中选择【清根】选项，弹出【清根】提示框，单击【确定】按钮后，打开【清根驱动方法】对话框。在【驱动设置】选项中，【清根类型】设定为【多刀路】，【非陡峭切削模式】设定为【往复】，【步距】设定为“0.1”，【顺序】设定为【由外向内交替】。其他各参数如图 5-61 所示，单击【确定】按钮返回主界面。

图 5-61　【清根驱动方法】对话框

步骤 05：设定策略。在【固定轮廓铣】对话框中的【刀轨设置】选项区域中，单击【切削参数】图标按钮，弹出【切削参数】对话框，打开【策略】选项卡，参数填写如图 5-62 所示。

步骤 06：设定部件余量。在【切削参数】对话框中，打开【余量】选项卡，各参数设定如图 5-63 所示，单击【确定】按钮完成设置。

步骤 07：生成刀位轨迹。单击【生成】图标按钮，系统计算出清根的刀位轨迹，如图 5-64 所示。

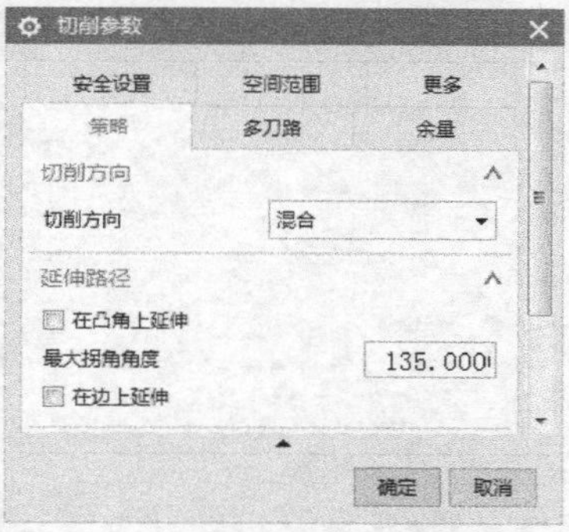

图 5-62　【切削参数】对话框

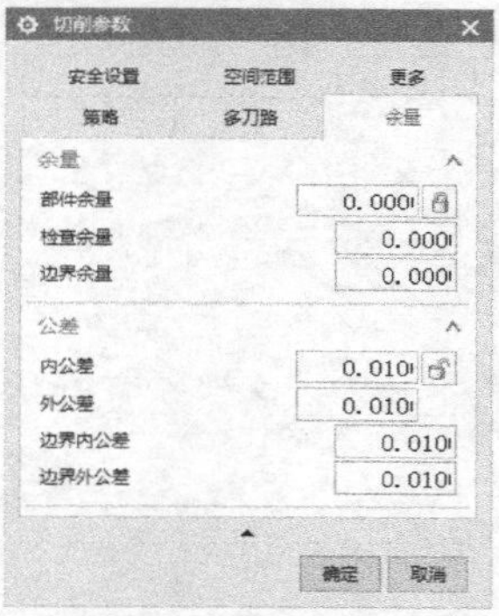

图 5-63　【余量】选项卡

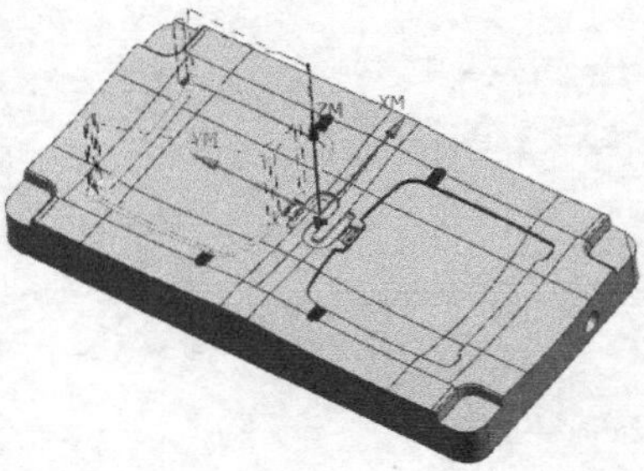

图 5-64　清根的刀位轨迹

5.6　本章小结

固定轮廓铣多用于半精加工和精加工，本章详细讲解了固定轮廓铣的基本过程，重点介绍了固定轮廓铣的特点，刀轨参数（包括切削参数、非切削移动等相关参数）选项的设置，常用驱动方法的设置等。最后通过实例来说明固定轮廓铣操作的运用。

5.7　思考与练习

一、思考题

1. 固定轮廓铣主要的适用范围有哪些？有何特点？
2. 固定轮廓铣加工有哪几种驱动方法？各有什么特点？

二、练习题

打开本书配套资源文件"\课后习题\5\5-1.prt"，该实体是一个模具型芯，综合利用固定轮廓铣的区域驱动方法和边界驱动方法对图 5-65 所示的型芯进行精加工，并生成 NC 代码。

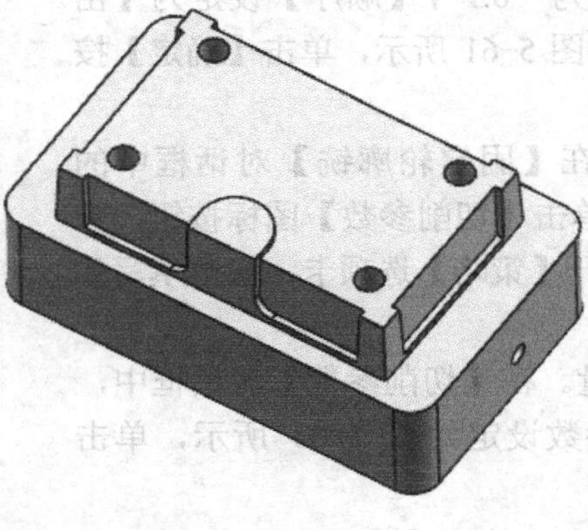

图 5-65　习题 5-1

第6章 钻 加 工

6.1 钻加工概述

钻加工是 UG NX 10.0 加工中经常用到的加工类型，属于点位加工。它通过选择点和设定不同的固定循环以控制刀具的运动过程，从而达到钻孔（通孔、不通孔、中心孔、沉孔）、镗孔、铰孔和攻螺纹的目的。

钻加工的完整过程按先后顺序分为锪孔、钻中心孔、钻孔、铰孔或镗孔、攻螺纹。在 UG NX 10.0 钻孔操作中都可以找到相应的功能，下面分别进行介绍。

1．锪孔

当钻孔的表面不平时才使用锪孔，即在钻孔位置铣出一个平面，使得在钻中心孔时钻头不会发生偏移。

2．钻中心孔

使用专门的中心钻头在要钻孔的表面上钻一个小孔，起引导作用，便于在钻孔开始时钻头准确而顺利地向下运动。

3．钻孔

实际钻孔时是通过钻头的循环运动进行加工的，其循环过程为，刀具快速移动定位在被选择的加工点位上，然后以切削进给速度切入工件并到达指定的切削深度，接着刀具以退刀速度退回，完成一个加工循环，如此重复加工，每次切削到不同的指定深度，直到加工至最终深度为止。

4．铰孔或镗孔

当钻孔的精度达不到要求时，可以使用铰刀或镗刀进行铰孔或镗孔。例如，一般模芯上的镶件孔需要铰孔，模架上的导柱、导套孔需要镗孔。

5．攻螺纹

钻完孔后如有螺纹要求，可以使用丝锥加工内螺纹。

6.1.1 钻加工的特点

钻加工的特点如下。

1）选择点作为加工几何体即可，使用简单，计算速度快。

2）提供多种固定循环模式，可以方便地实现钻孔、铰孔、镗孔、攻螺纹等多种不同的加工目的。

6.1.2 钻加工的适用范围

钻加工适用于工件上垂直于加工平面的圆孔或螺纹的加工，如果是多轴机床，则一次性可以完成工件上多个方向孔位的加工。适用于钻加工的工件类型实例，如图 6-1 所示。

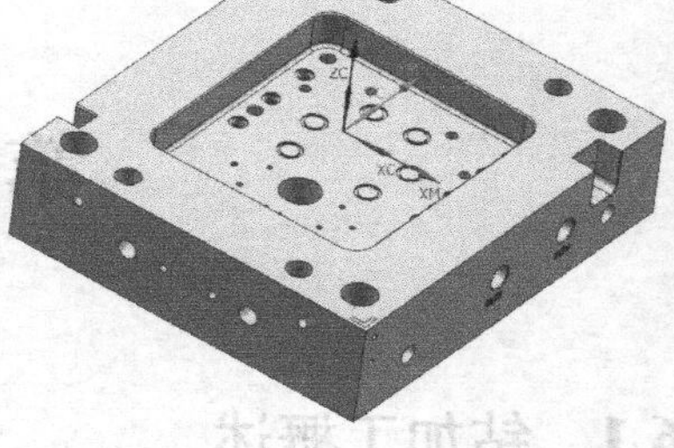

图 6-1　钻孔加工工件

6.2　钻加工的参数设置

在加工环境中，单击【插入】工具条中的【创建工序】按钮，打开【创建工序】对话框，如图 6-2 所示，包含了系统内定的 14 种钻加工子类型操作模板。在【类型】下拉列表中选择【drill】，在【工序子类型】中选择钻孔加工（DRILLING）图标，则可打开【钻孔】对话框，如图 6-3 所示，其中最关键的参数为循环参数，本节将重点讲解。

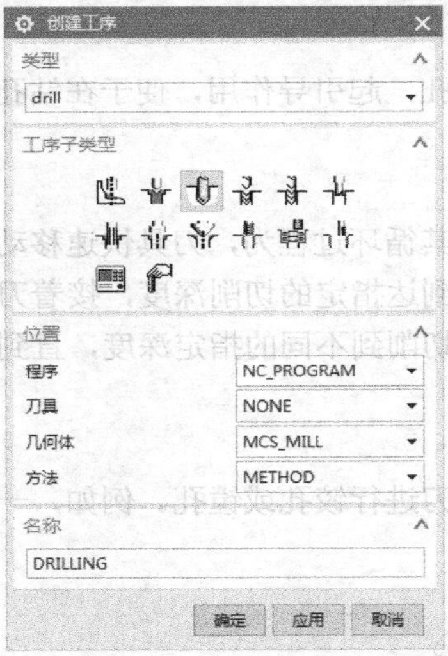

图 6-2　【创建工序】对话框

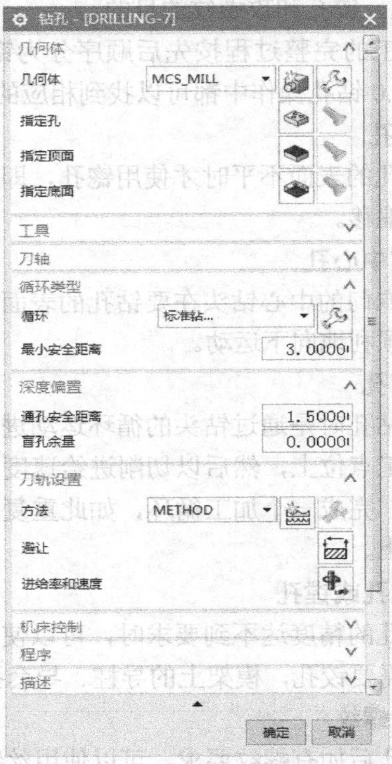

图 6-3　【钻孔】对话框

6.2.1　钻加工各操作子类型

UG NX 10.0 中的 CAM 提供了钻加工的 11 种子类型的操作模板，其中钻孔是基本的操作模板，它包括了除 HEAD MILLING 之外的所有钻操作参数。钻孔之外的所有钻操作介绍如下，其他的操作类型与钻孔操作差别很小。

1）啄钻（PECK DRILLING）和断屑钻（BREAK CHIP_DRIL LING）与【钻孔】的对话框完全一样，只是在选择循环方式的菜单中，需要预先指定了啄钻和断屑钻的循环方式。

2）锪孔（SPOT_FACING）、钻中心孔（SPOT_DRILLING）、平底扩孔（COUNTER_BORING）和埋头钻（COUNTER_SINKING）分别用于创建锪平面、中心孔、平底扩孔和钻沉孔操作。由于都不用钻通孔，所以既没有定义底面的图标，也没有深度偏置参数。

3）镗孔（BORING）、铰孔（REAMING）和攻螺纹孔（TAPPING）这 3 种模板与钻孔操作基本一致。

总之，这些操作模板的参数都可以在【钻孔】对话框中设定，钻孔操作可以设定多种循环方式，包含了这些扩展模板的参数。所以只需要定义钻孔操作，就完全可以实现其他操作模板的功能，螺纹铣除外。

6.2.2 钻孔加工的基本参数

在【钻孔】对话框中涉及的基本参数介绍如下。在【插入】工具条中，单击【创建几何体】图标按钮，打开图 6-4 所示的【创建几何体】对话框，其中【类型】下拉列表中选择【drill】，可以创建钻孔操作定义的几何体节点。【几何体子类型】有加工坐标系、钻削几何体和工件几何体和孔系几何体。

1. 钻削几何体和工件几何体

在【创建几何体】对话框中设置加工坐标系 MCS 和工件几何体 WORKPIECE，钻削几何体一般是在【钻孔】对话框中设置。

2.【几何体】选项的设定

【钻孔】对话框中的【几何体】的创建包括【指定孔】【指定顶面】和【指定底面】选项，如图 6-5 所示。

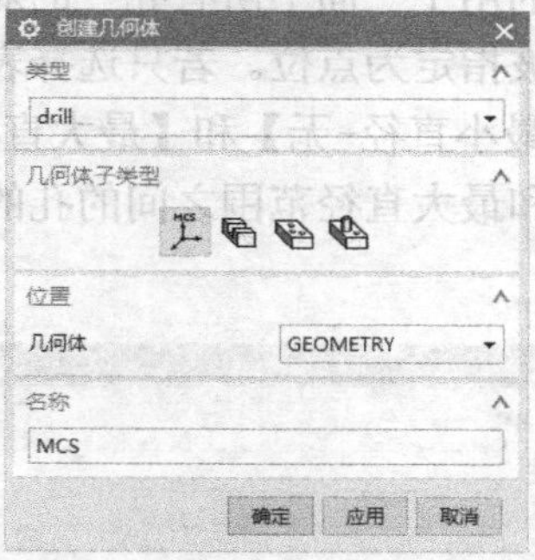

图 6-4 【创建几何体】对话框

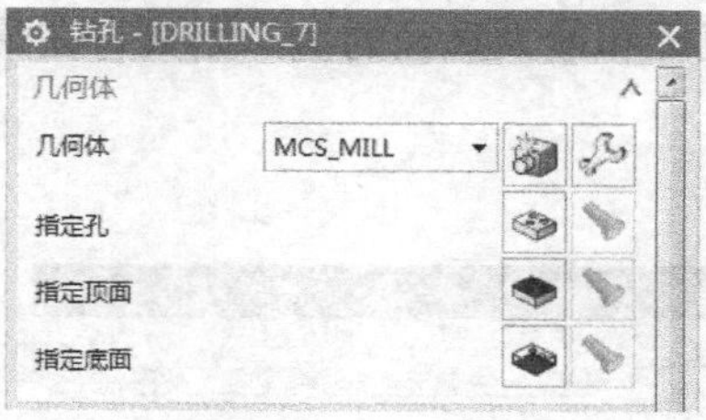

图 6-5 【几何体】选项

（1）指定孔

在图 6-5 所示对话框中选择【指定孔】图标按钮，则打开【点到点几何体】对话框，如图 6-6 所示。对话框中列出了选择新的点和编辑已指定点的多个选项。单击【确定】按钮，打开图 6-7 所示的用于“选择点位”的对话框，该对话框用于选择钻加工的点位几何对象，这些几何对象可以是一般点、圆弧、圆、椭圆以及实心体或片体上的孔。

1）Cycle 参数组-1　循环参数组设置按钮。默认为使用第一循环参数组，单击该按钮，则可以在打开的对话框中选择 5 个参数组中的一组。这样所选择的参数组就成为当前参数组，在再次改变当前参数组之前所选择的点位都使用这一参数组。

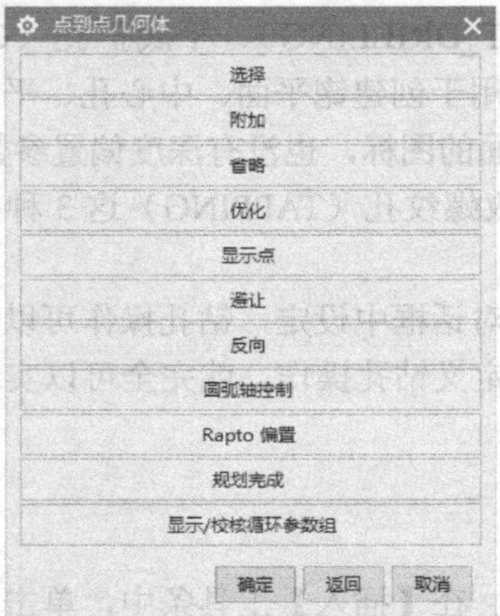

图 6-6 【点到点几何体】对话框

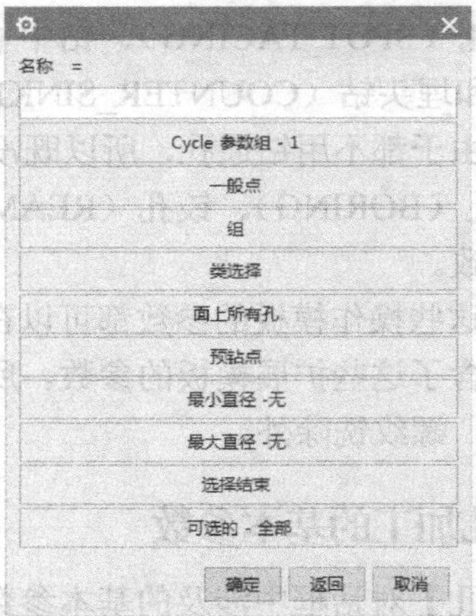

图 6-7 用于“选择点位”的对话框

2）一般点　用点构造器指定点位。每构造一个点位，都显示一个红色的点位标记，在点位构造结束之后，单击【确定】按钮返回。

3）组　单击该按钮，则打开图 6-8 所示的用于“分组”的对话框。可直接输入一个点或圆弧组的组名或选择组，系统根据组内的所有点或圆弧确定点位，具体是选择组中的点还是圆弧，是由图 6-7 中的【可选的-全部】选项决定的。

4）类选择　单击该按钮，打开分类选择对话框，用合适的分类选择方式选择加工点位即可。

5）面上所有孔　单击该按钮，打开图 6-9 所示的用于“面上所有孔”的对话框，可以直接在绘图区中选择工件表面，则在表面上的孔中心被指定为点位。若只选择表面上某一尺寸范围内的孔中心，可分别单击图 6-9 所示图上的【最小直径-无】和【最大直径-无】按钮来指定最小直径和最大直径的值，则只有在最小直径和最大直径范围之间的孔的中心被选择作为点位。

图 6-8 用于“分组”的对话框

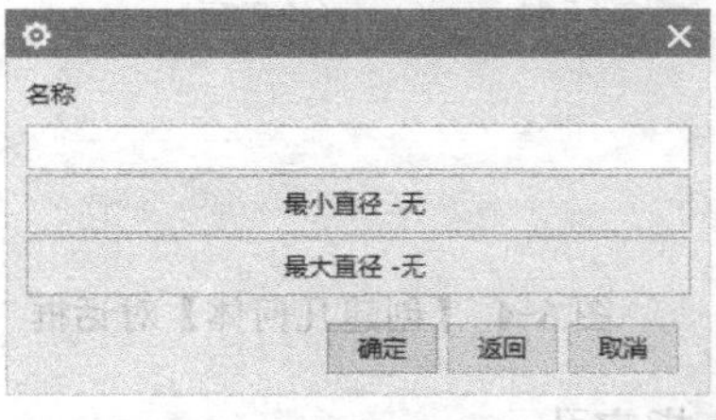

图 6-9 用于“面上所有孔”的对话框

6）预钻点　该按钮选择在平面铣或型腔铣中保存的预钻点作为加工点位。这样在预钻进刀位置钻孔后，在随后的相应的平面铣或型腔铣加工中，刀具可以沿刀轴方向移动到预钻进刀点位置垂直下刀。

7）最小直径-无　指定限制在面上的孔的范围的最小直径值。

8）最大直径-无　指定限制在面上的孔的范围的最大直径值。

9）可选的-全部：点位可选性过滤器按钮，可在用【组】或【类选择】方式选择点位的时候控制所选对象的类型。选择此选项时打开图 6-10 所示的对话框。选择其中一项则设定了选择点位的限制条件。但【可选的-全部】的设置不影响一般点的选择方式。

10）选择结束：单击该按钮结束选择，返回到【点到点几何体】对话框。

（2）指定顶面

顶面是刀具进入材料的位置，顶面可以是一个一般平面。如果没有定义顶面或已将其取消，那么每个点处隐含的顶面将是垂直于刀具轴且通过该点的平面。在图 6-5 所示的【钻孔】对话框中单击【指定顶面】图标按钮，打开图 6-11 所示的【顶面】对话框，对话框中的按钮意义如下。

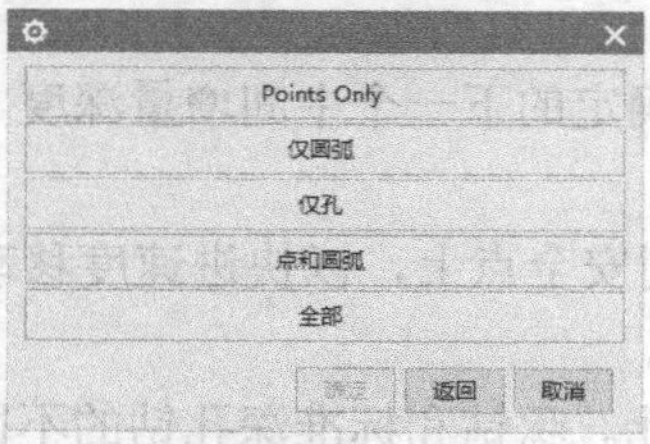

图 6-10　用于“可选的-全部”的对话框

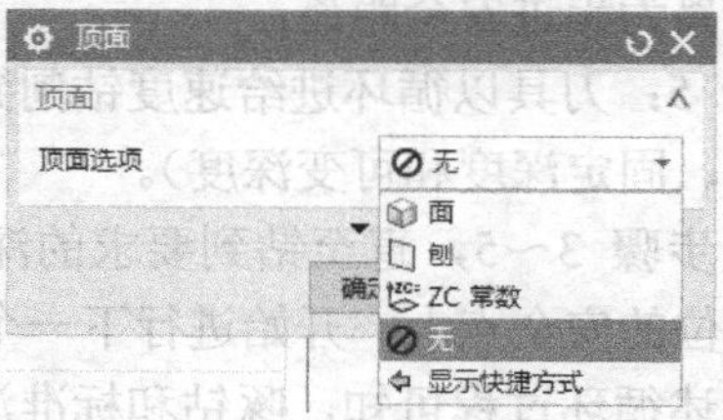

图 6-11　【顶面】对话框

1）面　表面，选择实心体表面作为工件表面。可直接选择实心体表面。点位操作与所选的表面关联。

2）刨　用平面构造器指定工件表面，选择此选项将打开【刨】对话框，再选择某种方式指定平面。

3）ZC 常数　定义一个平行于 XY 平面并指定与 XY 平面距离的平面，选择此选项，ZC 平面文本框被激活，可直接输入距离值。

4）无　取消已经定义的工件表面。

（3）指定底面

底面允许用户定义刀轨的切削下限，底面可以是一个已有的面，也可以是个一般平面。在图 6-5 所示的【钻孔】对话框中，单击【指定底面】图标按钮，则打开与定义指定顶面相同的对话框，定义方法也与定义指定顶面相同。

6.2.3　钻孔加工的循环模式

在【钻孔】对话框中，提供了钻孔、镗孔、攻螺纹等多种循环模式，以通过点位加工控制刀具的运动过程，如图 6-12 所示。各种循环模式可以按实用性归纳为以下六类，其循环方式和用法说明如下。

1．无循环

【无循环】即取消任何被激活的循环，它不需要设置循环参数组和定义其参数，只要选择要加工的点位，再指定工件表面和底面后，系统直接生成刀轨。此种钻操作简单方便，适用于钻削加工要求相同的孔。

【无循环】的运动过程如下，以进给速度移动刀具到第 1 个点位上方的安全点，沿着刀轴方向以切削进给速度切削到工件底面，再以退刀速度退回到该点位的安全点上，以快进速度移动刀具到下一个点位的安全点上。

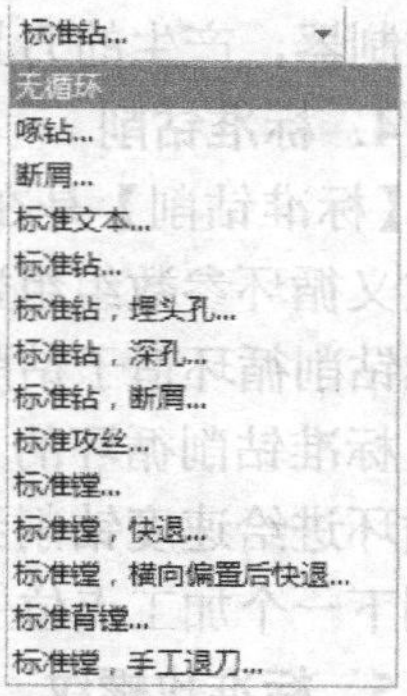

图 6-12　钻孔循环模式列表

2．啄钻和标准深孔钻

【啄钻】和【标准深孔钻】是在每一个钻削位置上产生一个啄钻循环。一个循环的刀具运动过程如下。

步骤 1：刀具以快进速度移动到孔位上方的安全点。

步骤 2：刀具以循环进给速度钻削到第 1 个中间增量深度。

步骤 3：刀具以退刀进给速度移动到安全点上排屑，并且利于切削液进入孔中。

步骤 4：刀具以进刀进给速度移动到由前一次切削深度确定的点位上，该点距前次切削底部的距离为步进安全距离。

步骤 5：刀具以循环进给速度钻削到由深度增量所确定的下一个中间增量深度（增量可定义为零、固定深度和可变深度）。

重复步骤 3～5，直至钻到要求的深度，刀具退回到安全点上，以快进速度移动刀具到下一个点位的安全点上，开始进行下一个孔的啄钻加工。

由上述循环过程可知，啄钻和标准深孔钻适合钻深孔。啄钻和标准深孔钻的不同之处在于，啄钻不依赖于机床控制器的固定循环子程序，而标准深孔钻依赖于机床的控制器，产生的刀具运动可能有很小的不同。

3．断屑钻和标准断屑钻

【断屑钻】和【标准断屑钻】是在每一个钻削位置上产生一个断屑钻循环。断屑钻循环类似于啄钻循环，所不同的是，在每一个钻削深度增量之后，刀具不是退回到孔外的安全点上，而是退回到在当前切削深度之上的一个由步进安全距离指定的点位（这样可以将切屑拉断）。断屑钻的刀具运动过程如下。

步骤 1：刀具以快进速度移动到安全点上。

步骤 2：刀具沿刀轴方向以循环切削进给速度钻削到第一个中间切削深度。

步骤 3：刀具以退刀进给速度退回到当前切削深度之上的由安全距离确定的点位上。

步骤 4：刀具继续以循环切削进给速度钻削到下一个中间增量深度。

重复第 3 和第 4 个步骤，直至钻削到指定的孔深之后，以退刀进给速度从孔深位置退回至安全点。

步骤 5：以快进速度移动刀具到下一个点位的安全点上，开始进行下一个孔的断屑钻加工。

由上述循环过程可知，断屑钻和标准断屑钻适合于给韧性材料钻孔。断屑钻和标准断屑钻的不同之处在于，断屑钻不依赖于机床控制器的固定循环子程序，而标准断屑钻依赖于机床控制器，产生的刀具运动可能有很小的不同。

4．标准钻削

【标准钻削】是在每一个被选择的加工点位上激活一个标准钻削循环。选择此选项，打开定义循环参数组组数的对话框，在输入循环参数组的数量之后，打开定义参数的对话框。标准钻削循环适于钻削深孔和有一定深度的韧性材料的孔。

标准钻削循环的刀具运动过程如下，刀具以快进速度移动到点位上方的安全点上，刀具以循环进给速度钻削到要求的孔深，刀具以退刀进给速度退回到安全点，刀具以快进速度移动到下一个加工点位上的安全点，开始下一个点位的循环。

5．标准攻螺纹

【标准攻螺纹】是在每一个被选择的加工点位上激活一个标准攻螺纹循环。

标准攻螺纹循环的刀具运动过程如下，刀具以切削进给速度进给到最终的切削深度，主轴反转并以切削进给速度退回到操作安全点，刀具以快进速度移动到下一个加工点位上的安全点，开始下一个点位的循环。

6．标准镗

【标准镗】在每一个被选择的加工点位上激活一个标准镗循环。

标准镗循环的刀具运动过程如下，刀具以切削进给速度进给到孔的最终切削深度之后，以切削进给速度退回到孔外，刀具以快进速度移动到下一个加工点位的循环。

6.2.4　循环参数的定义

1．循环参数

在【钻孔】对话框中，如果选择的是除啄钻和断屑钻外的其他循环模式，单击【编辑参数】图标按钮，打开图 6-13 所示的【指定参数组】对话框，再单击【确定】按钮，打开【Cycle 参数】（循环参数）对话框，如图 6-14 所示。

图 6-13　【指定参数组】对话框

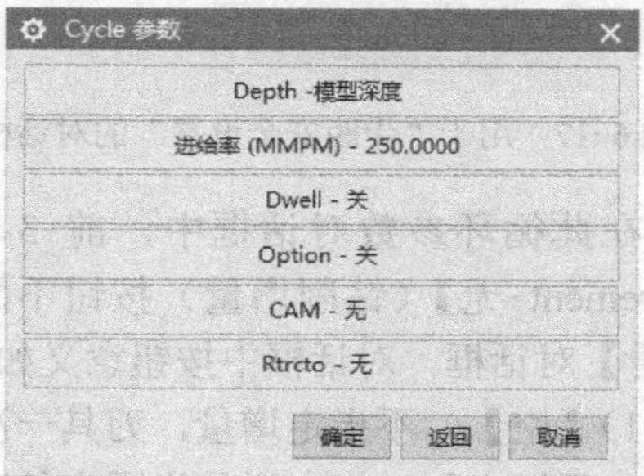

图 6-14　【Cycle 参数】对话框

【Cycle 参数】对话框中的按钮意义分别如下。

1）【Depth–模型深度】　钻削深度。指工件表面到刀尖的深度，单击该按钮，打开图 6-15 所示的【Cycle 深度】对话框，除【模型深度】是实体模型上特征孔的实际深度外，其他每种深度定义方式表示的意义如图 6-16 所示。

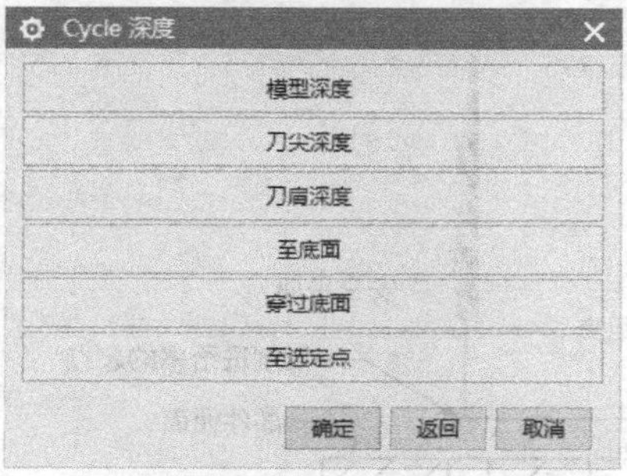

图 6-15　【Cycle 深度】对话框

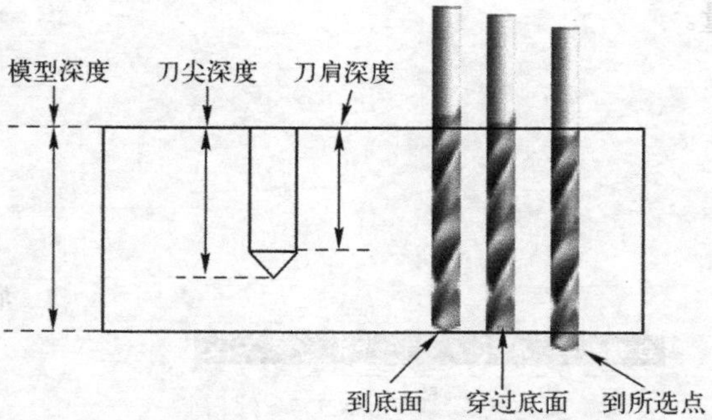

图 6-16　各种深度参数图解

2）【进给率（MMPM）–250.0000】　切削进给速度。设定钻削时的切削速度。

3）【Dwell–关】　停留时间。设定刀具到达指定的钻削深度之后要停留的时间，有些机床可能不能执行此项功能。

4）【Option–关】 该选项用于所有标准循环，其功能取决于后处理器。若设置为 ON，系统在循环语句中会包含 Option 关键字，通常此参数都设置为 OFF。

5）【CAM–无】 设置 CAM 值。用于没有可编程 *Z* 轴的机床，指定一个预置的 CAM 停刀位置，以控制刀具深度。

6）【Rtrcto–无】 退刀距离。设定退刀点到工件表面沿刀轴方向测量的距离。

2．啄钻和断屑钻的参数定义

在【钻孔】对话框中，选择循环模式为啄钻或断屑钻，单击【编辑参数】图标按钮，则打开用于“步距安全设置”的对话框，如图 6–17 所示。再单击两次【确定】按钮，则打开【Cycle 参数】对话框，如图 6–18 所示。

图 6–17 用于“步距安全设置”的对话框

图 6–18 【Cycle 参数】对话框

在此循环参数对话框中，前 3 个按钮的用法与固定循环的按钮用法完全相同，仅【Increment–无】（钻削增量）按钮不同。单击【Increment–无】按钮，打开图 6–19 所示的【增量】对话框，对话框中按钮意义如下。

1）【空】 不指定增量，刀具一次钻削到要求的深度。

2）【恒定】 指定增量为固定的数值。

3）【可变的】 指定可变的增量。选择此选项将打开增量设置对话框，可以根据需要设置多种增量值。

3．最小安全距离

在【钻孔】对话框中，最小安全距离的定义如图 6–20 所示，它指定刀具与工件表面的刀轴方向的距离，是指每个加工位置上刀具由快进速度或进给速度转变为切削进给速度的位移量。

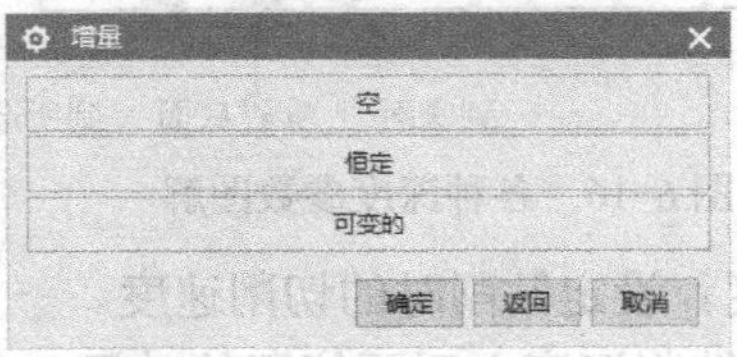

图 6–19 【增量】对话框

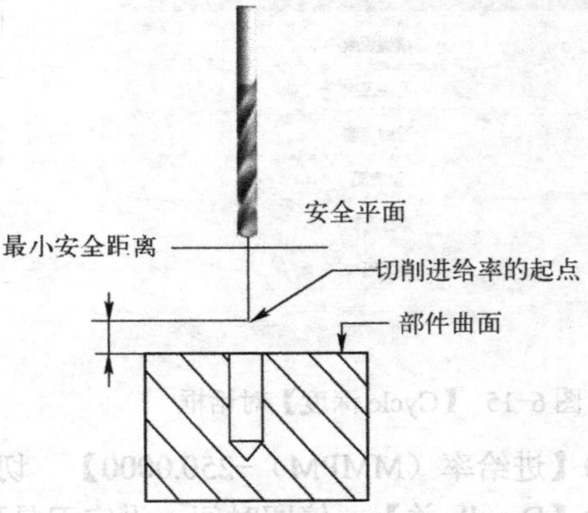

图 6–20 最小安全距离的定义

4．通孔安全距离与不通孔余量

通孔安全距离应用于通孔；不通孔余量应用于不通孔，如图 6-20 所示。

6-1 粗加工

6-2 深度轮廓加工

6.3 工程实例精解——模框数控加工

6.3.1 实例分析

6-3 面铣

图 6-21 所示为加工完成的模框，材料为 45 钢，模框上有通孔、台阶孔、不通孔需要加工。加工思路是先对全部孔位用中心钻定位，然后通过啄钻钻通全部的通孔并通过沉孔钻加工沉孔。模框内部有个 ϕ41mm 的大孔，可以有多种方式加工，现采用钻孔、扩孔，最后使用镗刀进行精加工的方法加工完成。本实例的目的是在模框钻孔加工的过程中认识中心钻、啄钻和镗孔加工的实际步骤。

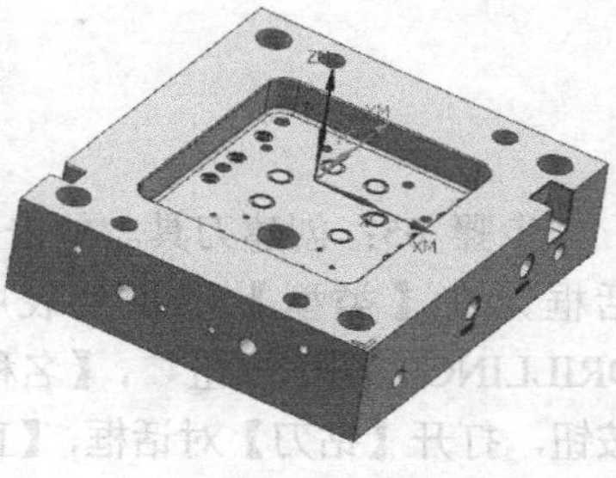

图 6-21 模框

6.3.2 初始化加工环境

步骤 01：调入工件。单击【打开】按钮，弹出【打开】对话框，如图 6-22 所示。选择本书配套资源中的“\课堂练习\6\6-1.prt”文件，单击【OK】按钮。

步骤 02：初始化加工环境。选择菜单【启动】→【加工】命令，系统弹出【加工环境】对话框，如图 6-23 所示。在【要创建的 CAM 设置】下拉列表中选择【drill】，单击【确定】按钮后进入加工环境。

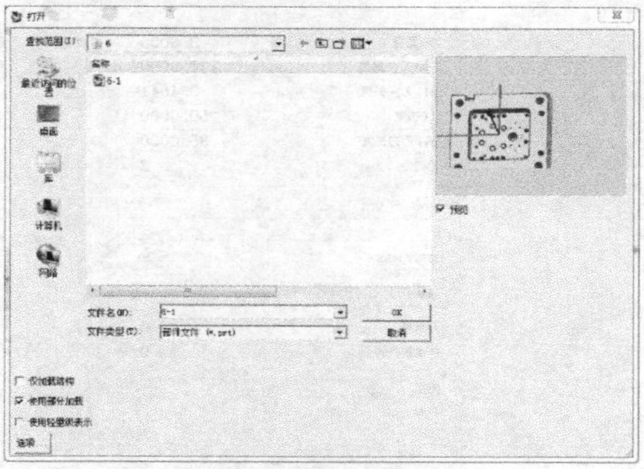

图 6-22 【打开】对话框

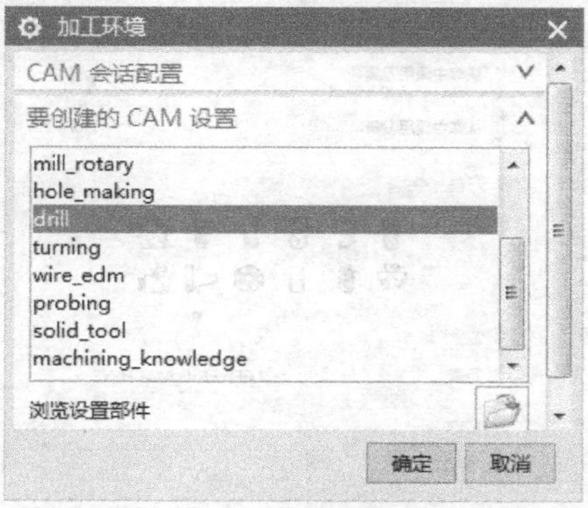

图 6-23 【加工环境】对话框

步骤 03：设定【工序导航器】。单击界面左侧资源条中的【工序导航器】图标按钮，打开【工序导航器】，在【工序导航器】中右击，单击【导航器】→【几何视图】图标按钮。

步骤 04：设定坐标系和安全高度。在【工序导航器-几何】视图中双击坐标系“MCS”，打开【MCS】对话框。指定 MCS 加工坐标系，在绘图区单击零件的底面，将加工坐标系设定在零件的中心。

在【MCS】对话框的【安全设置】选项区域里，【安全设置选项】下拉列表中选取

【刨】，并单击【指定平面】按钮弹出【刨】对话框。在绘图区单击零件顶面，并在【距离】文本框中输入“50mm”，即安全高度为 Z50，单击【确定】按钮完成设置，如图 6-24 所示。

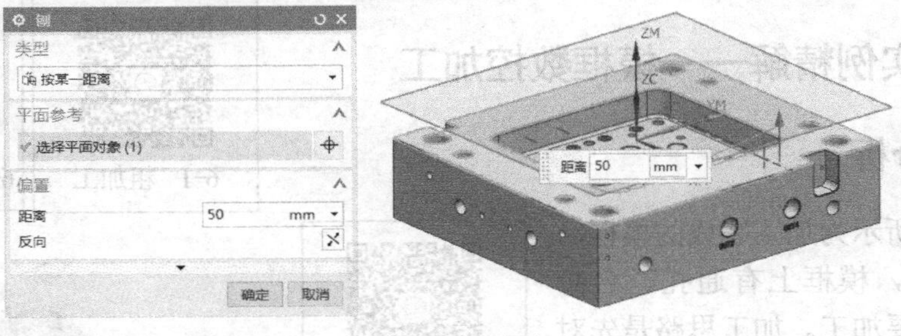

图 6-24　平面

步骤 05：创建刀具。单击【插入】工具条中的【创建刀具】按钮，打开【创建刀具】对话框，在【类型】下拉列表中选择【drill】，在【刀具子类型】中选择中心钻（SPOT DRILLING）图标按钮，【名称】文本框中输入“SPOT3”，如图 6-25 所示。单击【应用】按钮，打开【钻刀】对话框，【直径】文本框中输入“3”，如图 6-26 所示，这样就创建了一把直径为 3mm 的中心钻。用同样的方法自行创建普通钻头 DRILL_33 直径为 33，DRILL_11 直径为 11mm，DRILL_13 直径为 13mm，DRILL_4 直径为 4mm，DRILL_8 直径为 8mm，DRILL_24 直径为 24mm，创建镗刀 BORNG35 直径为 35mm，BORNG25.5 直径为 25.5mm，BORNG41 直径为 41mm。

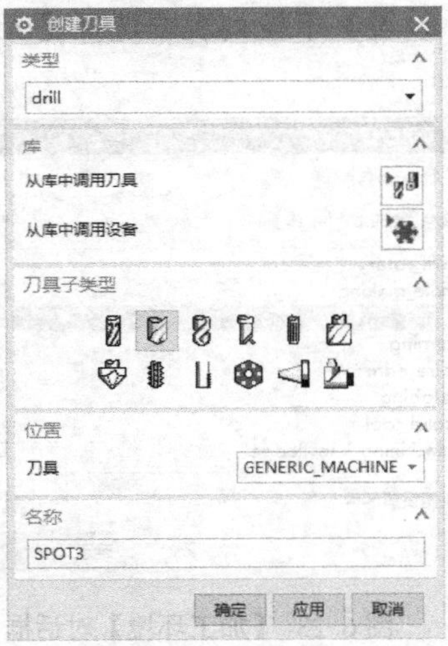

图 6-25　【创建刀具】对话框

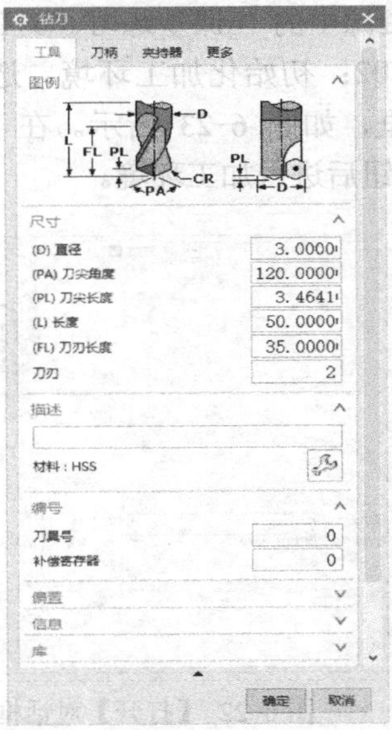

图 6-26　【钻刀】对话框

6.3.3　钻中心孔 SPOT_DRILLING

步骤 01：创建几何体。在【工序导航器】中单击“MCS”前的“+”号，展开坐标系节点，双击其下的“WORKPIECE”，打开【工件】对话框，如图 6-27 所示。单击【指定部件】图标按钮，打开【部件几何

6-4　钻中心孔

体】对话框，在绘图区选择模板作为部件几何体。

步骤 02：创建毛坯几何体。单击【确定】按钮回到【工件】对话框，在对话框中单击【指定毛坯】图标按钮，打开【毛坯几何体】对话框。选择【类型】下拉列表中的第 3 个【包容块】，系统自动生成默认毛坯，单击【毛坯几何体】和【工件】对话框的【确认】按钮返回主界面。

步骤 03：创建定心钻加工。单击【插入】工具条中的【创建工序】按钮，打开【创建工序】对话框，如图 6-28 所示。在【类型】下拉列表中选择【drill】，修改位置参数，填写名称，然后单击定心钻（SPOT_DRILLING）图标按钮，打开【定心钻】对话框，如图 6-29 所示。

图 6-27 【工件】对话框

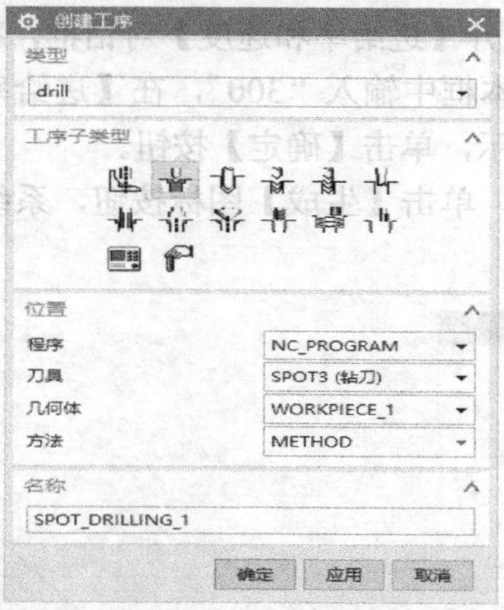

图 6-28 【创建工序】对话框

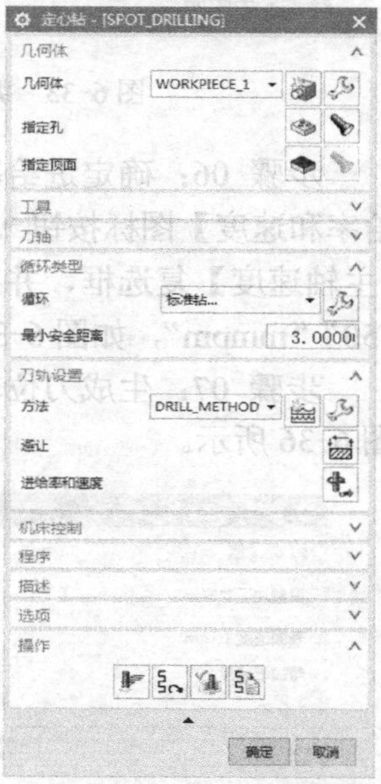

图 6-29 【定心钻】对话框

步骤 04：指定孔。在【几何体】选项区域里单击【指定孔】图标按钮，系统弹出【点到点几何体】对话框，如图 6-30 所示。在此对话框中单击【选择】按钮，系统弹出用于“选择点位”的对话框，接着单击【面上所有孔】按钮，在绘图区选择面，如图 6-31 和图 6-32 所示。

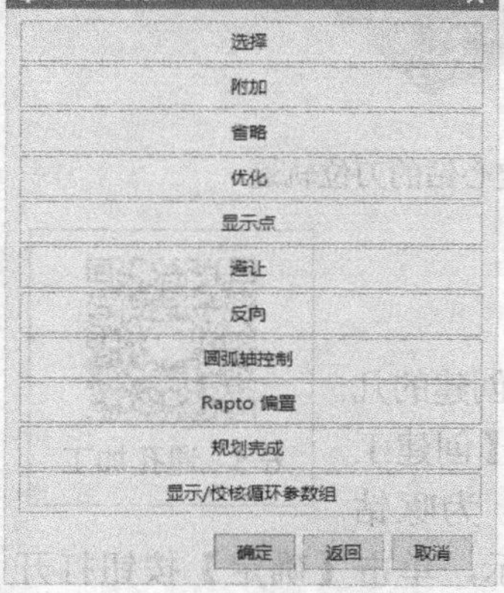

图 6-30 【点到点几何体】对话框

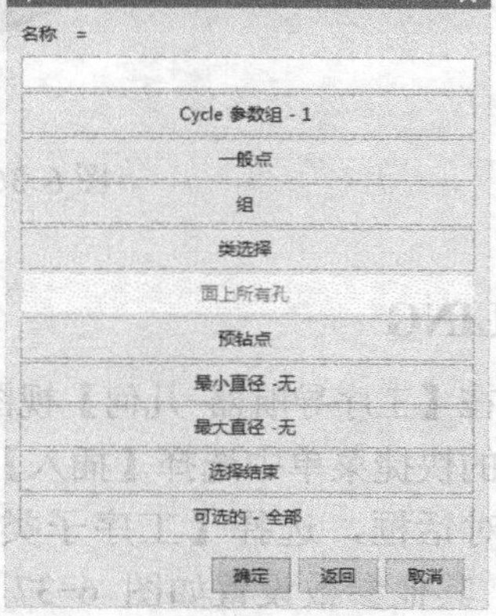

图 6-31 用于“选择点位”的对话框

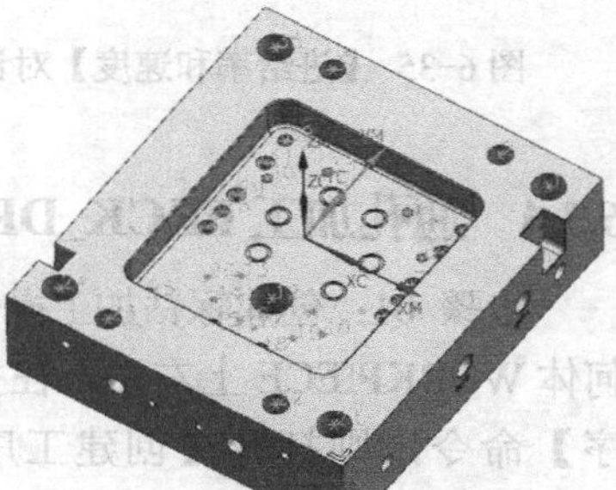
图 6-32 指定面上的孔

步骤 05：设定中心钻深度。在【定心钻】对话框中单击【编辑参数】图标按钮，如图 6-33 所示。在打开的【指定参数组】对话框中单击【确定】按钮，打开【Cycle 参数】对话框，单击【Depth（tip）-0.0000】按钮，在打开的【Cycle 深度】对话框中单击【刀尖深度】按钮，接着在【深度】文本框中输入“3”，如图 6-34 所示。单击【确定】按钮回到【定心钻】对话框。

图 6-33　编辑参数

图 6-34　【深度】文本框

步骤 06：确定进给率和转速。在【定心钻】对话框的【刀轨设置】选项区域单击【进给率和速度】图标按钮，打开【进给率和速度】对话框，在【主轴速度】选项区域中选中【主轴速度】复选框，并在文本框中输入“300”，在【进给率】选项区域中设定【切削】为“50”“mmpm”，如图 6-35 所示，单击【确定】按钮。

步骤 07：生成刀位轨迹。单击【生成】图标按钮，系统计算出定心钻的刀位轨迹，如图 6-36 所示。

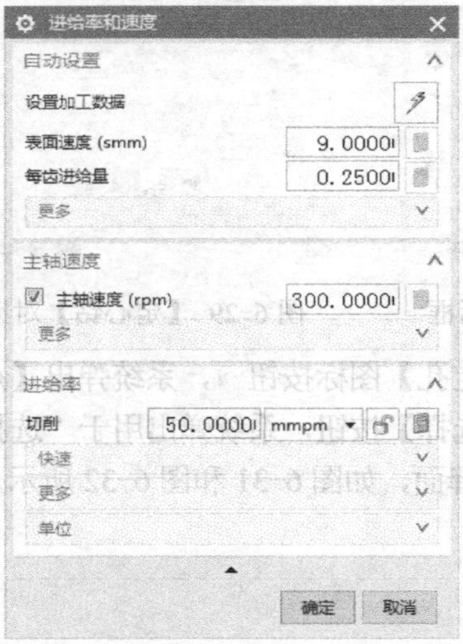

图 6-35　【进给率和速度】对话框

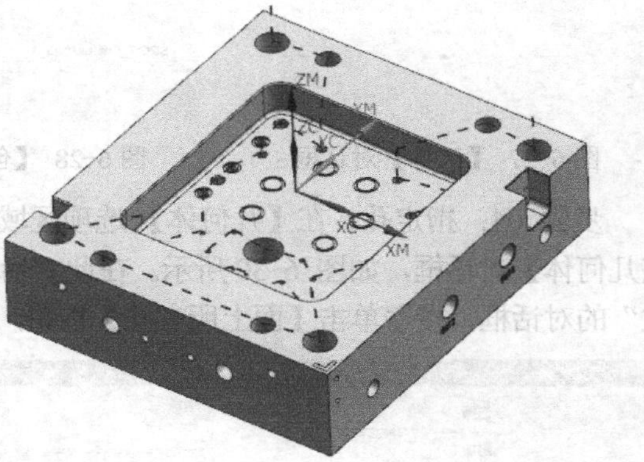

图 6-36　定心钻的刀位轨迹

6.3.4　通孔加工 PECK_DRILLING

6-5　通孔加工

步骤 01：创建啄钻加工操作。在【工序导航器-几何】视图中创建的几何体 WORKPIECE 上右击，在打开的快捷菜单中选择【插入】→【创建工序】命令，则打开【创建工序】对话框，选择【工序子类型】为啄钻（PECK_DRILLING）图标按钮，其他参数设置如图 6-37 所示，单击【确定】按钮打开【啄钻】对话框，如图 6-38 所示。

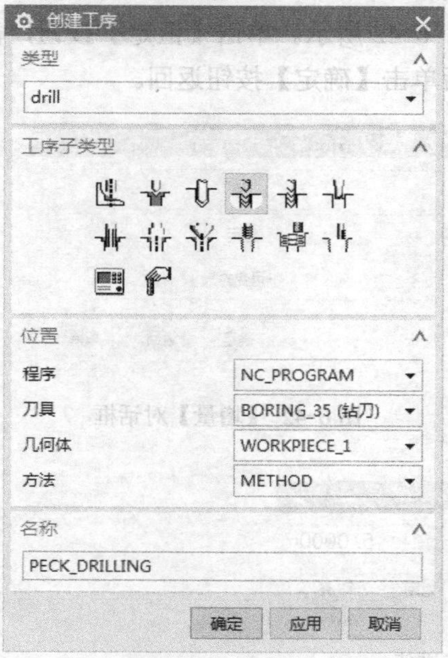

图 6-37　【创建工序】对话框

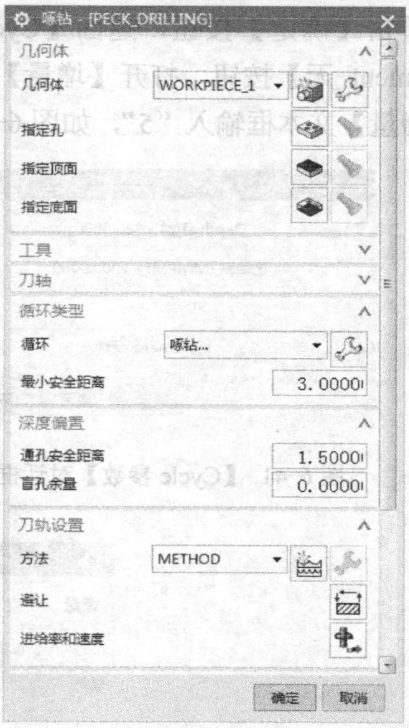

图 6-38　【啄钻】对话框

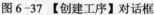

步骤 02：指定孔。在【几何体】选项区域里单击【指定孔】图标按钮，弹出【点到点几何体】对话框，在此对话框中单击【选择】按钮，系统弹出用于“选择点位”的对话框。根据零件的工艺要求，先钻ϕ33 的孔，然后进行镗孔。在绘图区选择几何体上的孔的上边缘，单击【确定】按钮，则所选择的点显示如图 6-39 所示，再单击【确定】按钮回到【啄钻】对话框。

步骤 03：设定循环类型。在【啄钻】对话框的【循环】下拉列表中选择【啄钻】选项，如图 6-38 所示。

步骤 04：设定钻削深度和循环增量。首先测量得到固定板的厚度为 110mm，所以钻头的刀肩钻 120mm 即可钻通。在【啄钻】对话框中单击【编辑参数】图标按钮，在打开的【指定参数组】对话框中单击【确定】按钮，则打开【Cycle 参数】对话框，单击【Depth-模型深度】按钮，在打开的【Cycle 深度】对话框中单击【刀肩深度】按钮，接着在【距离】文本框中输入“120”，如图 6-40 所示。

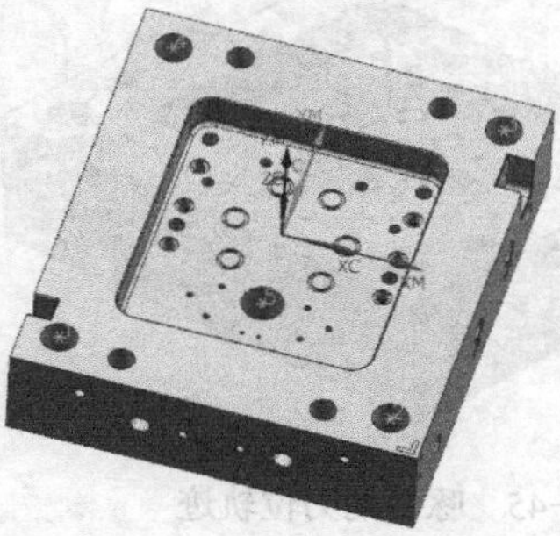

图 6-39　指定孔

图 6-40　【刀肩深度】文本框

单击【确定】按钮，返回【Cycle 参数】对话框，如图 6-41 所示。在对话框中单击【Increment-无】按钮，打开【增量】对话框，如图 6-42 所示。单击【恒定】按钮，在打开的【增量】文本框输入“5”，如图 6-43 所示，然后单击【确定】按钮返回。

图 6-41 【Cycle 参数】对话框

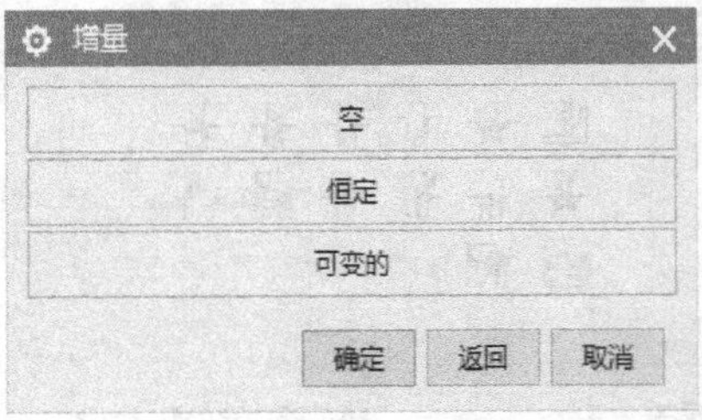

图 6-42 【增量】对话框

图 6-43 深度步进值

步骤 05：设定进给率和转速。在【啄钻】对话框中【刀轨设置】选项区单击【进给率和速度】图标按钮，打开【进给率和速度】对话框，在【主轴速度】选项区域中选中【主轴速度】复选框，并在文本框中输入“350”，如图 6-44 所示。在【进给率】选项区域中设定【切削】为“50”。单击【确定】按钮。

步骤 06：生成刀位轨迹。单击【生成】图标按钮，系统计算出啄钻的刀位轨迹，如图 6-45 所示。

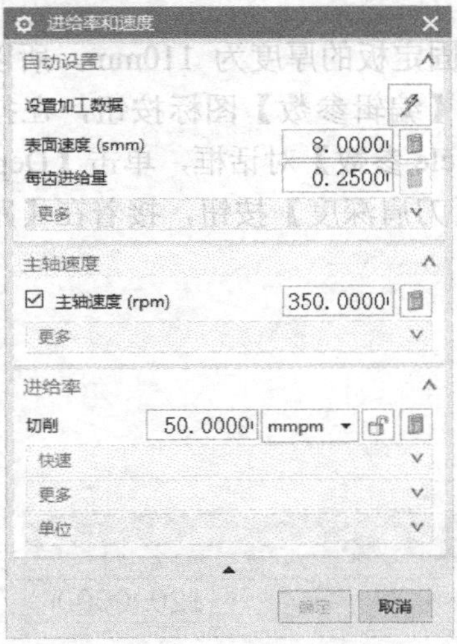

图 6-44 【进给率和速度】对话框

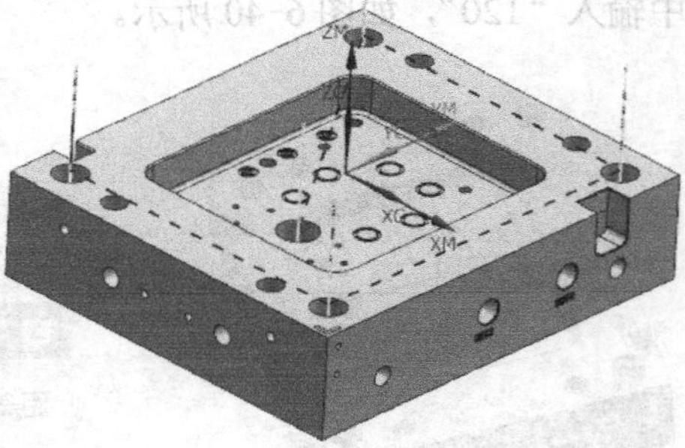

图 6-45 啄钻的刀位轨迹

步骤 07：打开机床视图，复制上一步创建的啄钻加工操作，并粘贴到 DRILLING_20 下，如图 6-46 所示。

步骤 08：重新指定孔。在图 6-38 所示【钻孔】对话框【几何体】选项区域里单击【指定孔】图标按钮，弹出【点到点几何体】对话框，在此对话框中单击【选择】按钮，继续单击【是】按钮，弹出用于“选择点位”的对话框，如图 6-47 所示。单击【一般点】按钮，在绘图区选择几何体上的 4 个孔的上边缘，单击【确定】按钮，则所选择的点显示如图 6-48 所示，再单击【确定】按钮回到【钻孔】对话框。

步骤 09：生成刀位轨迹。单击【生成】图标按钮，系统计算出啄钻的刀位轨迹，如图 6-49 所示。

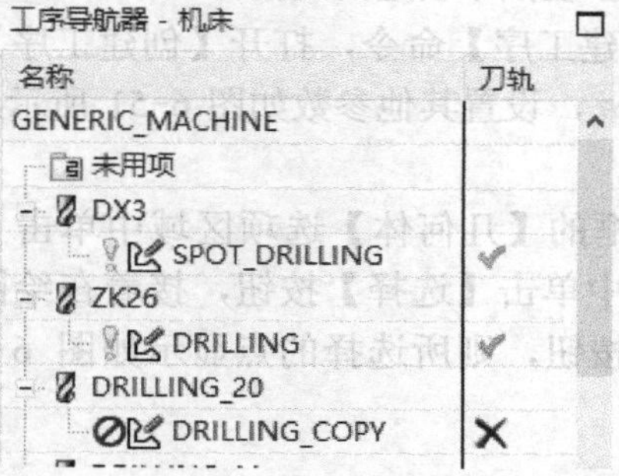

图 6-46　复制啄钻加工操作

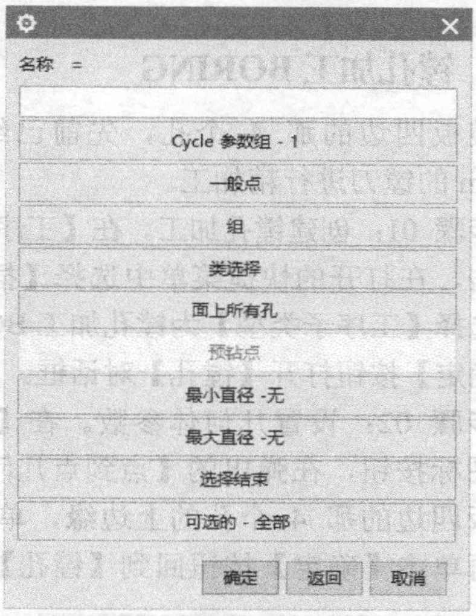

图 6-47　用于“选择点位”的对话框

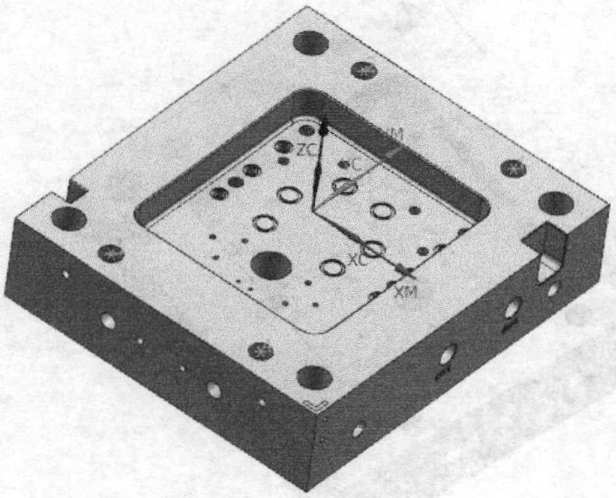

图 6-48　指定加工孔

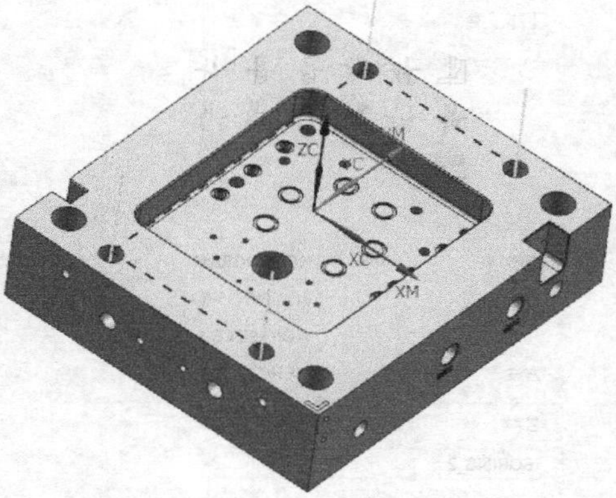

图 6-49　啄钻的刀位轨迹

步骤 10：用同样的办法创建其他各孔的扩孔。创建完成后，打开【工序导航器-几何】视图，如图 6-50 所示。

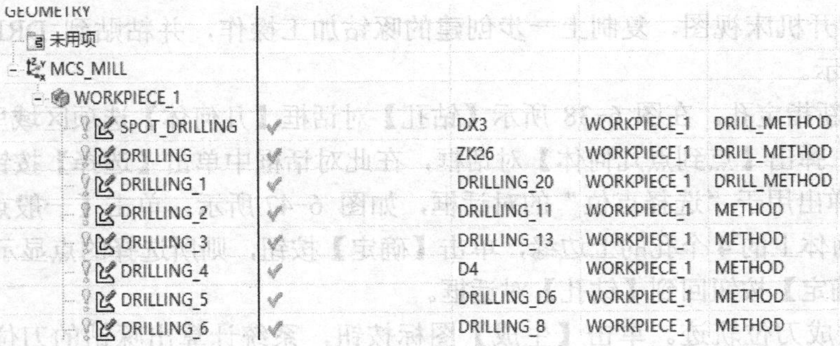
GEOMETRY
未用项
MCS_MILL
WORKPIECE_1
SPOT_DRILLING DX3 WORKPIECE_1 DRILL_METHOD
DRILLING ZK26 WORKPIECE_1 DRILL_METHOD
DRILLING_1 DRILLING_20 WORKPIECE_1 DRILL_METHOD
DRILLING_2 DRILLING_11 WORKPIECE_1 METHOD
DRILLING_3 DRILLING_13 WORKPIECE_1 METHOD
DRILLING_4 D4 WORKPIECE_1 METHOD
DRILLING_5 DRILLING_D6 WORKPIECE_1 METHOD
DRILLING_6 DRILLING_8 WORKPIECE_1 METHOD

图 6-50 【工序导航器-几何】视图

6-6 镗孔加工

6.3.5 镗孔加工 BORING

模板四边的那 4 个孔，先前已经扩孔至ϕ33mm，再使用直径为ϕ35mm 的镗刀进行精加工。

步骤 01：创建镗孔加工。在【工序导航器-几何】视图中创建的几何体“WORKPIECE”上右击，在打开的快捷菜单中选择【插入】→【创建工序】命令，打开【创建工序】对话框，选择【工序子类型】为镗孔加工 BORING 图标，设置其他参数如图 6-51 所示，再单击【确定】按钮打开【镗孔】对话框。

步骤 02：设置几何体参数。在【镗孔】对话框的【几何体】选项区域中单击【指定孔】图标按钮，在弹出的【点到点几何体】对话框中单击【选择】按钮，接着在绘图区选择模板四边的那 4 个孔的上边缘，单击【确定】按钮，则所选择的点显示如图 6-52 所示，再单击【确定】按钮回到【镗孔】对话框。

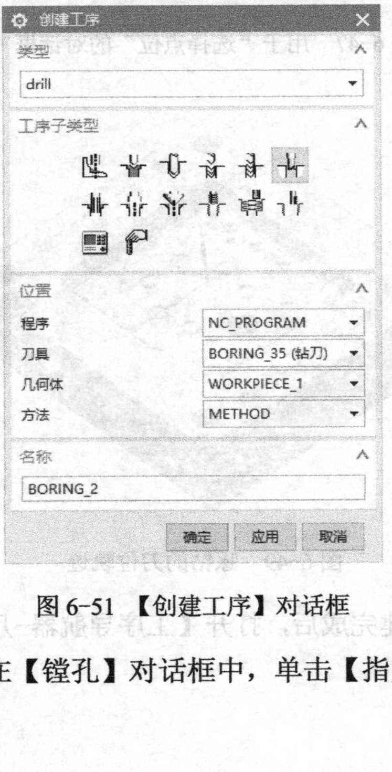

图 6-51 【创建工序】对话框

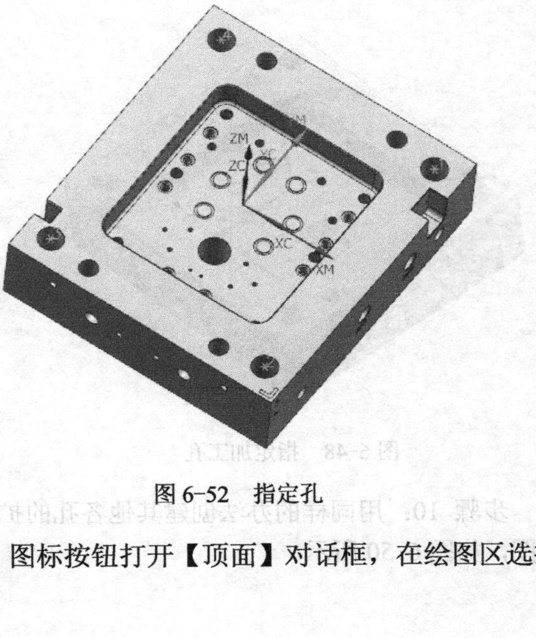

图 6-52 指定孔

在【镗孔】对话框中，单击【指定顶面】图标按钮打开【顶面】对话框，在绘图区选择模板的顶面，单击【确定】按钮完成顶面设置。单击【指定底面】图标按钮打开【底面】对话框，在绘图区选择模板的底面，单击【确定】按钮完成底面设置。

步骤 03：设定镗孔深度。在【镗孔】对话框中单击【编辑参数】图标按钮，在打开的【指定参数组】对话框中单击【确定】按钮，则打开【Cyele 参数】对话框，接受系统自动的深度设置为模型深度【depth-120.0000】，如图 6-53 所示。单击【确定】按钮，回到【镗孔】对话框。

步骤 04，设定进给率和转速。在【镗孔】对话框里【刀轨设置】选项区域组单击【进给率和速度】图标按钮，打开【进给率和速度】对话框，在【主轴速度】选项区域里选中【主轴速度】复选框，并在文本框中输入“350”，如图 6-54 所示。在【进给率】选项区域里设定【切削】为“50”“mmpm”，单击【主轴速度】后面的【计算】图标按钮生成表面速度和进给量，单击【确定】按钮。

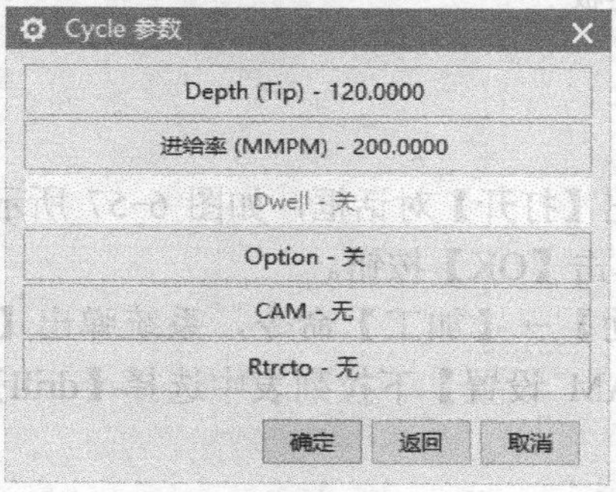

图 6-53 【Cycle 参数】对话框

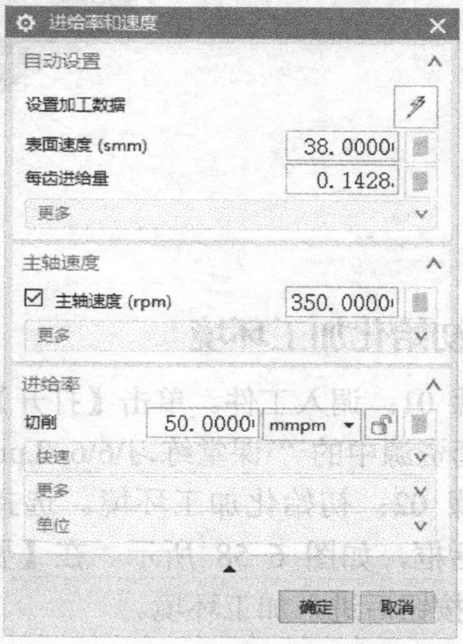

图 6-54 【进给率和速度】对话框

步骤 05：生成刀位轨迹。单击【生成】图标按钮，系统计算出镗孔的刀位轨迹，如图 6-55 所示。

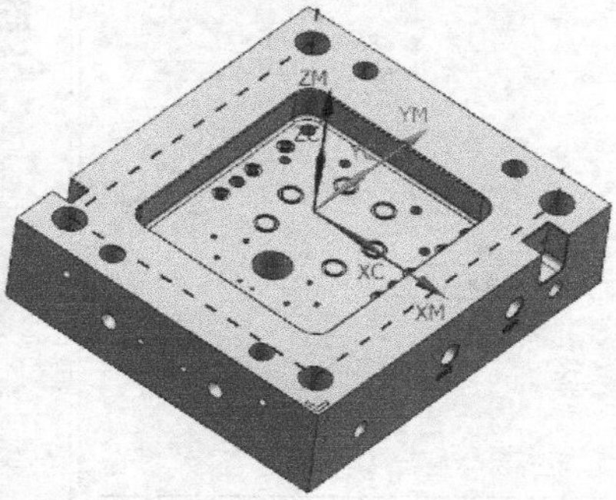

图 6-55　镗孔的刀位轨迹

6.4 工程实例精解——固定板数控加工

6-7 固定板加工

6.4.1 实例分析

图 6-56 所示为固定板，材料为 45 钢，固定板上有 4 个 M12 的螺纹孔。加工思路是首先钻中心孔，然后钻螺纹底孔，最后加工螺纹。攻螺纹是机器加工中经常用到的操作，本实例目的是通过介绍攻螺纹的操作方法以便读者能够更好地掌握其运用。

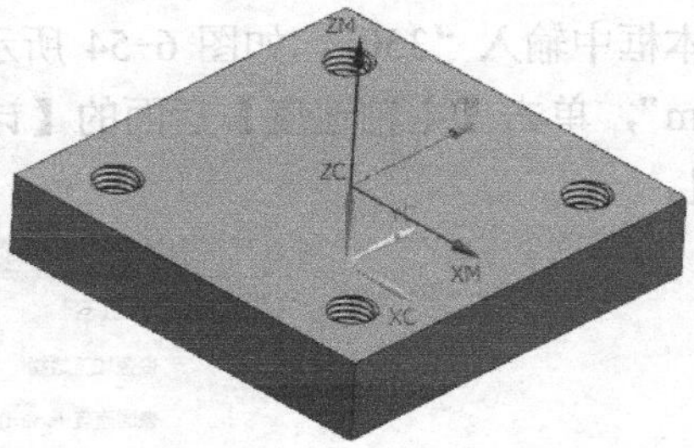

图 6-56　固定板

6.4.2 初始化加工环境

步骤 01：调入工件。单击【打开】按钮，弹出【打开】对话框，如图 6-57 所示。选择本书配套资源中的“\课堂练习\6\6-2.prt”文件，单击【OK】按钮。

步骤 02：初始化加工环境。选择菜单【启动】→【加工】命令，系统弹出【加工环境】对话框，如图 6-58 所示。在【要创建的 CAM 设置】下拉列表中选择【drill】，单击【确定】按钮后进入加工环境。

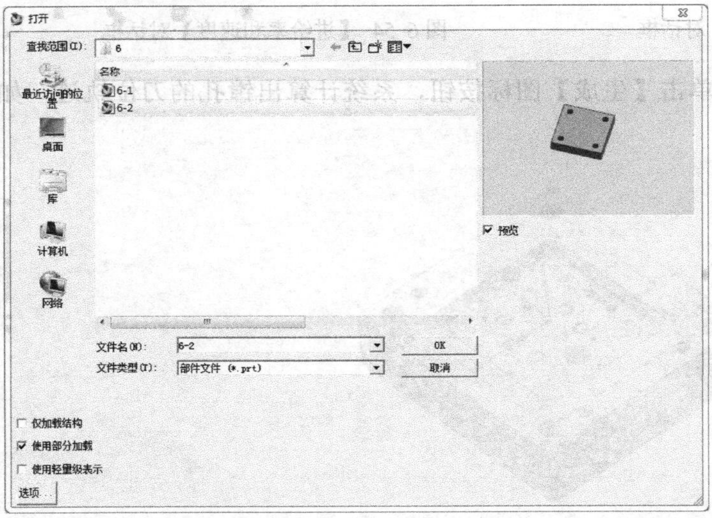

图 6-57　【打开】对话框

图 6-58　【加工环境】对话框

步骤 03：设定【工序导航器】。单击界面左侧资源条中的【工序导航器】图标按钮，打开【工序导航器】，在【工序导航器】中右击，在打开的【导航器】工具条中单击【几何视图】图标按钮。

步骤 04：设定坐标系和安全高度。在【工序导航器-几何】视图中双击坐标系“MCS_MILL”，打开【MCS 铣削】对话框。指定 MCS 加工坐标系，在绘图区单击零件的顶面，将加工坐标系设定在零件表面的中心。在【安全设置】选项区域里，在【安全设置选项】下拉列表中选取【刨】，并单击【指定平面】按钮，弹出【刨】对话框。在绘图区单击零件顶面，并在【距离】文本框输入“20”，即安全高度为 Z20，单击【确定】按钮完成设置。

步骤 05：创建刀具。单击【插入】工具条中的【创建刀具】命令，打开【创建刀具】对话框，【类型】下拉列表中选择【drill】，在【刀具子类型】中选择定心钻（SPOT DRILLING）图标，【名称】文本框中输入“SPOT_3”，如图 6-59 所示。单击【应用】按钮，打开【钻刀】对话框，在【直径】文本框中输入“3”，如图 6-60 所示。这样就创建了一把直径为 3mm 的中心钻。用同样的方法自行创建普通钻头 DRILL_10.2，直径为 10.2mm。创建一把螺丝攻 TAP_12，直径为 12mm。最后【工序导航器-机床】视图如图 6-61 所示。

步骤 06：创建几何体。在【工序导航器-几何】视图中单击“MCS_MILL”前的“+”号展开坐标系父节点，双击其下的“WORKPIECE”，打开【工件】对话框，如图 6-62 所示。单击【指定部件】图标按钮，打开【部件几何体】对话框，在绘图区选择模板作为部件几何体。

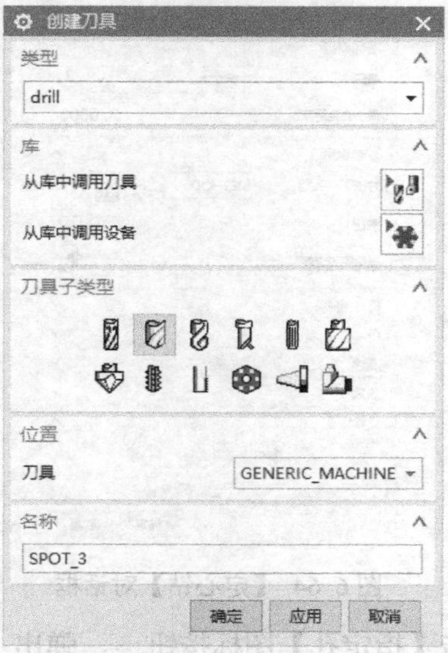

图 6-59 【创建刀具】对话框

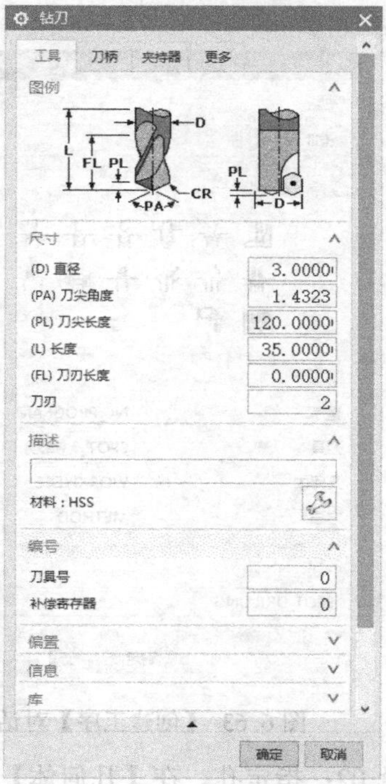

图 6-60 【钻刀】对话框

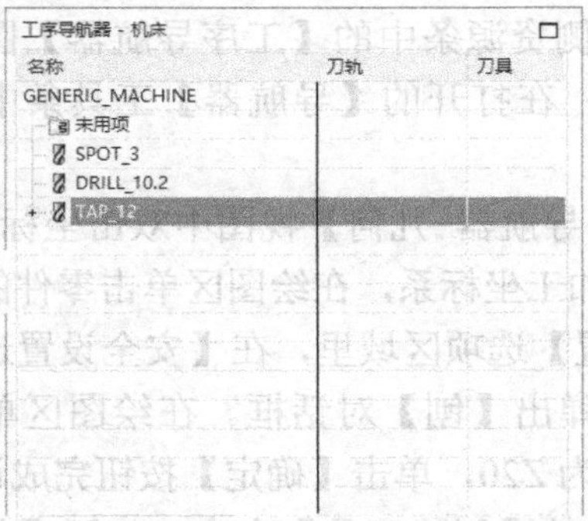

图 6-61 【工序导航器-机床】视图

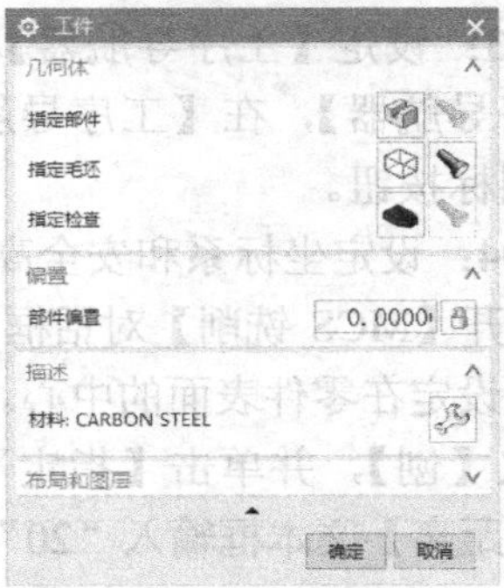

图 6-62 【工件】对话框

步骤 07：创建毛坯几何体。单击【确定】按钮回到【工件】对话框，在对话框中单击【指定毛坯】图标按钮，打开【毛坯几何体】对话框。选择【类型】下拉列表中第三个【包容块】，系统自动生成默认毛坯。单击【毛坯几何体】和【工件】对话框的【确定】按钮返回主界面。

6.4.3 定心钻加工 SPOT_DRLLING

步骤 01：创建定心钻加工。单击【插入】工具条中的【创建工序】按钮，打开【创建工序】对话框，如图 6-63 所示。在【类型】下拉列表中选择【drill】，修改位置参数，填写名称，然后单击定心钻（SPOT_DRLLING）图标，打开【定心钻】对话框，如图 6-64 所示。

图 6-63 【创建工序】对话框

图 6-64 【定心钻】对话框

步骤 02：指定孔。在【几何体】选项区域中单击【指定孔】图标按钮，弹出【点到点几何体】对话框，如图 6-65 所示。在此对话框中单击【选择】按钮，弹出用于“选择点位”的对话框，接着单击【一般点】按钮，在绘图区中选择 4 个孔的中心，如图 6-66 所示。

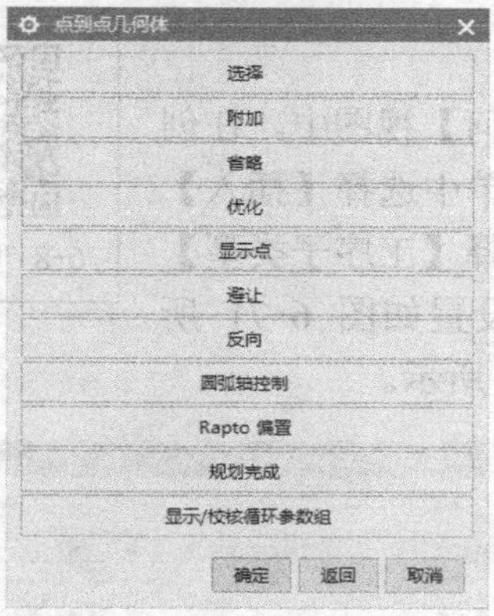

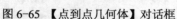

图 6-65 【点到点几何体】对话框

图 6-66 指定孔

步骤 03：设定中心钻深度。在【定心钻】对话框中单击【编辑参数】图标按钮，如图 6-67 所示。在打开的【指定参数组】对话框中单击【确定】按钮，打开【Cycle 参数】对话框，单击【Depth（Tip）-0.0000】按钮，在打开的【Cycle 深度】对话框中单击【刀尖深度】按钮，接着在【深度】文本框中输入“2”，如图 6-68 所示。单击【确定】按钮回到【定心钻】对话框。

图 6-67 编辑参数

图 6-68 【深度】文本框

步骤 04：设定进给率和转速。在【定心钻】对话框的【刀轨设置】选项区域中，单击【进给率和速度】图标按钮，打开【进给率和速度】对话框，在【主轴速度】选项区域中选中【主轴速度】复选框，并在文本框中输入“700”，在【进给率】选项区域中设定【切削】为“50”，如图 6-69 所示，单击【确定】按钮。

步骤 05：生成刀位轨迹。单击【生成】按钮，系统计算出定心钻的刀位轨迹，如图 6-70 所示。

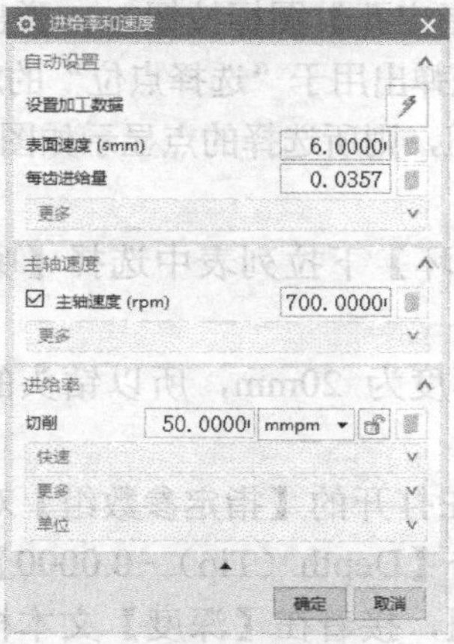

图 6-69 【进给率和速度】对话框

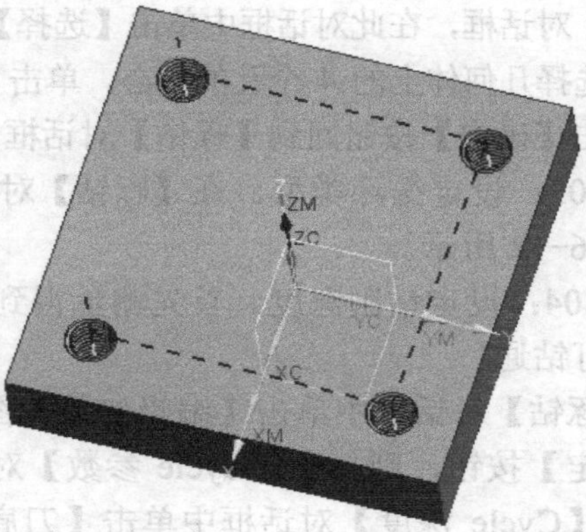

图 6-70 定心钻的刀位轨迹

6.4.4 啄钻加工 PECK_DRILLING

6-8 啄钻加工

步骤 01：创建啄钻加工操作。在【工序导航器-几何】视图中，在创建的几何体“WORKPIECE”上右击，在打开的快捷菜单中选择【插入】→【创建工序】命令，则打开【创建工序】对话框，选择【工序子类型】为啄钻（PECK_DRILLING）图标按钮，其他参数设置如图 6-71 所示，单击【确定】按钮打开【啄钻】对话框，如图 6-72 所示。

图 6-71 【创建工序】对话框

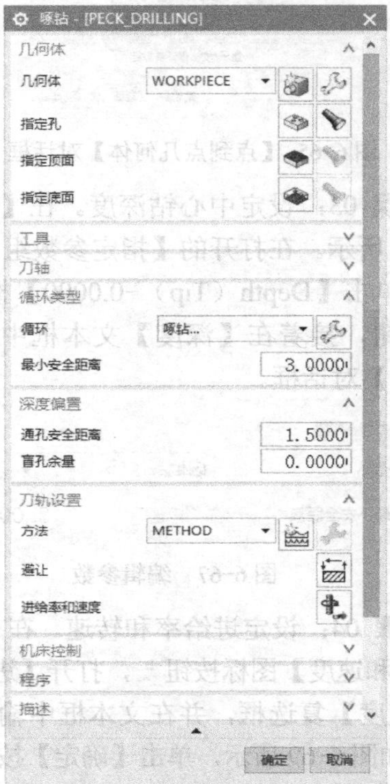

图 6-72 【啄钻】对话框

步骤 02：指定孔。在【几何体】选项区域中单击【指定孔】图标按钮，弹出【点对点几何体】对话框，在此对话框中单击【选择】按钮，系统弹出用于“选择点位”的对话框。在绘图区选择几何体上的 4 个孔的中心，单击【确定】按钮，则所选择的点显示如图 6-73 所示，再单击【确定】按钮回到【啄钻】对话框。

步骤 03：设定循环类型。在【啄钻】对话框中【循环】下拉列表中选择【啄钻】选项，如图 6-72 所示。

步骤 04：设定钻削深度。首先测量得到固定板的厚度为 20mm，所以钻头的刀肩钻 23mm 即可钻通。

在【啄钻】对话框中单击【编辑参数】图标按钮，在打开的【指定参数组】对话框中单击【确定】按钮，则打开【Cycle 参数】对话框，单击【Depth（Tip）-0.0000】按钮，在打开的【Cycle 深度】对话框中单击【刀肩深度】按钮，接着在【深度】文本框中输入“23”，如图 6-74 所示。

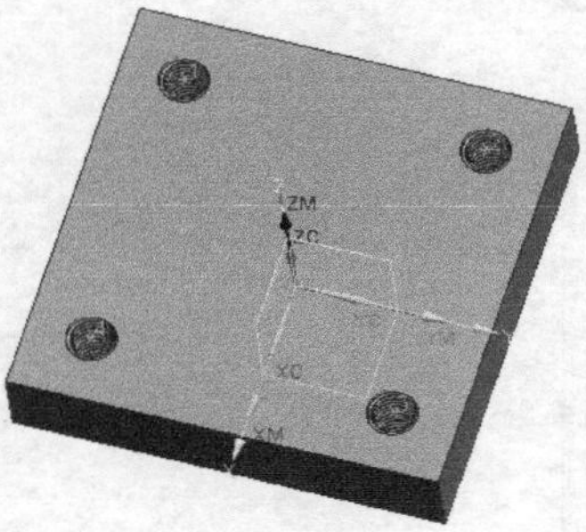

图 6-73　指定孔

图 6-74　刀肩【深度】文本框

步骤 05：设定进给率和转速。在【啄钻】对话框的【刀轨设置】选项区域中，单击【进给率和速度】图标按钮，打开【进给率和速度】对话框，在【主轴速度】选项区域中选中【主轴速度】复选框，并在文本框中输入“350”，如图 6-75 所示。在【进给率】选项区域中设定【切削】为“50”“mmpm”，单击【确定】按钮。

步骤 06：生成刀位轨迹。单击【生成】图标按钮，系统计算出啄钻的刀位轨迹，如图 6-76 所示。

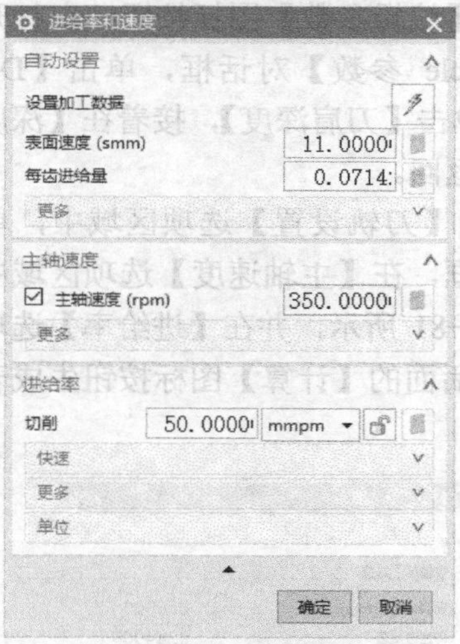

图 6-75　【进给率和速度】对话框

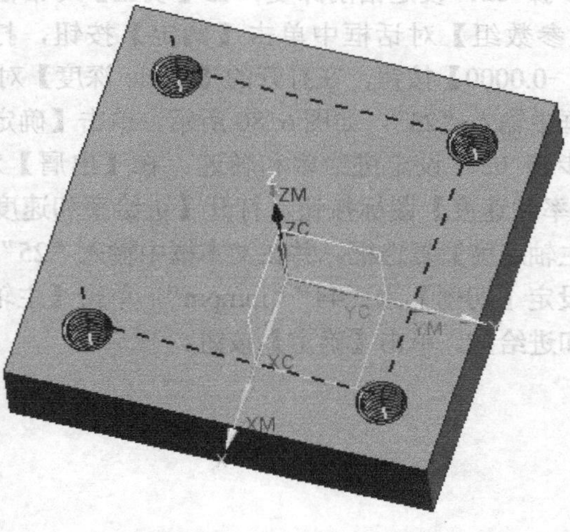

图 6-76　啄钻的刀位轨迹

6.4.5　攻螺纹加工 TAPPING

6-9　攻螺纹加工

步骤 01：创建攻螺纹操作。在【工序导航器-几何】视图中，在创建的几何体“WORKPIECE”上右击，在打开的快捷菜单中选择【插入】→【创建工序】命令，则打开【创建工序】对话框，选择【工序子类型】为 TAPPING 图标按钮，其他参数设置如图 6-77 所示，单击【确定】按钮，打开【攻丝】对话框，如图 6-78 所示。单击【指定孔】图标按钮，单击【选择】按钮，接着在绘图区选择固定板顶面 4 个孔的上边缘，单击【确定】按钮，则所选择的点显示如图 6-79 所示，再单击【确定】按钮回到【攻丝】对话框。

图 6-77 【创建工序】对话框

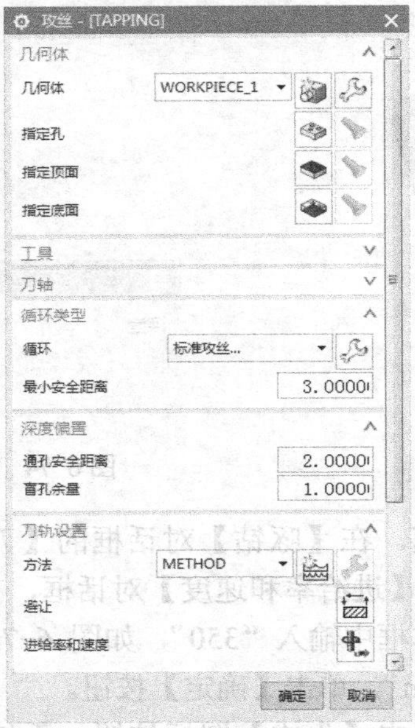

图 6-78 【攻丝】对话框

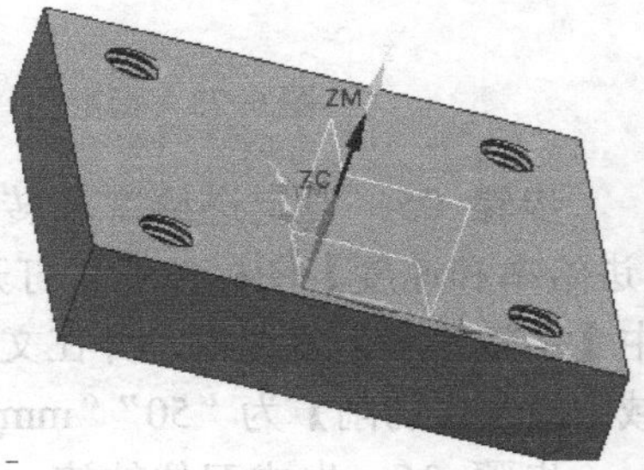

图 6-79 指定孔

步骤 02：设定钻削深度。在【攻丝】对话框中单击【编辑参数】图标按钮，在打开的【指定参数组】对话框中单击【确定】按钮，打开【Cycle 参数】对话框，单击【Depth（Tip）-0.0000】按钮，在打开的【Cycle 深度】对话框中单击【刀肩深度】，接着在【深度】文本框中输入“23”，如图 6-80 所示，单击【确定】按钮返回。

步骤 03：设定进给率和转速。在【出屑】对话框的【刀轨设置】选项区域中，单击【进给率和速度】图标按钮，打开【进给率和速度】对话框，在【主轴速度】选项区域中选中【主轴速度】复选框，并在文本框中输入“25”，如图 6-81 所示，并在【进给率】选项区域中设定【切削】为“44”“mmpm”，单击【主轴速度】后面的【计算】图标按钮生成表面速度和进给量，单击【确定】按钮。

图 6-80 【深度】文本框

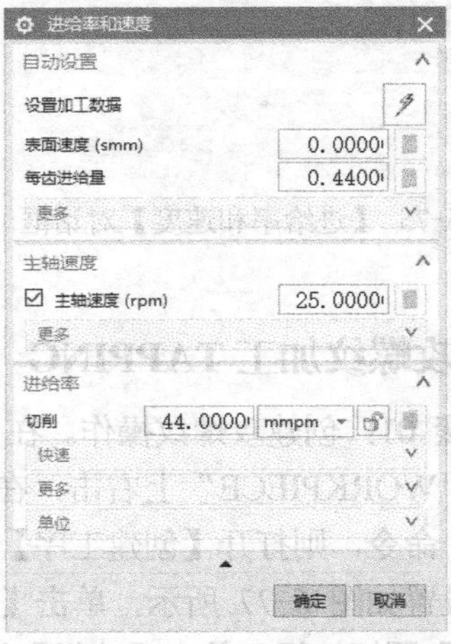

图 6-81 【进给率和速度】对话框

步骤 04：生成刀位轨迹。单击【生成】图标按钮，系统计算出攻螺纹的刀位轨迹，如图 6-82 所示。

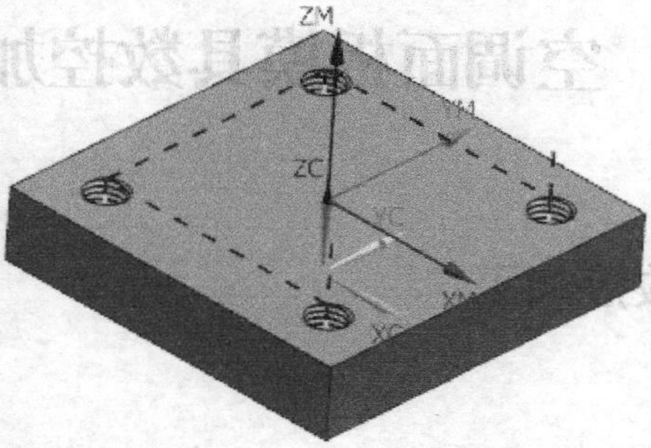

图 6-82　攻螺纹的刀位轨迹

6.5　本章小结

本章主要介绍钻加工的工艺过程，钻孔的加工思路是先用中心钻点孔，再用钻头钻孔、扩孔和镗孔等。通过实例按照工艺流程系统、完整地介绍了模框的加工过程。

6.6　思考与练习

一、思考题

1．钻加工一般需要设置哪些加工几何参数？

2．循环选项主要有哪些？各有什么作用？

3．啄钻主要加工什么类型的孔？

二、练习题

打开本书配套资源文件“\ 课后习题\6\6-1.prt”，利用定心钻、啄钻对图 6-83 所示实体的孔进行加工，并生成 NC 代码。

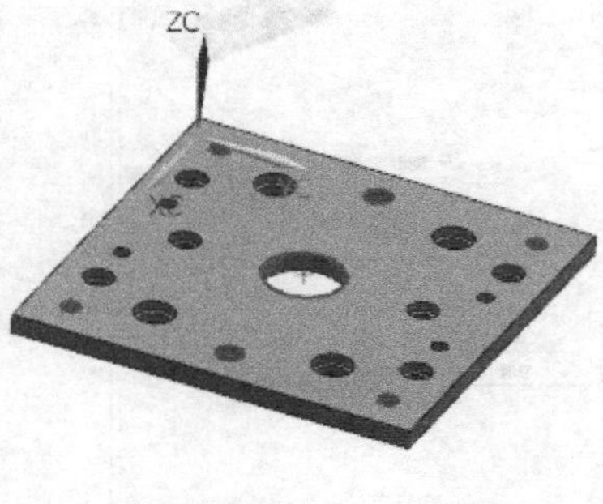

图 6-83　习题 6-1

第 7 章　空调面板模具数控加工实例

7-1　粗加工

7.1　空调面板模具数控加工

7.1.1　实例分析

本实例是一个空调面板型芯模具，如图 7-1 所示，材料是 P20，使用型腔铣、平面铣、深度轮廓加工铣和固定轮廓铣的边界驱动方法对型腔曲面进行粗、精加工。本实例要求使用综合加工的方法使型芯各个表面尺寸、形状和表面粗糙度达到工艺要求。

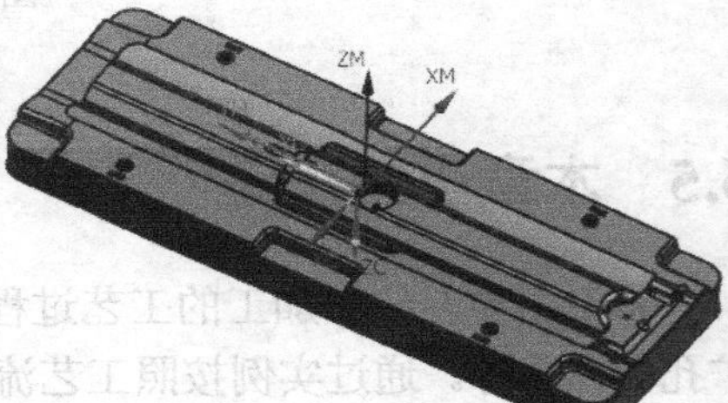

图 7-1　空调面板型芯实例

7.1.2　模具的开粗 CAVITY_MILLING

步骤 01：调入工件。单击【打开】按钮，弹出【打开】对话框，如图 7-2 所示，选择本书配套资源中的“\课堂练习\7\7-1.prt”文件，单击【OK】按钮。

步骤 02：初始化加工环境。选择菜单【启动】→【加工】命令，弹出【加工环境】对话框，进行 CAM 设置，如图 7-3 所示，在【要创建的 CAM 设置】下拉列表中选择【mill_contour】，单击【确定】按钮后进入加工环境。

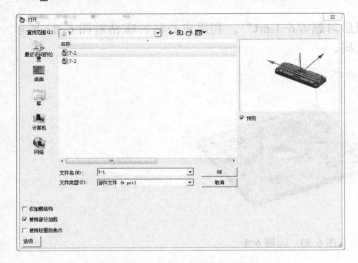

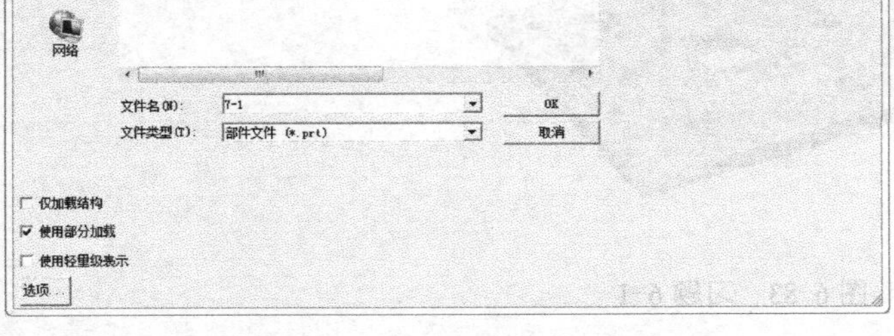

图 7-2　【打开】对话框

图 7-3　CAM 设置

步骤 03：设定【工序导航器】。单击界面左侧资源条中的【工序导航器】按钮，打开【工序导航器】工具条，在【工序导航器】中右击，在打开的快捷菜单中选择【工序导航器】→【几何视图】命令，则打开的【工序导航器-几何】视图如图 7-4 所示。

步骤 04：设定坐标系和安全高度。在【工序导航器-几何】视图中，双击坐标系“MCS_MILL”，打开【MCS 铣削】对话框。指定 MCS 加工坐标系，打开【CSYS】对话框，如图 7-5 所示。在【类型】下拉列表中选取【对象的 CSYS】，在绘图区单击几何体的顶面，设定加工坐标系在平面的中心。

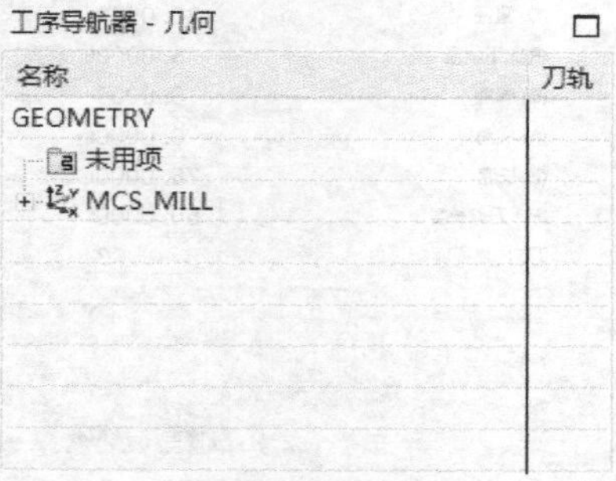

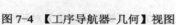

图 7-4 【工序导航器-几何】视图

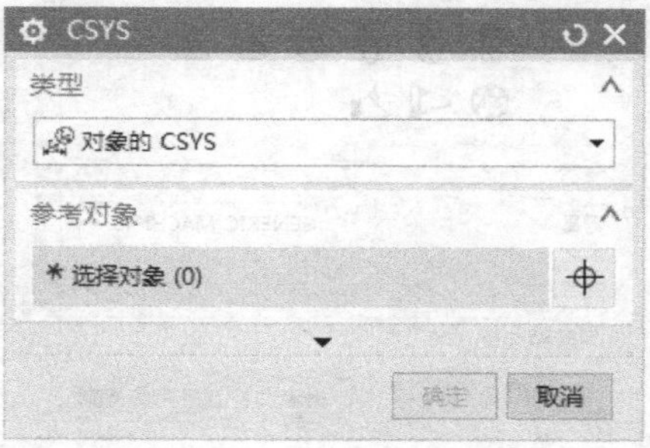

图 7-5 【CSYS】对话框

在【MCS 铣削】对话框的【安全设置选项】选取【刨】，并单击【指定平面】图标按钮，弹出【刨】对话框，【类型】选择为【按某一距离】，在绘图区单击几何体顶面，并在【距离】文本框输入“50”，即安全高度为 Z50，如图 7-6 所示，单击【确定】按钮完成设置。

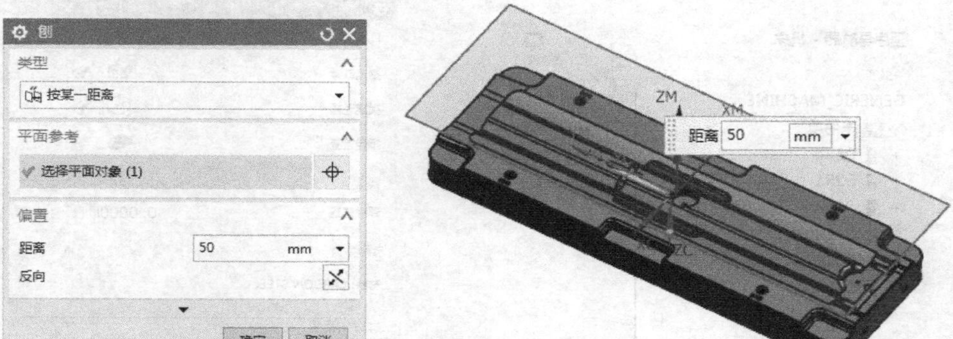

图 7-6 【刨】对话框

步骤 05：创建刀具。单击【插入】工具条中的【创建刀具】按钮，打开【创建刀具】对话框，默认的【刀具子类型】为铣刀，在【名称】文本框中输入“D30R5”，如图 7-7 所示。单击【应用】按钮，打开【铣刀-5 参数】对话框，在【直径】文本框中输入“30”，在【下半径】文本框中输入“5”，如图 7-8 所示，这样就创建了一把直径为 30mm 的牛鼻刀。用同样的方法创建铣刀 D16R0.8，直径为 16，下半径为 0.8；创建铣刀 D12R6，直径为 12，下半径为 6；创建铣刀 D10R5，直径为 10，下半径为 5，最后打开【工序导航器-机床】视图，如图 7-9 所示。

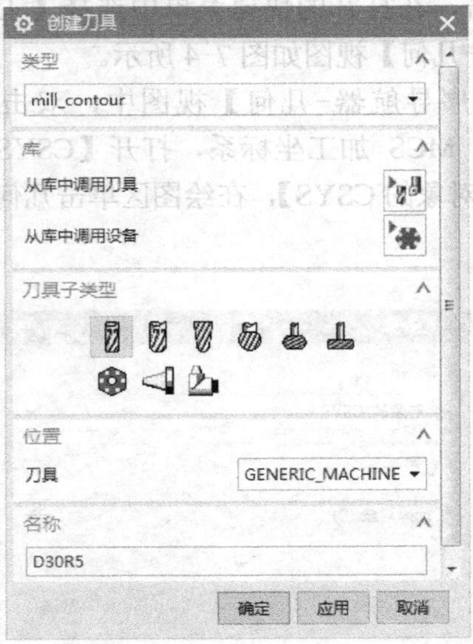

图 7-7 【创建刀具】对话框

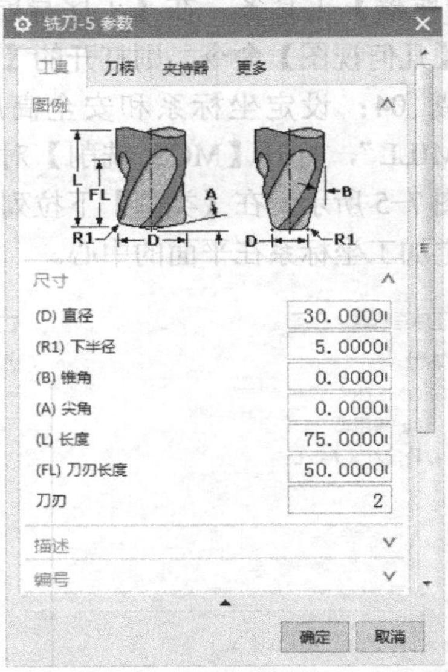

图 7-8 【铣刀-5 参数】对话框

步骤 06：创建几何体。在【工序导航器-几何】视图中单击“MCS_MILL”前的“+”号，展开坐标系父节点，双击其下的“WORKPIECE”，打开【工件】对话框，如图 7-10 所示。单击【指定部件】图标按钮，打开【部件几何体】对话框，在绘图区选择型芯作为部件几何体。

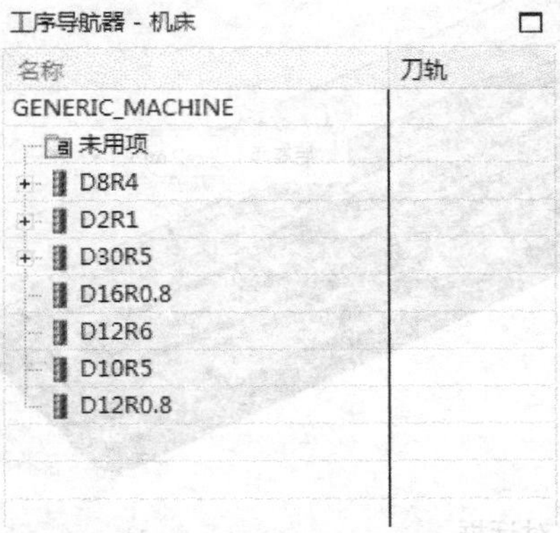

图 7-9 【工序导航器-机床】视图

图 7-10 【工件】对话框

步骤 07：创建毛坯几何体。单击【确定】按钮回到【工件】对话框，在对话框中单击【指定毛坯】图标按钮，打开【毛坯几何体】对话框，如图 7-11 所示，在绘图区选择前面创建的几何体作为毛坯几何体。

步骤 08：创建程序组。单击【插入】工具条中的【创建程序】命令，打开【创建程序】对话框，设置【类型】【位置】和【名称】如图 7-12 所示。单击【确定】按钮后就建立了一个程序。打开【工序导航器-程序顺序】视图可以看到刚刚建立的程序 XX。用同样的方法，只设定【位置】为“XX”，即可创建其他的程序组。最后打开的【工序导航器-程序顺序】视图如图 7-13 所示。

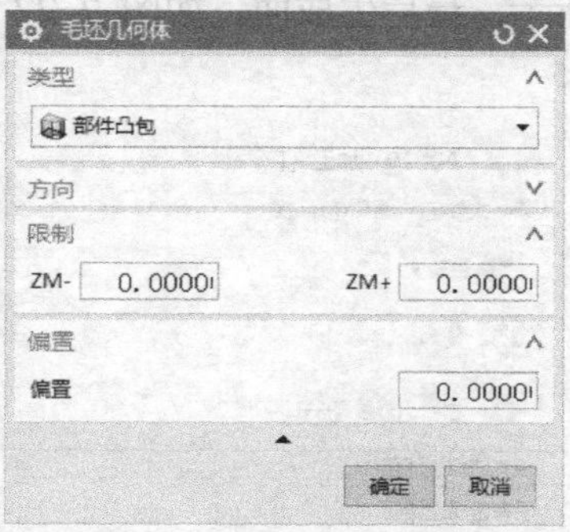

图 7-11 【毛坯几何体】对话框

图 7-12 【创建程序】对话框

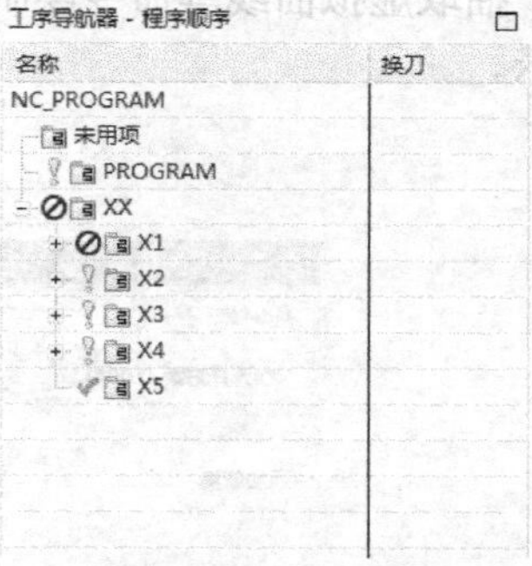

图 7-13 【工序导航器-程序顺序】视图

步骤 09：创建型腔铣。单击【插入】工具条中的【创建工序】按钮，打开【创建工序】对话框，如图 7-14 所示。在【类型】下拉列表中选择【mill_contour】，修改位置参数，填写名称，然后单击 CAVITY_MILLING 图标按钮，打开【型腔铣】对话框，如图 7-15 所示。

图 7-14 【创建工序】对话框

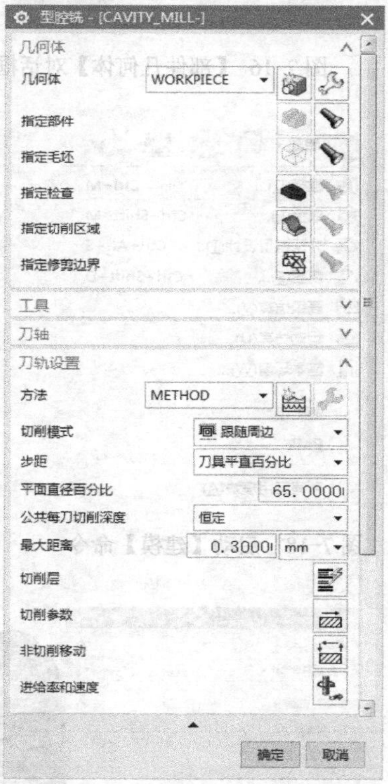

图 7-15 【型腔铣】对话框

步骤 10：修改指定部件。单击【几何体】选项区域中【指定部件】图标按钮，打开【部件几何体】对话框，如图 7-16 所示。在工具栏选项中，将【类型过滤器】选择为“面”，如图 7-17 所示。单击【启动】→【建模】命令，如图 7-18 所示，进入【建模】模块。单击工具栏【插入】→【曲面】→【修补开口】命令，弹出【修补开口】对话框，如图 7-19 所示。运用修补开口命令，对底平面进行补面，如图 7-20 所示，利用直线、偏置曲线、抽取虚拟曲线等命令绘制圆形流道的边界线，如图 7-21 所示，最后生成面，如图 7-22 所示。

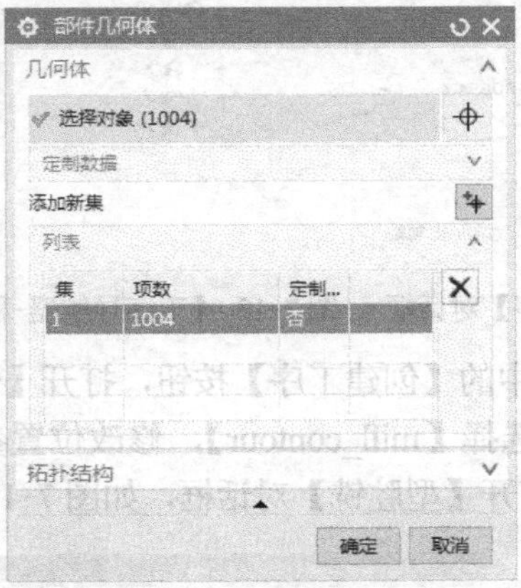

图 7-16 【部件几何体】对话框

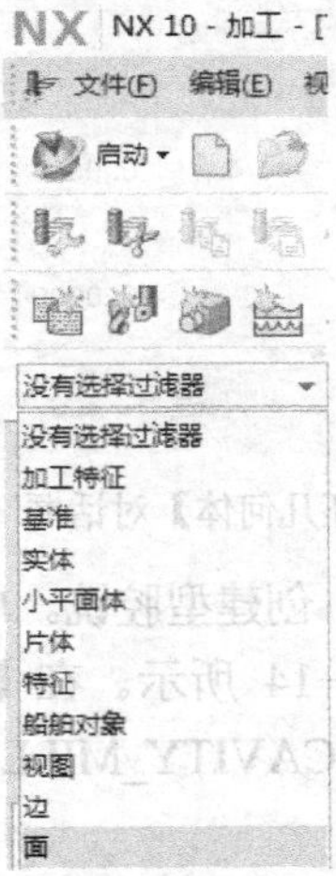

图 7-17 类型过滤器

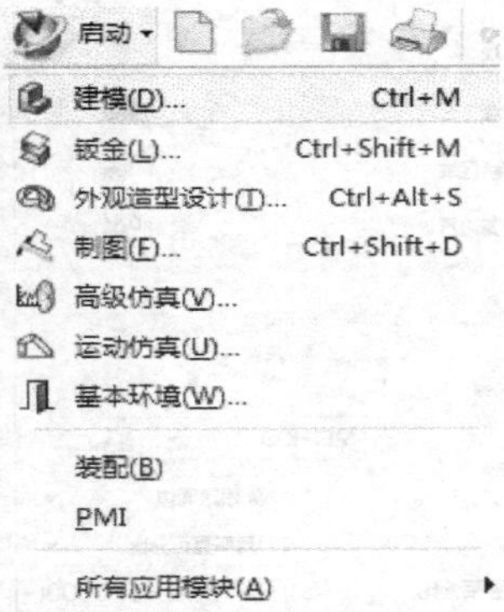

图 7-18 启动【建模】命令

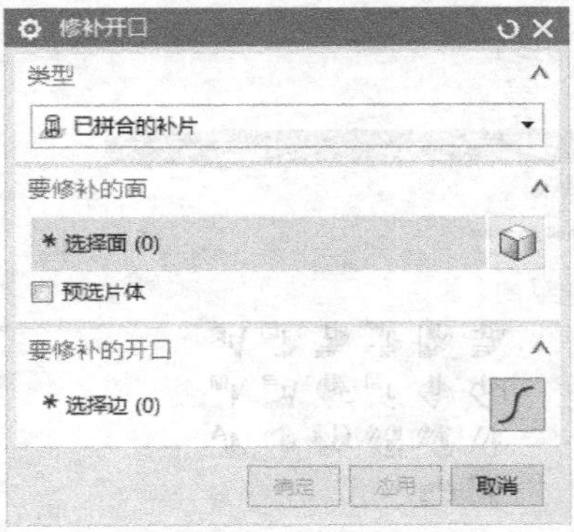

图 7-19 【修补开口】对话框

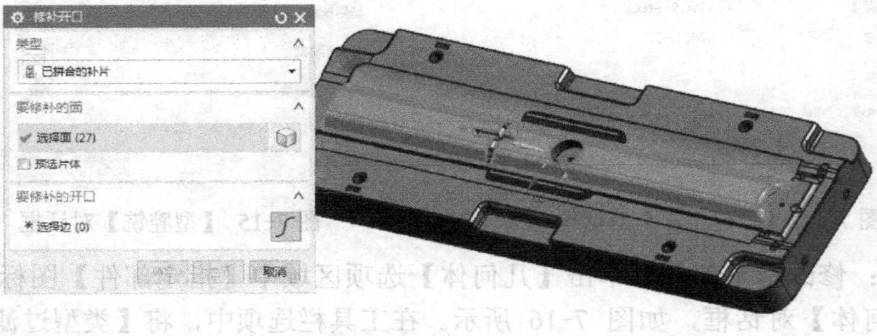

图 7-20 选取面

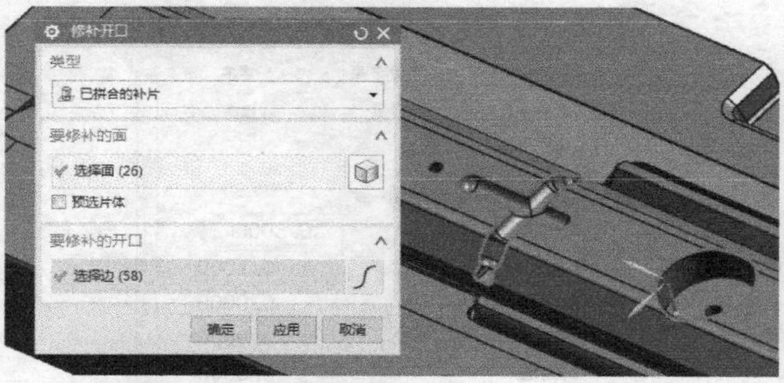

图 7-21 选取线

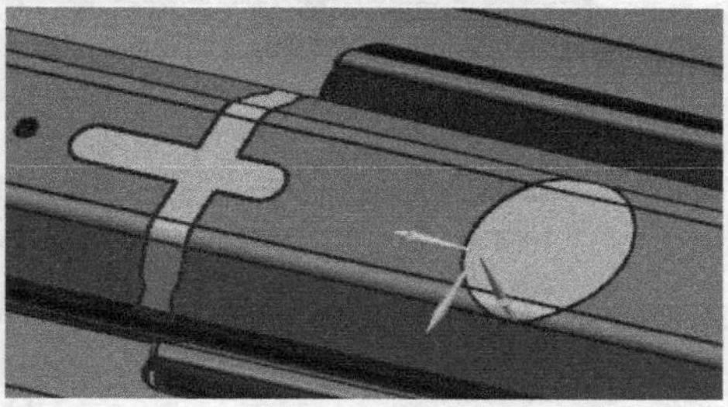

图 7-22 生成曲面

步骤 11：修改切削模式和每一刀的切削深度。在【刀轨设置】选项区域中，选择【切削模式】为【跟随周边】，【步距】设定为【刀具平直百分比】，【平面直径百分比】设定为“65”，【公共每刀切削深度】设定为【恒定】，【最大距离】设定为“0.3”“mm”，如图 7-23 所示。

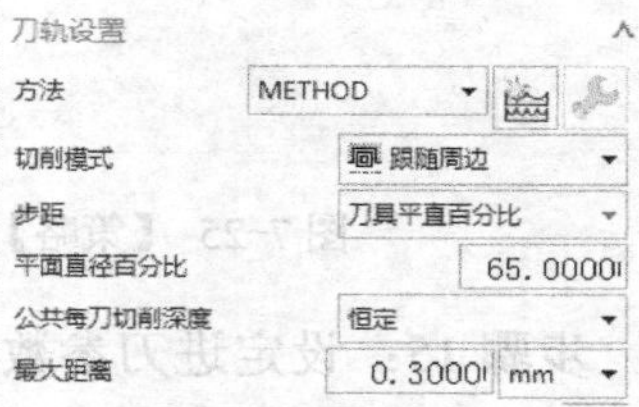

图 7-23 修改切削模式

步骤 12：设定切削层。在【刀轨设置】选项区域单击【切削层】图标按钮，打开【切削层】对话框，在【列表】选项区域中删除多余的层数，只保留图 7-24 所示的切削范围。

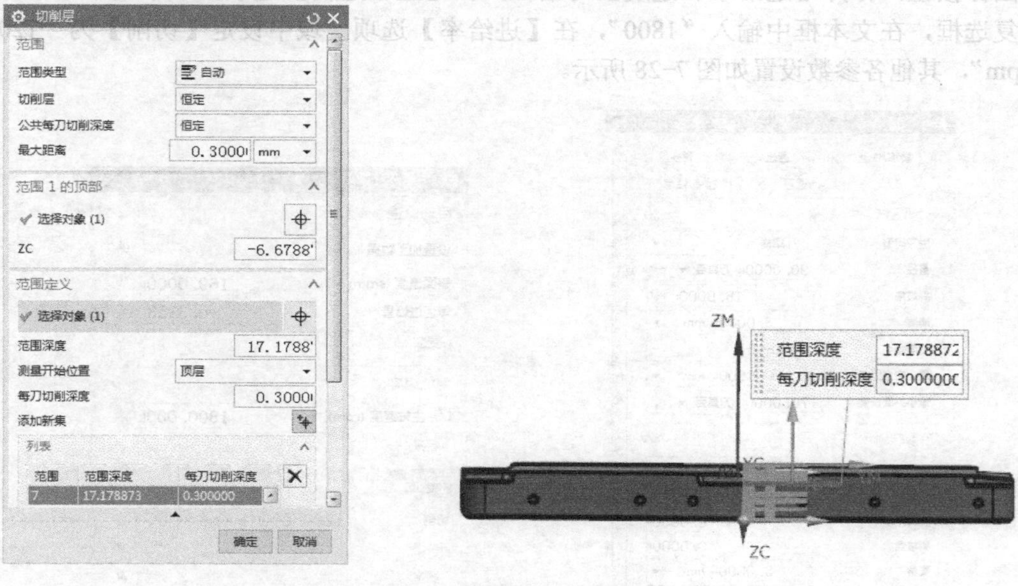

图 7-24 【切削层】对话框

步骤 13：设定切制策略。在【刀轨设置】选项区域中，单击【切削参数】图标按钮，打开【切削参数】对话框，在【策略】选项卡中设置【切削方向】为【顺铣】，【切削顺序】为【深度优先】，如图 7-25 所示。

步骤 14：设定切削余量。在【切削参数】对话框中，打开【余量】选项卡，取消选中【使底面余量与侧面余量一致】复选框，修改【部件侧面余量】为“0.3”，【部件底面余量】为“0.1”，【内公差】与【外公差】均为“0.05”，如图 7-26 所示，单击【确定】按钮。

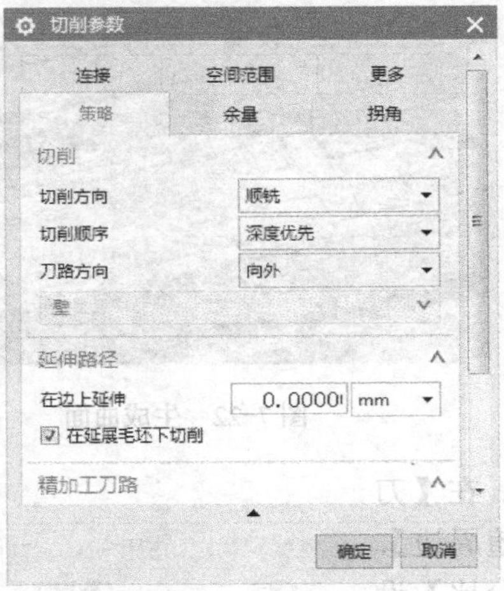

图 7-25 【策略】选项卡

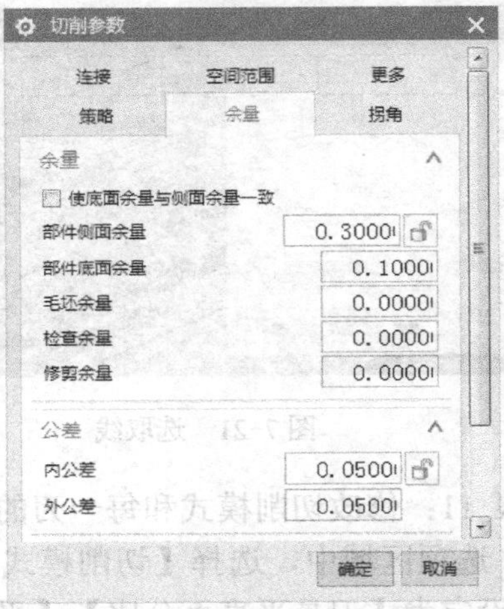

图 7-26 【余量】选项卡

步骤 15：设定进刀参数。在【刀轨设置】选项区域中，单击【非切削移动】图标按钮，弹出【非切削移动】对话框，【进刀】选项卡各参数设置如图 7-27 所示。

步骤 16：设定进给率和刀具转速。在【刀轨设置】选项区域中，单击【进给率和速度】图标按钮，打开【进给率和速度】对话框，在【主轴速度】选项区域中选中【主轴速度】复选框，在文本框中输入“1800”，在【进给率】选项区域中设定【切削】为“1200”“mmpm”，其他各参数设置如图 7-28 所示。

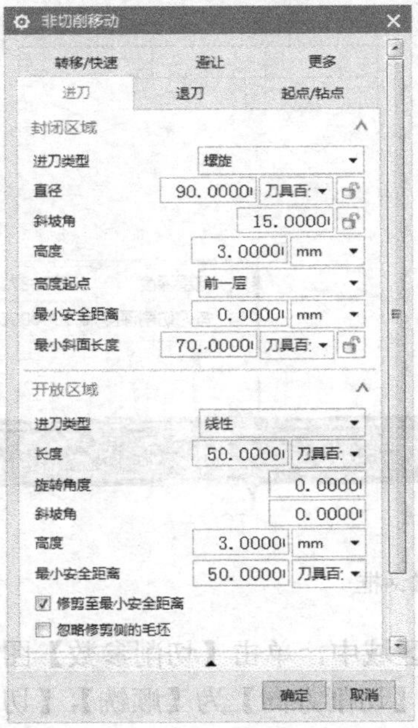

图 7-27 【进刀】选项卡

图 7-28 【进给率和速度】对话框

步骤 17：生成刀位轨迹。单击【生成】图标按钮，系统计算出型腔铣粗加工的刀位轨迹如图 7-29 所示。

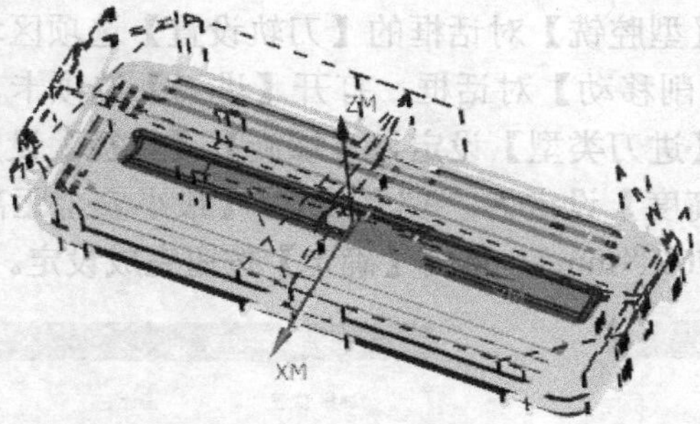

图 7-29　型腔铣粗加工的刀位轨迹

7-2　孔的粗加工

7.1.3　ϕ30mm 孔的开粗 CAVITY_MILLING

步骤 01：创建型腔铣。单击【插入】工具条中的【创建工序】按钮，打开【创建工序】对话框，如图 7-30 所示。在【类型】下拉列表中选择【mill_contour】，修改位置参数，填写名称，然后单击 CAVITY_MILLING 图标，打开【型腔铣】对话框。

步骤 02：指定切削区域。在【型腔铣】对话框【几何体】选项区域中，单击【指定切削区域】图标按钮，弹出【切削区域】对话框，在绘图区指定ϕ30mm 孔的内表面。

步骤 03：修改切削模式和每一刀的切削深度。在【型腔铣】对话框【刀轨设置】选项区域里，选择【切削模式】为【跟随部件】，【步距】设定为【刀具平直百分比】，【平面直径百分比】设定为“50”，【公共每刀切削深度】设定为“恒定”，【最大距离】设为“0.3”“mm”，如图 7-31 所示

步骤 04：设定切削策略。在【型腔铣】对话框【刀轨设置】选项区域里，单击【切削参数】图标按钮，打开【切削参数】对话框，在【策略】选项卡中设置【切削方向】为【顺铣】，【切削顺序】为【层优先】，如图 7-32 所示。

图 7-30　【创建工序】对话框

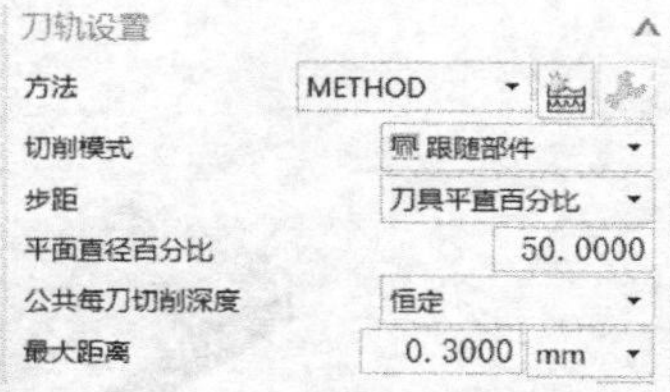

图 7-31　修改刀轨设置

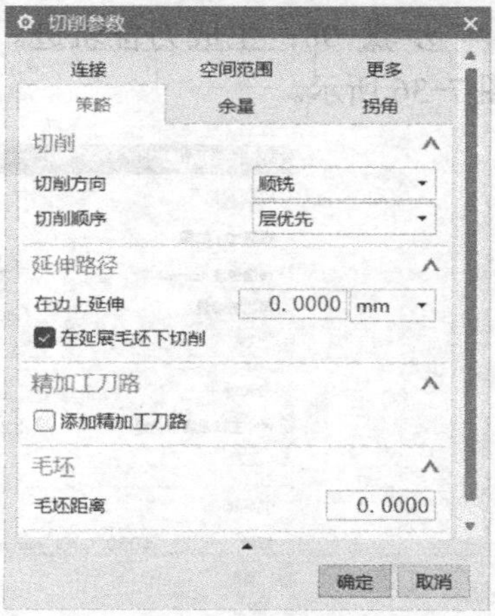

图 7-32　【切削参数】对话框

步骤 05：设定切削余量．在【切削参数】对话框中，打开【余量】选项卡，选中【使底面余量与侧面余量一致】复选框，修改【部件侧面余量】为“0.3”，【内公差】与【外公差】均为“0.05”，如图 7-33 所示，单击【确定】按钮。

步骤 06：设定进刀参数。在【型腔铣】对话框的【刀轨设置】选项区域里，单击【非切削移动】图标按钮，弹出【非切削移动】对话框，打开【进刀】选项卡，如图 7-34 所示，在【封闭区域】选项区域里，【进刀类型】设定为【螺旋】,【直径】设定为刀具直径的 90%,【斜坡角】设定为“15”,【高度】设定为“3”“mm”,【最小安全距离】设定为“0”“mm”,【最小斜面长度】设定为“70”“mm”，单击【确定】按钮完成设定。

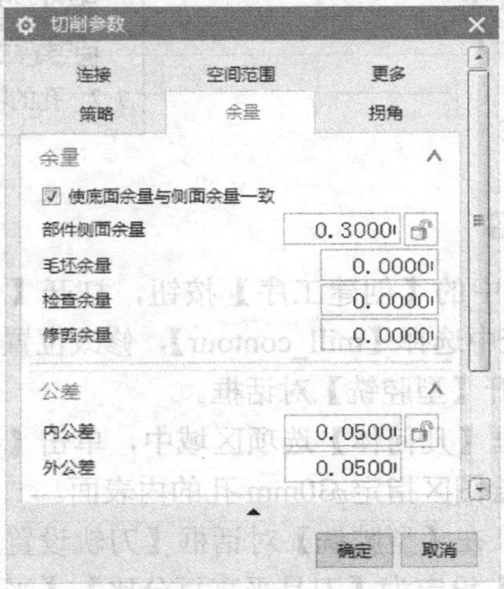

图 7-33 【余量】选项卡

图 7-34 【进刀】选项卡

步骤 07：设定进给率和刀具转速。在【型腔铣】对话框的【刀轨设置】选项区域中，单击【进给率和速度】图标按钮，打开【进给率和速度】对话框，在【主轴速度】选项区域中选中【主轴速度】复选框，在文本框中输入“2200”，在【进给率】选项区域中设定【切削】为“1000”“mmpm”，单击【主轴速度】后面的【计算】图标按钮生成表面速度和进给量，单击【确定】按钮，如图 7-35 所示。

步骤 08：生成刀位轨迹。单击【生成】图标按钮，系统计算出型腔铣的刀位轨迹如图 7-36 所示。

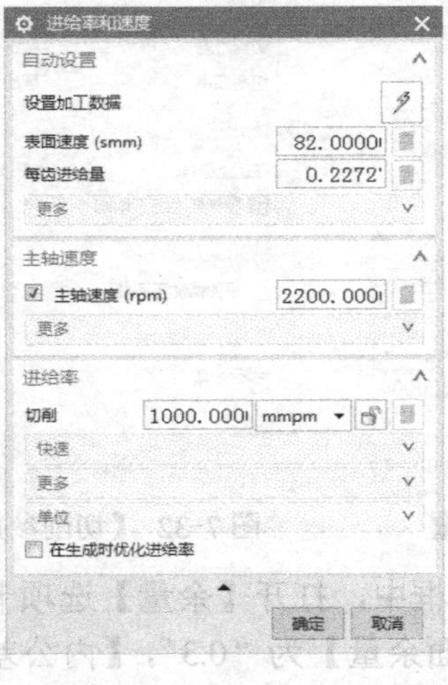

图 7-35 【进给率和速度】对话框

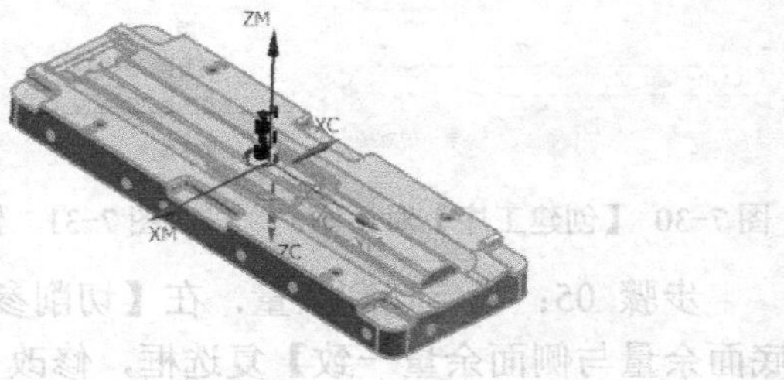

图 7-36 孔的型腔铣刀位轨迹

7.1.4　型芯的半精加工 ZLEVEL_PROFILE

7-3　深度加工轮廓

使用深度轮廓加工铣 ZLEVEL_PROFILE 操作，去除上一把刀留下的加工余量。

步骤 01：创建深度轮廓加工铣 ZLEVEL_PROFILE。单击【插入】工具条中的【创建工序】按钮，打开【创建工序】对话框，如图 7-37 所示。在【类型】下拉列表中选择【mill_contour】，修改位置参数，填写名称，然后单击 ZLEVEL_PROFILER 图标按钮，打开【深度轮廓加工】对话框，如图 7-38 所示。

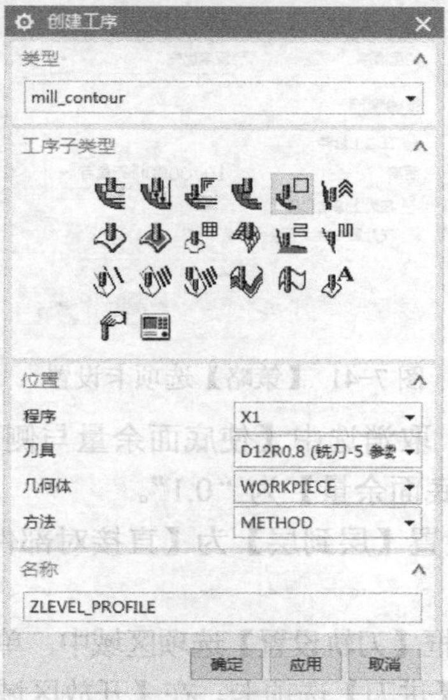

图 7-37　【创建工序】对话框

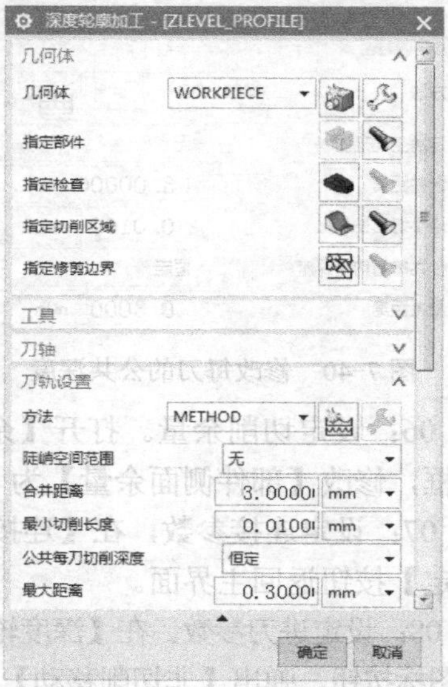

图 7-38　【深度轮廓加工】对话框

步骤 02：修改指定部件。在【深度轮廓加工】对话框【几何体】选项区域中，单击【指定部件】图标按钮，打开【部件几何体】对话框，选择【过滤方法】为【面】，在绘图区选择包括补面在内的模具型芯外表面作为部件几何体。

步骤 03：指定切削区域。在【深度轮廓加工】对话框【几何体】选项区域中，单击【指定切削区域】图标按钮，弹出【切削区域】对话框，在绘图区指定图 7-39 所示的切削面。

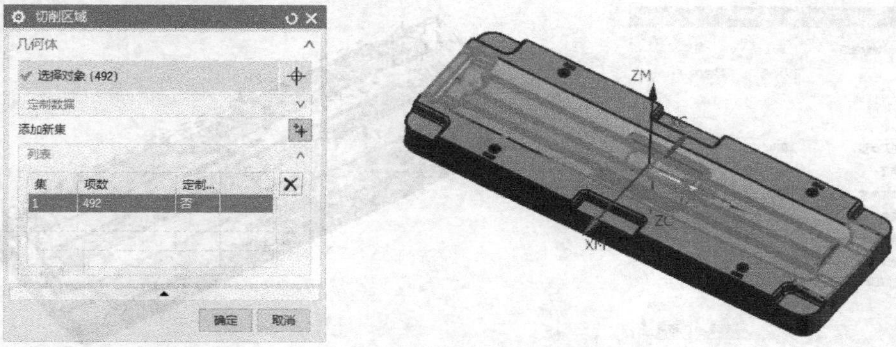

图 7-39　【切削区域】对话框

步骤 04：设置每刀的公共深度。在【深度轮廓加工】对话框的【刀轨设置】选项区域中，【最大距离】设置为“0.3”“mm”，其他各个设置如图 7-40 所示。

步骤 05：设定切削参数。在【刀轨设置】选项区域中，单击【切削参数】图标按钮，打开【切削参数】对话框，【策略】选项卡中设置【切削方向】为【顺铣】，【切削顺序】为【深度优先】，其他各项设置如图 7-41 所示。

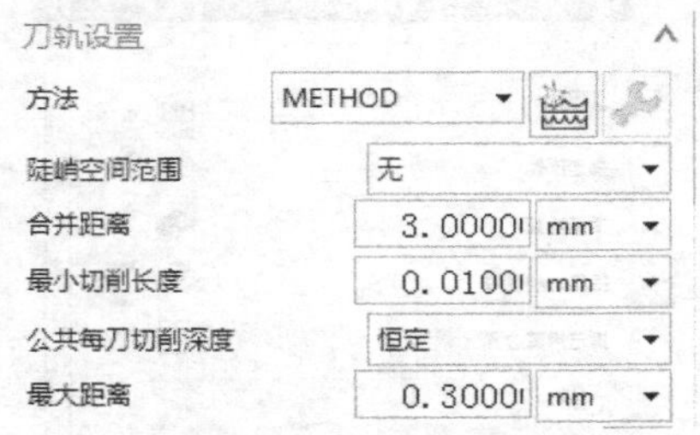

图 7-40　修改每刀的公共深度

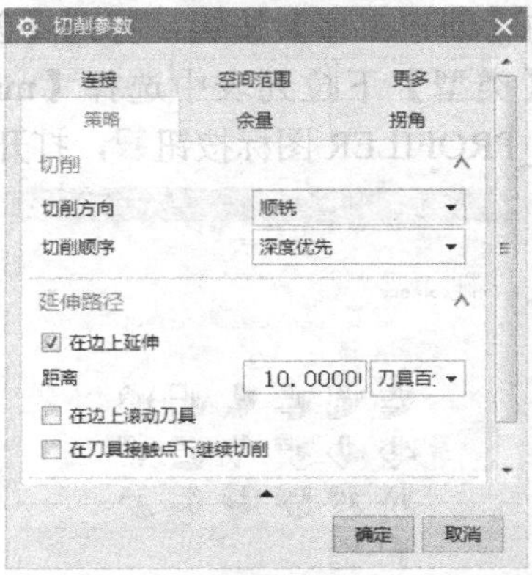

图 7-41　【策略】选项卡设置

步骤 06：设定切削余量。打开【余量】选项卡，取消选中【使底面余量与侧面余量一致】复选框，修改【部件侧面余量】为“0.2”，【部件底面余量】为“0.1”。

步骤 07：设定连接参数，在【连接】选项卡中设置【层到层】为【直接对部件进刀】，单击【确定】按钮返回主界面。

步骤 08：设定进刀参数。在【深度轮廓加工】对话框【刀轨设置】选项区域中，单击【非切削移动】图标按钮，弹出【非切削移动】对话框，打开【进刀】选项卡。在【开放区域】选项区域里，【进刀类型】设置为【圆弧】，其他设置如图 7-42 所示，单击【确定】按钮完成设置。

步骤 09：设定进给率和刀具转速。在【深度轮廓加工】对话框【刀轨设置】选项区域中，单击【进给率和速度】图标按钮，打开【进给率和速度】对话框，在【主轴速度】选项区域里选中【主轴速度】复选框，在文本框中输入“2200”，在【进给率】选项区域中设定【切削】为“800”“mmpm”，其他各参数接受默认设置。

步骤 10：生成刀位轨迹。单击【生成】按钮，系统计算出深度轮廓加工的刀位轨迹，如图 7-43 所示。

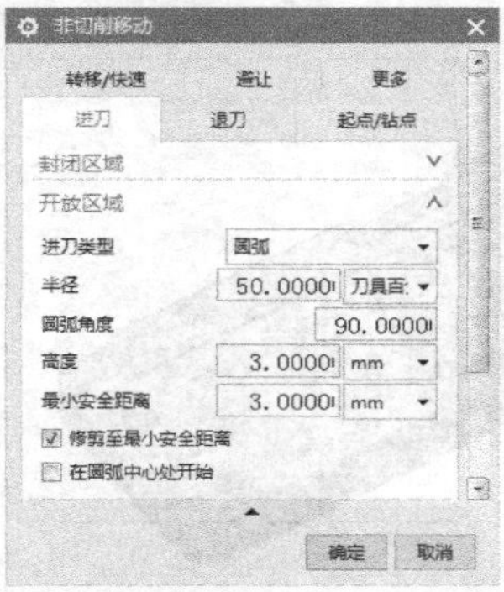

图 7-42　【进刀】选项卡

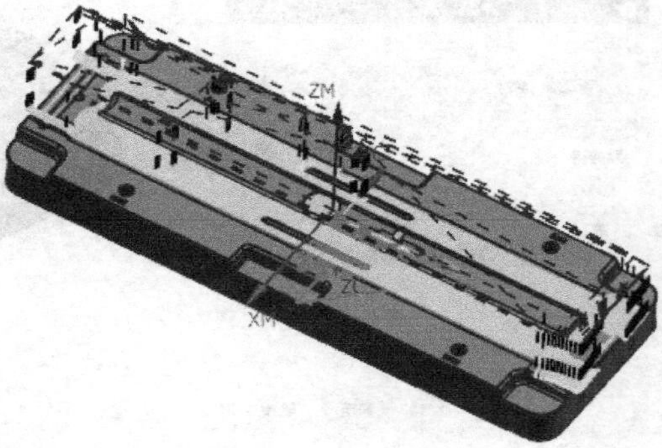

图 7-43　深度轮廓加工的刀位轨迹

7.1.5　平面的半精加工 FACE_MILLING

7-4　平面半精加工

步骤 01：创建面铣。单击【插入】工具条中的【创建工序】按钮，打开【创建工序】对话框，如图 7-44 所示。在【类型】下拉列表中选择【mill_planar】，修改位置参数，填写名称，然后单击 FACE_MILLING 图标按钮，打开【面铣】对话框，如图 9-45 所示。

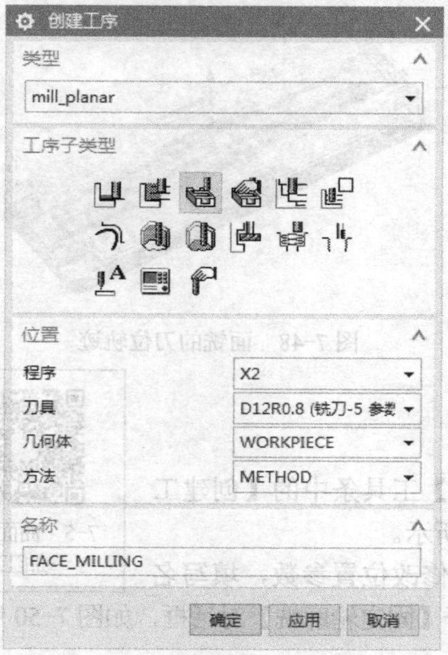

图 7-44 【创建工序】对话框

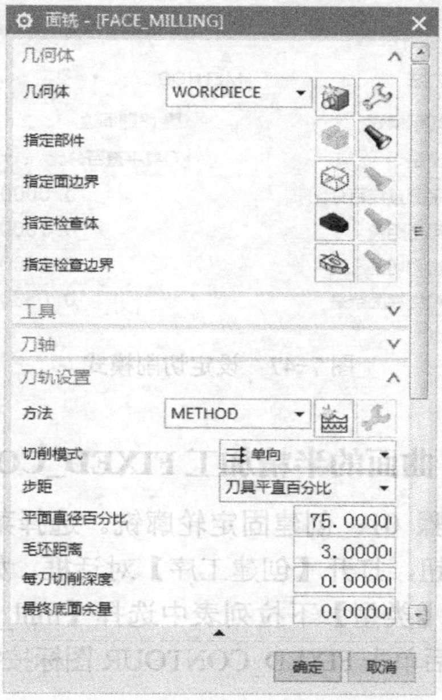

图 7-45 【面铣】对话框

步骤 02：指定面边界。单击【指定面边界】图标按钮，弹出【毛坯边界】对话框，选中切削区域并单击【添加新集】图标按钮，在绘图区指定图 7-46 所示的平面。

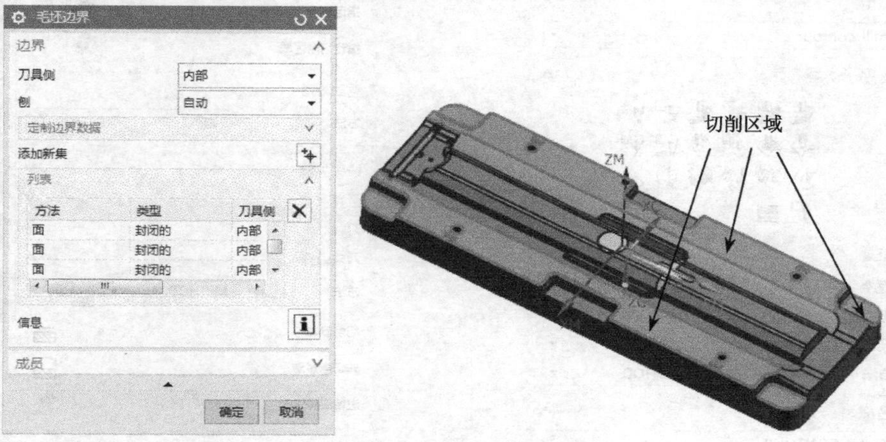

图 7-46 【毛坯边界】对话框

步骤 03：设定切削模式。在【刀轨设置】选项区域中，【切削模式】设为【跟随周边】，其他的设置如图 7-47 所示。

步骤 04：设定连接参数。在【面铣】对话框中单击【切削参数】图标按钮，打开【切削参数】对话框，在【策略】选项卡中设置【切削方向】为【顺铣】,【刀路方向】为【向外】, 单击【确定】按钮返回【面铣】对话框。

步骤 05：生成刀位轨迹，单击【生成】图标按钮，系统计算出面铣的刀位轨迹，如图 7-48 所示。

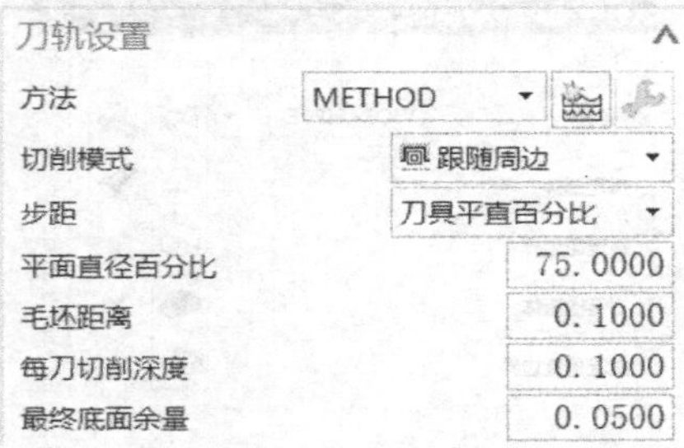

图 7-47　设定切削模式

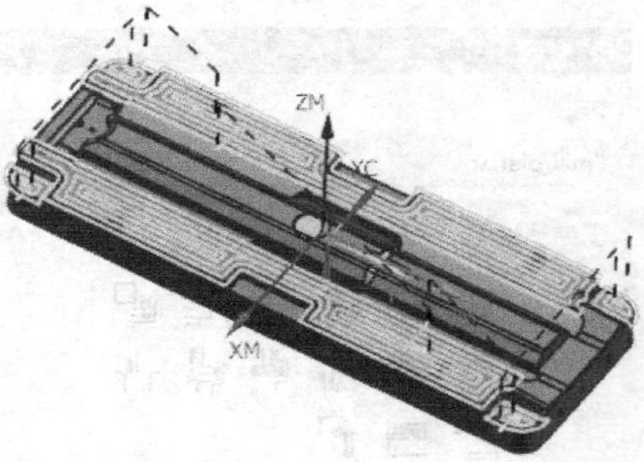

图 7-48　面铣的刀位轨迹

7.1.6　曲面的半精加工 FIXED_CONTOUR

7-5　曲面半精加工

步骤 01：创建固定轮廓铣。选择菜单【插入】工具条中的【创建工序】按钮，打开【创建工序】对话框，如图 7-49 所示。

在【类型】下拉列表中选择【mill_contour】，修改位置参数，填写名称，然后单击 FIXED_CONTOUR 图标按钮，打开【固定轮廓铣】对话框，如图 7-50 所示。

图 7-49　【创建工序】对话框

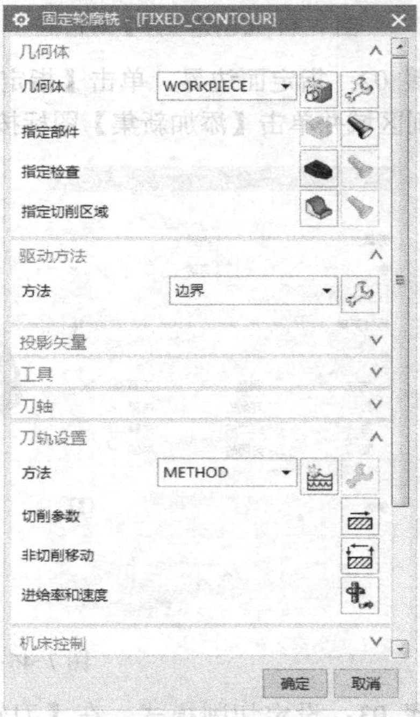

图 7-50　【固定轮廓铣】对话框

步骤 02：指定切削区域。在【固定轮廓铣】对话框的【几何体】选项区域中，单击【指定切削区域】图标按钮，弹出【切削区域】对话框，在绘图区选中要加工的面，单击【确定】按钮，如图 7-51 所示。

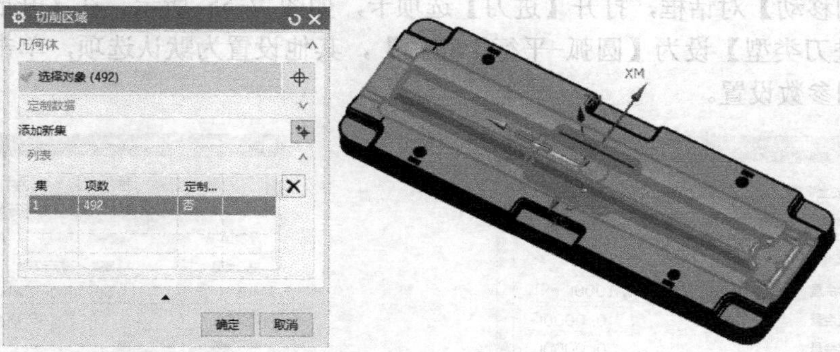

图 7-51　指定切削区域

步骤 03：设定驱动方法。在【固定轮廓铣】对话框【驱动方法】下拉列表中选择【区域铣削】，弹出【区域铣削】提示框。单击【确定】按钮后，打开【区域铣削驱动方法】对话框。【驱动设置】选项区域中的【非陡峭切削模式】选择【跟随周边】，【切削方向】设为【顺铣】，【步距】设定为【恒定】，【最大步距】文本框输入“0.3”，【步距已应用】设定为【在部件上】，【陡峭切削】选项区域中【陡峭切削模式】设定为【深度加工单向】，【深度切削层】设定为【恒定】，【切削方向】设定为【顺铣】，【深度加工每刀切削深度】输入“0.3”。单击【确定】按钮，如图 7-52 所示。

步骤 04：设定策略。在【固定轮廓铣】对话框的【刀轨设置】选项区域中，单击【切削参数】图标按钮，弹出【切削参数】对话框，打开【策略】选项卡，【切削方向】设为【顺铣】，【刀路方向】设为【内向】，【最大拐角角度】文本框中输入“135”，如图 7-53 所示。

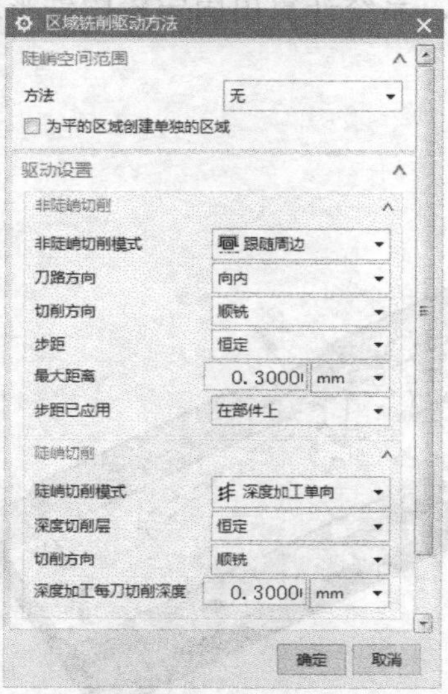

图 7-52　【区域铣削驱动方法】对话框

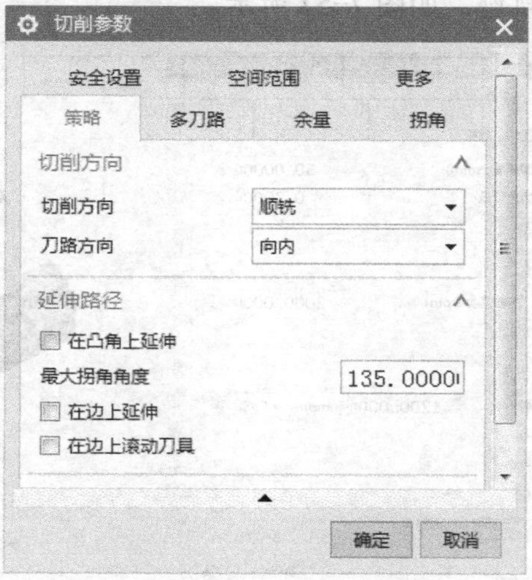

图 7-53　【策略】选项卡

步骤 05：设定部件余量。打开【余量】选项卡，如图 7-54 所示。在【部件余量】文本框中输入“0.1”，其他各选项的【公差】均设定为“0.03”，单击【确定】按钮完成设置。

步骤 06：设定进刀参数。单击【刀轨设置】选项区域中的【非切削移动】图标按钮，弹出【非切削移动】对话框，打开【进刀】选项卡，如图 7-55 所示。在【开放区域】选项区域里，【进刀类型】设为【圆弧-平行于刀轴】，其他设置为默认选项，单击【确定】按钮完成非切削参数设置。

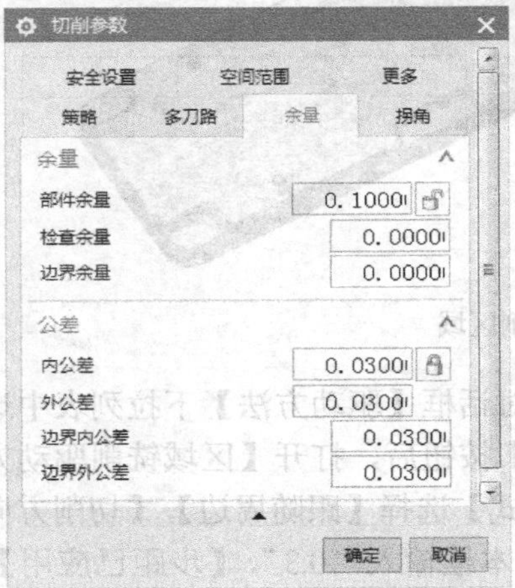

图 7-54 【余量】选项卡

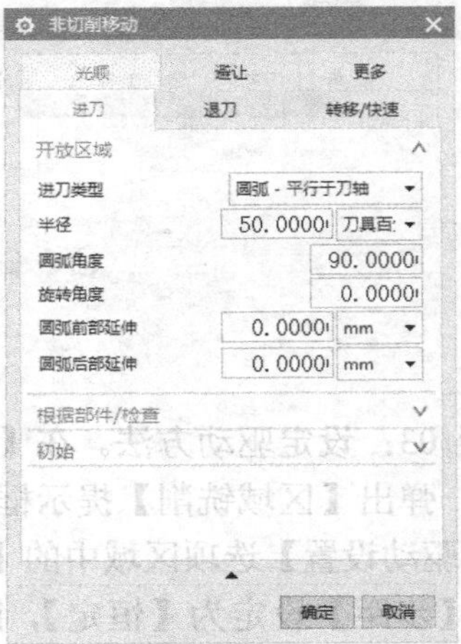

图 7-55 【进刀】选项卡

步骤 07：设定进给率和刀具转速。单击【刀轨设置】选项区域中的【进给率和速度】图标按钮，打开【进给率和速度】对话框，在【主轴速度】选项区域里选中【主轴速度】复选框，在文本框中输入“2000”。在【进给率】选项区域中设定【切削】为“1200”“mmpm”，其他各参数为默认设置，单击【确定】按钮完成设置，如图 7-56 所示。

步骤 08：生成刀位轨迹。单击【生成】图标按钮，系统计算出固定轮廓铣半精加工的刀位轨迹，如图 7-57 所示。

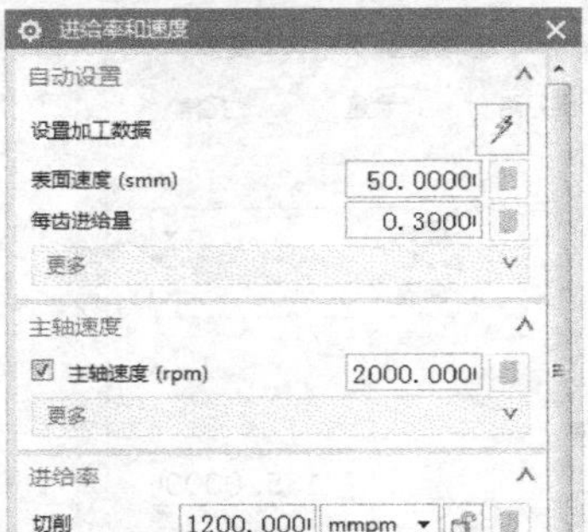

图 7-56 【进给率和速度】对话框

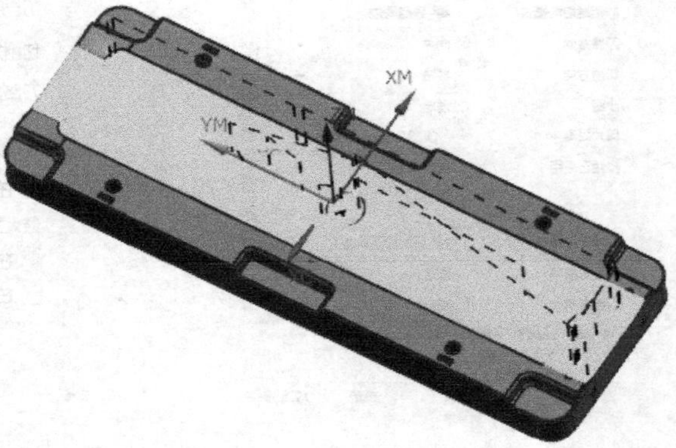

图 7-57 固定轮廓铣半精加工的刀位轨迹

7.1.7　曲面的精加工 FIXED_CONTOUR

7-6　曲面精加工

步骤 01：复制上一步工序，并粘贴至 WORKPIECE 下，如图 7-58 所示。

步骤 02：双击复制的工序，在【固定轮廓铣】对话框的【刀轨设置】选项区域中，单击【切削参数】图标按钮，弹出【切削参数】对话框，打开【余量】选项卡，如图 7-59 所示。在【部件余量】文本框中输入“0”，单击【确定】按钮完成设置。

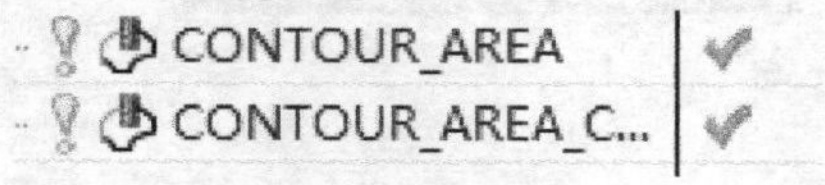

图 7-58　复制工序

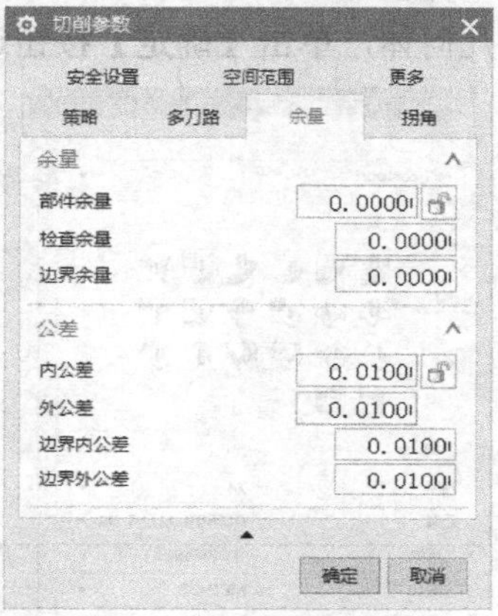

图 7-59　【余量】选项卡

步骤 03：设定进给率和刀具转速。在【固定轮廓铣】对话框的【刀轨设置】选项区域中，单击【进给率和速度】图标按钮，打开【进给率和速度】对话框，在【主轴速度】选项区域里选中【主轴速度】复选框，在文本框中输入“2800”。在【进给率】选项区域中设定【切削】为“1500”“mmpm”，其他各参数为默认设置，单击【确定】按钮完成设置，如图 7-60 所示。

步骤 04：修改刀具。在【固定轮廓铣】对话框【刀具】下拉列表中选择 D6R3 球头铣刀。

步骤 05：生成刀位轨迹。单击【生成】按钮，系统计算出轮廓区域的刀位轨迹，如图 7-61 所示。

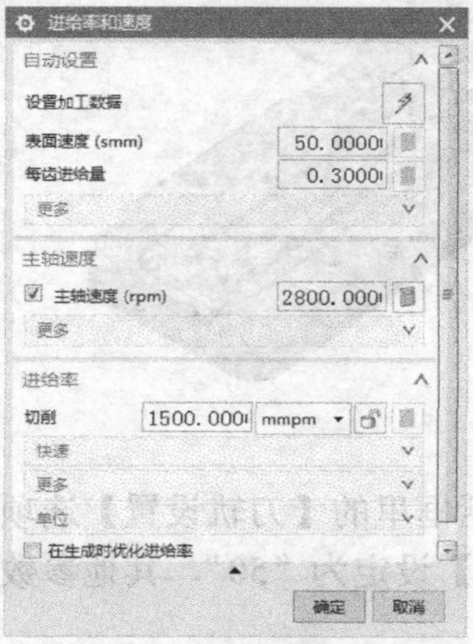

图 7-60　【进给率和速度】对话框

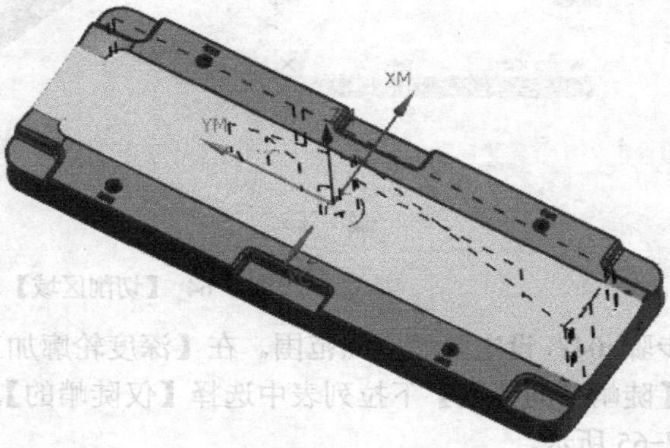

图 7-61　轮廓区域的刀位轨迹

7.1.8 深度轮廓加工铣 ZLEVEL_PROFILE

7-7 深度轮廓加工铣

步骤 01：创建深度轮廓加工，单击【插入】工具条中的【创建工序】按钮，打开【创建工序】对话框，如图 7-62 所示。在【类型】下拉列表中选择【mill contour】，修改位置参数，填写名称，然后单击 ZLEVEL PROFILER 图标按钮，打开【深度轮廓加工】对话框。

步骤 02：指定部件。在【深度轮廓加工】对话框里的【几何体】选项区域中单击【指定部件】图标按钮，弹出【部件几何体】对话框，如图 7-63 所示。在绘图区单击模具型芯作为部件几何体，单击【确定】按钮返回。

图 7-62 【创建工序】对话框

图 7-63 【部件几何体】对话框

步骤 03：指定切削区域。在【深度轮廓加工】对话框里的【几何体】选项区域中单击【指定切削区域】图标按钮，弹出【切削区域】对话框，在绘图区的模具型腔上指定切削区域，如图 7-64 所示。

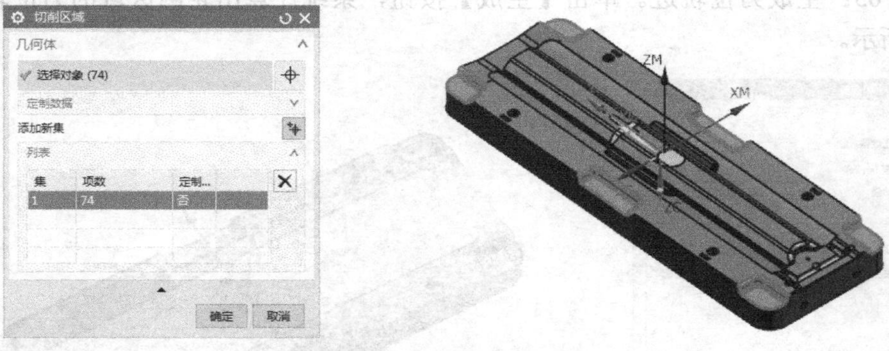

图 7-64 【切削区域】对话框

步骤 04：设定陡峭空间范围。在【深度轮廓加工】对话框里的【刀轨设置】选项区域中的【陡峭空间范围】下拉列表中选择【仅陡峭的】，【角度】设定为“50”，其他参数设定如图 7-65 所示。

步骤 05：切削层的设置。在【深度轮廓加工】对话框里的【刀轨设置】选项区域中单击【切削层】图标按钮，弹出【切削层】对话框，【公共每刀切削深度】设定为“恒定”，【最大距离】文本框输入“0.1”，如图 7-66 所示。

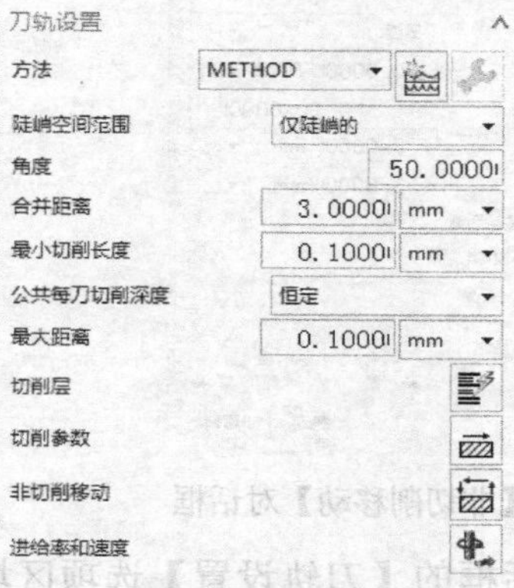

图 7-65　设定陡峭空间范围

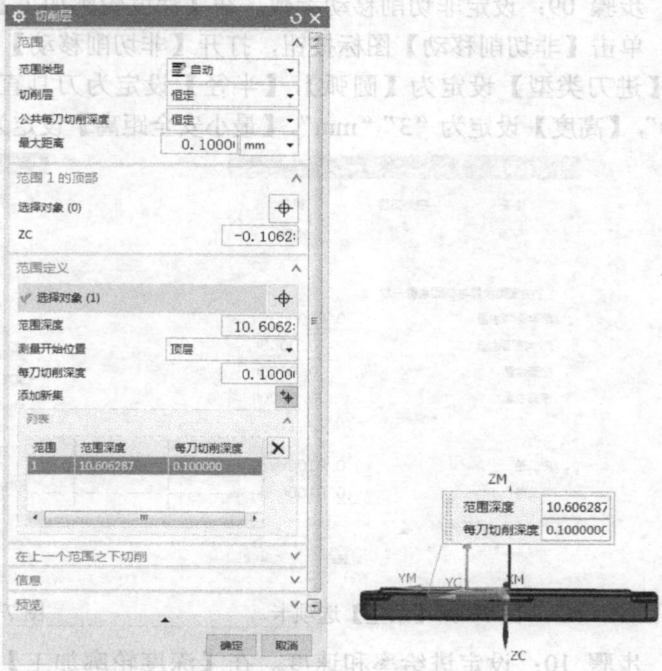

图 7-66　【切削层】对话框

步骤 06：设定连接。在【深度轮廓加工】对话框的【刀轨设置】选项区域中单击【切削参数】图标按钮，打开【切削参数】对话框，在【连接】选项卡的【层到层】下拉列表中选择【直接对部件进刀】，如图 7-67 所示。

步骤 07：设定切削策略。打开【策略】选项卡，设置【切削方向】为【混合】，【切削顺序】为【深度优先】。选中【在边上延伸】复选框，【距离】设置为“1”“mm”，如图 7-68 所示。

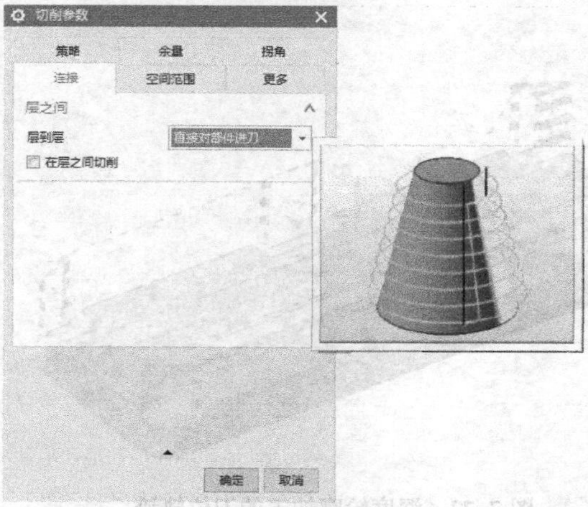

图 7-67　【连接】选项卡

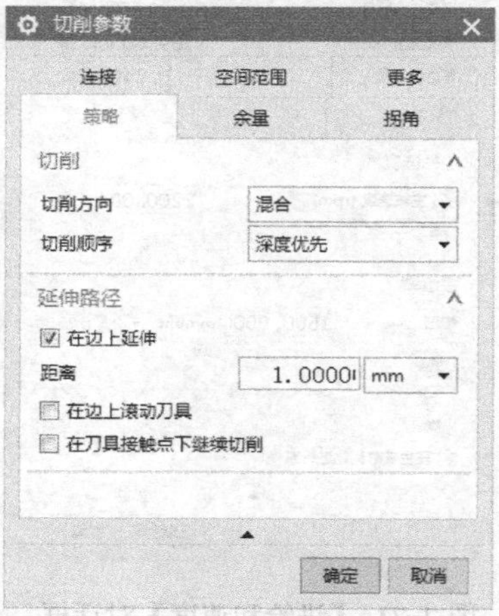

图 7-68　【切削参数】对话框

步骤 08：设定切削余量。打开【余量】选项卡，修改【部件侧面余量】为“0”，【部件底面余量】为“0”，【内公差】和【外公差】均设定为“0.01”，如图 7-69 所示，单击【确定】按钮。

步骤 09：设定非切削移动参数。在【深度轮廓加工】对话框的【刀轨设置】选项区域中，单击【非切削移动】图标按钮，打开【非切削移动】对话框，【开放区域】选项区域中的【进刀类型】设定为【圆弧】，【半径】设定为刀具直径的 50%，【圆弧角度】设定为“90”，【高度】设定为“3”“mm”，【最小安全距离】设定为“3”“mm”，如图 7-70 所示。

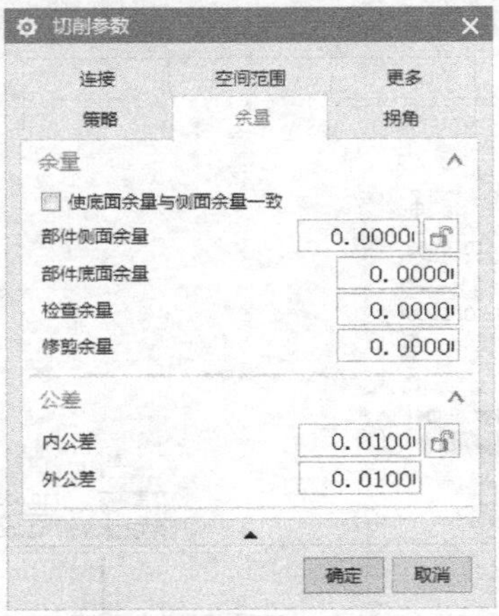

图 7-69 【余量】选项卡

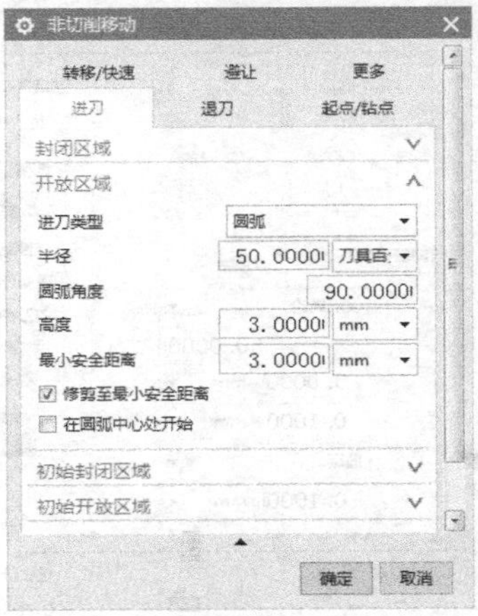

图 7-70 【非切削移动】对话框

步骤 10：设定进给率和速度。在【深度轮廓加工】对话框的【刀轨设置】选项区域中，单击【进给率和速度】图标按钮，打开【进给率和速度】对话框，在【主轴速度】选项区域中，选中【主轴速度】复选框，在文本框中输入“2200”，【进给率】选项区域中的【切削】设置为“1500”“mmpm”，其他参数设置如图 7-71 所示。

步骤 11：生成刀位轨迹，单击【生成】图标按钮，系统计算出深度轮廓加工的刀位轨迹，如图 7-72 所示。

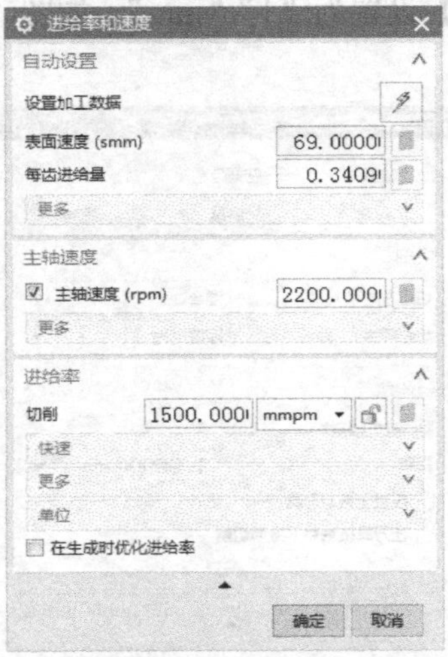

图 7-71 【进给和速度】对话框

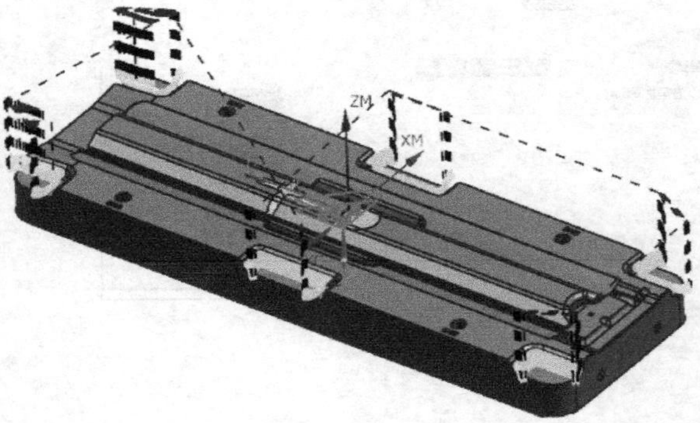

图 7-72 深度轮廓加工的刀位轨迹

7.1.9　凹槽曲面的精加工 FIXED_CONTOUR

7-8　凹槽曲面精加工

步骤 01：创建刀具。单击【插入】工具条中的【创建刀具】按钮，打开【创建刀具】对话框，默认的【刀具子类型】为铣刀图标按钮，在【名称】文本框中输入“D2R1”，如图 7-73 所示。单击【确定】按钮，打开【铣刀-5 参数】对话框，在【直径】文本框中输入“2”，【下半径】输入“1”，如图 7-74 所示。这样就创建了一把直径为 2mm 的球刀。

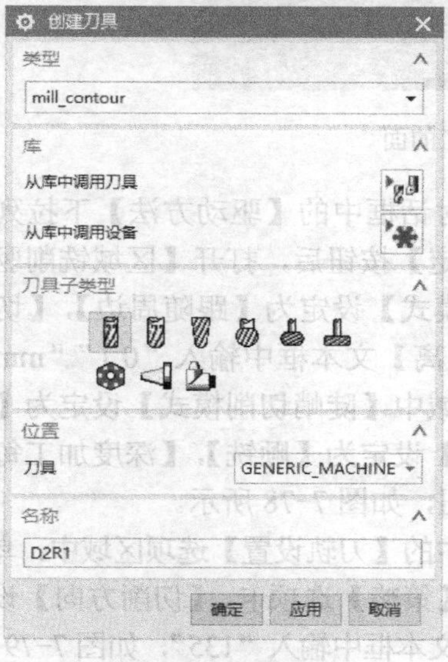

图 7-73　创建刀具

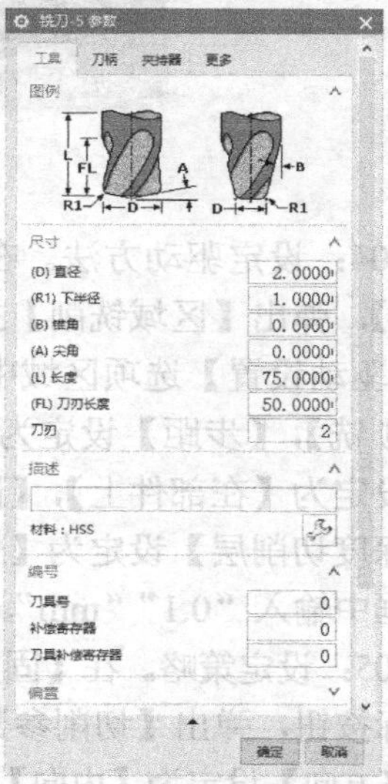

图 7-74　【铣刀-5 参数】对话框

步骤 02：创建区域轮廓铣。单击【插入】工具条中的【创建工序】按钮，打开【创建工序】对话框，如图 7-75 所示。在【类型】下拉列表中选择【mill_contour】，修改位置参数，填写名称，然后单击 FIXED_CONTOUR 图标按钮，打开【固定轮廓铣】对话框。

步骤 03：指定切削区域。在【固定轮廓铣】对话框的【几何体】切削区域中，单击【指定切削区域】图标按钮，弹出【切削区域】对话框，如图 7-76 所示。在绘图区选中要加工的面，单击【确定】按钮，如图 7-77 所示。

图 7-75　【创建工序】对话框

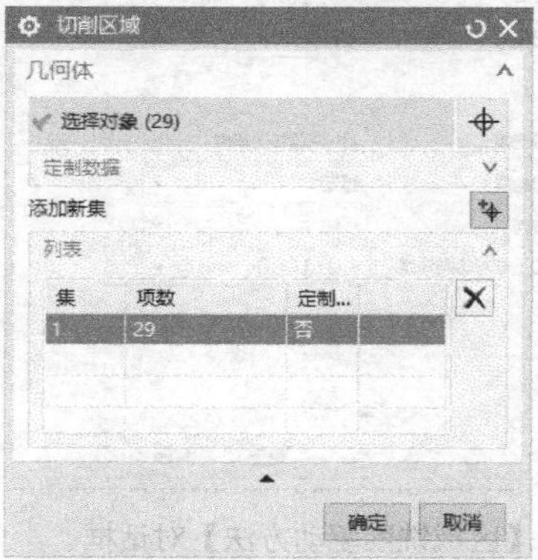

图 7-76　【切削区域】对话框

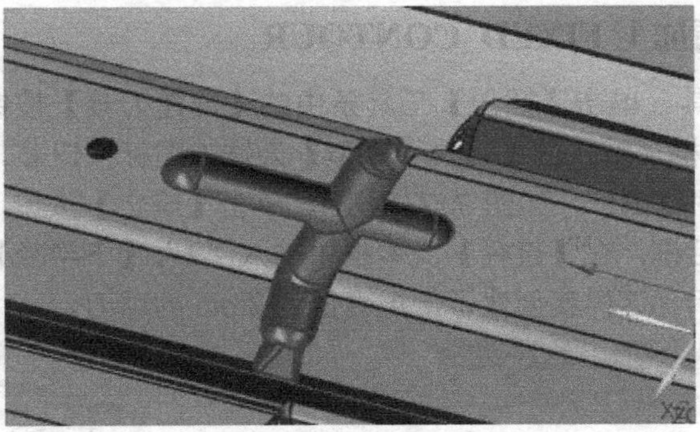

图 7-77　选中加工的面

步骤 04：设定驱动方法。在【固定轮廓铣】对话框中的【驱动方法】下拉列表中选择【区域铣削】，弹出【区域铣削】提示框，单击【确定】按钮后，打开【区域铣削驱动方法】对话框。【驱动设置】选项区域中的【非陡峭切削模式】设定为【跟随周边】，【切削方向】设定为【顺铣】，【步距】设定为【恒定】，【最大距离】文本框中输入“0.1”“mm”，【步距已应用】设定为【在部件上】，【陡峭切削】选项区域中【陡峭切削模式】设定为【深度加工单向】，【深度切削层】设定为【恒定】，【切削方向】设定为【顺铣】，【深度加工每刀切削深度】文本框中输入“0.1”“mm”，单击【确定】按钮，如图 7-78 所示。

步骤 05：设定策略。在【固定轮廓铣】对话框中的【刀轨设置】选项区域中，单击【切削参数】图标按钮，弹出【切削参数】对话框，打开【策略】选项卡，【切削方向】设定为【顺铣】，【刀路方向】设定为【内向】，【最大拐角角度】文本框中输入“135”，如图 7-79 所示。

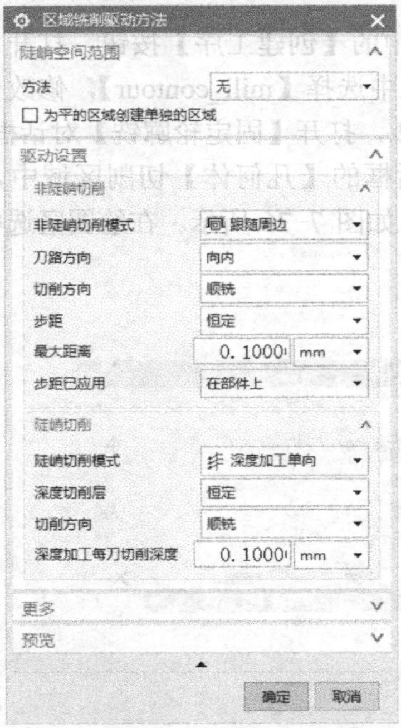

图 7-78 【区域铣削驱动方法】对话框

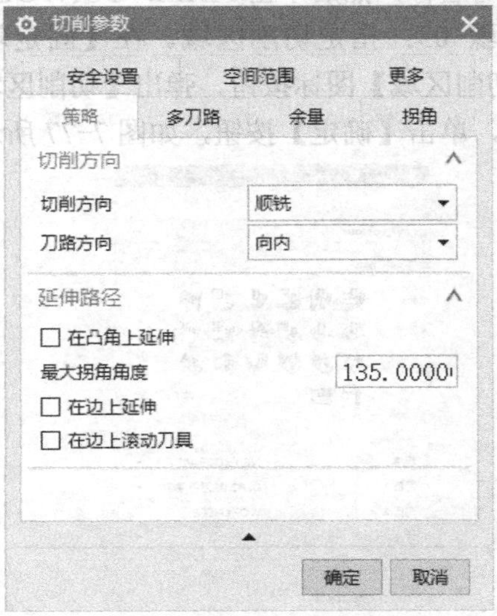

图 7-79 【策略】选项卡

步骤 06：设定部件余量。打开【余量】选项卡，如图 7-80 所示。在【部件余量】文本框中输入“0”，单击【确定】按钮完成设置。

步骤 07：设定进刀参数。在【固定轮廓铣】对话框的【刀轨设置】选项区域中，单击【非切削移动】图标按钮，弹出【非切削移动】对话框，打开【进刀】选项卡，如图 7-81 所示。在【开放区域】选项区域里，【进刀类型】设定为【圆弧-平行于刀轴】，其他设置为默认选项，单击【确定】按钮完成非切削参数设置。

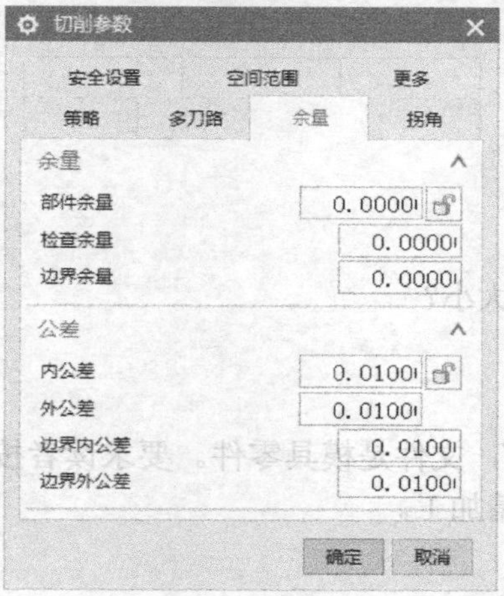

图 7-80 【余量】选项卡

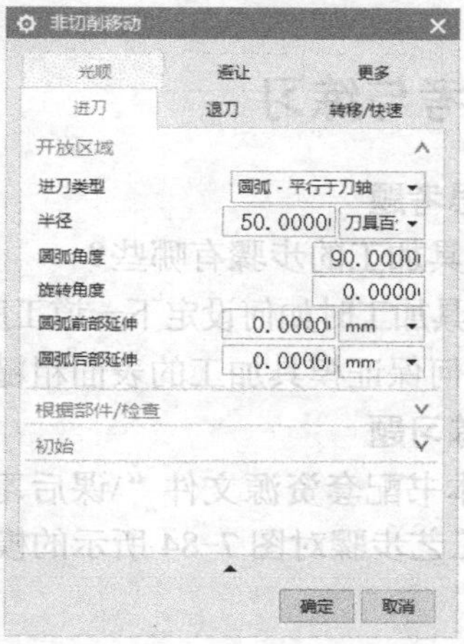

图 7-81 【进刀】选项卡

步骤 08：设定进给率和刀具转速。在【固定轮廓铣】对话框的【刀轨设置】选项区域中，单击【进给率和速度】图标按钮，打开【进给率和速度】对话框，在【主轴速度】选项区域里，选中【主轴速度】复选框，在文本框中输入“3000”。在【进给率】选项区域中设定【切削】为“1200”“mmpm”，其他各个参数为默认设置，单击【确定】按钮完成设置，如图 7-82 所示。

步骤 09：生成刀位轨迹。单击【生成】按钮，系统计算出固定轮廓铣的刀位轨迹，如图 7-83 所示。

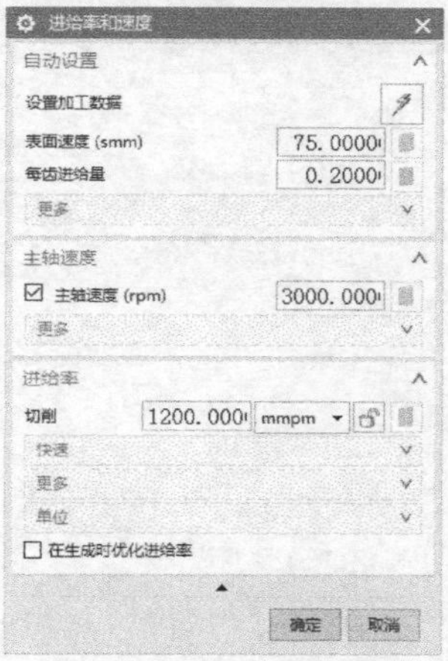

图 7-82 设定进给率和刀具转速

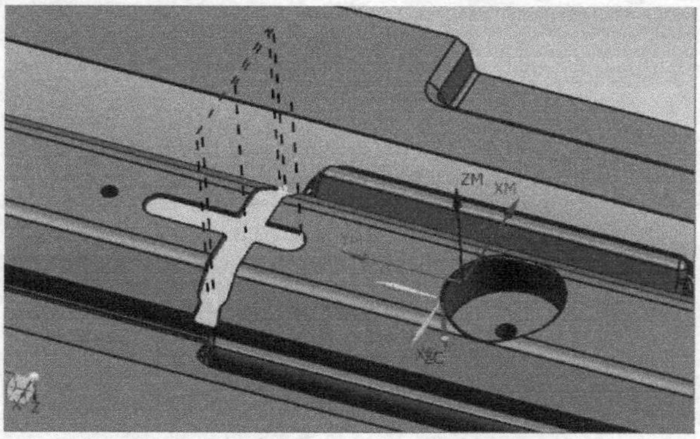

图 7-83 固定轮廓铣的刀位轨迹

7.2 本章小结

本章主要通过介绍空调面板后盖模具型芯型腔的加工过程，向读者展示了 UG NX 10.0 模具加工的思路和实际步骤。首先利用型腔铣对模具开粗，然后利用深度加工轮廓铣和固定轮廓铣进行半精加工，接着利用固定轮廓铣对无法加工的部位精加工。具体的步骤要按模具的实际情况进行。

7.3 思考与练习

一、思考题

1．模具加工的步骤有哪些？

2．模具加工时如何设定下一道工序的刀具直径大小？

3．如何保证模具加工的表面粗糙度要求？

二、练习题

打开本书配套资源文件“\课后习题\7\7-1.prt”，文件是模具零件。要求读者按照本章模具的加工工艺步骤对图 7-84 所示的模具进行粗、精加工。

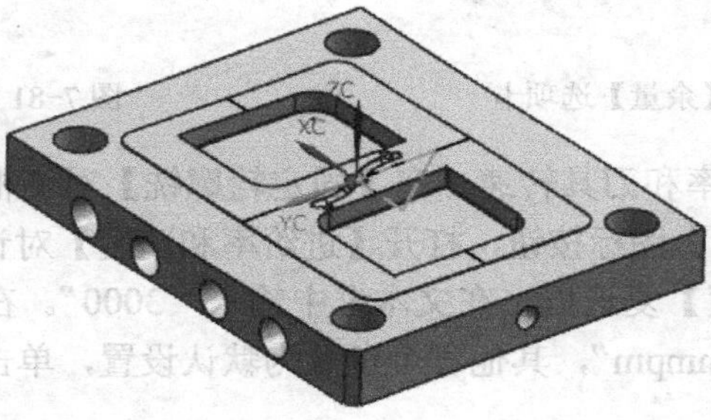

图 7-84　习题 7-1

第 8 章　空调面板电极数控加工实例

模具加工中有很多位置和形状是铣刀无法加工到位的，需要用电极进行电火花的加工。电极加工是模具加工中的重要内容，虽然不同的电极加工过程各异，但是大部分的电极加工方式还是有规律可循的，下面介绍几种典型的电极加工的思路和实际步骤，使读者能够明确模具中哪些步骤需要电极加工，掌握电极加工的思路和实际步骤。

8.1　空调面板电极的数控加工实例分析

下面以空调面板电极零件为例，列举部分需要电火花加工的电极位置。电火花加工在模具加工中非常普遍，它通过电极对模型进行持续腐蚀，从而达到加工的目的。

首先调入工件。单击【打开】按钮，弹出【打开】对话框，如图 8-1 所示，选择本书配套资源中的“\课堂练习\8\8-1.prt”文件，单击【OK】按钮。

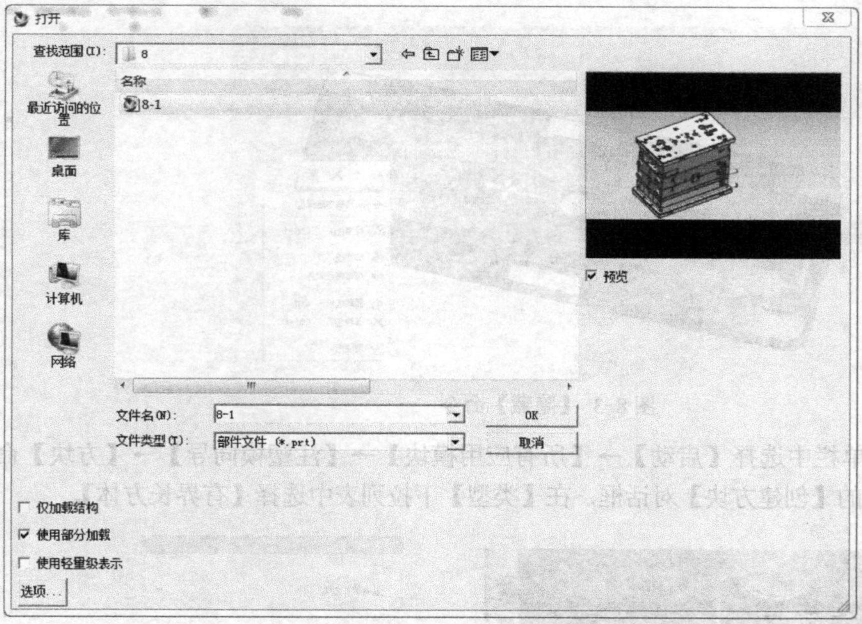

图 8-1 【打开】对话框

8-1　手工取电极

8.1.1　拆分清角电极 A1

步骤 01：在【建模】模块里选择菜单【格式】→【图层设置】命令，打开【图层设置】对话框，把工件与当前电极的图层打开，其余图层关闭，如图 8-2 所示。

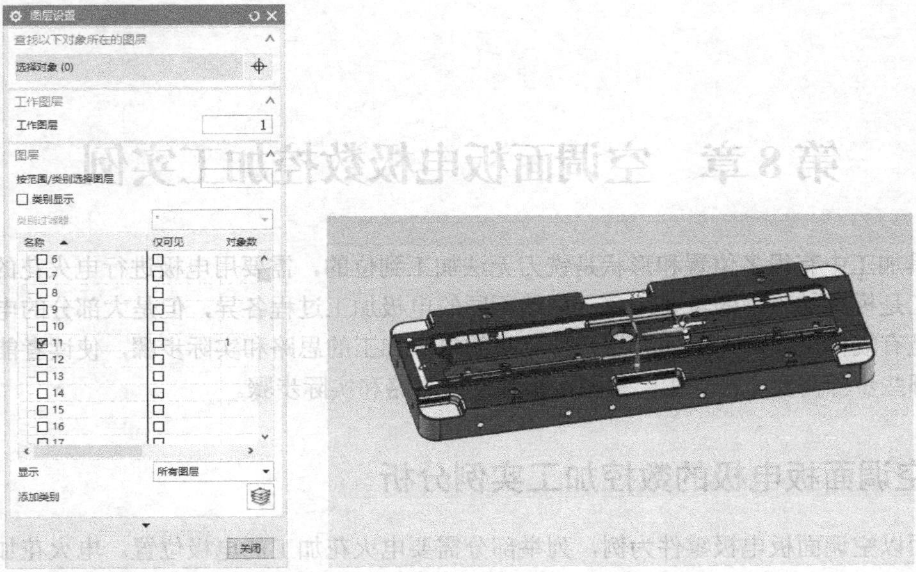

图 8-2 设定工作图层

步骤 02：在零件“351”实体和“352”实体上右击，在打开的快捷菜单中选择【隐藏】命令，如图 8-3 所示。

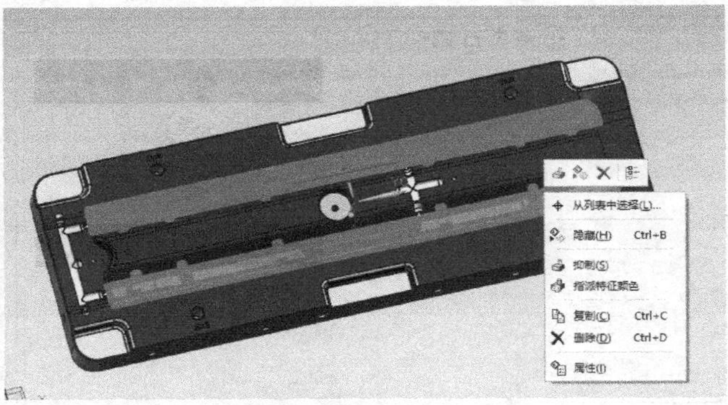

图 8-3 【隐藏】命令

步骤 03：在菜单栏中选择【启动】→【所有应用模块】→【注塑模向导】→【方块】命令，弹出图 8-4 所示的【创建方块】对话框，在【类型】下拉列表中选择【有界长方体】。

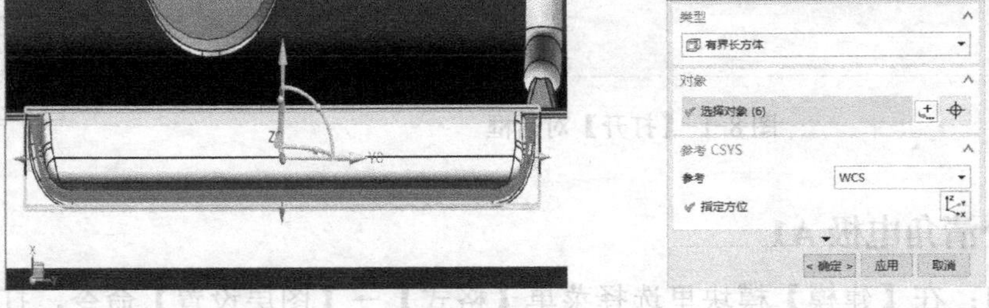

图 8-4 创建方块

步骤 04：利用【注塑模向导】工具条中的【注塑模工具】，选择【创建方块】命令，选择电极的外形面，自动生成 XYZ 正、负方向余量均为 0 的包容块，设定 X 方向余量为 1.5mm，Z 方向为 7.5mm，创建一个几何体，关闭【注塑模向导】模块，结果如图 8-5 所示。

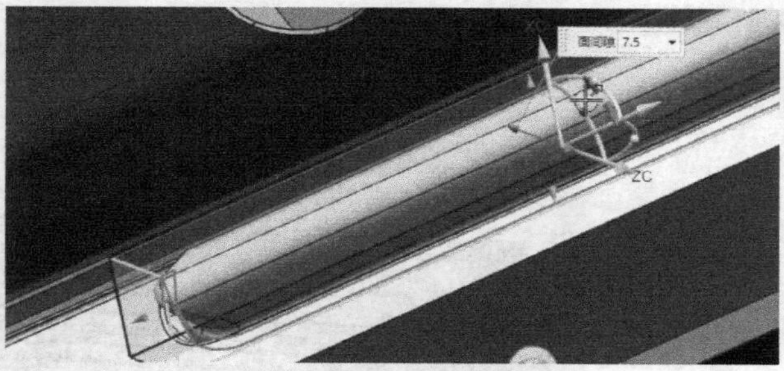

图 8-5　方块外形面

步骤 05：单击【特征】工具条中的【减去】按钮打开【求差】对话框，在【目标】与【工具】中，分别选择需要的实体（在没有进行布尔运算之前，一定要分清要从哪一个实体中减去另一个实体）；如果在【设置】选项区域中，选中【保存目标】或【保存工具】复选框，单击【确定】按钮后，执行求差操作后，会保留工具体或目标体（执行求差操作后，会有三个体）。在其参数设置完成后，从实体中减去得到的图形如图 8-6 所示。

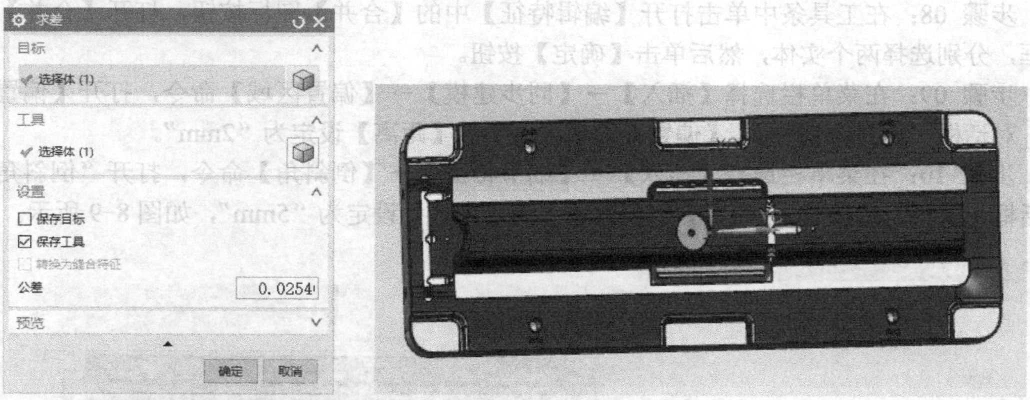

图 8-6　【求差】对话框

步骤 06：在工具条中单击【编辑特征】里面的【移除参数】图标按钮，选择对象时把整个工件框选，单击【确定】按钮。把除电极外的所有图层隐藏，得到的图形如图 8-7 所示。在电极的底部创建一个面间隙为 20mm 的方块。

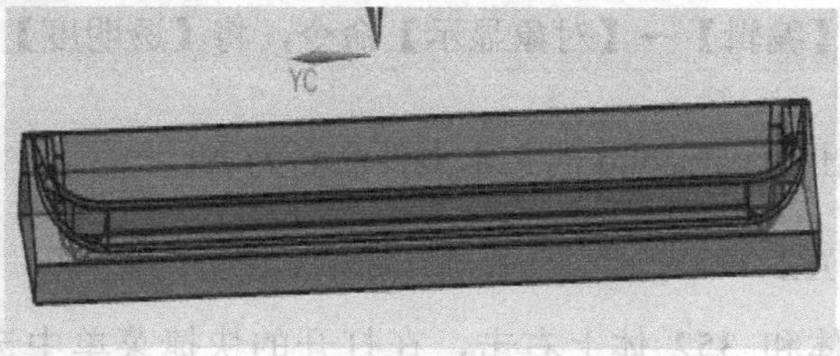

图 8-7　创建底座方块

步骤 07：在菜单栏选择【插入】→【同步建模】→【偏置区域】命令，在打开的【偏置区域】对话框中选择电极底面，【偏置】选项区域中的【距离】设定为“-3mm”，如图 8-8 所示。

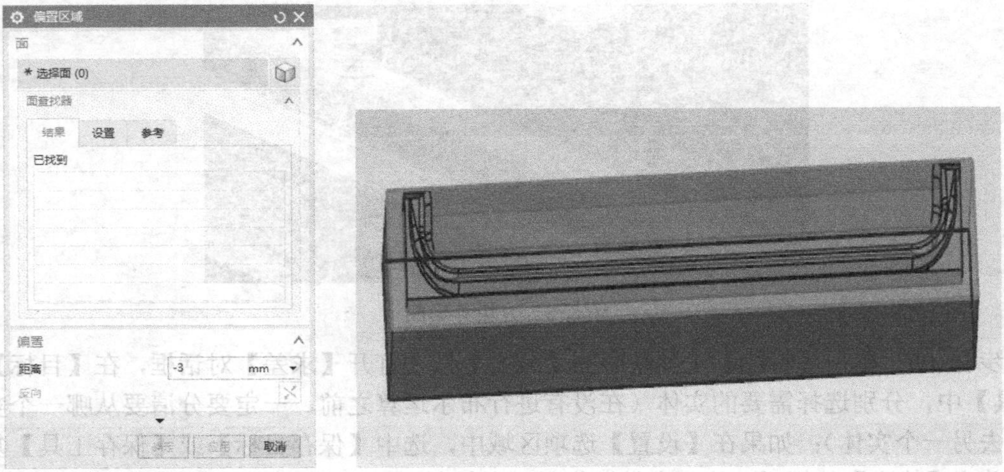

图 8-8 【偏置区域】对话框

步骤 08：在工具条中单击打开【编辑特征】中的【合并】图标按钮，打开【合并】对话框，分别选择两个实体，然后单击【确定】按钮。

步骤 09：在菜单栏选择【插入】→【同步建模】→【偏置区域】命令，打开【偏置区域】对话框，选择底座侧面，【偏置】选项区域中的【距离】设定为“2mm”。

步骤 10：在菜单栏选择【插入】→【细节特征】→【倒斜角】命令，打开“倒斜角”对话框，选择右边的线，【偏置】选项区域中的【距离】设定为“5mm”，如图 8-9 所示。

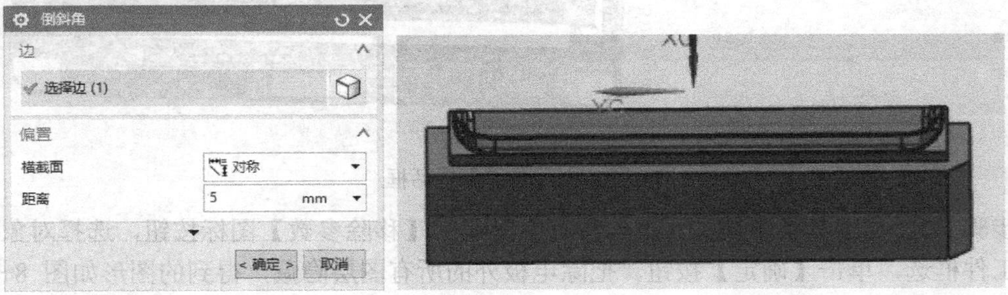

图 8-9 【倒斜角】对话框

步骤 11：选择菜单【编辑】→【对象显示】命令，将【透明度】调整为“0”，单击【确定】按钮。

步骤 12：最后将导出到 parasolid 的文本文件命名为 A1。

8.1.2 拆分清角电极 A2

步骤 01：在 351 体和 352 体上右击，在打开的快捷菜单中选择【隐藏】命令，如图 8-10 所示。

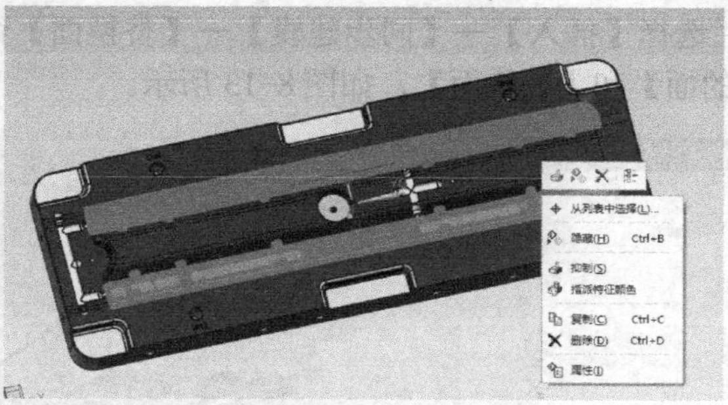

图 8-10　选择隐藏的实体

步骤 02：在菜单栏中选择【启动】→【所有应用模块】→【注塑模向导】→【方块】命令，弹出图 8-11 所示的【创建方块】对话框。在【类型】下拉列表中选择【有界长方体】，并选择对象，输入面间隙，XC 方向为 6.6mm，YC 正方向为 8mm，负方向为 0.5mm，如图 8-11 所示。

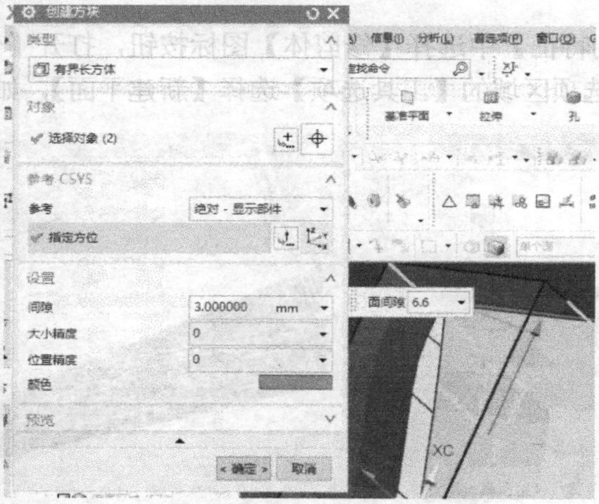

图 8-11 【创建方块】对话框

步骤 03：单击工具条【特征】中的【减去】图标按钮，打开【求差】对话框，在【目标】与【工具】中，分别选择需要的实体（在没有进行布尔运算之前，一定要分清要从哪一个实体中减去另一个实体）；如果在【设置】选项区域，选中【保存目标】或【保存工具】复选框后，执行求差操作后，会保留工具体或目标体（执行求差操作后，会有三个体）。在其参数设置完成后，从实体中进行减去操作得到的图形如图 8-12 所示。

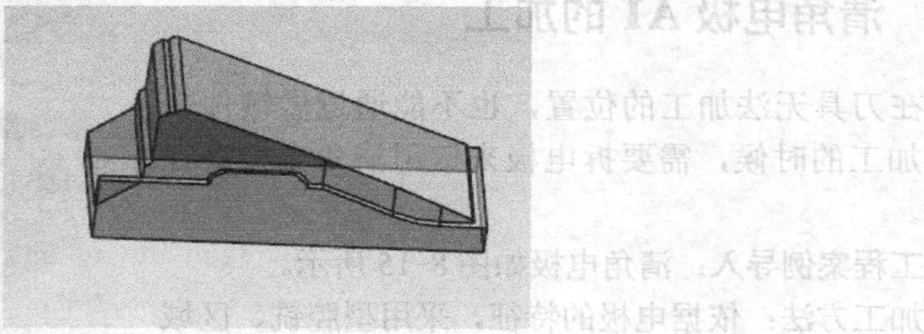

图 8-12　电极

步骤 04：在菜单栏选择【插入】→【同步建模】→【替换面】命令，打开【替换面】对话框，选择【要替换的面】和【替换面】，如图 8-13 所示。

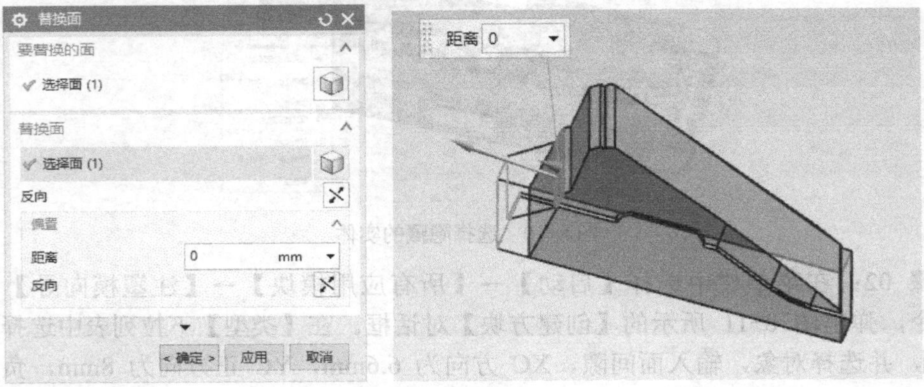

图 8-13 【替换面】对话框

步骤 05：在【阵列特征】中选择【修剪体】图标按钮，打开【修剪体】对话框，指定【目标】实体，【工具】选项区域的【工具选项】选择【新建平面】，如图 8-14 所示。

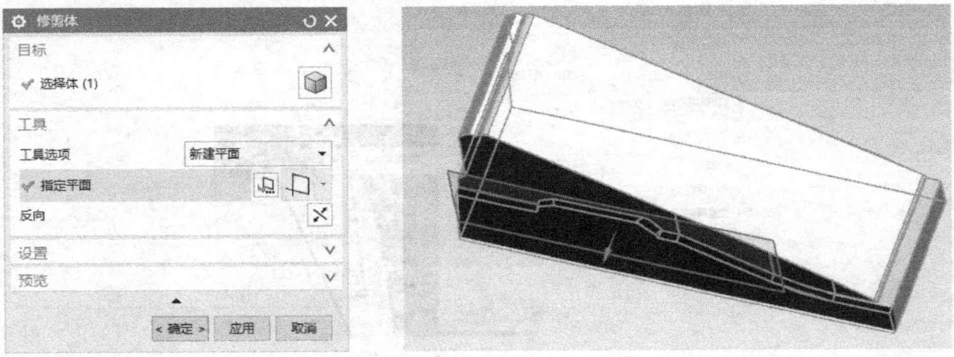

图 8-14 【修剪体】对话框

步骤 06：选择菜单【编辑】→【对象显示】，把【透明度】调整为“0”，单击【确定】按钮完成设置。

步骤 07：最后将导出到 parasolid 的文本文件命名为 A2。

8.2 清角电极 A1 的加工

在刀具无法加工的位置，也不能通过做镶件来完成加工的时候，需要拆电极来运用清角电极进行加工。

工程案例导入：清角电极如图 8-15 所示。

加工方法：依据电极的特征，采用型腔铣、区域轮廓铣、深度轮廓加工铣、面铣等综合加工操作。

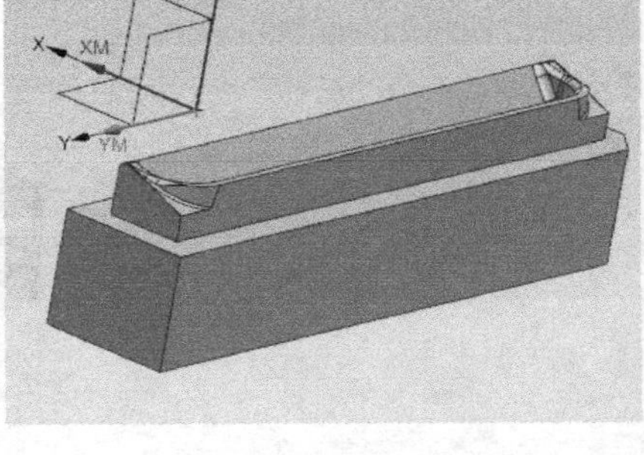

图 8-15 电极

项目要求：本例要求使用综合加工方法对电极各个表面的尺寸、形状、表面粗糙度加工到位。

8.2.1　实例分析

本实例是一个模具电极，使用火花位为单边 0.07mm。

加工思路是用 D8 进行粗加工，使用型腔铣操作，留余量 0.2mm。电极基准只做粗加工。用 D3R0.5 精加工侧面和底面。

8-2　粗加工

8.2.2　电极的开粗 CAVITY_MILLING

步骤 01：打开零件图。如图 8-16 所示。

步骤 02：创建坐标系。单击【插入】工具条中的【创建几何体】按钮，打开【创建几何体】对话框，如图 8-17 所示。在【类型】下拉列表中选择【mill_contour】，【几何体子类型】中选择 MCS 图标按钮，【位置】选项区域的【几何体】选择【GEOMETRY】，【名称】文本框中输入“MILL_MILLING”，单击【确定】按钮进入【MCS 铣削】对话框。

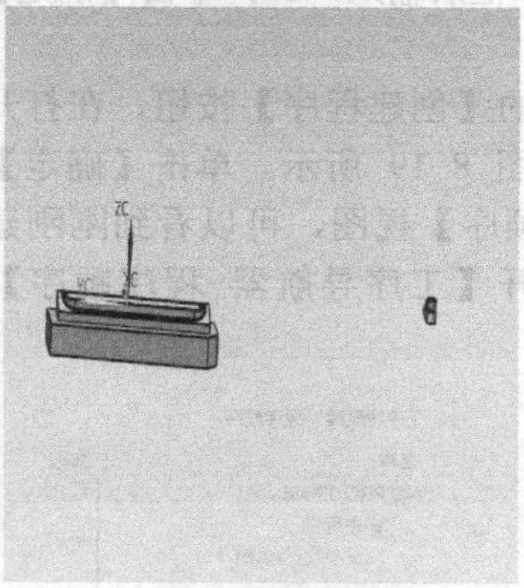

图 8-16　零件图

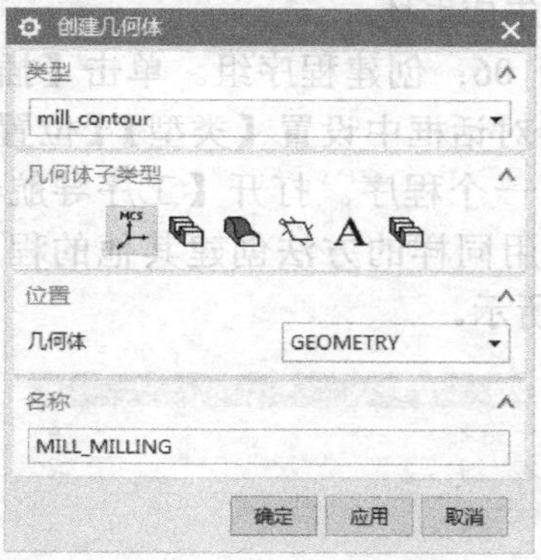

图 8-17　【创建几何体】对话框

在【MCS 铣削】对话框中，单击【指定 MCS】图标按钮，在绘图区单击几何体顶面，设定加工坐标系在平面的中心。

步骤 03：设定安全高度。在【MCS 铣削】对话框的【安全设置】选项区域中，【安全设置选项】选取【刨】，并单击【指定平面】图标按钮，弹出【刨】对话框，在绘图区单击几何体顶面，并在【偏置】选项区域中的【距离】文本框内输入“20mm”，即安全高度为 Z20，单击【确定】按钮完成设置。

步骤 04：创建 WORKPIECE。单击【插入】工具条中的【创建几何体】按钮，弹出【创建几何体】对话框。在【类型】下拉列表中选择【mill_contour】，【几何体子类型】中选择 WORKPIECE 图标按钮，【位置】选项区域中的【几何体】选择【MCS_MILLING】，【名称】文本框输入“WORKPIECE”，单击【确定】按钮后，弹出【工件】对话框，单击【几何体】选项区域中的【指定部件】图标按钮，打开【部件几何体】对话框，在绘图区选择电极作为几何体，如图 8-18 所示。

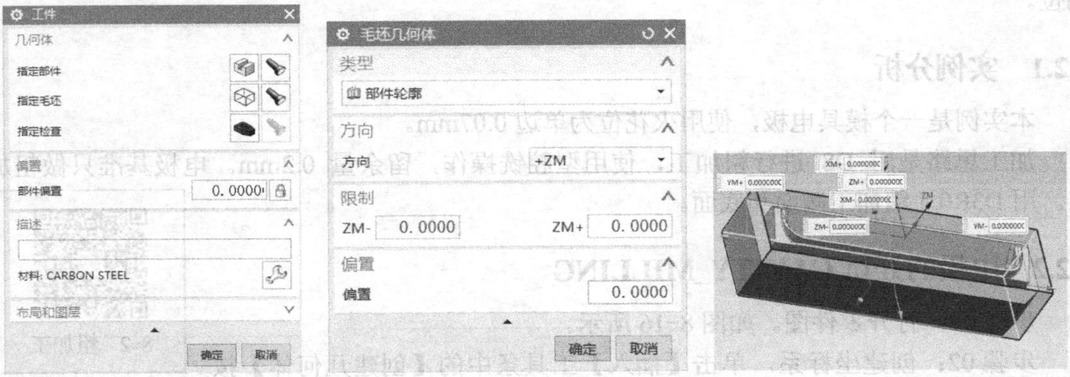

图 8-18 创建毛坯

步骤 05：创建毛坯几何体。在【工件】对话框【几何体】选项区域中单击【指定毛坯】图标按钮，打开【毛坯几何体】对话框，如图 8-18 所示，选择【类型】下拉列表中【部件轮廓】，并在【限制】选项区域中的【ZM+】文本框后输入“0”，单击【确定】按钮，系统自动生成毛坯。

步骤 06：创建程序组。单击【插入】工具条中的【创建程序】按钮，在打开的【创建程序】对话框中设置【类型】【位置】【名称】，如图 8-19 所示。单击【确定】按钮后就建立了一个程序。打开【工序导航器】的【程序顺序】视图，可以看到刚刚建立的程序 A1。用同样的方法创建其他的程序组，最后打开【工序导航器-程序顺序】视图如图 8-20 所示。

图 8-19 【创建程序】对话框

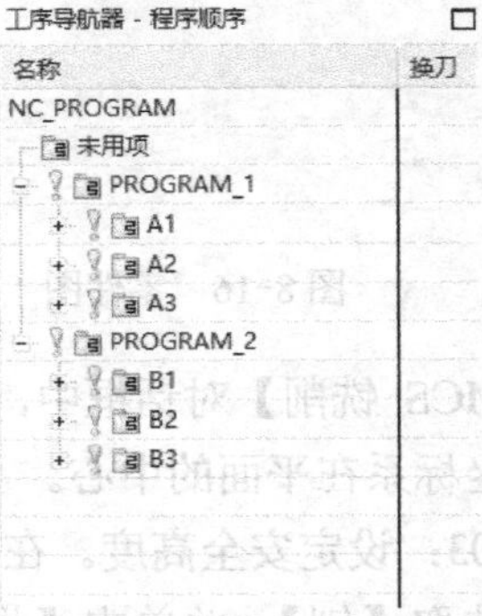

图 8-20 【工序导航器-程序顺序】视图

步骤 07：创建型腔铣，单击【插入】工具条中的【创建工序】按钮，打开【创建工序】对话框，如图 8-21 所示，在【类型】下拉列表中选择【mill_contour】，修改位置参数，填写名称，然后单击 CAVITY_MILLING 图标按钮，打开【型腔铣】对话框。

步骤 08：设定切削策略和连接。在【型腔铣】对话框【刀轨设置】选项区域中，单击【切削参数】图标按钮，打开【切削参数】对话框，在【策略】选项卡中设置【切削方向】为【顺铣】，【切削顺序】为【深度优先】，如图 8-22 所示。在【连接】选项卡中【开放刀路】设置为【变换切削方向】，如图 8-23 所示。

图 8-21 【创建工序】对话框

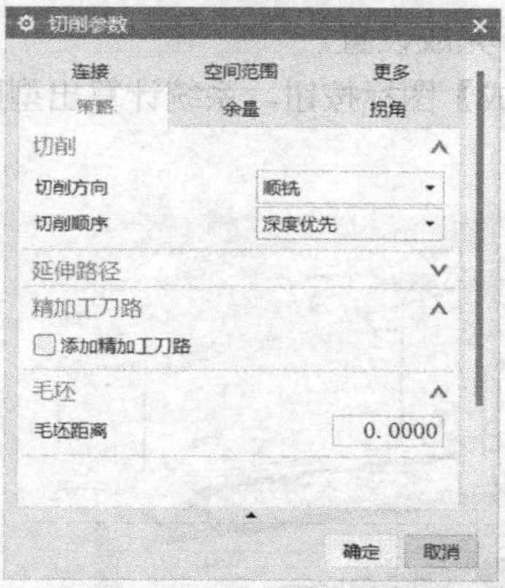

图 8-22 【策略】选项卡

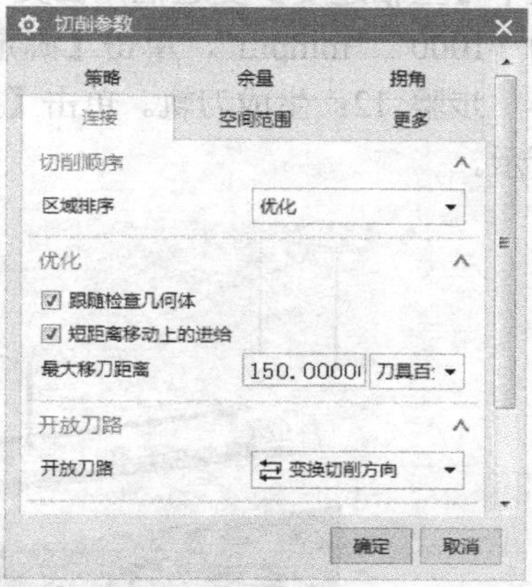

图 8-23 修改刀轨设置

步骤 9：设定切削余量。在【切削参数】对话框中，打开【余量】选项卡，取消选中【使底面余量与侧面余量一致】复选框，修改【部件侧面余量】为“0.2”，【部件底面余量】为“0.1”，【内公差】与【外公差】均为“0.05”，如图 8-24 所示，单击【确定】按钮。

步骤 10：设定进刀参数。在【型腔铣】对话框的【刀轨设置】选项区域中单击【非切削移动】图标按钮，弹出【非切削移动】对话框，打开【进刀】选项卡。在【开放区域】选项区域里，【进刀类型】设定为“圆弧”，【半径】设定为刀具直径的 55%，【圆弧角度】设定为“90”，【高度】设定为“3”“mm”，【最小安全距离】设定为“3”“mm”，单击【确定】按钮完成设置，如图 8-25 所示。

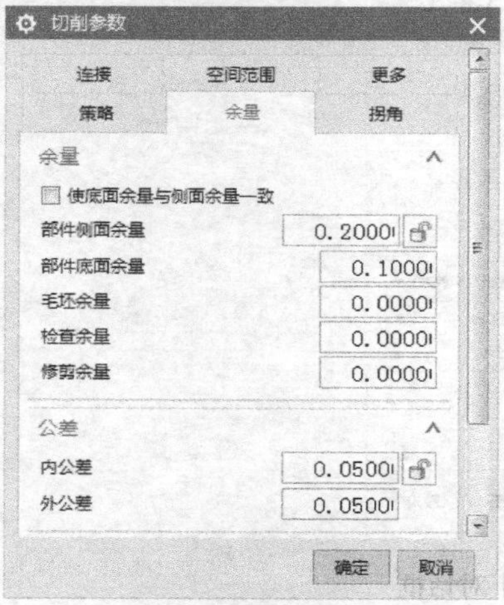

图 8-24 【余量】选项卡

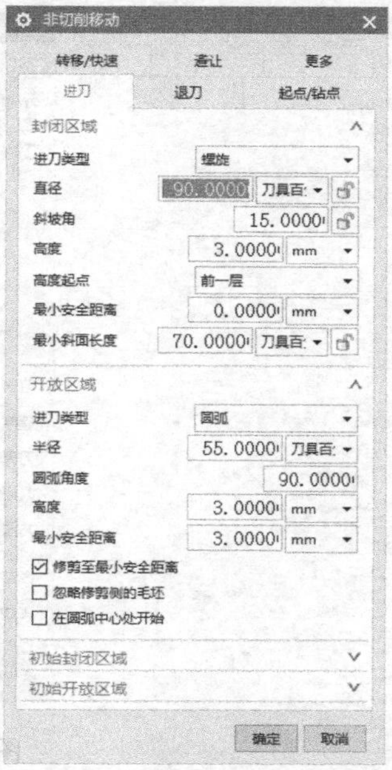

图 8-25 【非切削移动】对话框

步骤 11：设定进给率和速度。在【型腔铣】对话框的【刀轨设置】选项区域中，单击【进给率和速度】图标按钮，打开【进给率和速度】对话框，在【主轴速度】选项区域中，选中【主轴速度】复选框，在文本框中输入“3000”，【进给率】选项区域中的【切削】设定为“1000”“mmpm”，单击【确定】完成设置。

步骤 12：生成刀轨。单击【生成】图标按钮，系统计算出型腔铣的刀位轨迹，如图 8-26 所示。

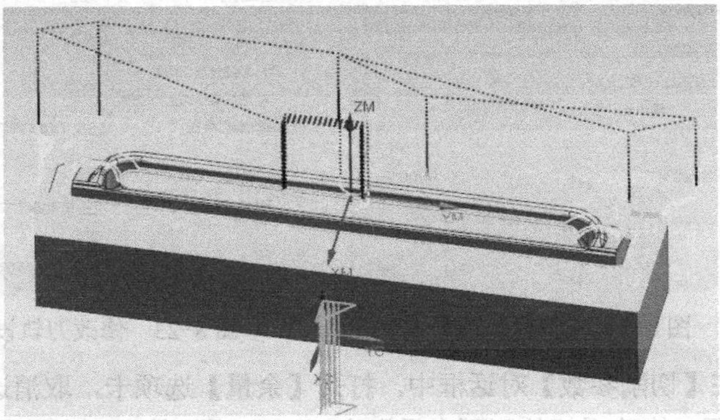

图 8-26　型腔铣的刀位轨迹

8-3　顶面半精加工

8.2.3　电极的顶曲面半精加工 CONTOUR_AREA

步骤 01：创建区域轮廓铣。单击【插入】工具条中的【创建工序】命令，打开【创建工序】对话框，如图 8-27 所示。在【类型】下拉列表中选择【mill_contour】，修改位置参数，填写名称，然后单击 CONTOUR_AREA 图标按钮，打开【区域轮廓铣】对话框。

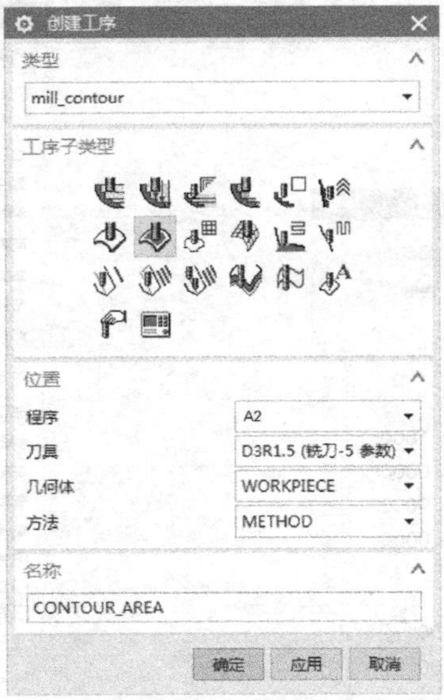

图 8-27　【创建工序】对话框

步骤 02：指定切削区域。在【区域轮廓铣】对话框的【刀轨设置】选项区域中，单击【指定切削区域】图标按钮，弹出【切削区域】对话框，在绘图区指定切削区域，如图 8-28 所示。

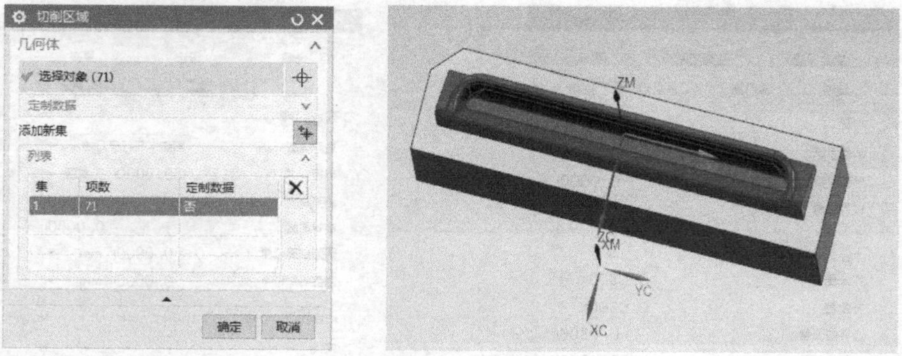

图 8-28　指定切削区域

步骤 03：编辑驱动方法参数。在【区域轮廓铣】对话框中，单击【驱动方法】选项区域中的【编辑参数】图标按钮，弹出【区域铣削驱动方法】对话框。【驱动设置】选项区域中【步距】设定为【恒定】，【最大距离】设定为“0.2”“mm”，其他参数的设定如图 8-29 所示。

步骤 04：设定切削参数。在【区域轮廓铣】对话框的【刀轨设置】选项区域中，单击【切削参数】图标按钮，打开【切削参数】对话框，在【策略】选项卡中设置【切削方向】为【顺铣】，如图 8-30 所示。

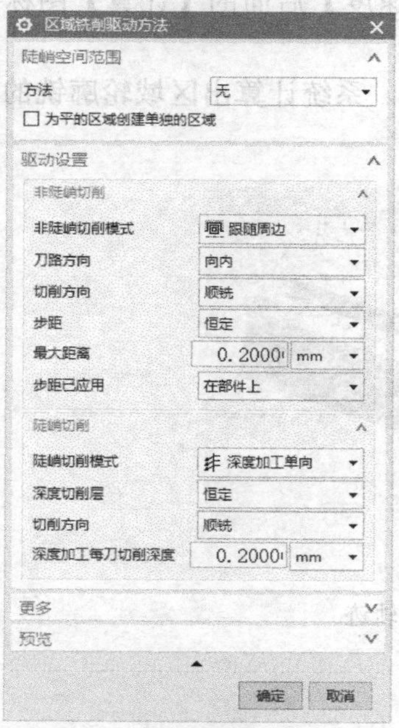

图 8-29　【区域铣削驱动方法】对话框

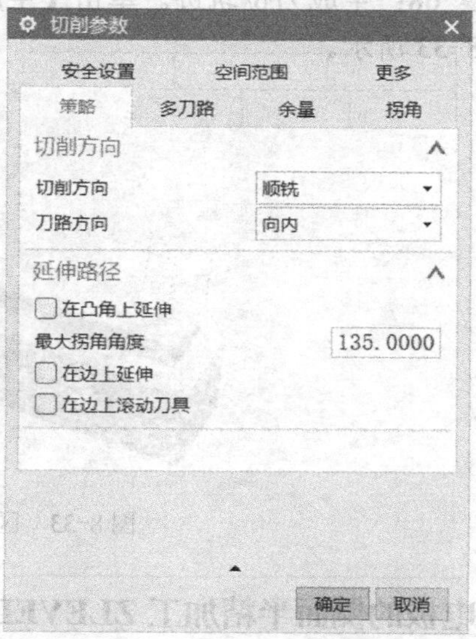

图 8-30　【切削参数】对话框

步骤 05：设定切削余量。在【余量】选项卡中，将【部件余量】改为“0”。内、外公差修改为“0.03”，如图 8-31 所示。

步骤 06：设定进刀参数。在【区域轮廓铣】对话框的【刀轨设置】选项区域中，单击【非切削移动】图标按钮，弹出【非切削移动】对话框，打开【进刀】选项卡。在【开放区域】选项区域里，【进刀类型】设置为【圆弧-平行于刀轴】，其他参数设置如图 8-32 所示。

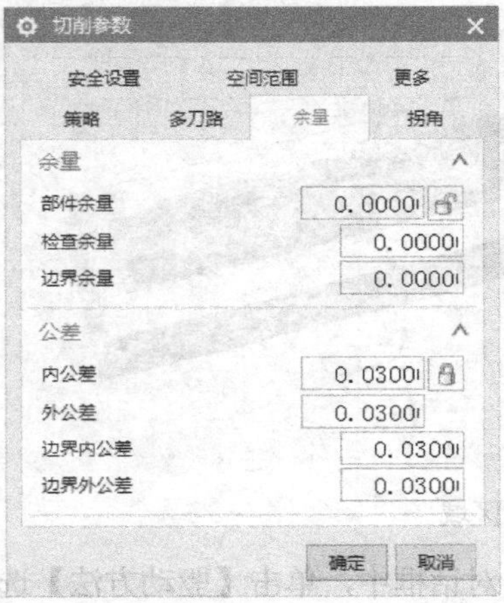

图 8-31 【余量】选项卡

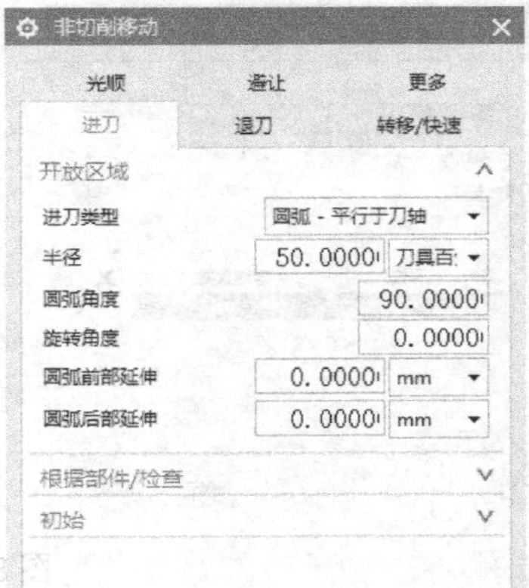

图 8-32 【非切削移动】对话框

步骤 07：设定进给率和刀具转速。在【区域轮廓铣】对话框的【刀轨设置】选项区域中，单击【进给率和速度】图标按钮，打开【进给率和速度】对话框，在【主轴速度】选项区域中，选中【主轴速度】复选框，在文本框中输入“3000”。在【进给率】选项区域中设定【切削】为“1000”“mmpm”，单击【主轴速度】后面的【计算】图标按钮生成表面速度和进给量，单击【确定】按钮完成设置。

步骤 08：生成刀位轨迹。单击【生成】图标按钮，系统计算出区域轮廓铣的刀位轨迹如图 8-33 所示。

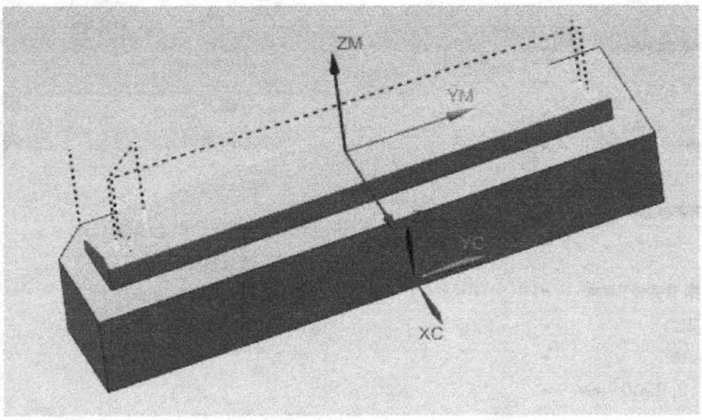

图 8-33 区域轮廓铣的刀位轨迹

8.2.4 电极的侧面半精加工 ZLEVEL_PROFILE

步骤 01：创建深度轮廓加工。单击【插入】工具条中的【创建工序】按钮，打开【创建工序】对话框，如图 8-34 所示。在【类型】下拉列表选择【mill_contour】，修改位置参数，填写名称，然后单击 ZLEVEL_PROFILE 图标按钮，打开【深度轮廓加工】对话框。

8-4 侧面半精加工

图 8-34 【创建工序】对话框

步骤 02：指定切削区域。在【深度轮廓加工】对话框的【几何体】选项区域中，单击【指定切削区域】图标按钮，弹出【切削区域】对话框，在绘图区指定切削区域，如图 8-35 所示。

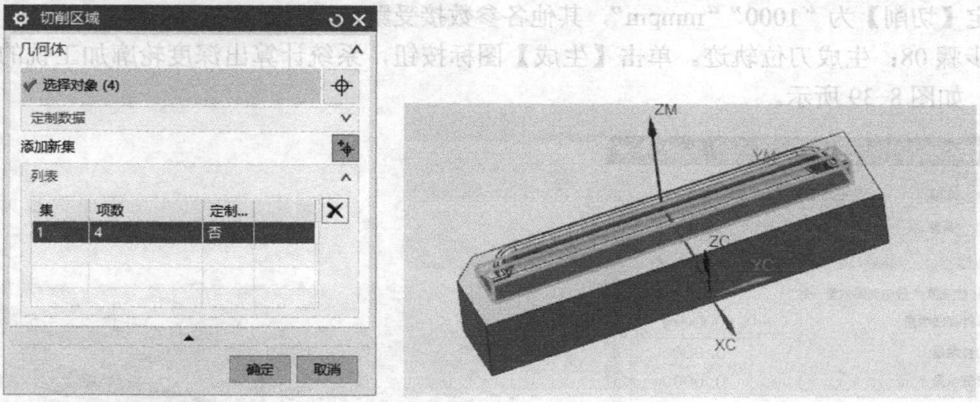

图 8-35 【切削区域】对话框

步骤 03：设置每刀的公共深度。在【深度轮廓加工】对话框的【刀轨设置】选项区域中，【公共每刀切削深度】设定为【恒定】，【最大距离】文本框中输入“0.2”“mm”，其他参数设定如图 8-36 所示。

步骤 04：设定切削参数。在【深度轮廓加工】对话框的【刀轨设置】选项区域中，单击【切削参数】图标按钮，打开【切削参数】对话框，在【策略】选项卡中设置【切削方向】为【混合】，【切削顺序】为【深度优先】，如图 8-37 所示。

步骤 05：设定切削余量。打开【余量】选项卡，取消选中【使底面余量与侧面余量一致】复选框，修改【部件侧面余量】为“0”，内、外公差为“0.03”，如图 8-38 所示。

步骤 06：设定进刀参数。在【深度轮廓加工】对话框的【刀轨设置】选项区域中，单击

【非切削移动】图标按钮，弹出【非切削移动】对话框，打开【进刀】选项卡，在【开放区域】选项区域中，【进刀类型】设置为【圆弧】，其他参数为设置默认，单击【确定】按钮完成设置。

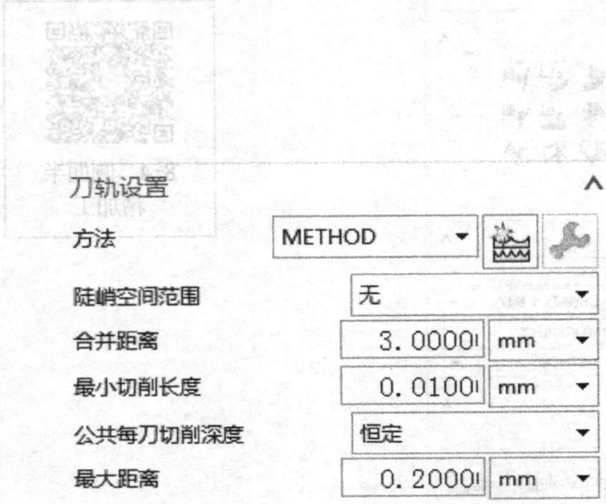

图 8-36　刀轨设置

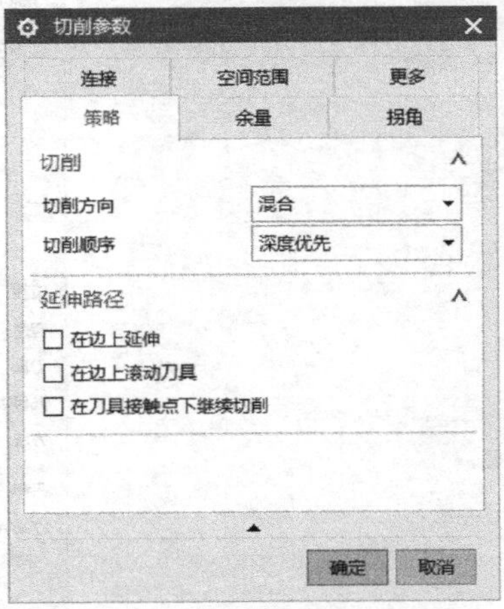

图 8-37　【切削参数】对话框

步骤 07：设定进给率和刀具转速。在【深度轮廓加工】对话框的【刀轨设置】选项区域组中，单击【进给率和速度】图标按钮，打开【进给率和速度】对话框，在【主轴速度】选项区域中，选中【主轴速度】复选框，在文本框中输入“3000”。在【进给率】选项区域中设定【切削】为“1000”“mmpm”，其他各参数接受默认设置。

步骤 08：生成刀位轨迹。单击【生成】图标按钮，系统计算出深度轮廓加工铣的刀位轨迹，如图 8-39 所示。

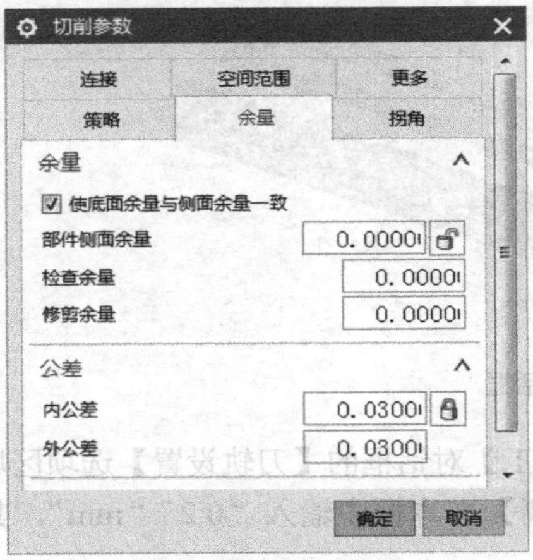

图 8-38　【余量】选项卡

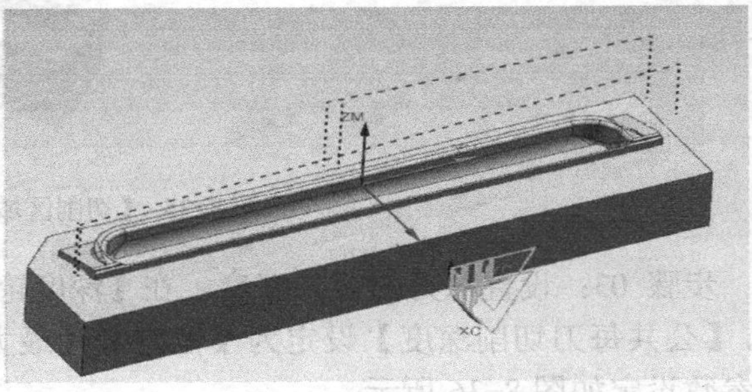

图 8-39　深度轮廓加工铣的刀位轨迹

8.2.5　电极的直面半精加工 FACE_MILLING

步骤 01：创建面铣削。单击【插入】工具条中的【创建工序】按钮，打开【创建工序】对话框，如图 8-40 所示。在【类型】下拉列表在选择【mill_planer】，修改位置参数，填写名称，然后单击 FACE_MILLING 图标按钮，打开【面铣】对话框。

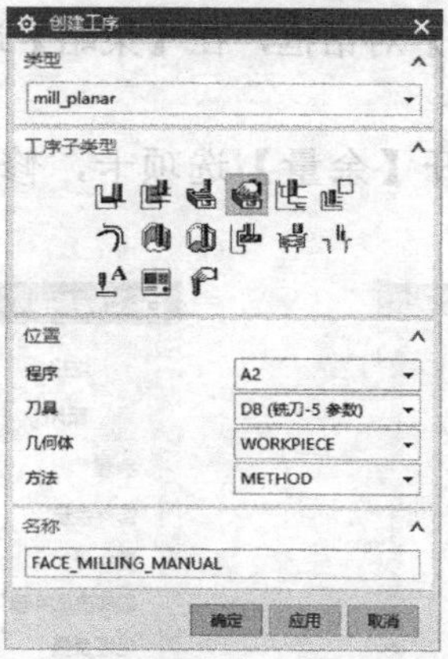

图 8-40　创建工序对话框

8-5　平面半精加工

步骤 02：指定面边界。在【面铣】对话框中的【几何体】选项区域中，单击【指定面边界】图标按钮，弹出【毛坯边界】对话框，在绘图区指定边界区域，如图 8-41 所示。

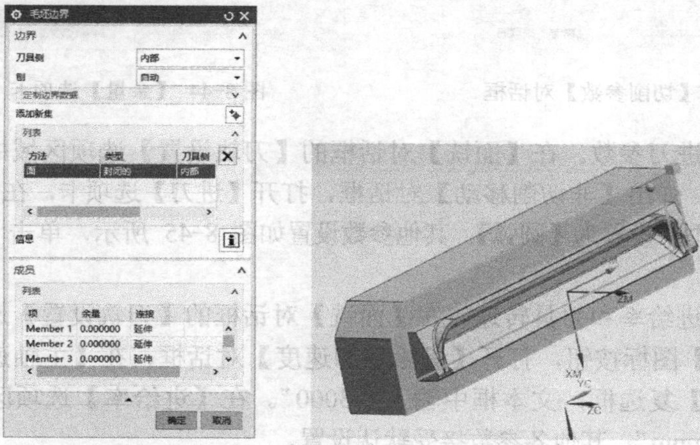

图 8-41 【毛坯边界】对话框

步骤 03：设置每刀的公共深度。在【面铣】对话框中的【刀轨设置】选项区域中，【每刀的切削深度】设定为“0.1”，【最终底面余量】设定为“0.05”，其他各参数设定如图 8-42 所示。

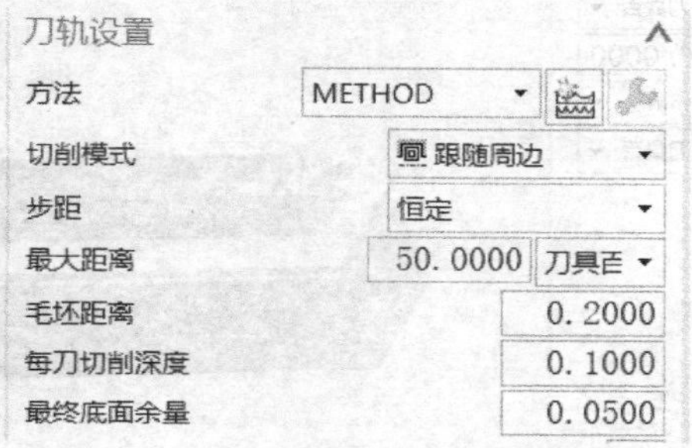

图 8-42 【刀轨设置】选项区域

步骤 04：设定切削参数。在【面铣】对话框的【刀轨设置】选项区域中，单击【切削参数】图标按钮，打开【切削参数】对话框，在【策略】选项卡中设置【切削方向】为【顺铣】，如图 8-43 所示。

步骤 05：设定切削余量。打开【余量】选项卡，修改【部件侧面余量】为“0”，如图 8-44 所示。

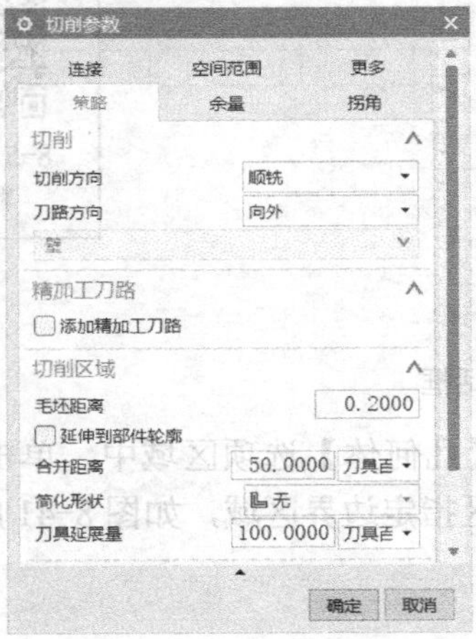

图 8-43 【切削参数】对话框

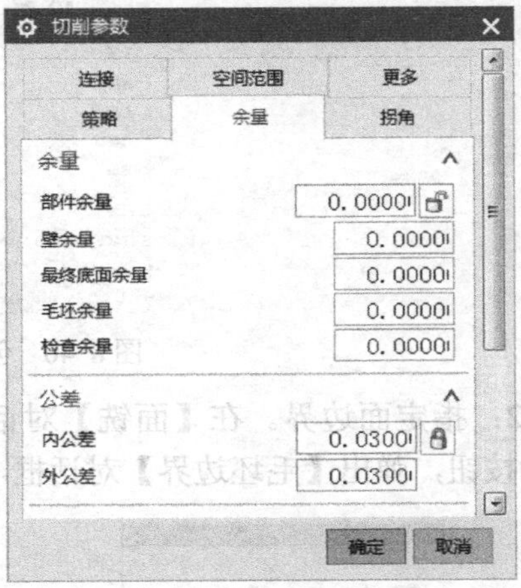

图 8-44 【余量】选项卡

步骤 06：设定进刀参数。在【面铣】对话框的【刀轨设置】选项区域中，单击【非切削移动】图标按钮，弹出【非切削移动】对话框，打开【进刀】选项卡，在【开放区域】选项区域里，【进刀类型】设置为【圆弧】，其他参数设置如图 8-45 所示，单击【确定】按钮完成设置。

步骤 07：设定进给率和刀具转速。在【面铣】对话框的【刀轨设置】选项区域中，单击【进给率和速度】图标按钮，打开【进给率和速度】对话框，在【主轴速度】选项区域中选中【主轴速度】复选框，文本框中输入“3000”。在【进给率】选项区域中设定【切削】为“1000”“mmpm”，其他各参数接受默认设置。

步骤 08：生成刀位轨迹。单击【生成】图标按钮，系统计算出面铣的刀位轨迹，如图 8-46 所示。

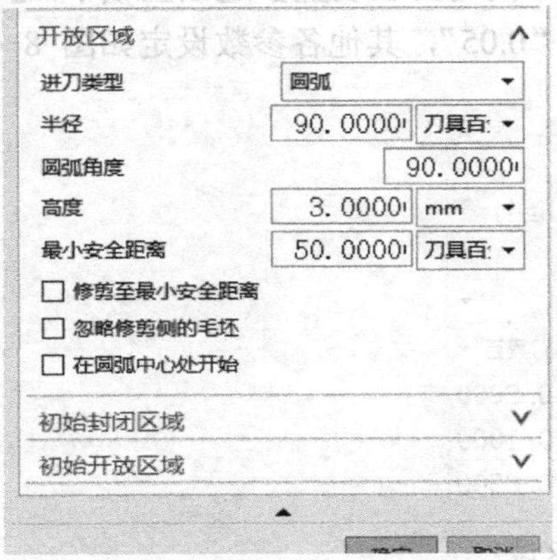

图 8-45 【非切削移动】对话框

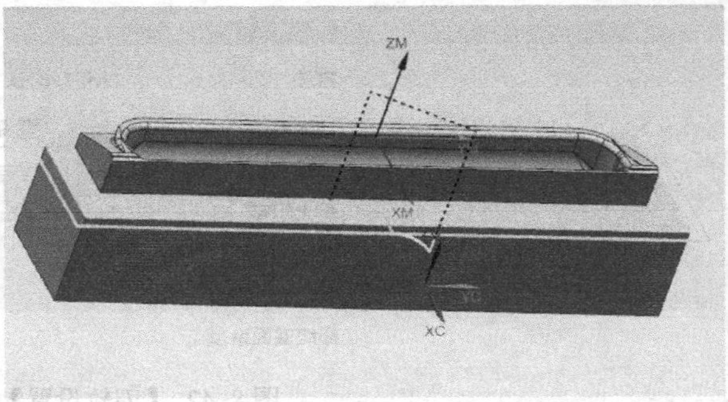

图 8-46 面铣的刀位轨迹

8.2.6　电极的顶曲面精加工 CONTOUR_AREA

步骤 01：复制区域轮廓铣。打开【工序导航器-几何】视图，在区域轮廓铣操作“CONTOUR_AREA”上右击，在打开的快捷菜单中选择【复制】命令，再在“FACE_MILLING”上右击，在快捷菜单中选择【粘贴】命令，则复制一个新的区域轮廓铣操作。

步骤 02：修改刀具。单击【工具】右侧的下三角按钮，将【刀具】选项展开，修改【刀具】为【D3R1.5】，如图 8-47 所示。

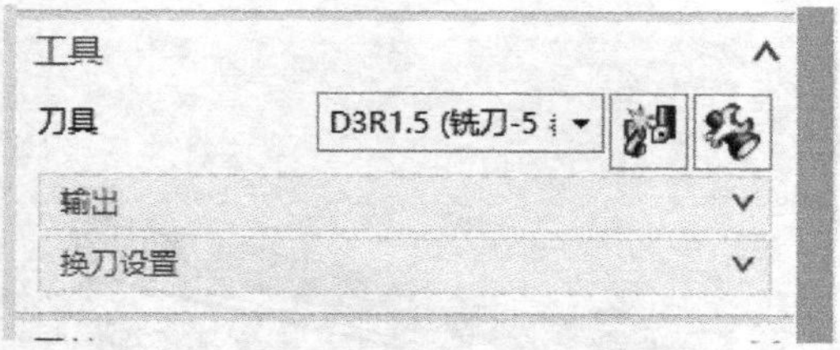

图 8-47　【工具】选项区域组

步骤 03：编辑驱动方法参数。在【区域轮廓铣】对话框的【刀轨设置】选项区域中，单击【驱动方法】选项区域中的【编辑参数】图标按钮，弹出【区域铣削驱动方法】对话框，在【驱动设置】选项区域中，【步距】设定为【恒定】，【最大距离】设定为“0.2”，【步距已应用】设定为【在部件上】，其他设定默认，单击【确定】按钮返回。

步骤 04：修改切削余量。在【区域轮廓铣】对话框中的【刀轨设置】选项区域中，单击【切削参数】图标按钮，打开【切削参数】对话框，在【余量】选项卡中修改切削余量，【部件余量】设定为“-0.07”，【内公差】和【外公差】均设定为“0.01”。

步骤 05：生成刀位轨迹。单击【生成】图标按钮，系统计算出区域轮廓铣精加工的刀位轨迹如图 8-48 所示。

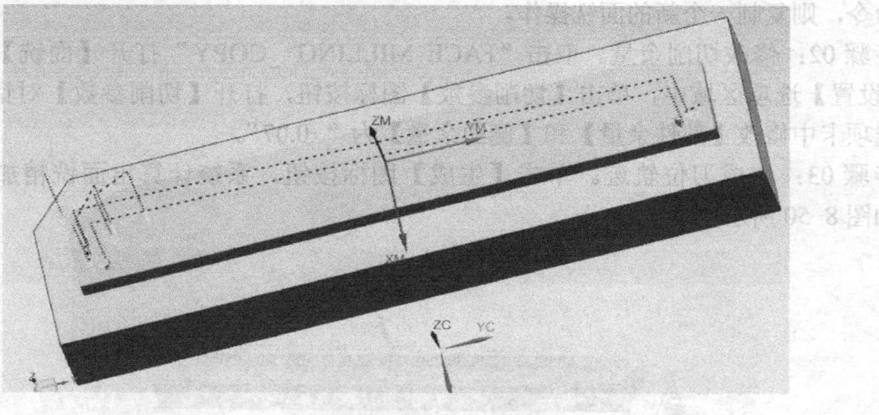

图 8-48　区域轮廓铣精加工的刀位轨迹

8.2.7　电极侧面的精加工 ZLEVEL_PROFILE

步骤 01：复制深度轮廓加工。打开【工序导航器-几何】视图，在深度轮廓加工操作“ZLEVEL_PROFILE”上右击，在打开的快捷菜单中选择【复制】命令，再在“ZLEVEL_

PROFILE”上右击，在打开的快捷菜单中选择【粘贴】命令，则复制一个新的深度轮廓加工铣操作。

步骤 02：修改切削余量。双击“ZLEVEL_PROFILE_COPY”打开【深度轮廓加工铣】对话框，在【刀轨设置】选项区域中，单击【切削参数】图标按钮，打开【切削参数】对话框，在【余量】选项卡中修改【部件余量】和【侧面余量】为“-0.07”。

步骤 03：生成刀位轨迹。单击【生成】按钮，系统计算出深度轮廓加工精加工的刀位轨迹，如图 8-49 所示。

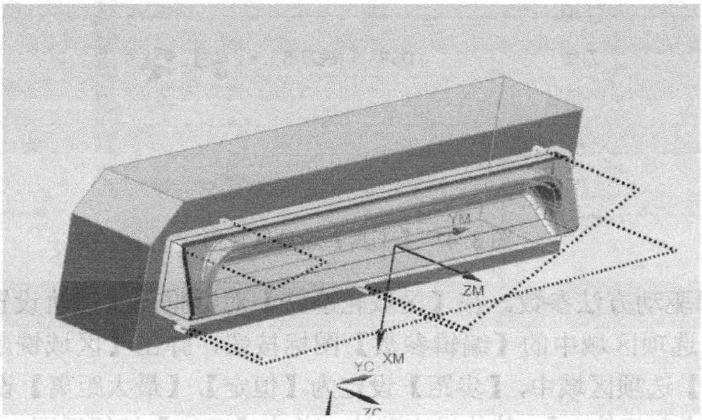

图 8-49　深度轮廓加工精加工的刀路轨迹

8.2.8　电极的直面精加工 FACE_MILLING

步骤 01：复制面铣。打开【工序导航器-几何】视图，在面铣操作“FACE_MILLING”上右击，在打开的快捷菜单中选择【复制】命令，再在“FACE_MILLING”上右击，选择【粘贴】命令，则复制一个新的面铣操作。

步骤 02：修改切削余量。双击“FACE_MILLING _COPY”打开【面铣】对话框，在【刀轨设置】选项区域中，单击【切削参数】图标按钮，打开【切削参数】对话框，在【余量】选项卡中修改【部件余量】和【侧面余量】为“-0.07”。

步骤 03：生成刀位轨迹。单击【生成】图标按钮，系统计算出面铣精加工的刀位轨迹，如图 8-50 所示。

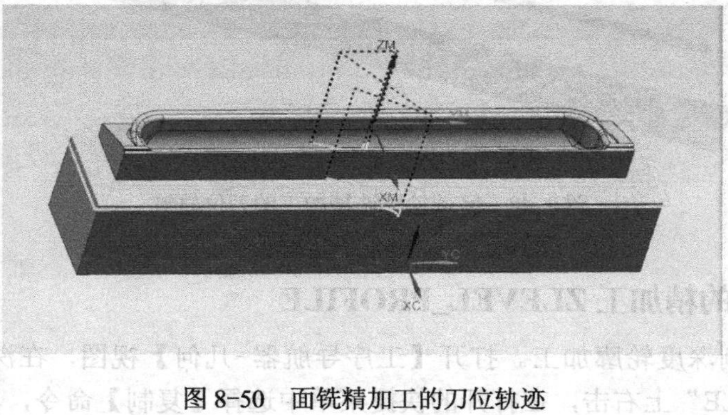

图 8-50　面铣精加工的刀位轨迹

8.3　清角电极 A2 的加工

工程案例导入：清角电极如图 8-51 所示

加工方法：依据电极的特征，采用型腔铣、区域轮廓铣、深度加工轮廓铣等综合加工对其进行操作。

项目要求：本实例要求使用综合加工方法对电极的各表面的尺寸、形状、表面粗糙度加工到位。

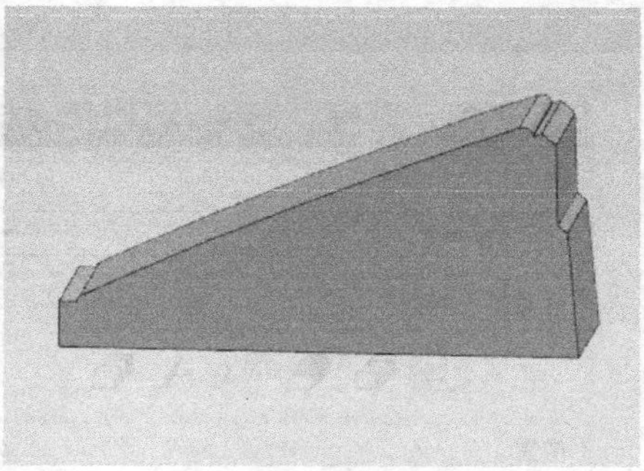

图 8-51　清角电极

8.3.1　实例分析

本实例是一个模具电极。火花位为单边 0.07mm。

加工思路是用 D6 进行粗加工，使用型腔铣操作，留余量 0.15mm。电极基座只做粗加工。D6 精加工侧面和底面，使用平面铣操作，留余量-0.07mm。

8-6 粗加工

8.3.2　电极的开粗 CAVITY_MILLING

步骤 01：创建坐标系。单击【插入】工具条中的【创建几何体】按钮，弹出【创建几何体】对话框。在【类型】下拉列表中选择【mill_contour】,【几何体子类型】中选择 MCS_MILL 图标按钮,【位置】选项区域中的【几何体】选择【GEOMETRY】,【名称】文本框中输入“MILL_MILLING”，如图 8-52 所示，单击【确定】按钮进入【MCS 铣削】对话框。

在菜单栏选择【启动】→【所有应用模块】→【注塑模向导】→【方块】命令，打开【创建方块】对话框，选择【有界长方体】，利用【体的面】选择电极的外形面，自动生成 XYZ 正、负方向余量均为 1mm 的包容块，设定 XY 方向余量均为 0mm，Z 方向为 5mm，创建一个几何体，关闭【注塑模向导】模块。

在【MCS 铣削】对话框中，单击【指定 MCS】图标按钮，在绘图区单击几何体顶面，设定加工坐标系在平面的中心。

步骤 02：设定安全高度。在【安全设置】选项区域中，【安全设置选项】选取【刨】，并单击【指定平面】图标按钮，弹出【刨】对话框，在绘图区单击几何体顶面，并在【偏置】选项区域中的【距离】文本框内输入“20mm”，即安全高度为 Z20，单击【确定】按钮完成设置。

步骤 03：创建 WORKPIECE。单击【插入】工具条中的【创建几何体】按钮，弹出【创建几何体】对话框。在【类型】下拉列表中选择【mill_contour】,【几何体子类型】中选择 WORKPIECE 图标按钮,【位置】选项区域中的【几何体】选择【MCS_MILL】,【名称】文本框中输入“WORKPIECE”，如图 8-53 所示，单击【确定】按钮进入【工件】对话框。单击【指定部件】图标按钮，打开【部件几何体】对话框，在绘图区选择电极作为几何体。

步骤 04：创建毛坯几何体。在【工件】对话框【几何体】选项区域组中单击【指定毛坯】图标按钮，打开【毛坯几何体】对话框，在【类型】下拉列表中选择【包容块】，并在【限制】选项区域中的【ZM+】文本框后输入“0”，单击【确定】按钮，系统自动生成毛坯。

步骤 05：创建程序组。单击【插入】工具条中的【创建程序】按钮，在打开的【创建程序】对话框中设置【类型】【位置】【名称】。单击【确定】按钮后就建立了一个程序。打开【工序导航器】的【程序顺序】视图，可以看到刚刚建立的程序 B1。用同样的方法创建其他的程序组。最后打开【工序导航器-程序顺序】视图如图 8-54 所示。

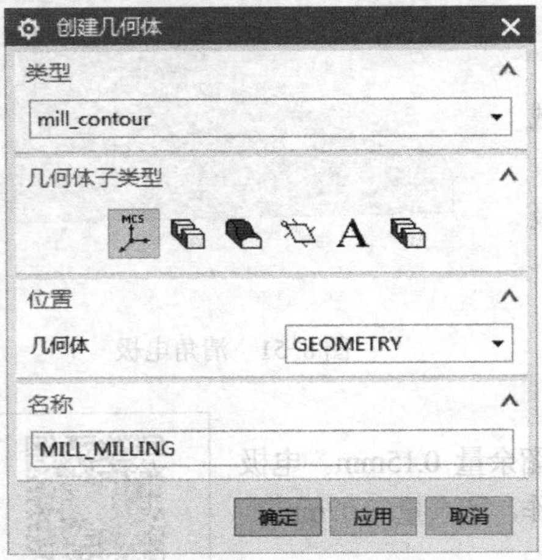

图 8-52 【创建几何体】对话框

图 8-53 【创建几何体】对话框

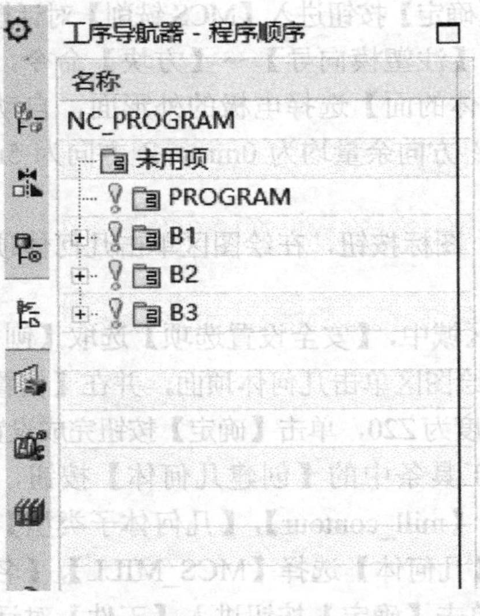

图 8-54 【工序导航器-程序顺序】对话框

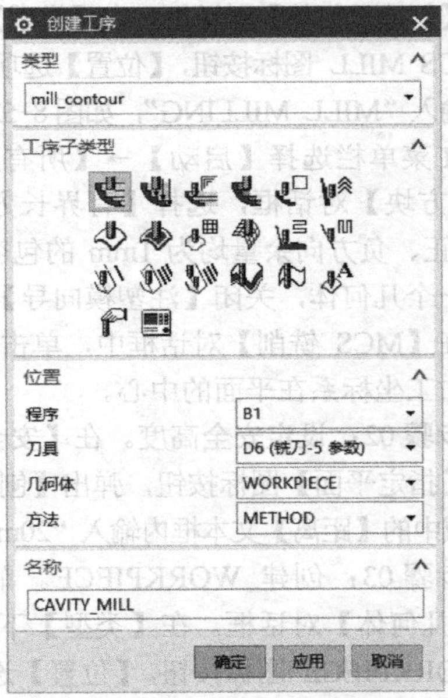

图 8-55 【创建工序】对话框

步骤 06：创建型腔铣，单击【插入】工具条中的【创建工序】命令，打开【创建工序】对话框，如图 8-55 所示，在【类型】下拉列表中选择【mill_contour】，修改位置参数，填写名称，然后单击 CAVITY_MILLING 图标按钮，打开【型腔铣】对话框。

步骤 07：设定切削策略和连接。在【型腔铣】对话框的【刀轨设置】选项区域中，单击【切削参数】图标按钮，打开【切削参数】对话框，在【策略】选项卡中设置【切削方向】为【顺铣】，【切削顺序】为【深度优先】，如图 8-56 所示。在【连接】选项卡中设置【开放刀路】为【变换切削方向】。

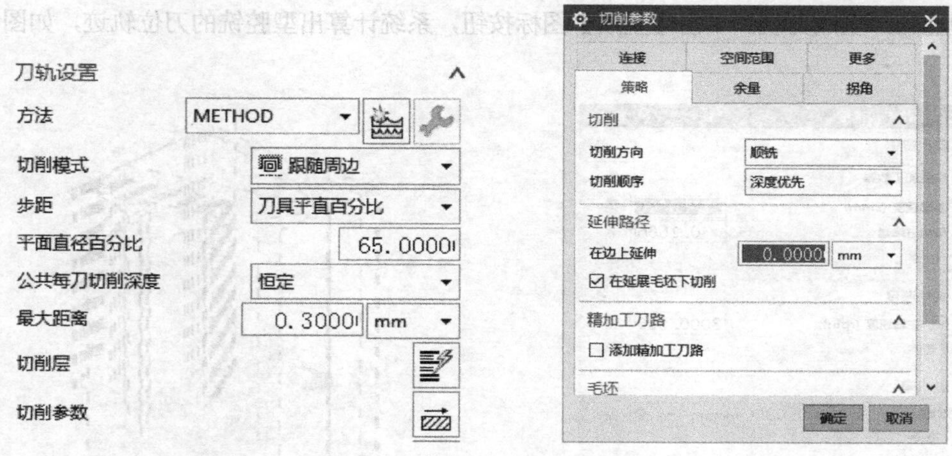

图 8-56 【切削参数】对话框

步骤 08：设定切削余量。在【切削参数】对话框中，打开【余量】选项卡，取消选中【使底面余量与侧面余量一致】复选框，修改【部件侧面余量】为“0.2”，【部件底面余量】为“0.1”，【内公差】与【外公差】均为“0.05”，如图 8-57 所示。

步骤 09：设定进刀参数。在【型腔铣】对话框的【刀轨设置】选项区域中，单击【非切削移动】图标按钮，弹出【非切削移动】对话框，打开【进刀】选项卡。在【开放区域】选项区域里，【进刀类型】设定为“圆弧”，【半径】设定为“7”“mm”【圆弧角度】设定为“90”，【高度】设定为“3”“mm”，【最小安全距离】设定为工具直径的 50%，单击【确定】按钮完成设置，如图 8-58 所示。

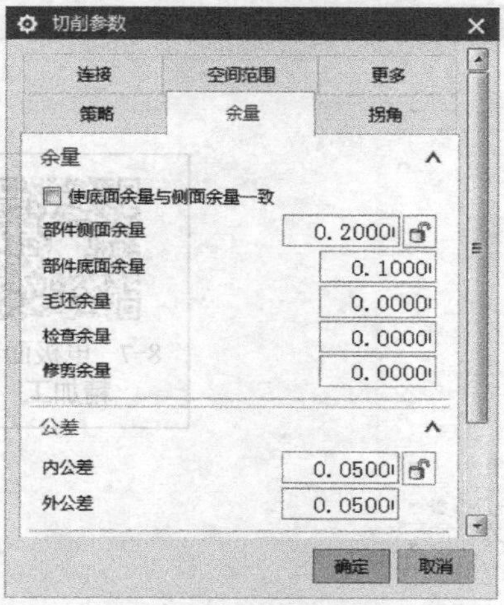

图 8-57 【余量】选项卡

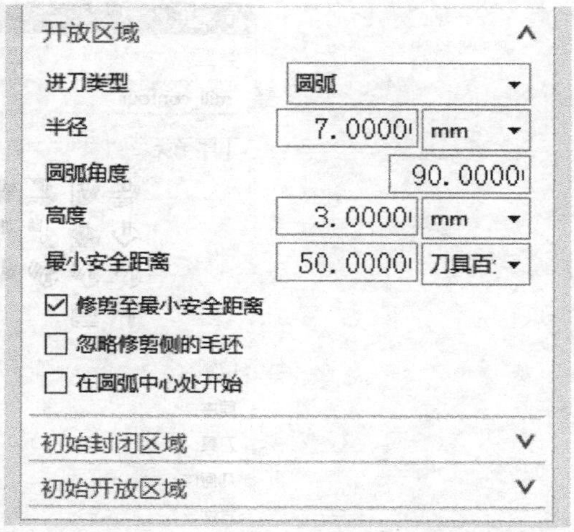

图 8-58 【非切削移动】对话框

步骤 10：设定进给率和速度。在【型腔铣】对话框的【刀轨设置】选项区域中，单击【进给率和速度】图标按钮，打开【进给率和速度】对话框，在【主轴速度】选项区域中，选中【主轴速度】复选框，在文本框中输入“3000”，【进给率】选项区域中的【切削】设定为“1000”“mmpm”，如图 8-59 所示。

步骤 11：生成刀轨。单击【生成】图标按钮，系统计算出型腔铣的刀位轨迹，如图 8-60 所示。

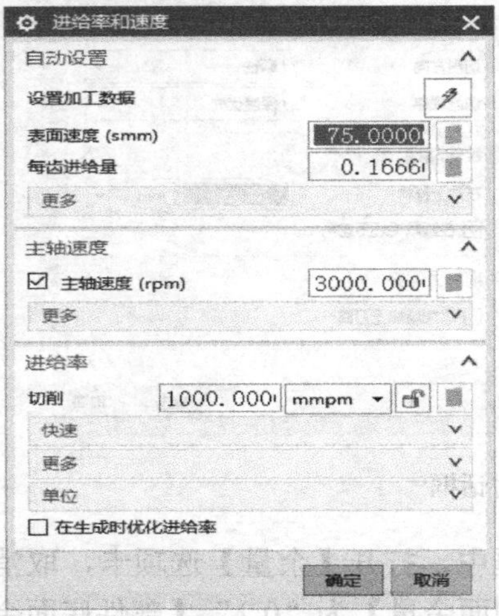

图 8-59　设定进给和速度

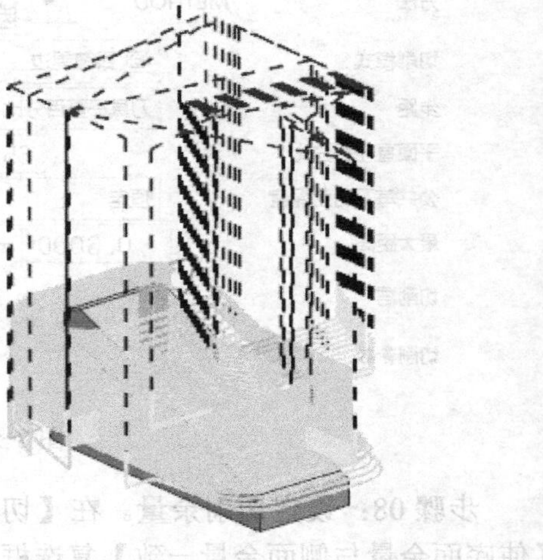

图 8-60　型腔铣的刀位轨迹

8.3.3　电极面的半精加工 CONTOUR_AREA

步骤 01：创建区域轮廓铣。单击【插入】工具条中的【创建工序】按钮，打开【创建工序】对话框，如图 8-61 所示。在【类型】下拉列表中选择【mill_contour】，修改位置参数，填写名称，然后单击 CONTOUR_AREA 图标按钮，打开【区域轮廓铣】对话框。

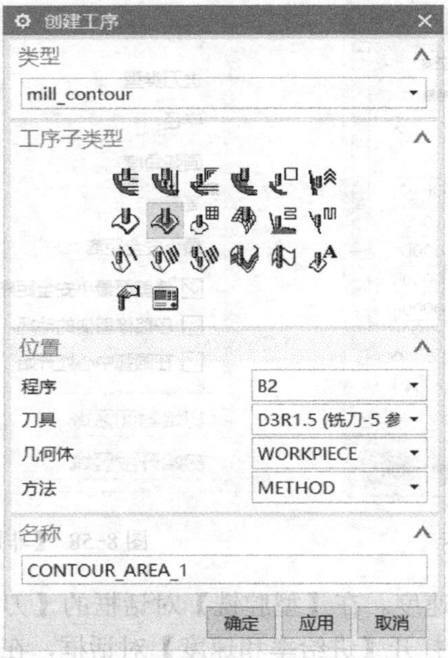

图 8-61　【创建工序】对话框

8-7　电极面半精加工

步骤 02：指定切削区域。在【区域轮廓铣】对话框的【刀轨设置】选项区域中，单击

【指定切削区域】图标按钮，弹出【切削区域】对话框，在绘图区指定切削区域，如图 8-62 所示。

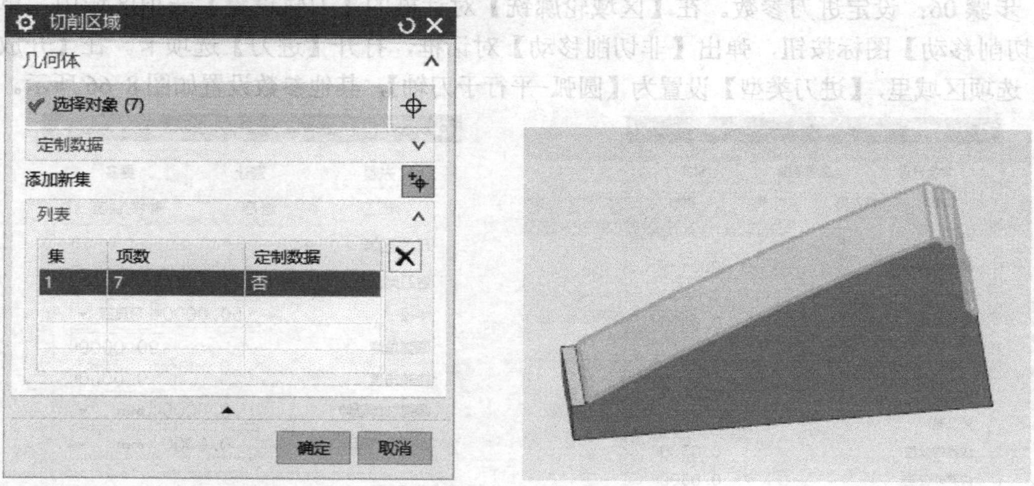

图 8-62　指定切削区域

步骤 03：编辑驱动方法参数。在【区域轮廓铣】对话框中，单击【驱动方法】的【编辑参数】图标按钮，弹出【区域铣削驱动方法】对话框。【步距】设定为【恒定】，【最大距离】设定为“0.2”“mm”，其他参数的设定如图 8-63 所示。

步骤 04：设定切削参数。在【区域轮廓铣】对话框的【刀轨设置】选项区域中，单击【切削参数】图标按钮，打开【切削参数】对话框，在【策略】选项卡中设置【切削方向】为【顺铣】，如图 8-64 所示。

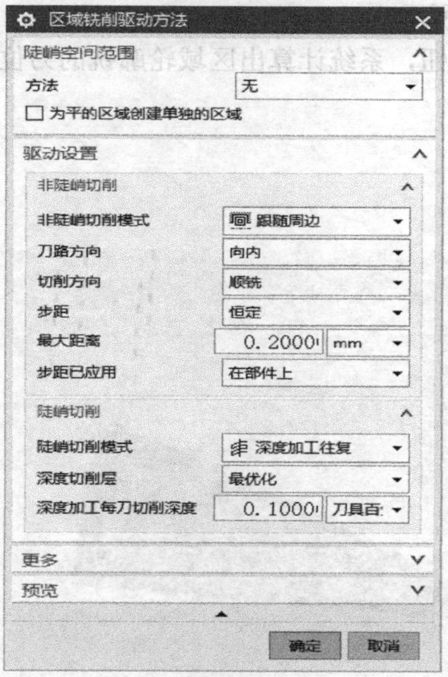

图 8-63 【区域铣削驱动方法】对话框

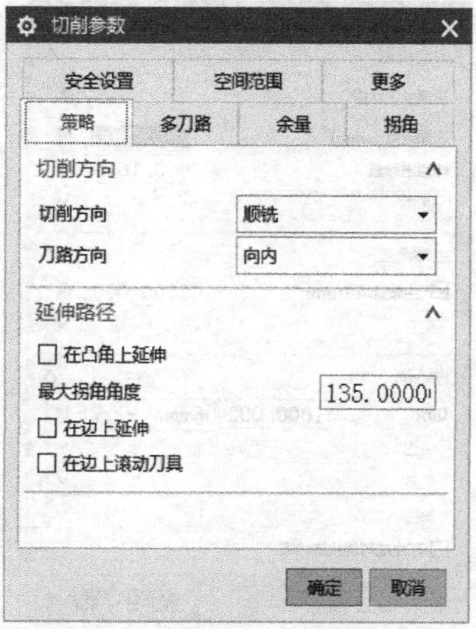

图 8-64 【切削参数】对话框

步骤 05：设定切削余量。在【余量】选项卡中，将【部件余量】改为“0”，内、外公差均修改为“0.03”，如图 8-65 所示。

步骤 06：设定进刀参数。在【区域轮廓铣】对话框的【刀轨设置】选项区域中，单击【非切削移动】图标按钮，弹出【非切削移动】对话框，打开【进刀】选项卡。在【开放区域】选项区域里，【进刀类型】设置为【圆弧-平行于刀轴】，其他参数设置如图 8-66 所示。

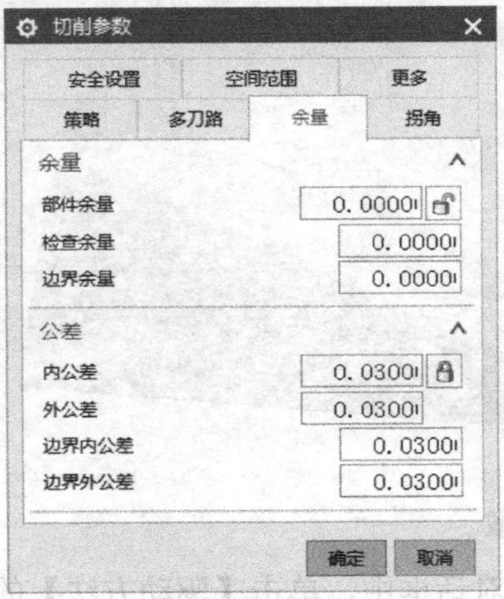

图 8-65 【余量】选项卡

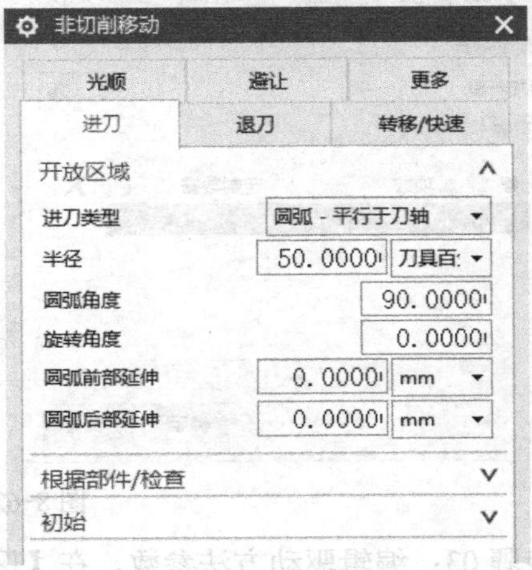

图 8-66 【非切削移动】对话框

步骤 07：设定进给率和刀具转速。在【区域轮廓铣】对话框的【刀轨设置】选项区域中，单击【进给率和速度】图标按钮，打开【进给率和速度】对话框，在【主轴速度】选项区域中，选中【主轴速度】复选框，在文本框中输入“3000”。在【进给率】选项区域中设定【切削】为“1000”“mmpm”，单击【主轴速度】后面的【计算】图标按钮生成表面速度和进给量，单击【确定】按钮完成设置，如图 8-67 所示。

步骤 08：生成刀位轨迹。单击【生成】图标按钮，系统计算出区域轮廓铣的刀位轨迹如图 8-68 所示。

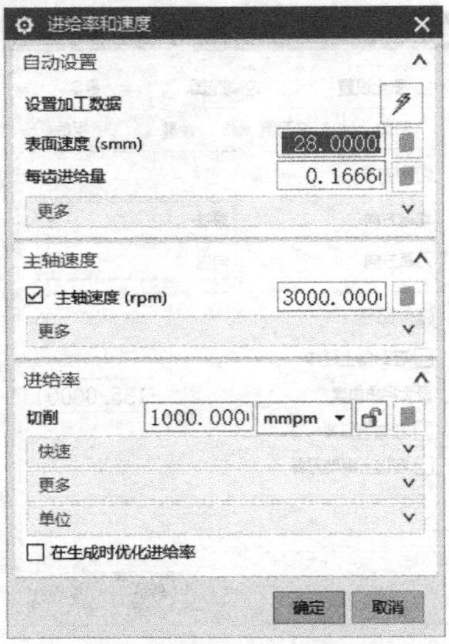

图 8-67 设定进给率和速度

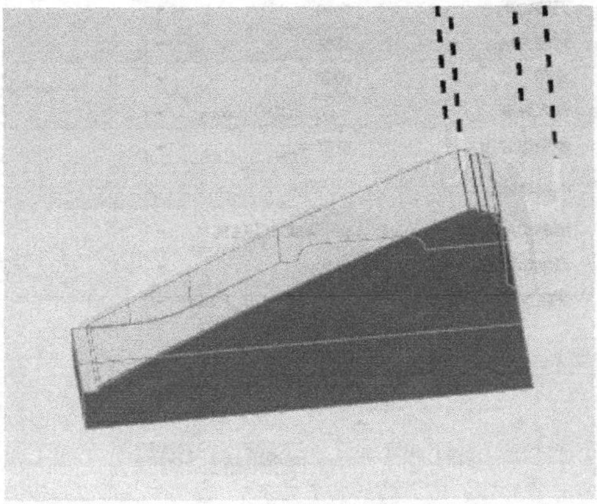

图 8-68 区域轮廓铣的刀位轨迹

8.3.4　电极侧面的半精加工 ZLEVEL_PROFILE

步骤 01：创建深度轮廓加工。单击【插入】工具条中的【创建工序】按钮，打开【创建工序】对话框，如图 8-69 所示。在【类型】下拉列表在选择【mill_contour】，修改位置参数，填写名称，然后单击 ZLEVEL_PROFILE 图标按钮，打开【深度轮廓加工】对话框。

图 8-69　【创建工序】对话框

8-8　侧面半精加工

步骤 02：指定切削区域。在【深度轮廓加工】对话框的【几何体】选项区域中，单击【指定切削区域】图标按钮，弹出【切削区域】对话框，在绘图区指定切削区域，如图 8-70 所示。

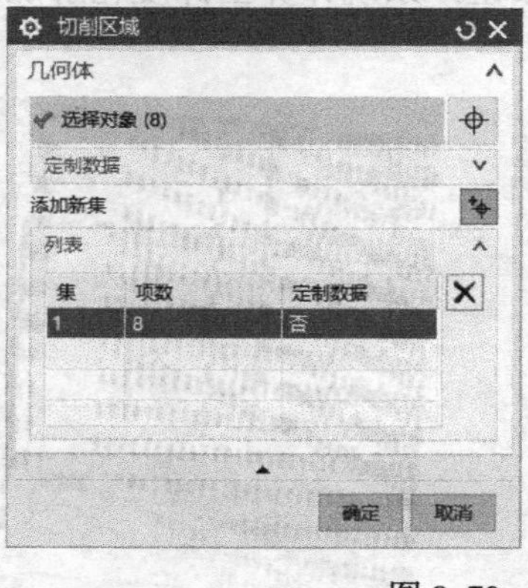

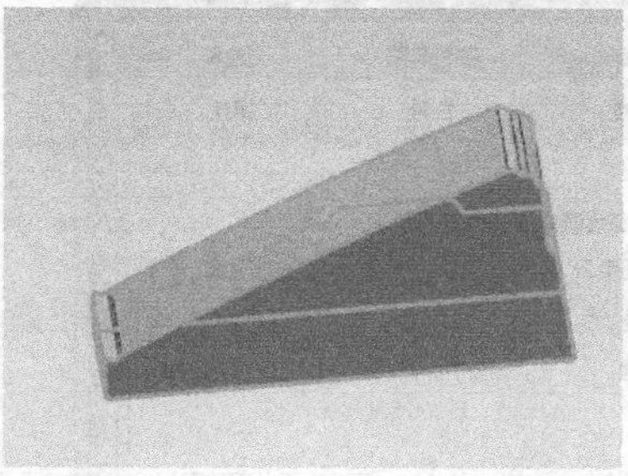

图 8-70　【切削区域】对话框

步骤 03：设置每刀的公共深度。在【深度轮廓加工】对话框的【刀轨设置】选项区域中，【公共每刀切削深度】设定为【恒定】，【最大距离】文本框中输入“0.3”，其他参数设定如图 8-71 所示。

步骤 04：设定切削参数。在【深度轮廓加工】对话框的【刀轨设置】选项区域中，单击【切削参数】图标按钮，打开【切削参数】对话框，在【策略】选项卡中设置【切削方向】为【顺铣】，【切削顺序】为【深度优先】，如图 8-72 所示。

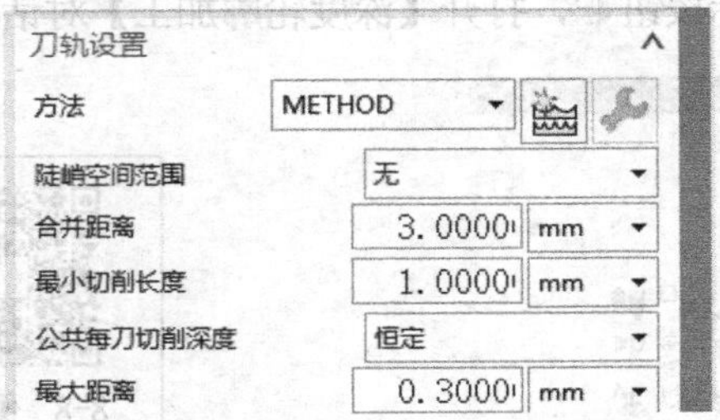

图 8-71　修改刀轨设置

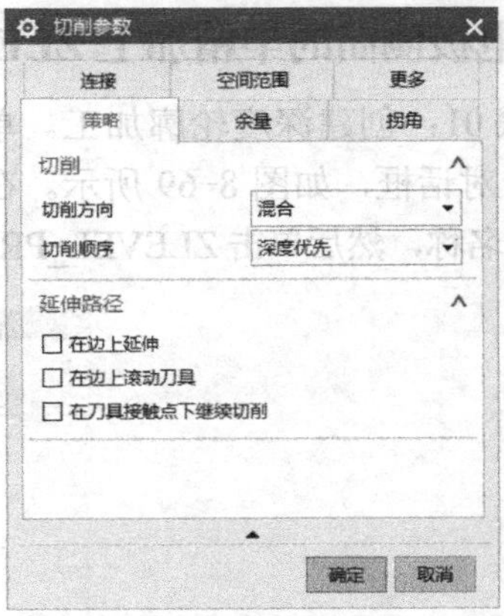

图 8-72　【切削参数】对话框

步骤 05：设定切削余量。打开【余量】选项卡，选中【使底面余量与侧面余量一致】复选框，修改【部件侧面余量】为“0”，如图 8-73 所示。

步骤 06：设定进刀参数。在【深度轮廓加工】对话框的【刀轨设置】选项区域中，单击【非切削移动】图标按钮，弹出【非切削移动】对话框，打开【进刀】选项卡，在【开放区域】选项区域中，【进刀类型】设置为【圆弧】，其他参数设置为默认，单击【确定】按钮完成设置。

步骤 07：设定进给率和刀具转速。在【深度轮廓加工】对话框的【刀轨设置】选项区域中，单击【进给率和速度】按钮，打开【进给率和速度】对话框，在【主轴速度】选项区域中，选中【主轴速度】复选框，在文本框中输入“3000”。在【进给率】选项区域中设定【切削】为“1000”“mmpm”，其他各参数接受默认设置。

步骤 08：生成刀位轨迹。单击【生成】图标按钮，系统计算出深度轮廓加工的刀位轨迹如图 8-74 所示。

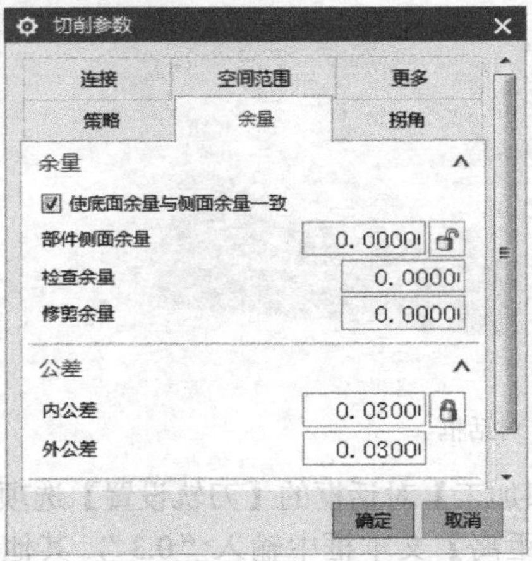

图 8-73　【余量】选项卡

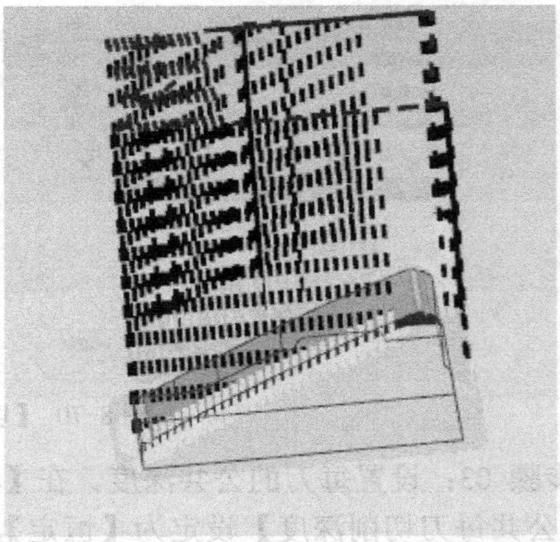

图 8-74　深度轮廓加工的刀位轨迹

8.3.5　电极面的精加工 CONTOUR_AREA

步骤 01：复制区域轮廓铣。打开【工序导航器-几何】视图，在区域轮廓铣操作

“CONTOUR_AREA”上右击，在打开的快捷菜单中选择【复制】命令，再在“ZLEVEL_PROFILE”上右击，在打开的快捷菜单中选择【粘贴】命令，则复制一个新的区域轮廓铣操作。

步骤 02：修改刀具。将刀具选项展开，修改【刀具】为 D3R1.5。

步骤 03：编辑驱动方法参数。在【区域轮廓铣】对话框的【刀轨设置】选项区域中，单击【驱动方法】选项区域中的【编辑参数】图标按钮，弹出【区域铣削驱动方法】对话框。在【驱动设置】选项区域中，【步距】设定为【恒定】，【最大距离】设定为“0.1”“mm”，【步距已应用】设定为【在部件上】，其他参数设定如图 8-75 所示，单击【确定】按钮返回。

步骤 04：修改切削余量。在【区域轮廓铣】对话框的【刀轨设置】选项区域中，单击【切削参数】图标按钮，打开【切削参数】对话框，在【余量】选项卡中修改切削余量，【部件余量】设定为“0”，【内公差】和【外公差】均设定为“0.01”。

8-9　电极精加工

步骤 05：生成刀位轨迹。单击【生成】图标按钮，系统计算出区域轮廓铣精加工的刀位轨迹如图 8-76 所示。

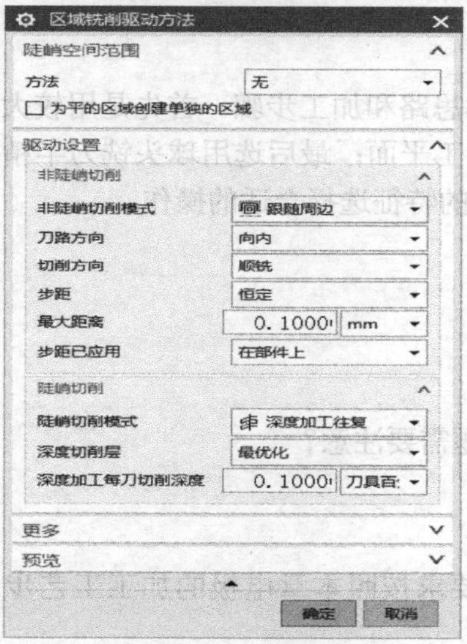

图 8-75 【区域铣削驱动方法】对话框

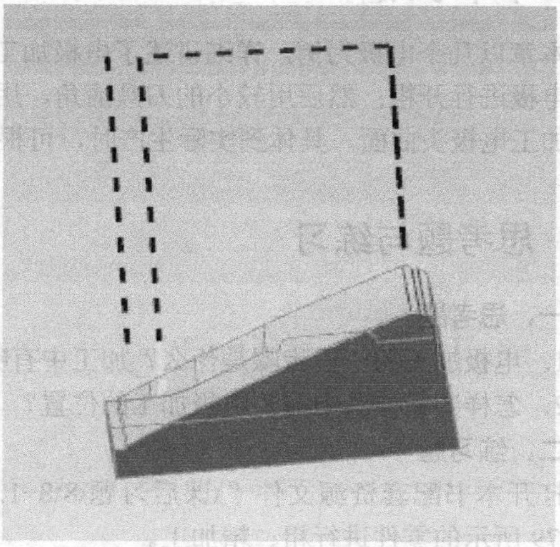

图 8-76　区域轮廓铣精加工的刀位轨迹

8.3.6　电极侧面的精加工 ZLEVEL_PROFILE

步骤 01：复制深度轮廓加工。打开【工序导航器-几何】视图，在深度轮廓加工操作“ZLEVEL_PROFILE”上右击，在打开的快捷菜单中选择【复制】命令，再在“CONTOUR_AREA”上右击，在打开的快捷菜单中选择【粘贴】命令，则复制一个新的深度轮廓加工。

步骤 02：修改切削余量。在【工序航器-几何】视图中双击“ZLEVEL_PROFILE_COPY”，打开【深度轮廓加工】对话框，在【刀轨设置】选项区域中，单击【切削参数】图标按钮，打开【切削参数】对话框，在【余量】选项卡中修改切削余量，【部件余量】设定为“-0.07”，【内公差】和【外公差】均设定为“0.01”，如图 8-77 所示。

步骤 03：生成刀位轨迹。单击【生成】图标按钮，系统计算出深度轮廓的刀位轨迹如图 8-78 所示。

图 8-77 【切削参数】对话框

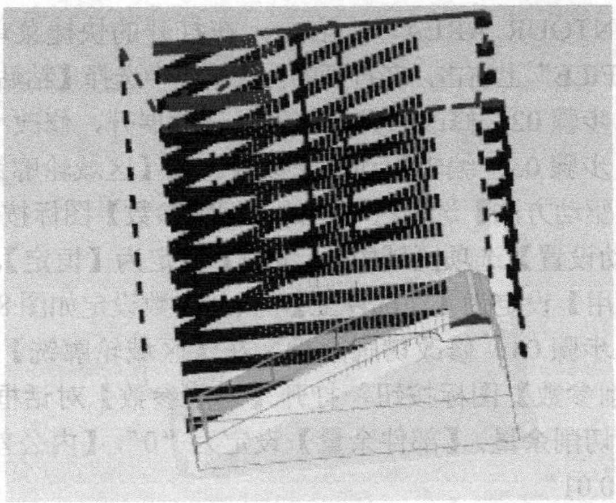

图 8-78 深度轮廓加工的刀位轨迹

8.4 本章小结

本章以几个电极为例，详细讲述了电极加工的基本思路和加工步骤。首先是用较大的刀具对电极进行开粗；然后用较小的刀具清角，用平刀加工平面；最后选用球头铣刀半精加工和精加工电极头曲面。具体到实际生产时，可根据电极的特征选择合适的操作。

8.5 思考题与练习

一、思考题

1．电极加工的一般步骤是什么？加工中有哪些问题需要注意？

2．怎样判断模具中需要电极加工的位置？

二、练习题

打开本书配套资源文件“\课后习题\8\8-1.prt”，要求按照本章电极的加工工艺步骤对图 8-79 所示的零件进行粗、精加工。

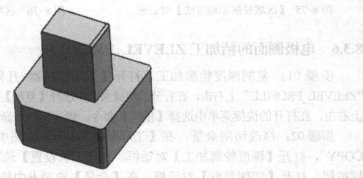

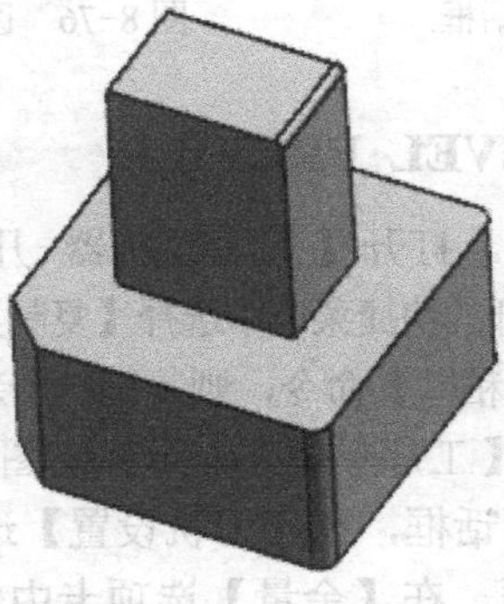

图 8-79 习题 8-1

第 9 章　肥皂盒模框数控加工实例

9.1　肥皂盒模框数控加工

图 9-1 所示为加工完成的肥皂盒模框，材料为 45 钢，上面有 9 个通孔，2 个不通孔。加工思路是通过型腔铣进行开粗加工，侧面留 0.3mm 加工余量，底面留 0.1mm 加工余量，再用深度轮廓加工去除余量，加工工艺方案制定见表 9-1。

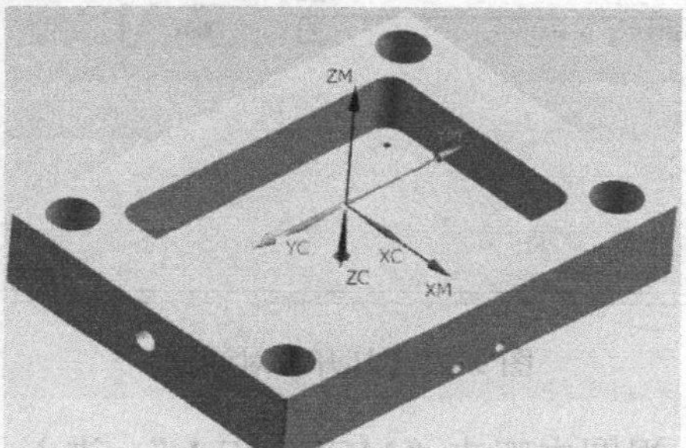

9-1　模框粗加工

图 9-1　肥皂盒模框

表 9-1　模框的加工工艺方案　（单位：mm）

工序号	加工内容	加工方式	余量侧面/底面	刀具	夹具
10	下料 400×300×70	铣削	0.5	D16 立铣刀	机夹虎钳
20	铣六面体 400×300×70	铣削	0	D16 立铣刀	机夹虎钳
30	将零件装夹在机夹台上				机夹虎钳
30.1	模框的开粗	型腔铣	0.3/0.1	D16 平铣刀	
30.2	4 个孔的精加工	深度轮廓加工	0	D20 铣刀	
30.3	型腔的精加工	深度轮廓加工铣	0	D16 铣刀	
30.4	底面孔加工	定心钻		D3 钻头	
30.5	底面通孔	钻孔		D6.5 钻头	
30.6	底面不通孔	钻孔		D8 钻头	
30.7	底面不通孔	钻孔		D12.5 钻头	

9.1.1　模框型腔的粗加工 CAVITY_MILLING

步骤 01：调入工件。单击【打开】按钮，弹出【打开】对话框，如图 9-2 所示，选择本书配套资源中的“\课堂练习\9\9-1.prt”文件，单击【OK】按钮。

步骤 02：创建坐标系 MCS。单击【插入】工具条中的【创建几何体】按钮，调出【创建几何体】对话框，在【类型】下拉列表中选择【mill_contour】,【几何体子类型】中选择 MCS 图标按钮，【位置】选项区域中【几何体】选择【GEOMETRY】,【名称】文本框中输入“MCS”，单击【确定】按钮。

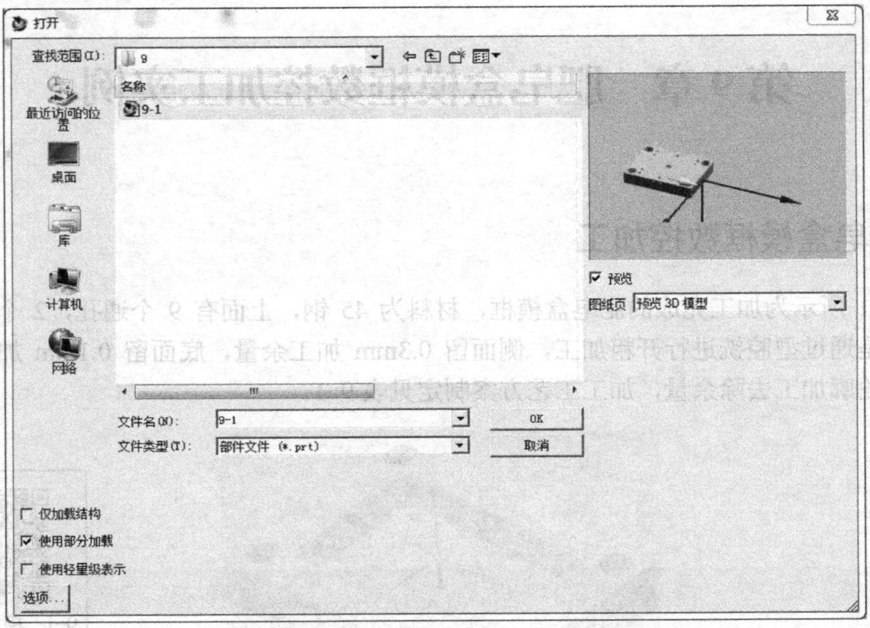

图 9-2 【打开】对话框

在【工序导航器几何】视图中双击“MCS_MILL”，进入【MCS】对话框，如图 9-3 所示。在【机床坐标系】选项区域中【指定 MCS】图标按钮，打开【CSYS】对话框，如图 9-4 所示。在【类型】下拉列表中选取【对象的 CSYS】，在绘图区选取肥皂盒模框上表面，如图 9-5 所示。

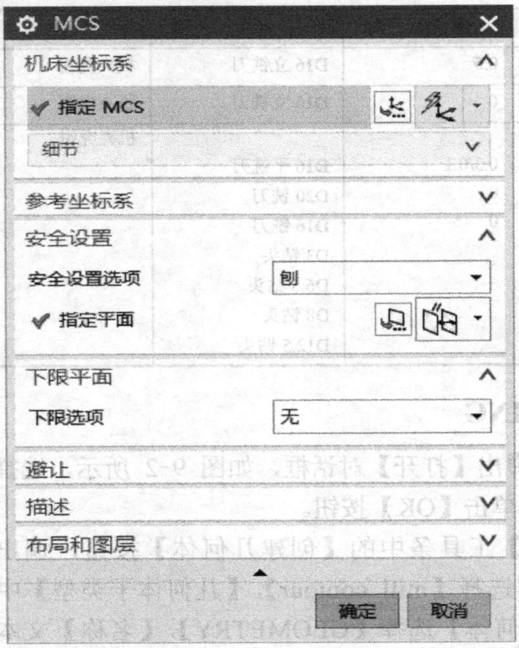

图 9-3 【MCS】对话框

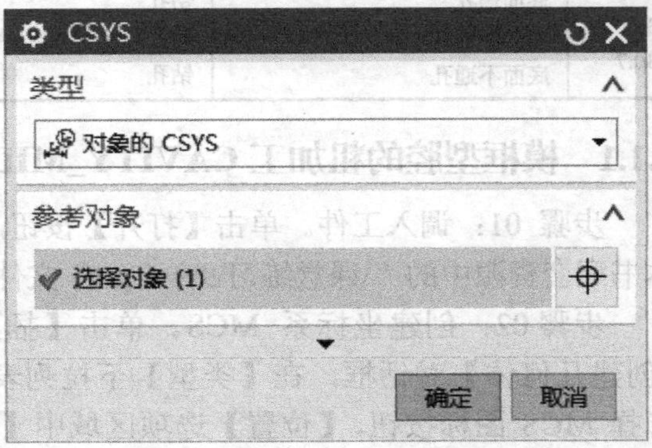

图 9-4 【CSYS】对话框

步骤 03：设定坐标系和安全高度。在【工序导航器-几何】视图中双击坐标系“MCS_MILL”，打开【MCS】对话框。单击【指定 MCS】图标按钮，在绘图区单击零件的顶面，将加工坐标系设置在零件表面的中心。在【安全设置】选项区域中，【安全设置选项】下拉列表中选取【刨】，并单击【指定平面】图标按钮，弹出【刨】对话框。下拉列表中【类型】【按某一距离】，在绘图区单击零件顶面，并在【距离】文本框中输入“50mm”，即安全高度为 Z50，单击【确定】按钮完成设置，如图 9-6 所示。

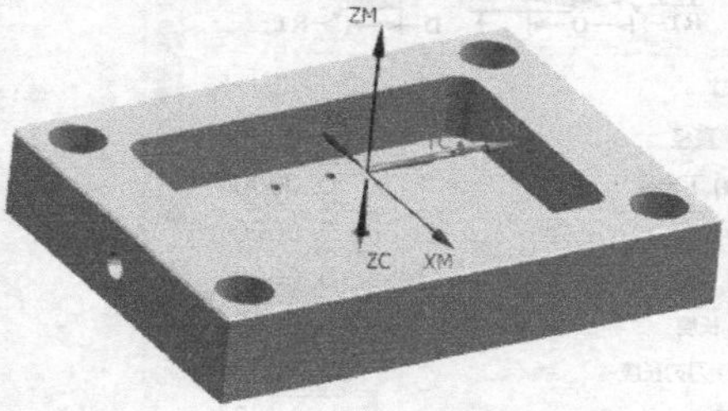

图 9-5　指定 MCS 加工坐标系

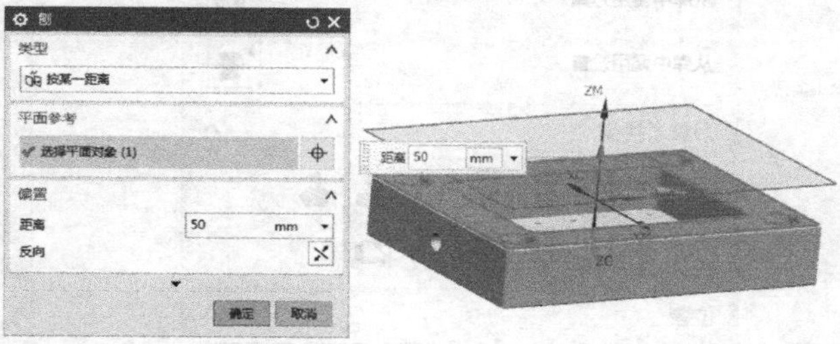

图 9-6　【刨】对话框

步骤 04：创建几何体。在【工序导航器-几何】视图中单击“MCS_MILL”前的“+”号，展开坐标系父节点，双击其下的“WORKPIECE”，打开【工件】对话框，单击【几何体】选项区域的【指定部件】图标按钮，打开【部件几何体】对话框，在绘图区选择模框作为部件几何体，如图 9-7 所示。

步骤 05：创建毛坯几何体。单击【确定】按钮回到【工件】对话框，在对话框【几何体】选项区域中单击【指定毛坯】图标按钮，打开【毛坯几何体】对话框，在【类型】下拉列表中选择【包容块】，如图 9-8 所示。单击【确定】按钮，系统自动生成毛坯。

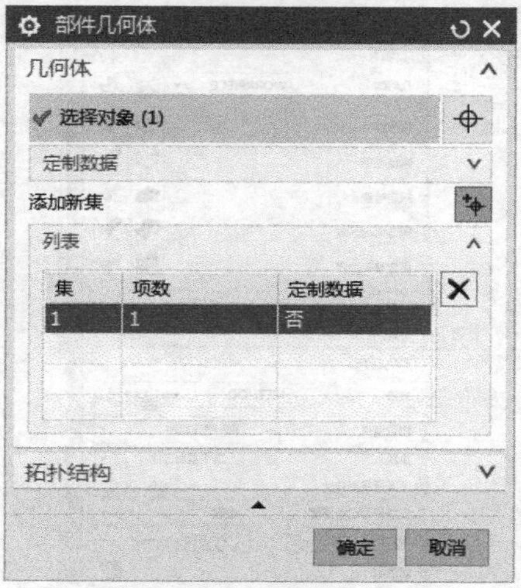

图 9-7　【部件几何体】对话框

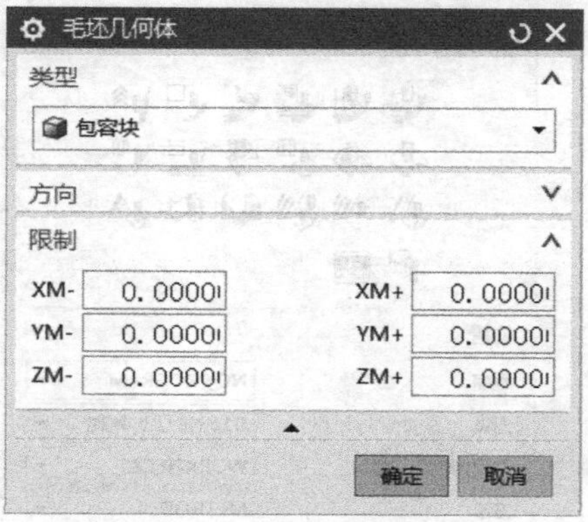

图 9-8　【毛坯几何体】对话框

步骤 06：创建刀具。单击【插入】工具条中的【创建刀具】按钮，打开【创建刀具】对话框，默认的【刀具子类型】为铣刀图标按钮，在【名称】文本框中输入“D16”，如图 9-9 所示。单击【应用】按钮，打开【铣刀-5 参数】对话框，在【直径】文本框中输入

"16"，如图 9-10 所示。这样就创建了一把直径为 16mm 的平铣刀，按照同样的方法，创建 D12 的铣刀。

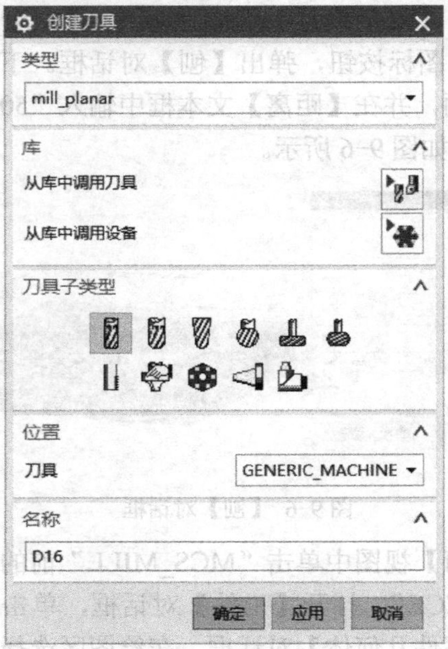

图 9-9 【创建刀具】对话框

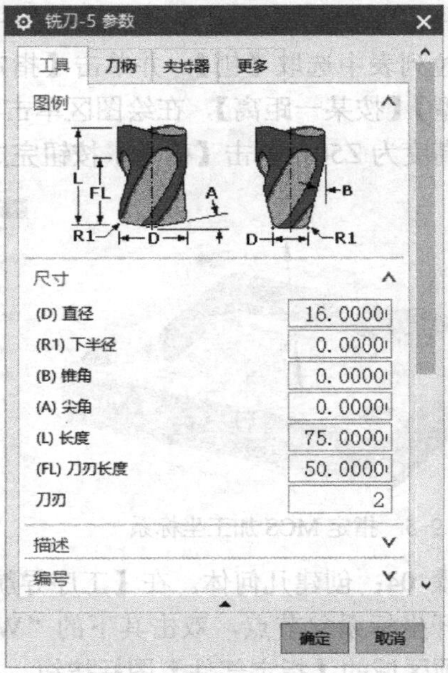

图 9-10 【铣刀-5 参数】对话框

步骤 07：创建型腔铣。单击【插入】工具条中的【创建工序】按钮，打开【创建工序】对话框，如图 9-11 所示。在【类型】下拉列表中选择【mill_contour】，修改位置参数，填写名称，然后单击 CAVITY_MILLING 图标按钮，打开【型腔铣】对话框，如图 9-12 所示。

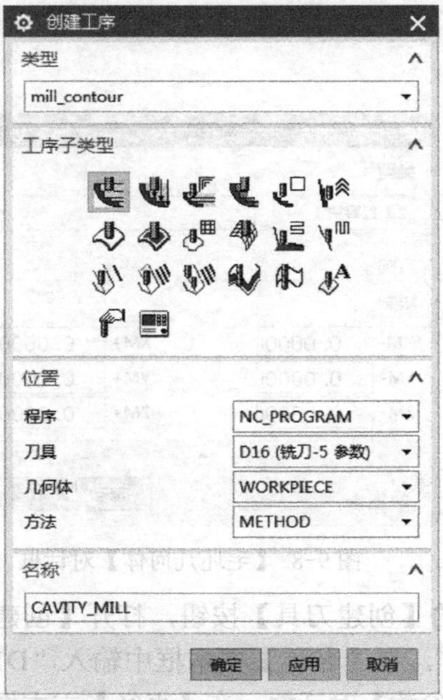

图 9-11 【创建工序】对话框

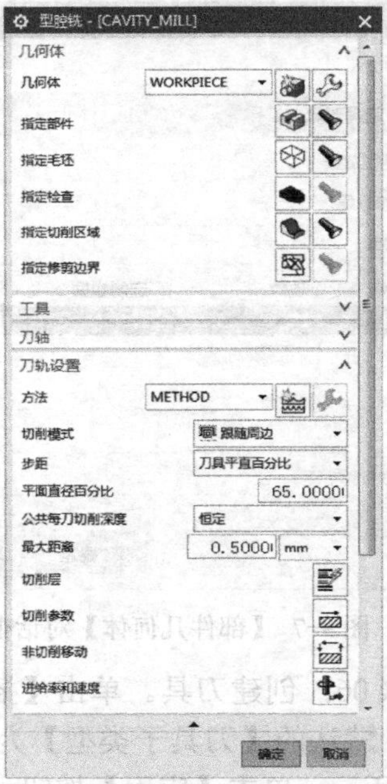

图 9-12 【型腔铣】对话框

步骤 08：修改切削模式。在【刀轨设置】选项区域中，选择【切削模式】为【跟随周边】，选择步距为【刀具平直百分比】，【平面直径百分比】设置为“65”，【最大距离】设置为“0.5”“mm”，如图 9-13 所示。

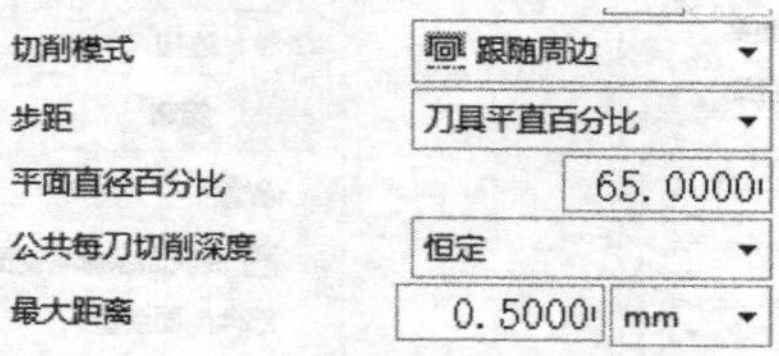

图 9-13 【切削模式】参数设置

步骤 09：设定切削层。在【刀轨设置】选项区域中，单击【切削层】图标按钮，弹出【切削层】对话框，在【范围】选项区域中的【最大距离】文本框中输入“0.5”“mm”，如图 9-14 所示。

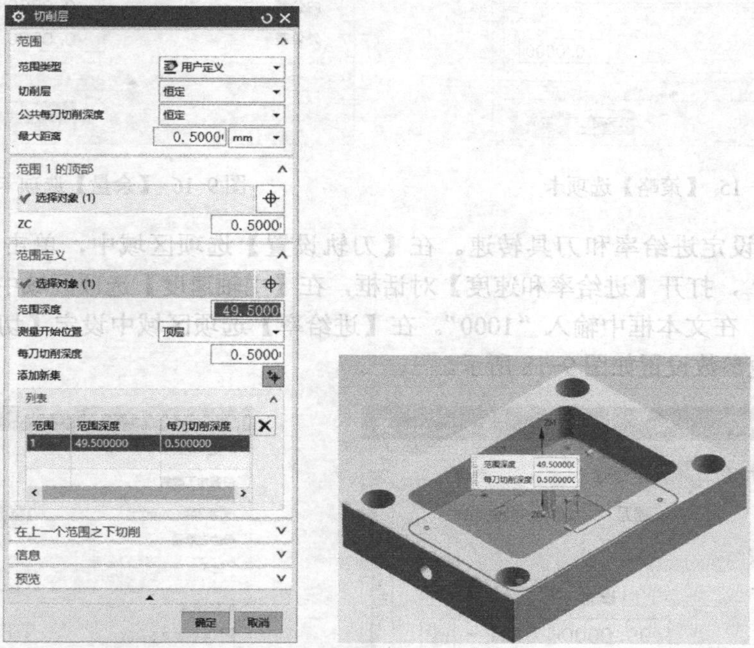

图 9-14 【切削层】对话框

步骤 10：设定切削策略。在【刀轨设置】选项区域中，单击【切削参数】图标按钮，打开【切削参数】对话框，在【策略】选项卡中设置【切削顺序】为【深度优先】，如图 9-15 所示。

步骤 11：设定切削余量。在【切削参数】对话框中，打开【余量】选项卡，取消选中【使底面余量与侧面余量一致】复选框，修改【部件侧面余量】为“0.3”，【部件底部面余量】为“0.1”，如图 9-16 所示，单击【确定】按钮完成设置。

步骤 12：设定进刀参数。在【刀轨设置】选项区域中，单击【非切削移动】图标按钮，弹出【非切削移动】对话框，打开【进刀】选项卡。在【封闭区域】选项区域中，【进刀类型】设定为【螺旋】，【直径】设定为刀具直径的 90%，【高度】设定为“3”“mm”，【高度起点】设定为【前一层】,【最小安全距离】设定为“0”“mm”,【最小斜面长度】设定为刀具直径的 70%，如图 9-17 所示，单击【确定】按钮完成设置。

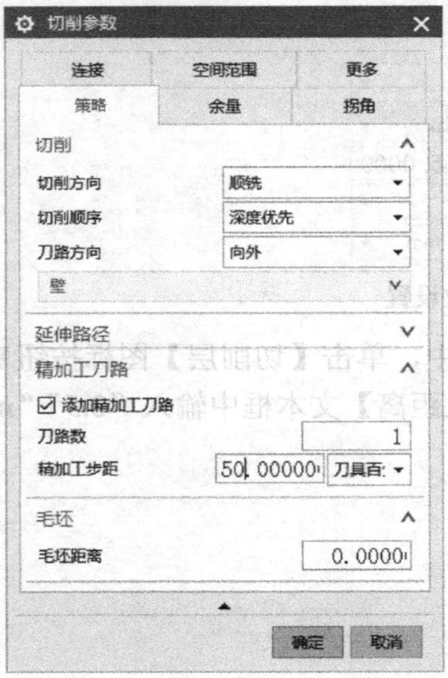

图 9-15 【策略】选项卡

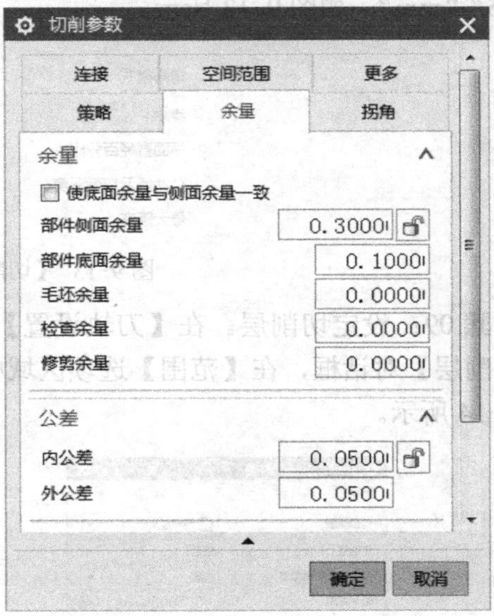

图 9-16 【余量】选项卡

步骤 13：设定进给率和刀具转速。在【刀轨设置】选项区域中，单击【进给率和速度】图标按钮，打开【进给率和速度】对话框，在【主轴速度】选项区域中，选中【主轴速度】复选框，在文本框中输入“1000”。在【进给率】选项区域中设定【切削】为“800”“mmpm”，其他参数设置如图 9-18 所示。

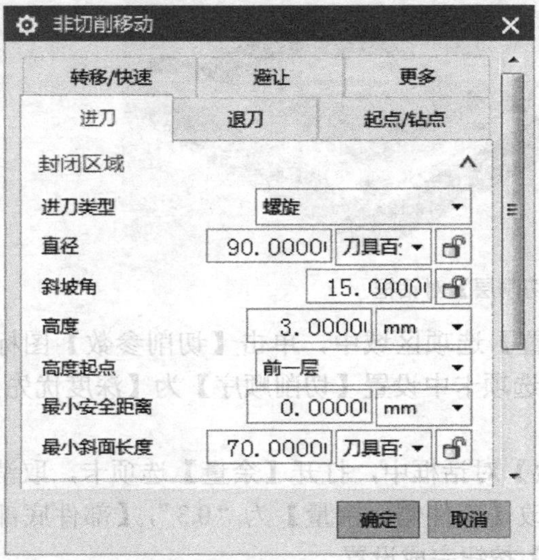

图 9-17 【非切削移动】对话框

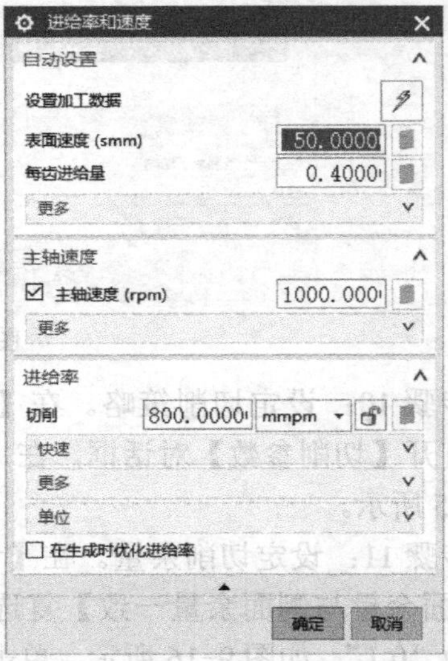

图 9-18 【进给率和速度】对话框

步骤 14：生成刀位轨迹。单击【生成】图标按钮，系统计算出型腔铣的刀位轨迹，如图 9-19 所示。

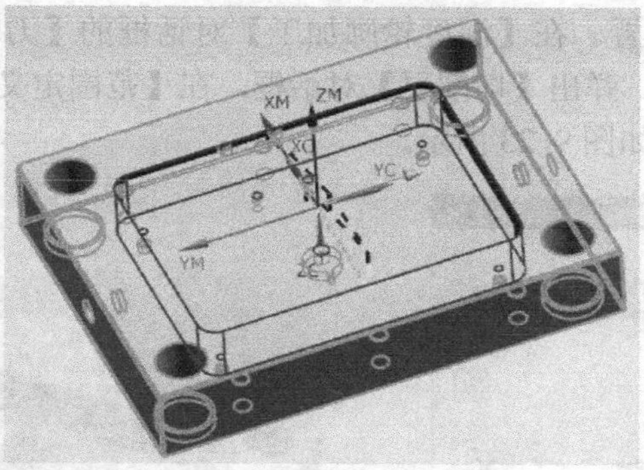

图 9-19　型腔铣的刀位轨迹

9-2　深度轮廓加工

9.1.2　模框型腔的精加工 ZLEVEL_PROFILE

步骤 01：创建深度轮廓加工。单击【插入】工具条中的【创建工序】按钮，打开【创建工序】对话框，如图 9-20 所示。在【类型】下拉列表中选择【mill_contour】，修改位置参数，填写名称，然后单击 ZLEVEL_PROFILE 图标按钮，打开【深度轮廓加工】对话框。

步骤 02：指定部件。在【深度轮廓加工】对话框的【几何体】选项区域中，单击【指定部件】图标按钮，弹出【部件几何体】对话框，如图 9-21 所示。在绘图区单击模型，单击【确定】按钮返回。

图 9-20　【创建工序】对话框

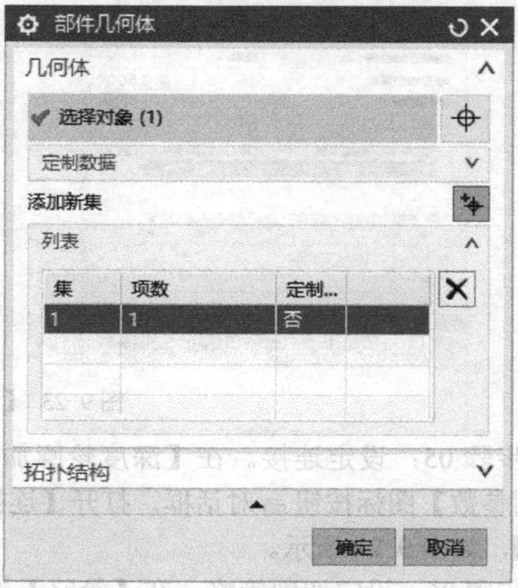

图 9-21　【部件几何体】对话框

步骤 03：指定切削区域。在【深度轮廓加工】对话框的【几何体】选项区域中，单击【指定切削区域】图标按钮，弹出【切削区域】对话框。在绘图区单击上表面指定切削区域，如图 9-22 所示。

步骤 04：切削层的设置。在【深度轮廓加工】对话框的【刀轨设置】选项区域中，单击【切削层】图标按钮，弹出【切削层】对话框，在【范围定义】选项区域组中【每刀切削深度】设定为“0.15”，如图 9-23 所示。

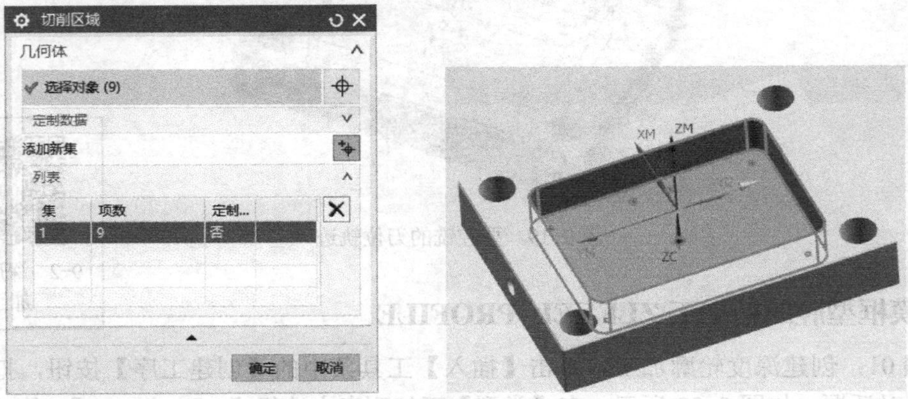

图 9-22 【切削区域】对话框

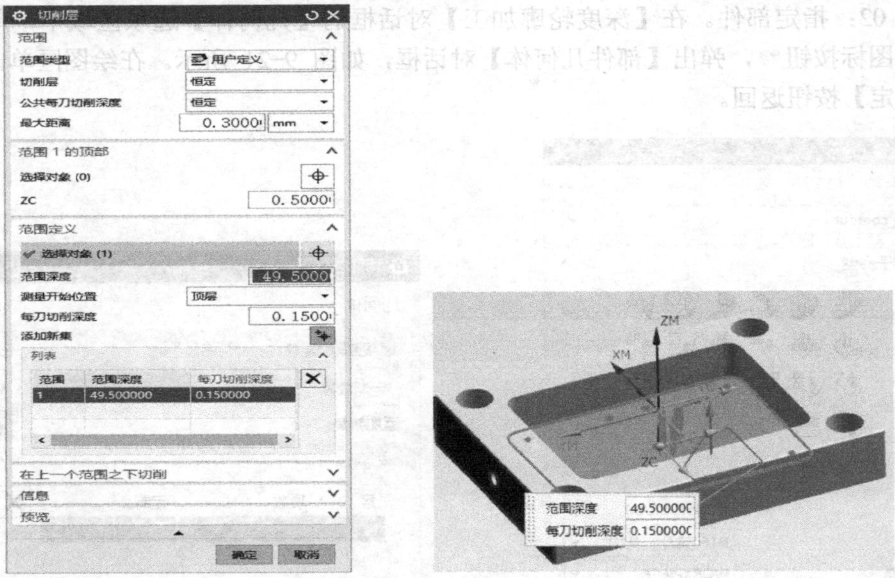

图 9-23 【切削层】对话框

步骤 05：设定连接。在【深度轮廓加工】对话框的【刀轨设置】选项区域中，单击【切削参数】图标按钮对话框，打开【连接】选项卡，在【层到层】中选择【直接对部件进刀】，如图 9-24 所示。

步骤 06：设定切削策略。在【策略】选项卡中设置【切削顺序】为【深度优先】，如图 9-25 所示。

步骤 07：设定切削余量。打开【余量】选项卡，修改【部件侧面余量】为“0”，【部件底面余量】为“0”。【内公差】和【外公差】均设定为“0.01”，如图 9-26 所示，单击【确定】按钮。

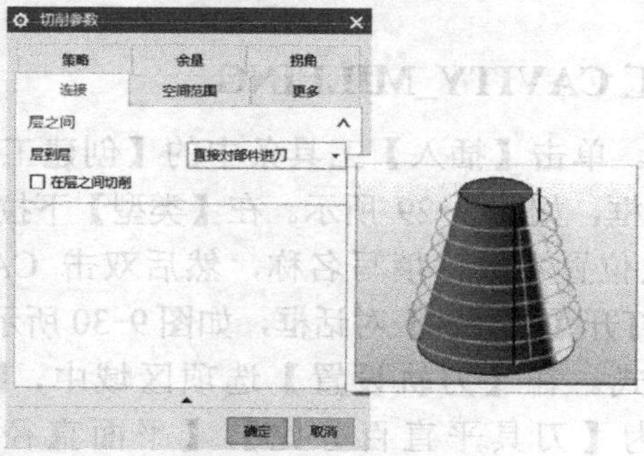

图 9-24 【连接】选项卡

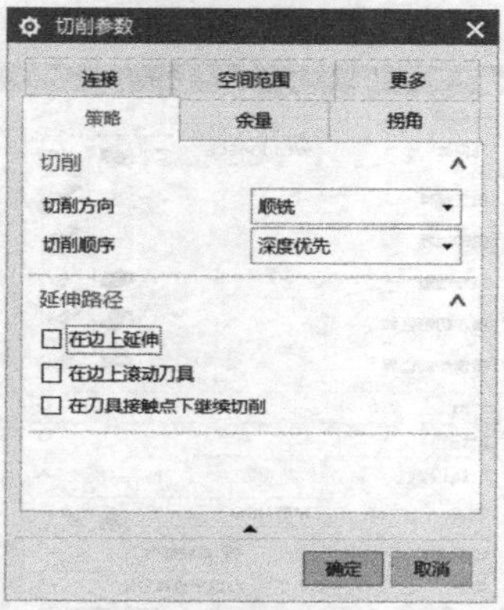

图 9-25 【切削参数】对话框

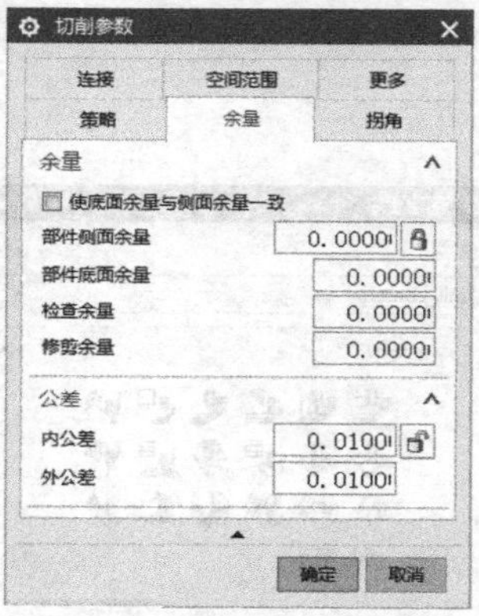

图 9-26 【余量】选项卡

步骤 08：设定进给率和速度。在【深度轮廓加工】对话框的【刀轨设置】选项区域中，单击“进给率和速度”图标按钮，打开“进给率和速度”对话框。在【主轴速度】选项区域中选中【主轴速度】复选框，在文本框中输入“1500”，【进给率】选项区域中设定【切削】为“800”“mmpm”，其他参数设置如图 9-27 所示。

步骤 09：生成刀位轨迹。单击【生成】图标按钮，系统计算出深度轮廓加工的刀位轨迹，如图 9-28 所示。

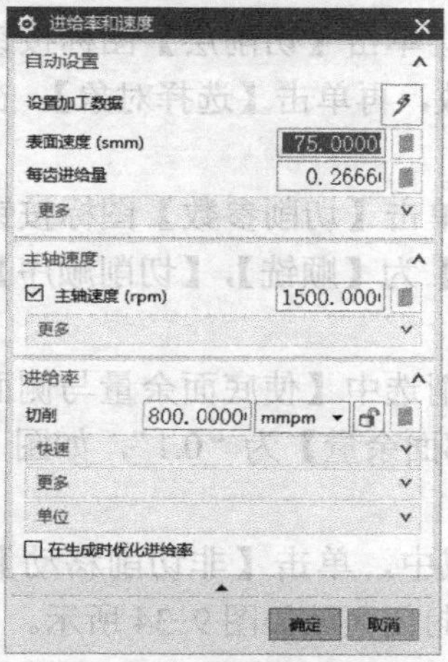

图 9-27 【进给率和速度】对话框

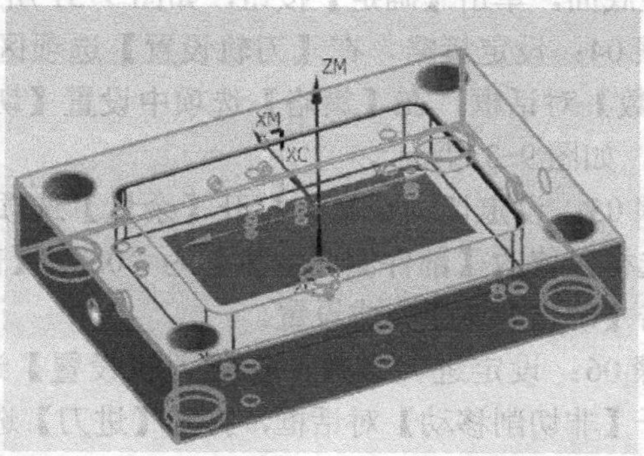

图 9-28　深度轮廓加工的刀位轨迹

9.1.3 模框导柱的粗加工 CAVITY_MILLING

9-3 导柱粗加工

步骤 01：创建型腔铣。单击【插入】工具条中的【创建工序】按钮，打开【创建工序】对话框，如图 9-29 所示。在【类型】下拉列表中选择【mill_contour】，修改位置参数，填写名称，然后双击 CAVITY_MILLING_1 图标按钮，打开【型腔铣】对话框，如图 9-30 所示。

步骤 02：修改切削模式。在【刀轨设置】选项区域中，【切削模式】设定为【跟随部件】，【步距】设定为【刀具平直百分比】，【平面直径百分比】设定为“65”，【公共每刀切削深度】设定为【恒定】，【最大距离】设置为“0.5”“mm”，如图 9-30 所示。

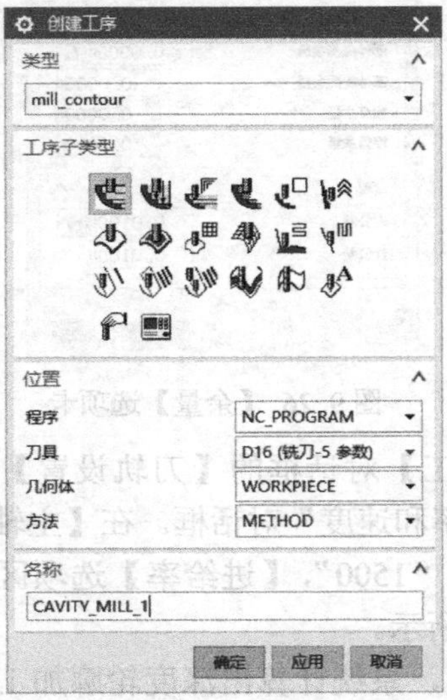

图 9-29 【创建工序】对话框

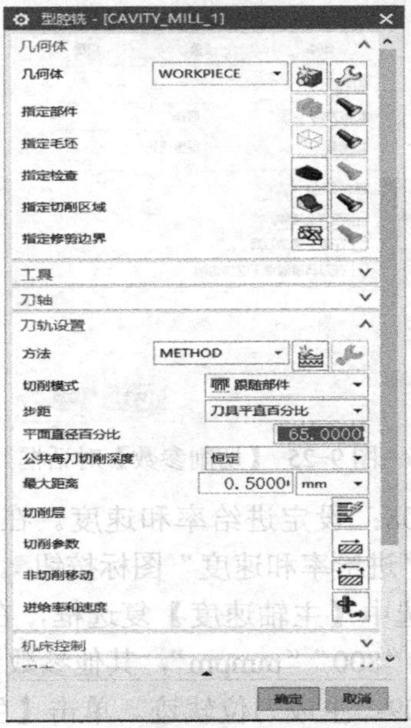

图 9-30 【型腔铣】对话框

步骤 03：设定切削层。在【刀轨设置】选项区域中，单击【切削层】图标按钮，打开【切削层】对话框，在【列表】选项区域中删除所有的层数，再单击【选择对象】，在绘图区设定型腔底面，单击【确定】按钮，如图 9-31 所示。

步骤 04：设定策略。在【刀轨设置】选项区域中，单击【切削参数】图标按钮，打开【切削参数】对话框，在【策略】选项中设置【切削方向】为【顺铣】，【切削顺序】为【深度优先】，如图 9-32 所示。

步骤 05：设定切削余量。打开【余量】选项卡，取消选中【使底面余量与侧面余量一致】复选框，修改【部件侧面余量】为“0.3”，【部件底部面余量】为“0.1”，如图 9-33 所示，单击【确定】按钮完成设置。

步骤 06：设定进刀参数。在【刀轨设置】选项区域中，单击【非切削移动】图标按钮，打开【非切削移动】对话框，打开【进刀】选项卡。封闭区域如图 9-34 所示。

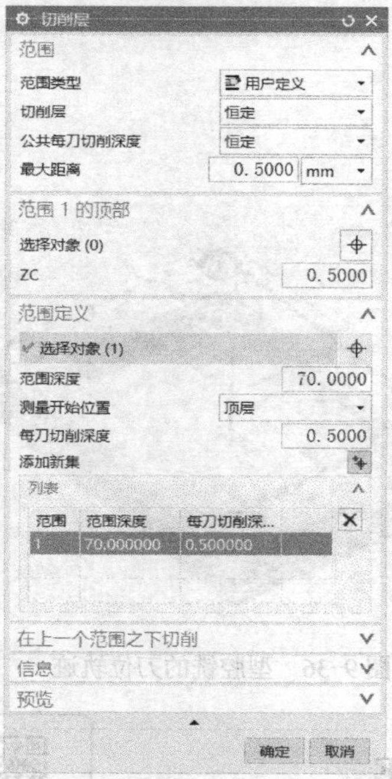

图 9-31 【切削层】对话框

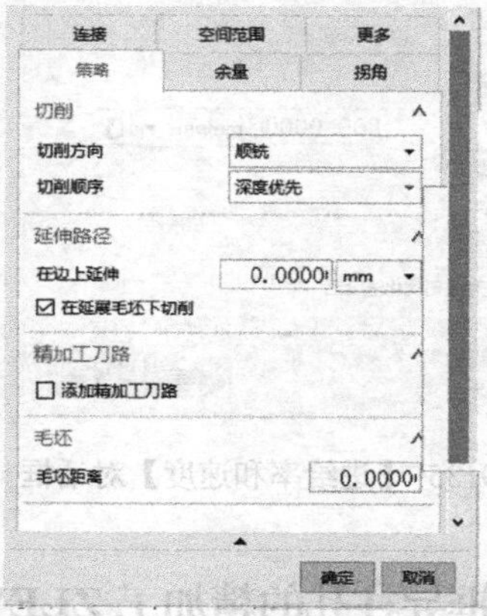

图 9-32 【策略】选项卡

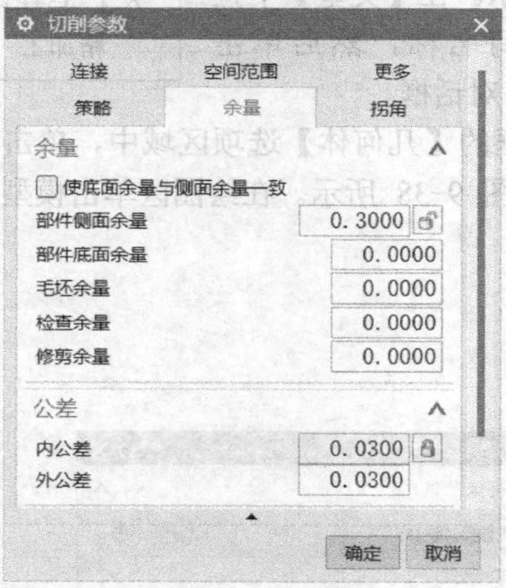

图 9-33 【余量】选项卡

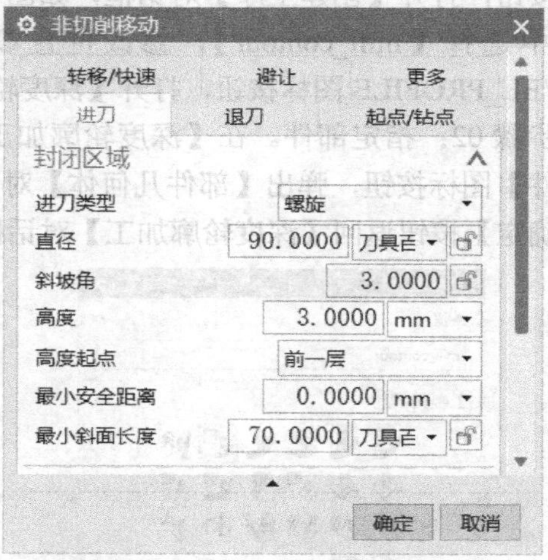

图 9-34 【非切削移动】对话框

步骤 07：设定进给率和刀具转速。在【型腔铣】对话框的【刀轨设置】选项区域中，单击【进给率和速度】图标按钮，打开【进给率和速度】对话框，在【主轴速度】选项区域中，选中【主轴速度】复选框，在文本框中输入“1000”。在【进给率】选项区域中设定【切削】为“800”，其他各参数如图 9-35 所示。

步骤 08：生成刀位轨迹。单击【生成】图标按钮，系统计算出型腔铣的刀位轨迹，如图 9-36 所示。

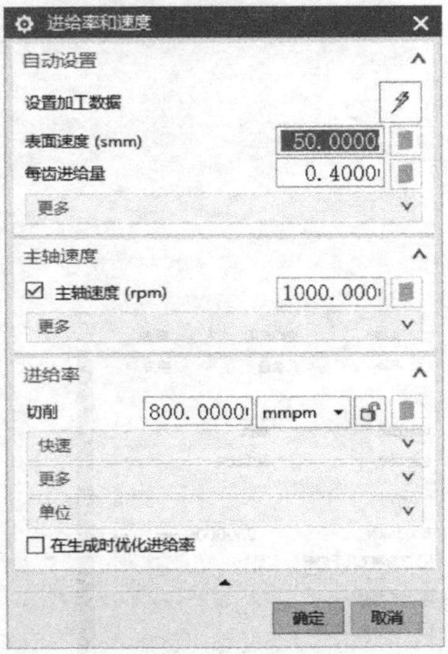

图 9-35 【进给率和速度】对话框

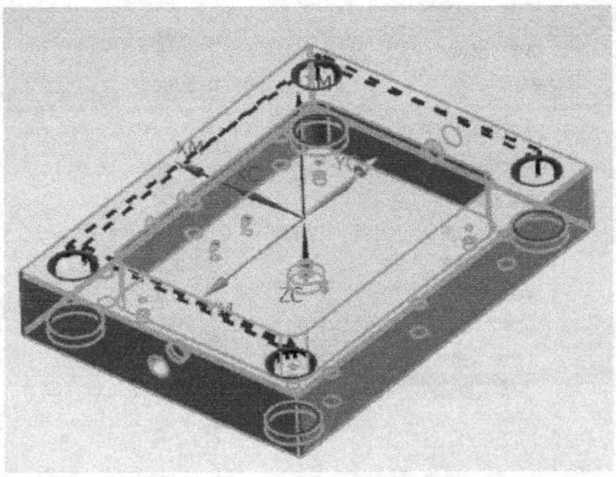

图 9-36 型腔铣的刀位轨迹

9.1.4 模框导柱孔的精加工 ZLEVEL_PROFILE

9-4 导柱孔精加工

步骤 01：创建深度轮廓加工。单击【插入】工具条中的【创建工序】按钮，打开【创建工序】对话框，如图 9-37 所示。在【类型】下拉列表中选择【mill_contour】，修改位置参数，填写名称，然后单击 ZLEVEL_PROFILE 图标按钮，打开【深度轮廓加工】对话框。

步骤 02：指定部件。在【深度轮廓加工】对话框的【几何体】选项区域中，单击【指定部件】图标按钮，弹出【部件几何体】对话框，如图 9-38 所示。在绘图区单击模型，单击【确定】按钮返回【深度轮廓加工】对话框。

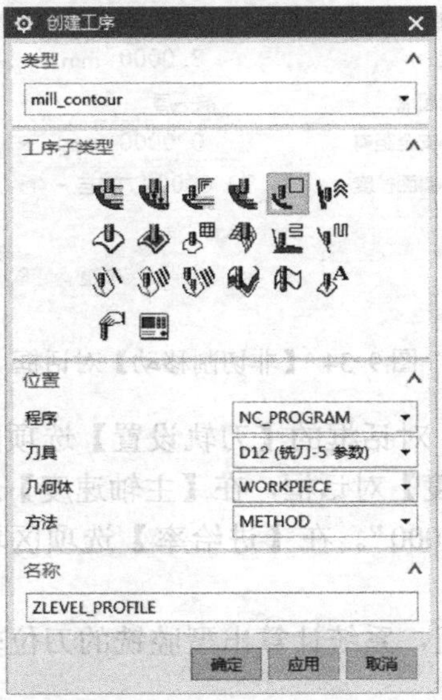

图 9-37 【创建工序】对话框

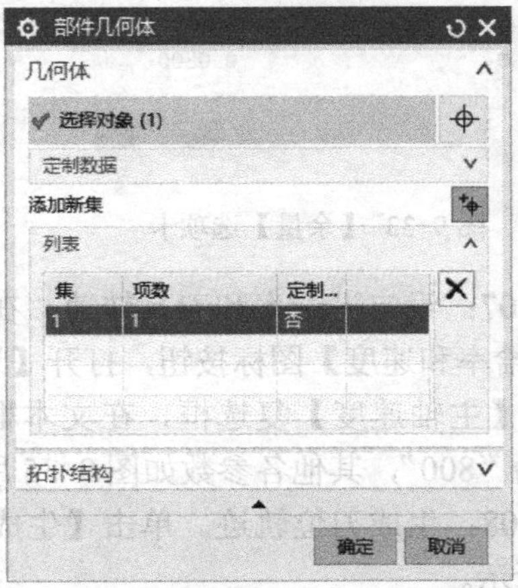

图 9-38 【部件几何体】对话框

步骤 03：指定切削区域。在【深度轮廓加工】对话框的【几何体】选项区域中，单击【指定切削区域】图标按钮，弹出【切削区域】对话框。在绘图区在上表面指定切削区域，如图 9-39 所示。

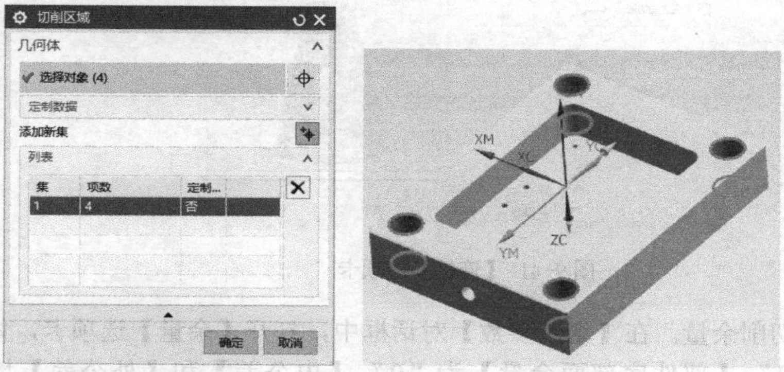

图 9-39 【切削区域】对话框

步骤 04：切削层的设置。在【深度轮廓加工】对话框的【刀轨设置】选项区域中，单击【切削层】图标按钮，弹出【切削层】对话框，【每刀切削深度】设定为“0.15”，如图 9-40 所示。

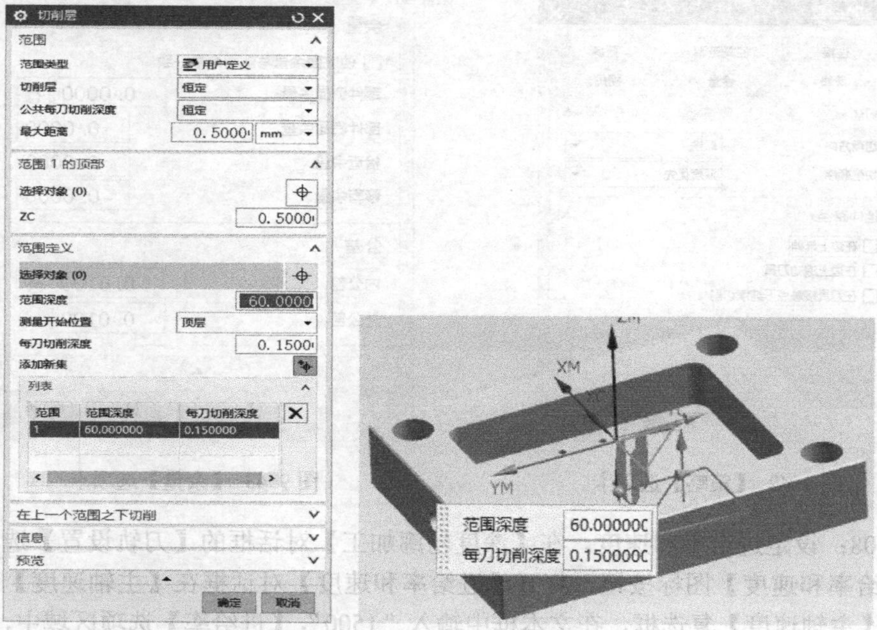

图 9-40 【切削层】对话框

步骤 05：设定【连接】参数。在【深度轮廓加工】对话框的【刀轨设置】选项区域中，单击【切削参数】图标按钮，弹出【切削参数】对话框，打开【连接】选项卡，在【层到层】选择【直接对部件进刀】，如图 9-41 所示。

步骤 06：设定切削策略。在【切削参数】对话框中，打开【策略】选项卡，设置【切削顺序】为【深度优先】，如图 9-42 所示。

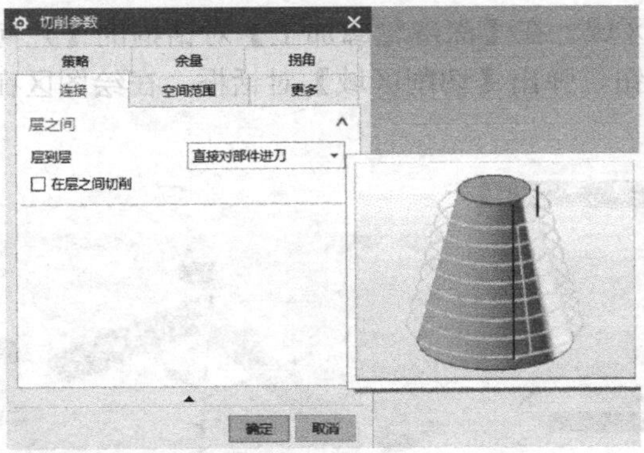

图 9-41 【连接】选项卡

步骤 07：设定切削余量。在【切削参数】对话框中，打开【余量】选项卡，修改【部件侧面余量】为“0”，【部件底部面余量】为“0”。【内公差】和【外公差】均设定为“0.01”，如图 9-43 所示，单击【确定】按钮。

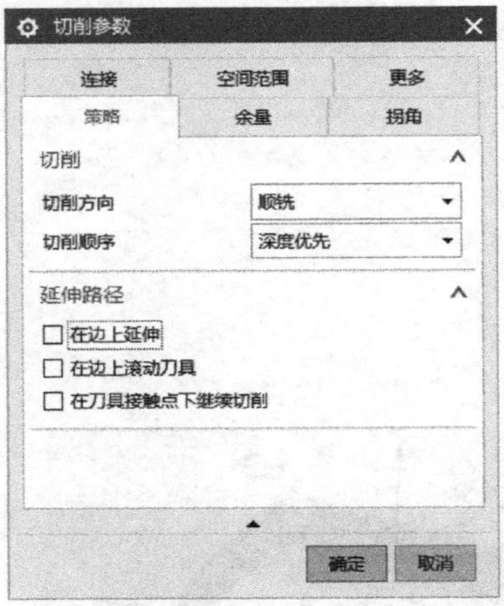

图 9-42 【策略】选项卡

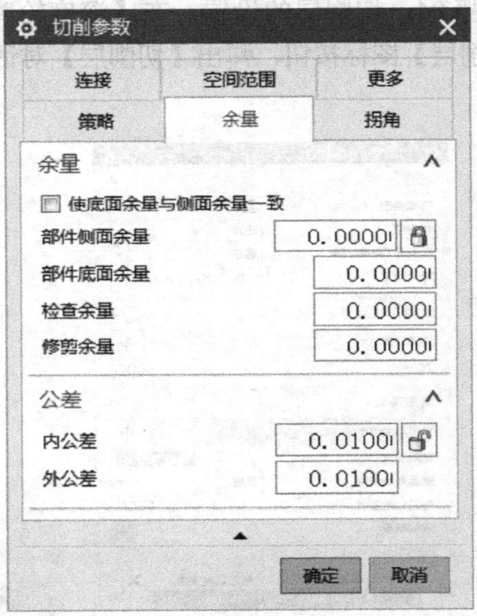

图 9-43 【余量】选项卡

步骤 08：设定进给率和速度。在【深度轮廓加工】对话框的【刀轨设置】选项区域，单击【进给率和速度】图标按钮，打开【进给率和速度】对话框在【主轴速度】选项区域中，选中【主轴速度】复选框，在文本框中输入“1500”，【进给率】选项区域中，【切削】文本框中输入“800”“mmpm”，其他参数设置如图 9-44 所示。

步骤 09：生成刀位轨迹。单击【生成】图标按钮，系统计算出深度轮廓加工的刀位轨迹，如图 9-45 所示。

9-5 定心钻

9.1.5 钻中心孔 SPOT_DRILLING

步骤 01：创建刀具。单击【插入】工具条中的【创建刀具】按钮，打开【创建刀具】

对话框，【类型】选择【drill】，在【刀具子类型】选项中选择中心钻（SPOT_DRILLING）图标按钮，【名称】文本框中输入“SPOT3”，如图 9-46 所示。单击【应用】按钮，打开【钻刀】对话框，在【直径】文本框中输入“3”，如图 9-47 所示。这样就创建了一把直径为 3mm 的中心钻。用同样的方法自行创建普通钻头 DRILL_6.5 直径为 6.5mm，DRILL_8 直径为 8mm，DRILL_6.2 直径为 10mm，DRILL_12.5 直径为 12.5mm，DRILL_14 直径为 14mm，DRILL_20 直径为 20mm，创建沉头钻 COUNT_10.5 直径为 10.5mm，COUNT_31 直径为 31mm。

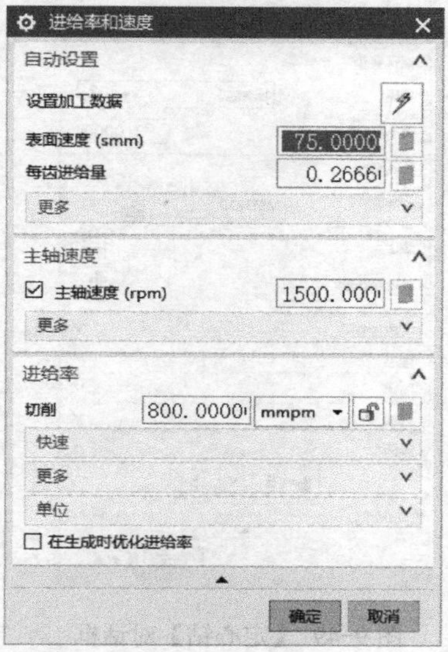

图 9-44　【进给率和速度】对话框

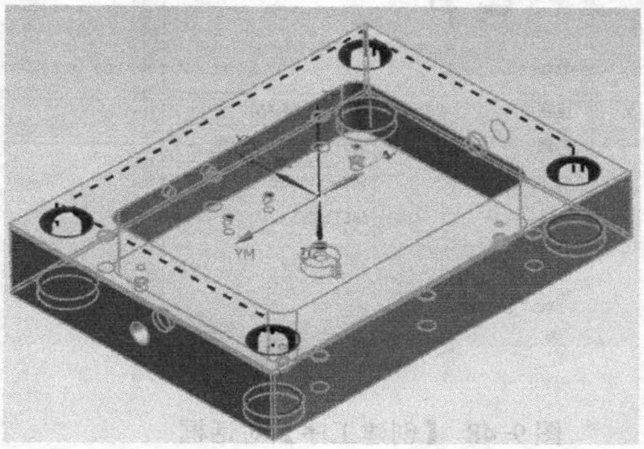

图 9-45　深度轮廓加工的刀位轨迹

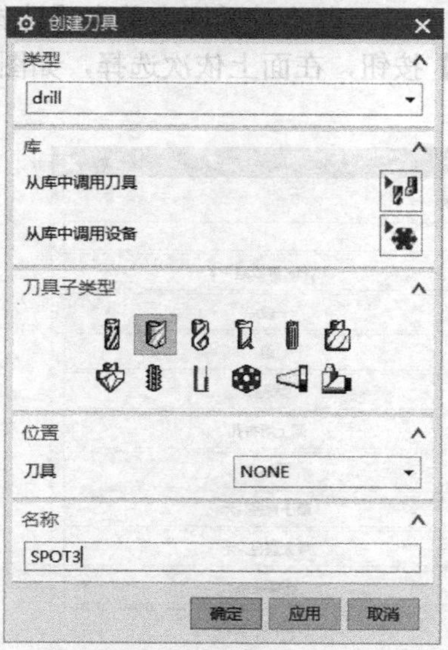

图 9-46　【创建刀具】对话框

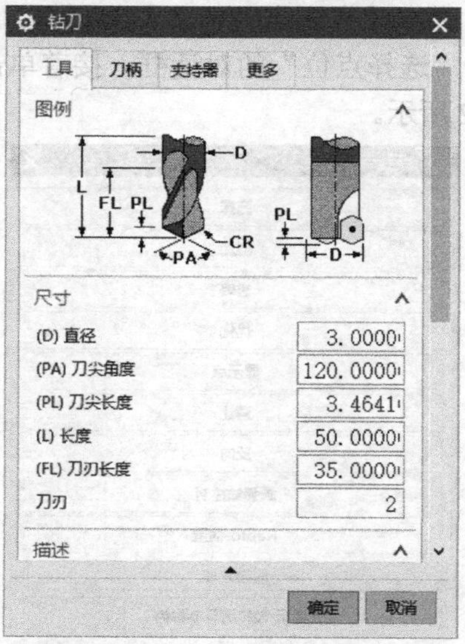

图 9-47　【钻刀】对话框

步骤 02：创建定心钻加工。单击【插入】工具条中的【创建工序】按钮，打开【创建工序】对话框，如图 9-48 所示。在【类型】下拉列表中选择【drill】，修改位置参数，填写名称，然后单击定心钻（SPORT_DRILLING）图标按钮，打开【定心钻】对话框，如图 9-49 所示。

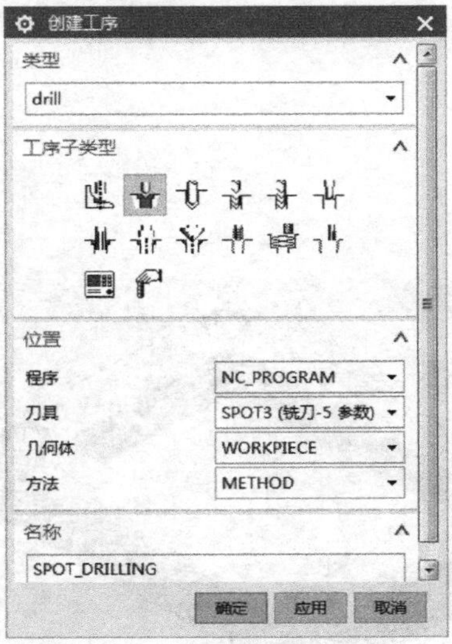

图 9-48 【创建工序】对话框

图 9-49 【定心钻】对话框

步骤 03：指定孔。在【定心钻】对话框的【几何体】选项区域中单击【指定孔】图标按钮，弹出【点到点几何体】对话框，如图 9-50 所示。在此对话框中单击【选择】按钮，弹出“选择点位”的对话框，接着单击【一般点】按钮，在面上依次选择，如图 9-51 和图 9-52 所示。

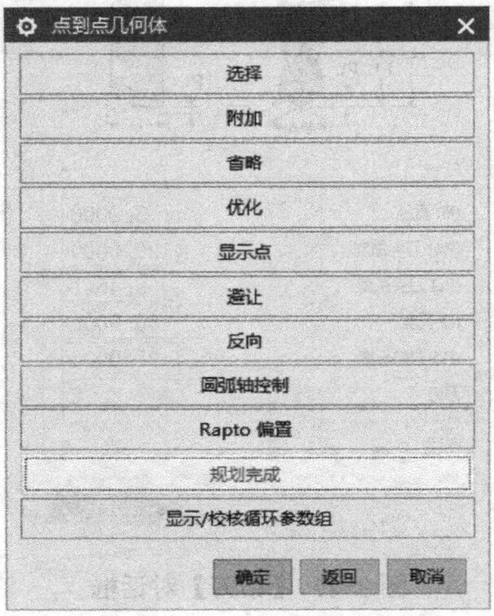

图 9-50 【点到点几何体】对话框

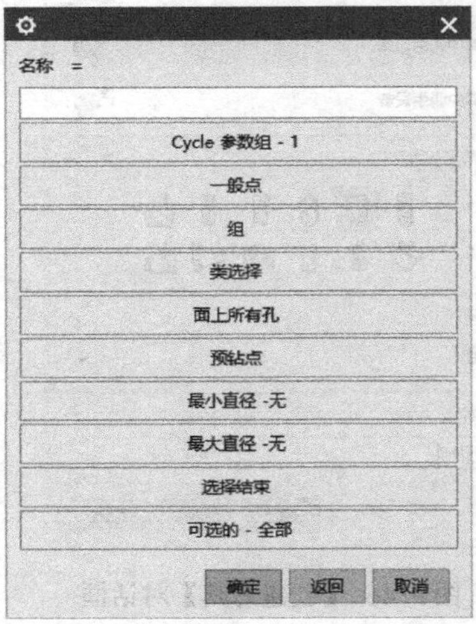

图 9-51 用于“选择点位”的对话框

步骤 04：设定中心钻深度。在【定心钻】对话框的【循环类型】选项区域中单击【编辑参数】图标按钮，如图 9-53 所示。在打开的【指定参数组】对话框中单击【确定】按钮，则打开【Cycle 参数】对话框，单击【Depth（Tip）－ 0.0000】按钮，在打开的【Cycle 深度】对话框中单击【刀尖深度】按钮，接着在【深度】文本框中输入“3”，如图 9-54 所示。单击【确定】按钮回到【定心钻】对话框。

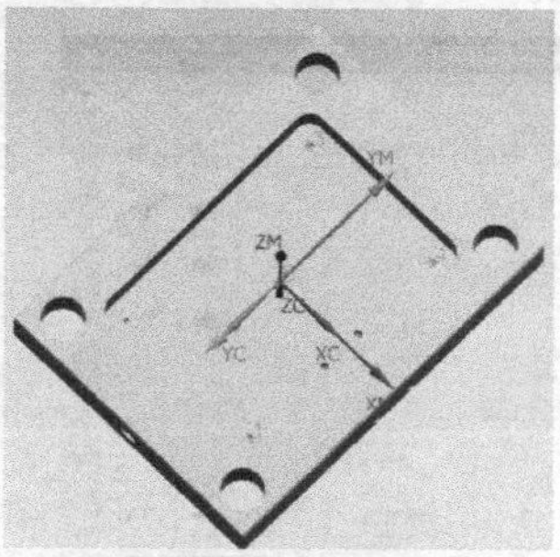

图 9-52　指定一般点

图 9-53　编辑参数

步骤 05：设定进给率和转速。在【定心钻】对话框的【刀轨设置】选项区域中，单击【进给率和速度】图标按钮，打开【进给率和速度】对话框，并在【主轴速度】选项区域中，选中【主轴速度】复选框，在文本框中输入“700”，在【进给率】选项区域中设定【切削】速度为“50”“mmpm”，如图 9-55 所示，单击【确定】按钮完成设置。

图 9-54 “深度”文本框

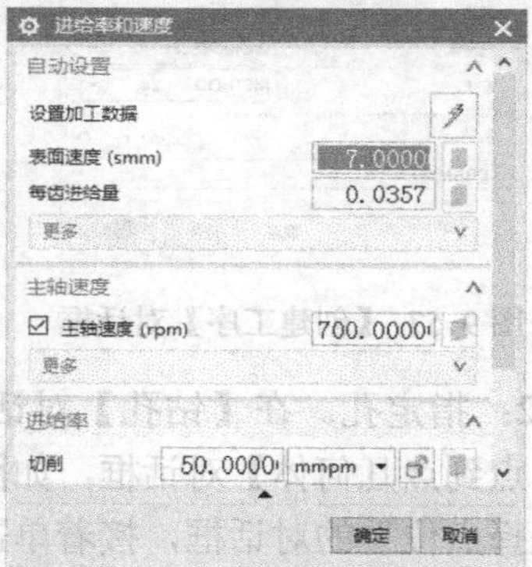

图 9-55 【进给率和速度】对话框

步骤 06：生成刀位轨迹。单击【生成】图标按钮，系统计算出定心钻的刀位轨迹如图 9-56 所示。

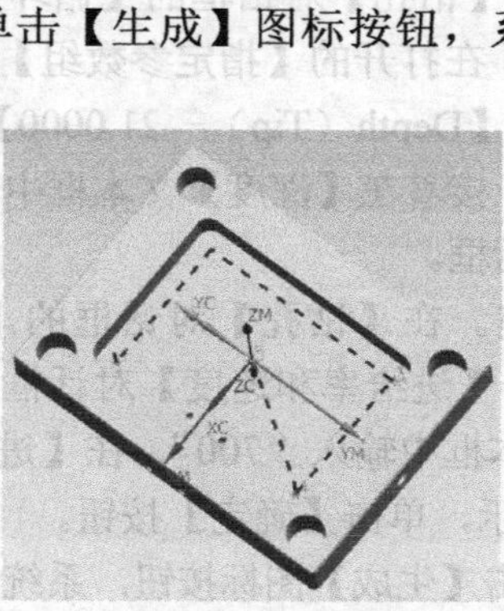

图 9-56　定心钻的刀位轨迹

9.1.6 钻孔加工 DRILLING

9-6 钻孔加工

步骤 01：创建钻孔加工操作。单击【插入】工具条中的【创建工序】按钮，打开【创建工序】对话框，如图 9-57 所示。在【类型】下拉列表选择【drill】，修改位置参数，填写名称，然后单击钻孔（DRILLING_TOOL）图标按钮，打开【钻孔】对话框，如图 9-58 所示。

图 9-57 【创建工序】对话框

图 9-58 【钻孔】对话框

步骤 02：指定孔。在【钻孔】对话框的【几何体】选项区域中单击【指定孔】图标按钮，弹出【点到点几何体】对话框，如图 9-59 所示。在此对话框中单击【选择】按钮，弹出用于“选择点位”的对话框，接着单击【一般点】按钮，在面上依次选择，如图 9-60 和图 9-61 所示。

步骤 03：设定钻孔深度。在【钻孔】对话框的【循环类型】选项区域中单击【编辑参数】图标按钮，如图 9-62 所示。在打开的【指定参数组】对话框中单击【确定】按钮，则打开【Cycle 参数】对话框，单击【Depth（Tip）- 21.0000】按钮，在打开的【Cycle 深度】对话框中单击【刀尖深度】按钮，接着在【深度】文本框中输入“23”，如图 9-63 所示。单击【确定】按钮回到【钻孔】对话框。

步骤 04：设定进给率和转速。在【钻孔】对话框的【刀轨设置】选项区域中，单击【进给率和速度】图标按钮，打开【进给率和速度】对话框，在【主轴速度】选项区域中，选中【主轴速度】复选框，在文本框中输入“700”，在【进给率】选项区域中设定【切削】为“50”“mmpm”，如图 9-64 所示，单击【确定】按钮。

步骤 05：生成刀位轨迹。单击【生成】图标按钮，系统计算出钻孔的刀位轨迹如图 9-65 所示。

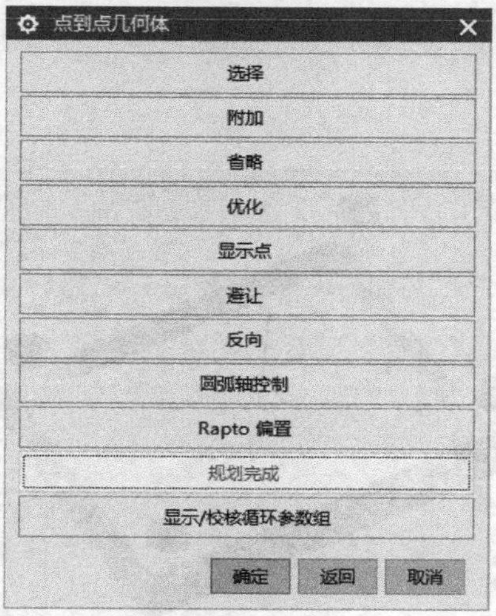

图 9-59　【点到点几何体】对话框

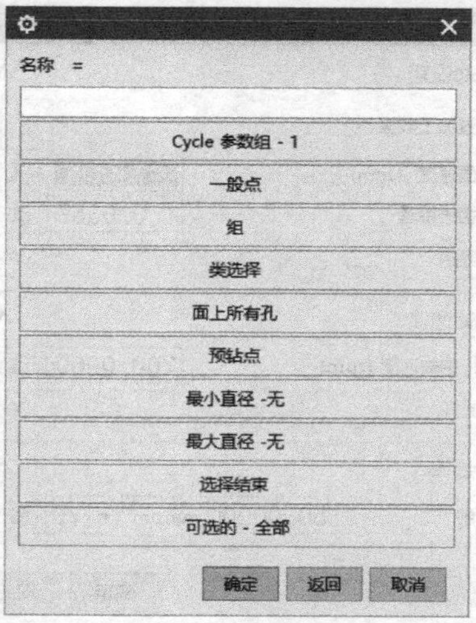

图 9-60　用于“选择点位”的对话框

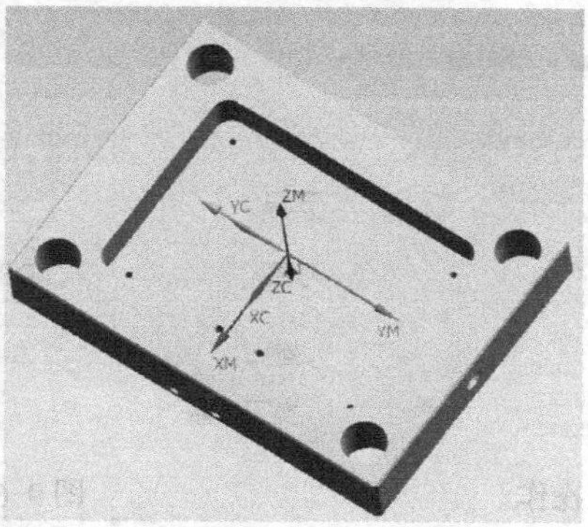

图 9-61　指定一般点

图 9-62　编辑参数

图 9-63　“深度”文本框

步骤 06：打开【工序导航器-几何】视图，复制上一步创建的钻孔加工操作，并粘贴到 DRILLING 下方，如图 9-66 所示。

步骤 07：切换刀具。在【钻孔】对话框【工具】选项区域的【刀具】下拉列表中，选择之前创建的【D8】的钻刀，如图 9-67 所示。

步骤 08：重复指定孔。在【钻孔】对话框的【几何体】选项区域中单击【指定孔】图标按钮，弹出【点到点几何体】对话框，在此对话框中单击【选择】按钮，继续单击【是】按钮，弹出用于“选择点位”的对话框，如图 9-68 所示。单击【一般点】按钮，在绘图区选择几何体上的 4 个孔的上边缘，单击【确定】按钮，则选择的点显示如图 9-69 所示。再单击【确定】按钮回到【钻孔】对话框。

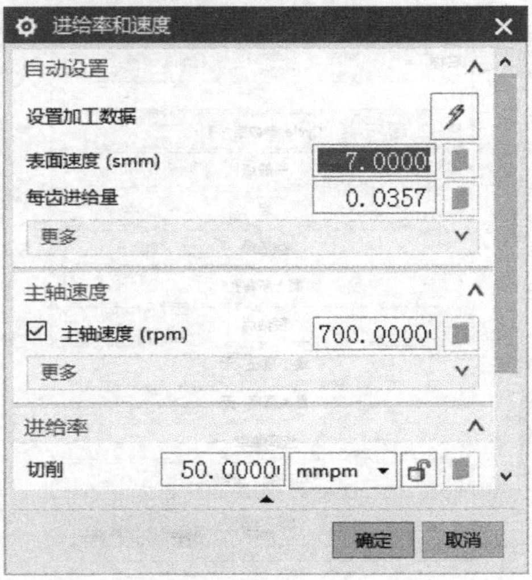

图 9-64 【进给率和速度】对话框

图 9-65 钻孔的刀位轨迹

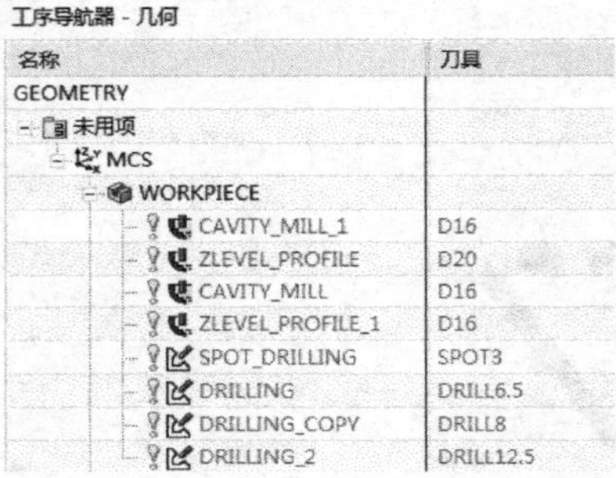

图 9-66 复制钻孔加工操作

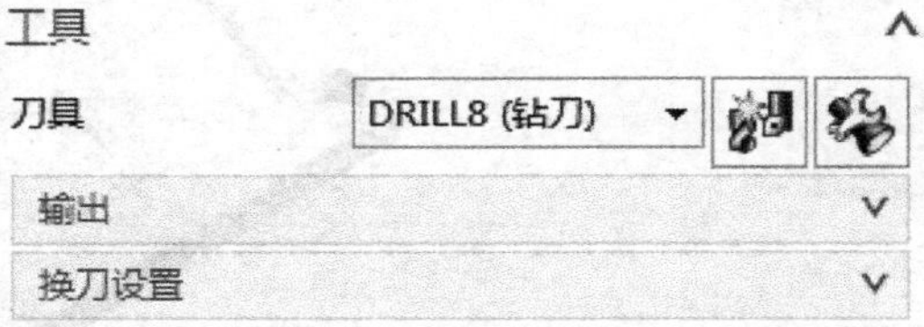

图 9-67 切换刀具

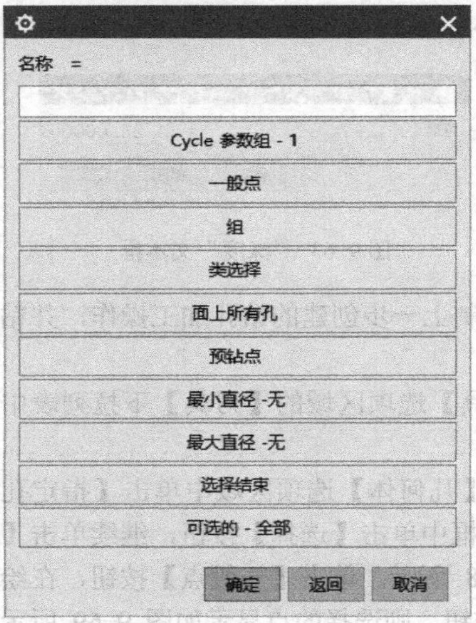

图 9-68 用于“选择点位”的对话框

图 9-69 指定加工孔

步骤 09：生成刀位轨迹。单击【生成】图标按钮，系统计算出钻孔的刀位轨迹，如图 9-70 所示。

图 9-70　钻孔的刀位轨迹

9.2　肥皂盒模框钻孔加工

9.2.1　实例分析

图 9-71 所示为加工完成的肥皂盒模框，材料为 H13 钢，模框上有 14 个通孔，8 个沉头孔，6 个不通孔需要加工。加工思路是先对全部孔位用中心钻打点，然后通过啄钻钻通全部的通孔并通过沉孔钻加工沉孔，再用钻加工不通孔的方法加工完成，加工工艺方案如表 9-2 所示。

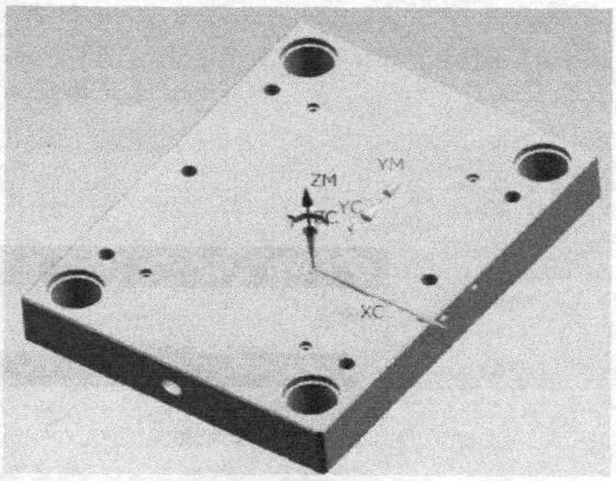

图 9-71　模框

表 9-2　肥皂盒模框的加工工艺方案　（单位：mm）

工序号	加工内容	加工方式	余量侧面/底面	刀具	夹具
10	下料 400×300×70	铣削	0.5	D16 立铣刀	机夹虎钳
20	铣六面体 400×300×70	铣削	0	D16 立铣刀	机夹虎钳
30	将零件装夹在机夹台上				机夹虎钳
30.1	钻中心孔	定心钻	0	D3 钻头	
30.2	通孔加工	啄钻	0	D14 钻头	
30.3	沉头孔加工	沉孔钻	0	D10.5、D31 钻头	
30.4	面铣粗加工	铣削	0.3	D8 铣刀	
30.5	面铣精加工	铣削	0.1	D2 铣刀	

9.2.2　初始化加工环境

步骤 01：设定【工序导航器】。单击界面左侧资源条中的【工序导航器】按钮，打开

【工序导航器】，在【工序导航器】中右击，选择【导航器】→【几何视图】命令。

步骤 02：创建坐标系和设置安全高度。在【工序导航器-几何】视图中双击【MCS】坐标系，进入【MCS】对话框，如图 9-72 所示。在【机床坐标系】选项区域中单击【指定 MCS】图标按钮，打开【CSYS】对话框，在【类型】下拉列表中选取【自动判断】，然后在绘图区单击底面，将加工坐标系设定在零件底面的中心，如图 9-73 所示。

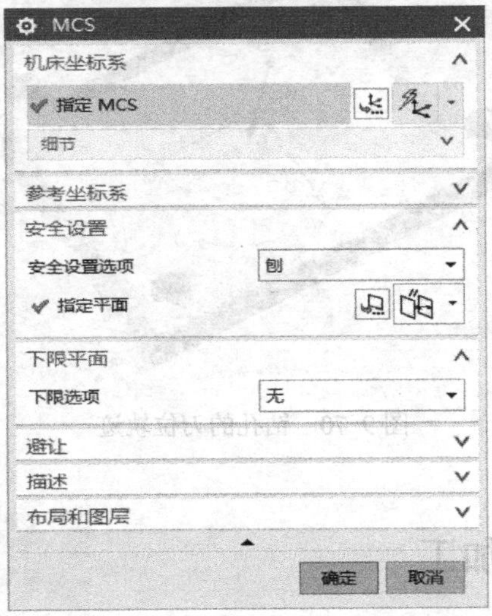

图 9-72 【MCS】对话框

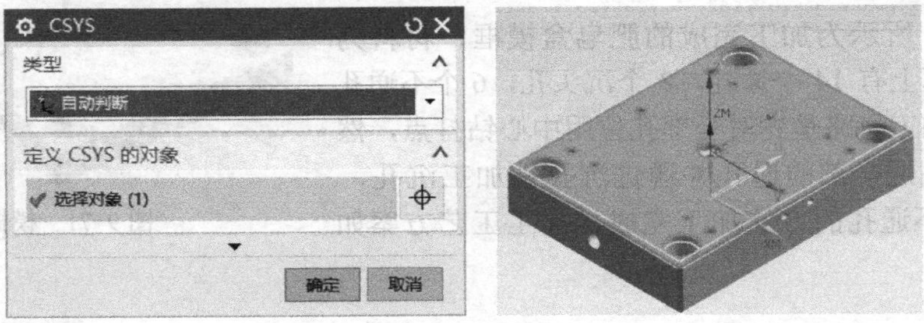

图 9-73 设定坐标系

在【MCS】对话框的【安全设置】选项区域中，【安全设置选项】选取【刨】并单击【指定平面】图标按钮，弹出【刨】对话框。在绘图区单击零件顶面，并在【距离】文本框中输入“50mm”，即安全高度为 Z50，单击【确定】按钮完成设置，如图 9-74 所示。

步骤 03：创建刀具。单击【插入】工具条中的【创建刀具】按钮，打开【创建刀具】对话框，【类型】选择【drill】，在【刀具子类型】中选择中心钻（SPOT DRILLING）图标按钮，【名称】文本框中输入“SPOT3”，如图 9-75 所示，单击【应用】按钮，打开【钻刀】对话框，在【直径】文本框中输入“3”，如图 9-76 所示。这样就创建了一把直径为 3mm 的中心钻。用同样的方法自行创建普通钻头 DRILLING_14 直径为 14mm，创建沉头钻 COUNT_10.5 直径为 10.5mm，COUNT_31 直径为 31mm，最后【工序导航器-机床】视图如图 9-77 所示。

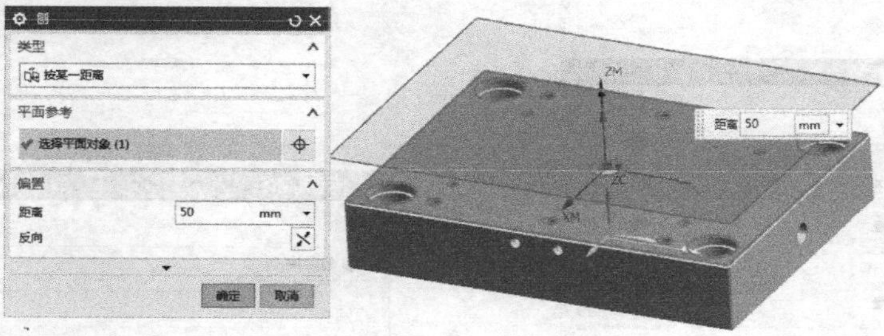

图 9-74 设置安全高度

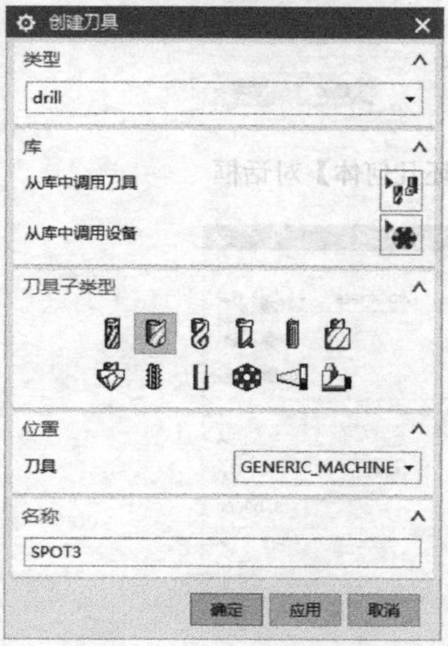

图 9-75 【创建刀具】对话框

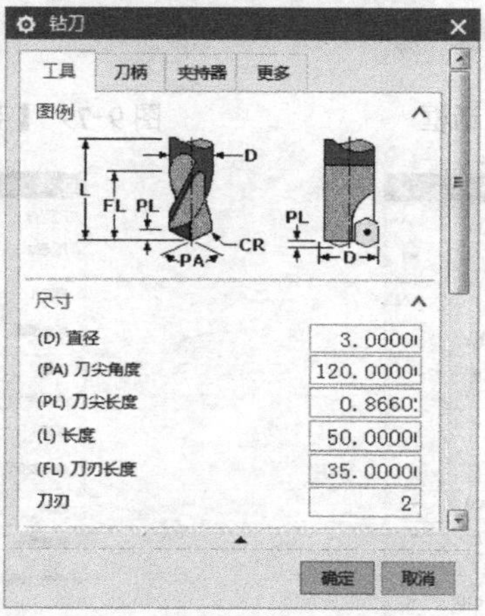

图 9-76 【钻刀】对话框

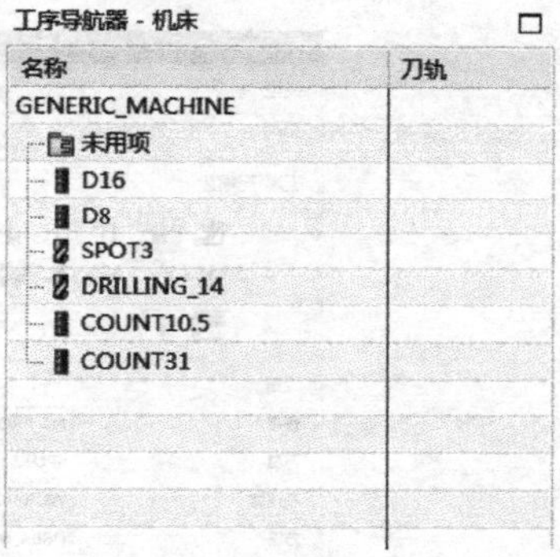

图 9-77 【工序导航器-机床】视图

9.2.3 钻中心孔 SPOT_DRILLING

9-7 钻中心孔

步骤 01：创建几何体。在【工序导航器-几何】视图中单击“MCS”前的“+”号，展开坐标系父节点，双击其下的“WORKPIECE”，打开【工件】对话框，如图 9-78 所示。单击【几何体】选项区域中【指定部件】图标按钮，打开【部件几何体】对话框，在绘图区选择模板作为部件几何体。

步骤 02：创建毛坯几何体。单击【确定】按钮回到【工件】对话框，在对话框【几何体】选项区域中单击【指定毛坯】图标按钮，打开【毛坯几何体】对话框。【类型】下拉列表中选择【包容块】，如图 9-79 所示。单击【确定】按钮，系统自动生成毛坯。

步骤 03：创建定心钻加工。单击【插入】工具条中的【创建工序】按钮，打开【创建工序】对话框，如图 9-80 所示。在【类型】下拉列表中选择【drill】，修改位置参数，填写名称，然后单击定心钻（SPOT_DRILLING）图标按钮，打开【定心钻】对话框，如图 9-81 所示。

步骤 04：指定孔。在【几何体】选项区域中单击【指定孔】图标按钮，弹出【点到点几何体】对话框，如图 9-82 所示。在此对话框中单击【选择】按钮，弹出用于“选择点位”的对话框，接着单击【面上所有孔】按钮，在绘图区选择面，如图 9-83 和图 9-84 所示。

图 9-78 【工件】对话框

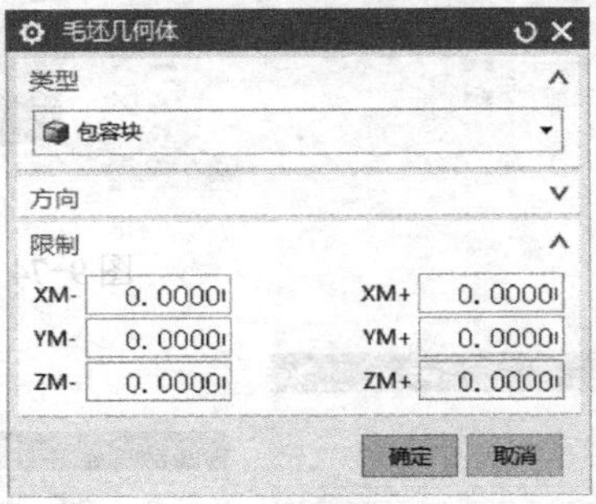

图 9-79 【毛坯几何体】对话框

图 9-80 【创建工序】对话框

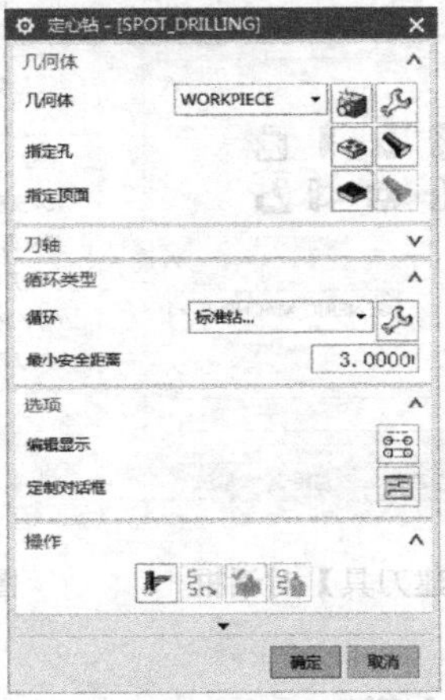

图 9-81 【定心钻】对话框

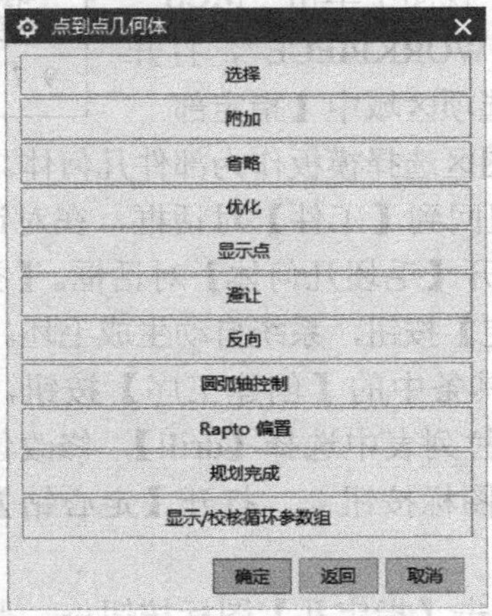

图 9-82 【点对点几何体】

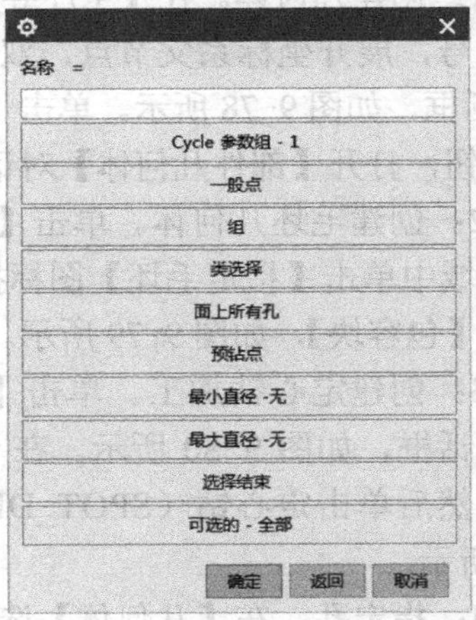

图 9-83 用于“选择点位”的对话框

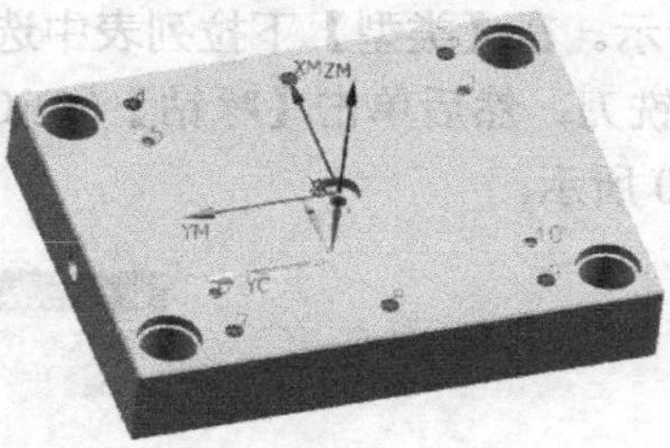

图 9-84　指定面上的孔

步骤 05：设定中心钻深度。在【定心钻】对话框中的【循环类型】选项区域中，单击【编辑参数】图标按钮，如图 9-85 所示。在打开的【指定参数组】对话框中单击【确定】按钮，则打开【Cycle 参数】对话框，单击【Depth（Tip）-0.0000】按钮。在打开的【Cycle 深度】对话框中单击【刀尖深度】按钮，在【深度】文本框中输入“3”，如图 9-86 所示。单击【确定】按钮回到【定心钻】对话框。

步骤 06：设定进给率和转速。在【定心钻】对话框的【刀轨设置】选项区域中，单击【进给率和速度】图标按钮，打开【进给率和速度】对话框，在【主轴速度】选项区域中，选中【主轴速度】复选框，并在文本框中输入“500”，在【进给率】选项区域中设定【切削】为“50”“mmpm”，如图 9-87 所示，单击【确定】按钮。

图 9-85　编辑参数

图 9-86　【深度】文本框

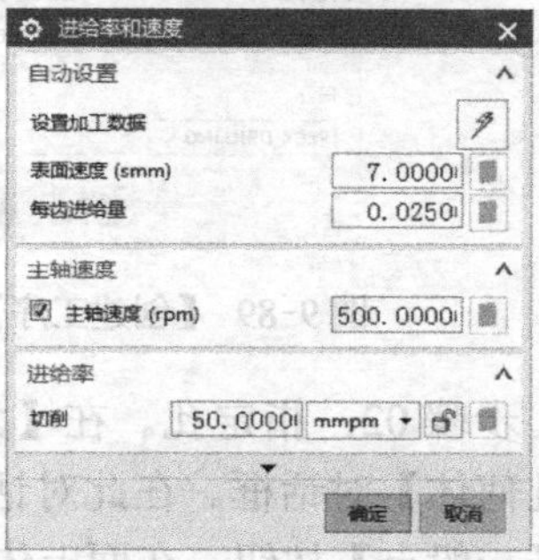

图 9-87　【进给率和速度】对话框

步骤 07：生成刀位轨迹。单击【生成】图标按钮，系统计算出定心钻的刀位轨迹如图 9-88 所示。

图 9-88　定心钻的刀位轨迹

9-8　通孔加工

9.2.4　通孔加工 PECK_DRILLING

步骤 01：创建啄钻加工操作。单击【插入】工具条中的【创建工序】按钮，打开【创建工序】对话框，如图 9-89 所示。在【类型】下拉列表中选择【drill】，修改位置参数，填写名称，修改刀具选用 D14 的铣刀，然后单击【啄钻】（PECK_DRILLING）图标按钮，打开【啄钻】对话框，如图 9-90 所示。

图 9-89 【创建工序】对话框

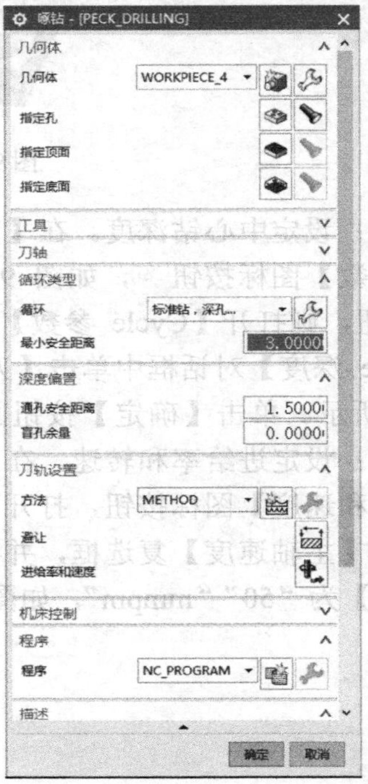

图 9-90 【啄钻】对话框

步骤 02：指定孔。在【几何体】选项区域中单击【指定孔】图标按钮，弹出【点到点几何体】对话框。在此对话框中单击【选择】按钮，弹出用于“选择点位”的对话框，单击【一般点】按钮，在面上依次选择，如图 9-91 所示。

步骤 03：设定循环指令。在【啄钻】对话框中，【循环类型】选项区域的【循环】下拉列表选择【啄钻】，如图 9-92 所示。

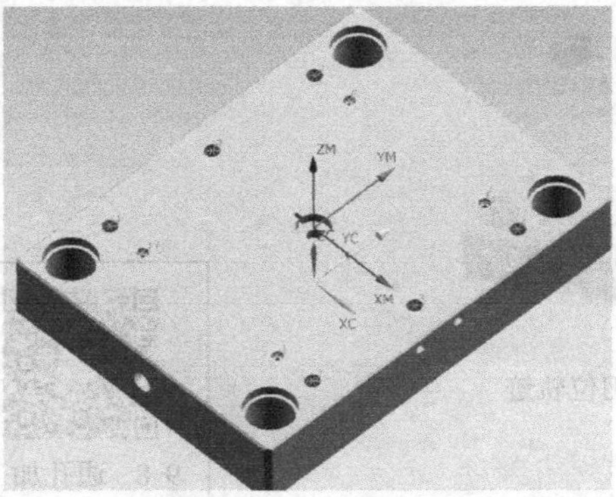

图 9-91 指定点

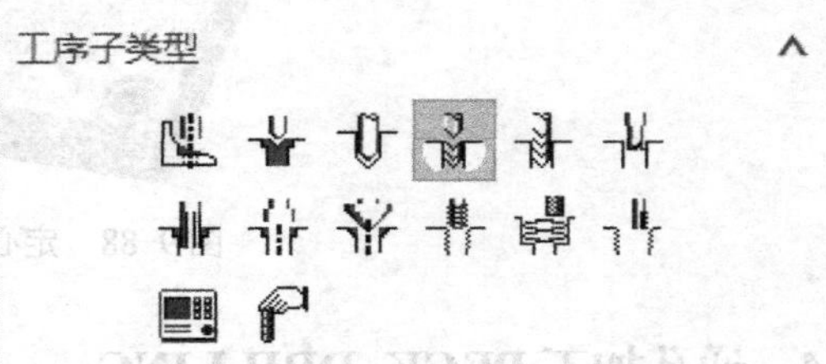

图 9-92 【啄钻】选项

步骤 04：设定钻削深度和循环增量，首先测量得到孔的深度为 29mm，所以钻头的刀尖深度为 32mm。

在【啄钻】对话框的【循环类型】选项区域中，单击【编辑参数】图标按钮，在打开的【指定参数组】对话框中单击【确定】按钮，则打开【Cycle 参数】对话框，单击【确定】按钮。在打开的【Cycle 深度】对话框中单击【刀尖深度】按钮，在【深度】文本框中输入“32”，如图 9-93 所示。

图 9-93　刀尖深度

单击【确定】按钮，进入【Cycle 参数】对话框，如图 9-94 所示，在对话框中单击【Increment-无】按钮，打开【增量】对话框，如图 9-95 所示，单击【恒定】按钮，在【增量】文本框中设置增量为“5”，如图 9-96 所示，然后单击【确定】按钮。

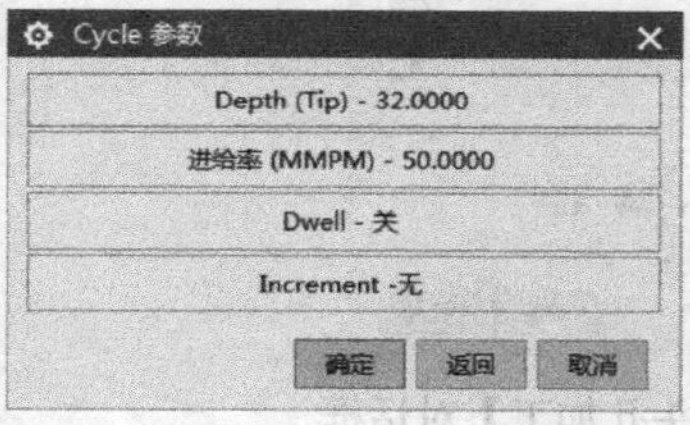

图 9-94 【 Cycle 参数】对话框

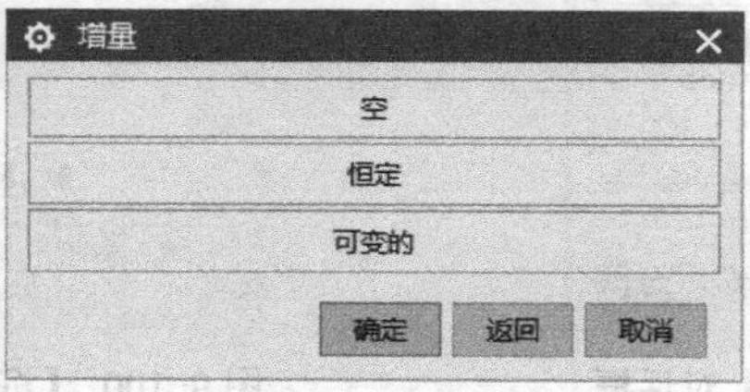

图 9-95 【增量】对话框

图 9-96　深度步进值

步骤 05：设定进给率和转速。在【啄钻】对话框的【刀轨设置】选项区域中，单击【进给率和速度】图标按钮，打开【进给率和速度】对话框，在【主轴速度】选项区域中选择【主轴速度】复选框，并在文本框中输入“300”，如图 9-97 所示。在【进给率】选项区域中设定【切削】为“50”“mmpm”，其他速度接受默认值，单击【确定】按钮。

步骤 06：生成刀位轨迹。单击【生成】图标按钮，系统计算出啄钻的刀位轨迹，如图 9-98 所示。

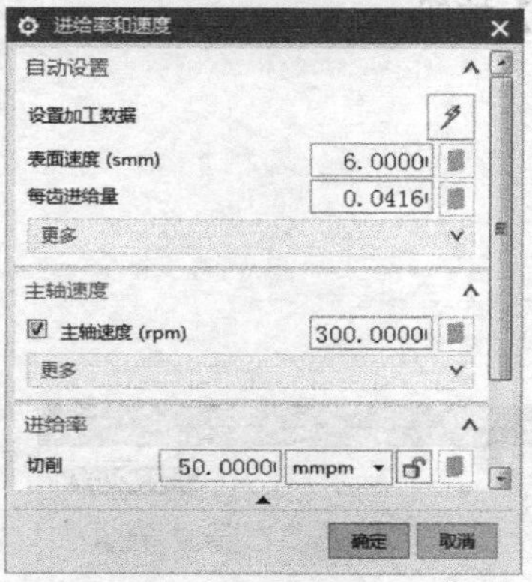

图 9-97 【进给率和速度】对话框

图 9-98　啄钻的刀位轨迹

9.2.5 沉头孔加工 COUNTER_BORING

9-9 沉头孔加工

步骤 01：创建沉孔钻加工。在【工序导航器】中，在创建的几何体“WORKPIECE”上右击，在打开的快捷菜单中选择【插入】→【操作】命令，则打开【创建工序】对话框，【工序子类型】选择沉孔钻图标按钮，设置其他参数如图 9-99 所示。单击【确定】按钮打开【沉头孔加工】对话框，如图 9-100 所示。

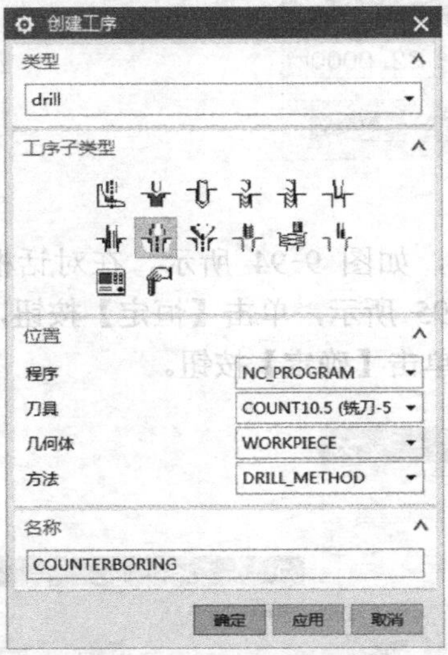

图 9-99 【创建工序】对话框

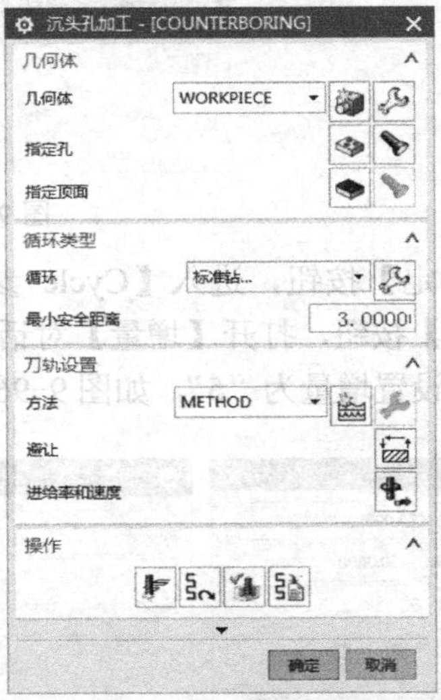

图 9-100 【沉头孔加工】对话框

在【几何体】选项区域中单击【指定孔】图标按钮，弹出【点到点几何体】对话框，单击【选择】按钮，接着在绘图区选择几何体上的 4 个沉孔的上边缘，单击【确定】按钮，则所选择的点显示如图 9-101 所示，再单击【确定】按钮回到【深头孔加工】对话框。

步骤 02：设定钻削深度。首先测量得到两沉孔的深度为 7mm，所以钻削深度也应为 7mm，在【沉头孔加工】对话框的【循环类型】选项区域中单击【编辑参数】图标按钮，在打开的【指定参数组】对话框中单击【确定】按钮，则打开【Cycle 参数】对话框，单击【Depth-模型深度】按钮，在打开的【Cycle 深度】对话框中单击【刀尖深度】按钮，在【深度】文本框中输入“7”，如图 9-102 所示，单击【确定】按钮。

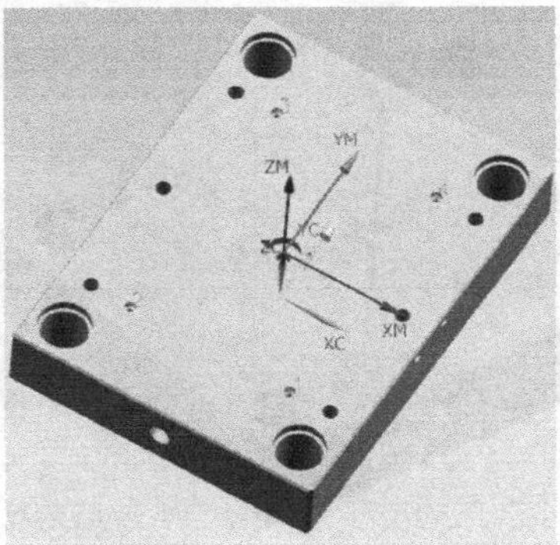

图 9-101 指定孔

图 9-102 刀尖深度

步骤 03：设定进给率和转速。在【沉头孔加工】对话框的【刀轨设置】选项区域中，单击【进给率和速度】图标按钮，打开【进给率和速度】对话框，在【主轴速度】选项区域中选中【主轴速度】复选框，并在文本框中输入“600”，在【进给率】选项区域中设定【切削】为“50”“mmpm”，其他速度接受默认值，单击【确定】按钮。

步骤 04：生成刀位轨迹，单击【生成】图标按钮，系统计算出沉头孔加工的刀位轨迹，如图 9-103 所示。

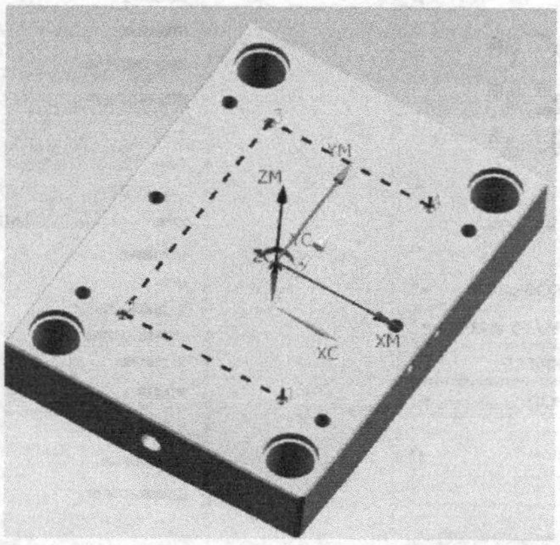

图 9-103　沉头孔加工的刀位轨迹

步骤 05：复制上一步创建的沉孔钻加工操作，通过改变刀具的直径，重新指定孔的方法并改变加工深度，加工其他各孔。创建完成后，打开【工序导航器-几何】视图，如图 9-104 所示。

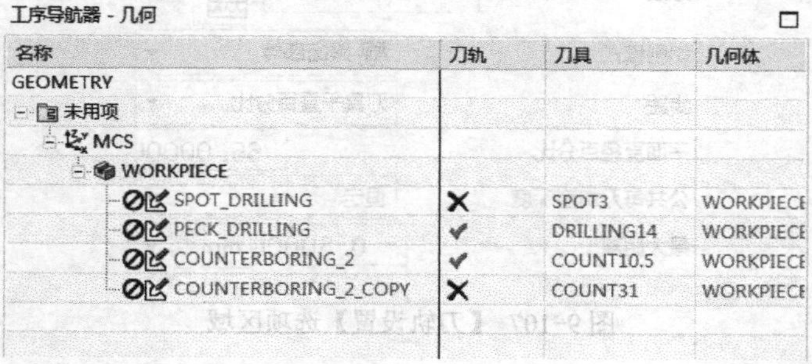
工序导航器 - 几何

名称	刀轨	刀具	几何体
GEOMETRY			
未用项			
MCS			
WORKPIECE			
SPOT_DRILLING	✕	SPOT3	WORKPIECE
PECK_DRILLING	✔	DRILLING14	WORKPIECE
COUNTERBORING_2	✔	COUNT10.5	WORKPIECE
COUNTERBORING_2_COPY	✕	COUNT31	WORKPIECE

图 9-104　【工序导航器-几何】视图

9-10　沉头孔加工

9.2.6　导柱沉头孔加工 CAVITY_MILLING

步骤 01：创建型腔铣。单击【插入】工具条中的【创建工序】按钮，打开【创建工序】对话框，如图 9-105 所示。【工序子类型】选择 CAVITY_MILL 图标按钮，【位置】选项区域中的【几何体】为【WORKPIECE】，【刀具】选择为【D16】，名称默认为“CAVITY_MILL”，单击【确定】按钮，打开【型腔铣】对话框，如图 9-106 所示。

步骤 02：刀轨设定。在【型腔铣】对话框的【刀轨设置】选项区域中，【切削模式】

选择【跟随部件】,【步距】选择【刀具平直百分比】,【平面直径百分比】设定为“65”,【公共每刀切削深度】设定为【恒定】,【最大距离】设定为“0.3”“mm”,如图 9-107 所示。

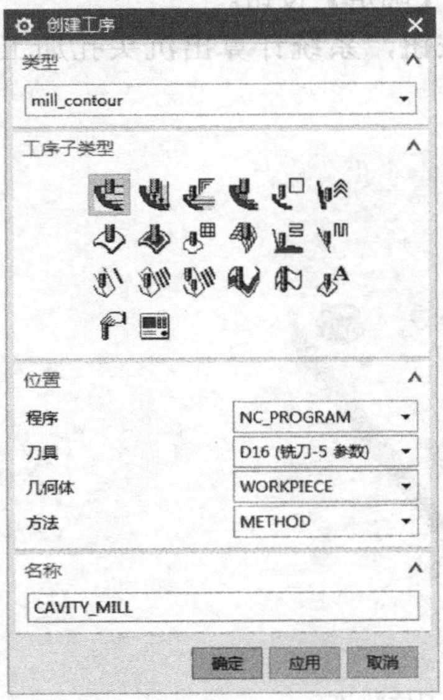

图 9-105 【创建工序】对话框

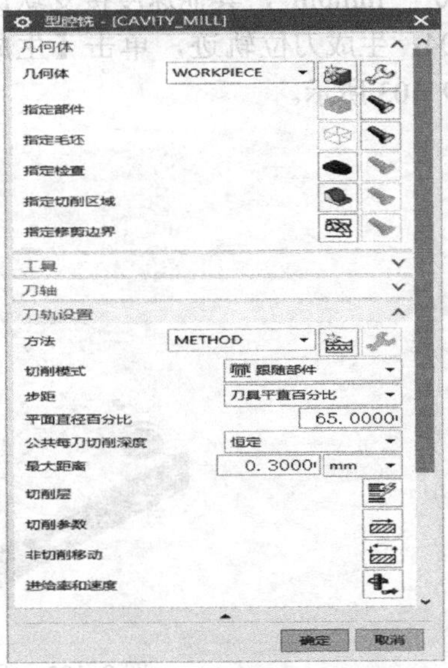

图 9-106 【型腔铣】对话框

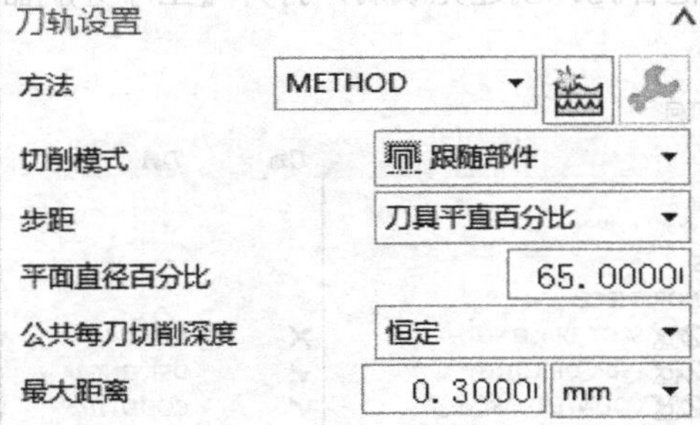

图 9-107 【刀轨设置】选项区域

步骤 03：设定切削层。在【型腔铣】对话框的【刀轨设置】选项区域中，单击【切削层】图标按钮，打开【切削层】对话框，在【最大距离】文本框中输入“0.3”“mm”,如图 9-108 所示。然后在绘图区单击指定平面，如图 9-109 所示。单击【确定】按钮返回。

步骤 04：设定切削策略。在【型腔铣】对话框的【刀轨设置】选项区域中，单击【切削参数】图标按钮，打开【切削参数】对话框，在【策略】选项卡中设置【切削方向】为【顺铣】,【切削顺序】为【深度优先】,如图 9-110 所示。

步骤 05：设动切削余量。在【切削参数】对话框中，打开【余量】选项卡，取消选中【使底部余量于和侧面余量一致】复选框，修改【部件侧面余量】为“0”,【部件底面余量】

为“0”。【内公差】和【外公差】均设为 0.01，如图 9-111 所示，单击【确定】按钮。

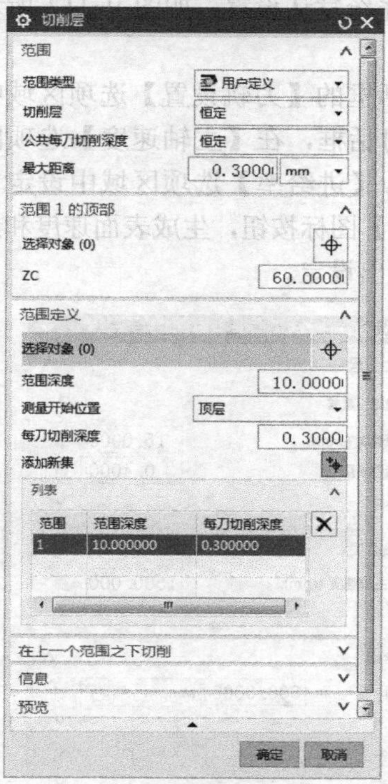

图 9-108 【切削层】对话框

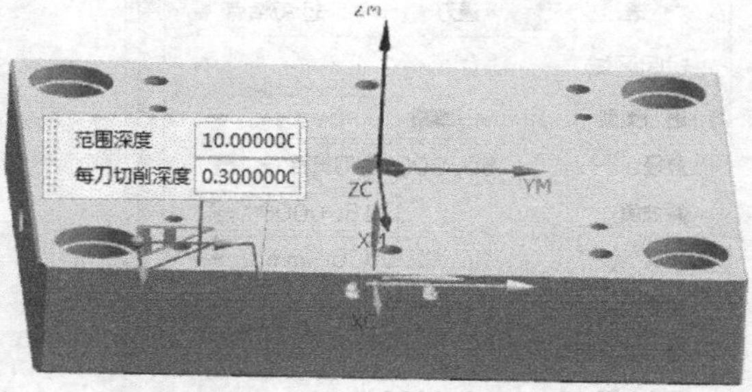

图 9-109 指定平面

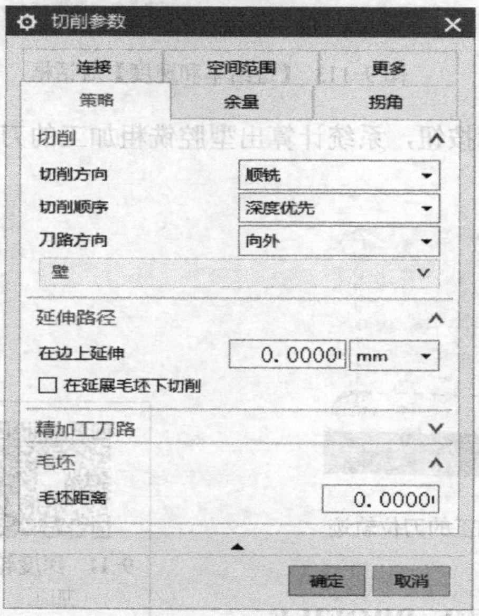

图 9-110 【策略】选项卡

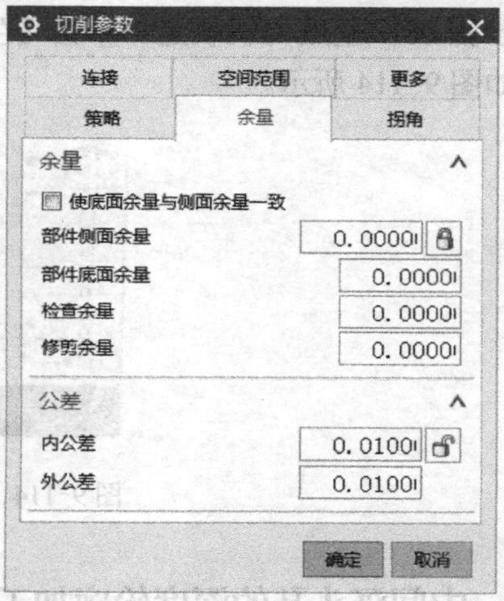

图 9-111 【余量】选项卡

步骤 06：设定进刀参数。在【型腔铣】对话框的【刀轨设置】选项区域中，单击【非切削移动】图标按钮，弹出【非切削移动】对话框，打开【进刀】选项卡，在【封闭区域】选项区域中，【进刀类型】设定为【螺旋】，其他参数接受系统默认设置，如图 9-112 所示。单击【确定】按钮完成设置。

步骤 07：设定进给率和刀具转速。在【型腔铣】对话框的【刀轨设置】选项区域中，单击【进给和速度】图标按钮，弹出【进给率和速度】对话框，在【主轴速度】选项区域中，选中【主轴速度】复选框，在文本框中输入“1500”，【进给率】选项区域中设定【切削】为“800”“mmpm”，再单击【主轴速度】后的【计算】图标按钮，生成表面速度和进给量，其他各参数设置如图 9-113 所示。单击【确定】按钮退出设定。

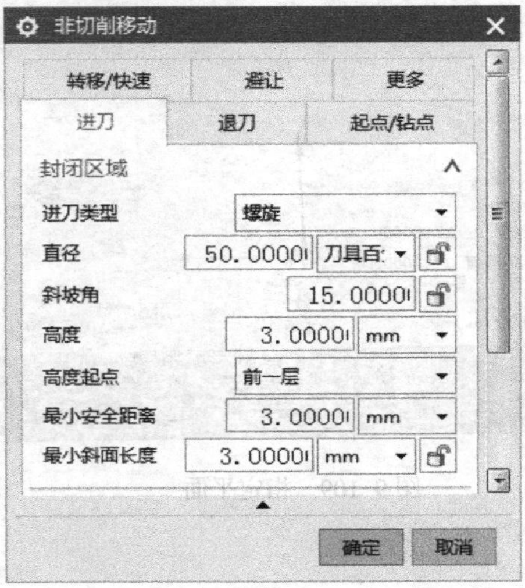

图 9-112 【非切削移动】对话框

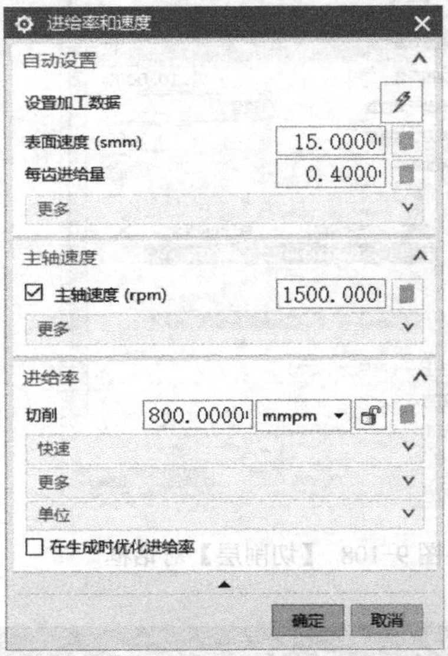

图 9-113 【进给率和速度】对话框

步骤 08：生成刀轨轨迹。单击【生成】图标按钮，系统计算出型腔铣粗加工的刀位轨迹，如图 9-114 所示。

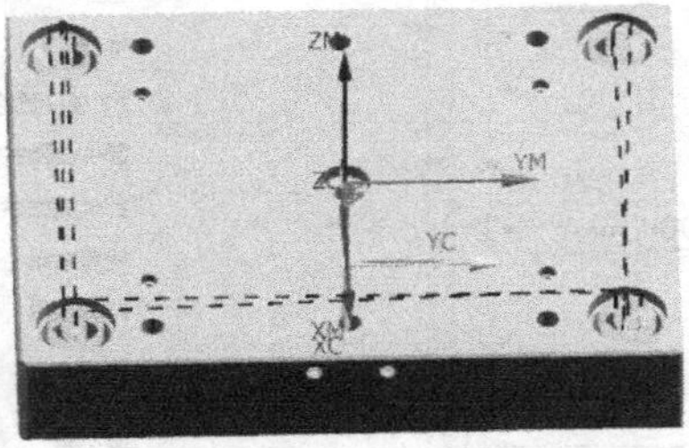

图 9-114 型腔铣粗加工的刀位轨迹

9-11 深度轮廓加工

9.2.7 中间沉头孔的深度轮廓加工铣 ZLEVEL_PROFILE

步骤 01：创建深度加工轮廓。单击【插入】工具条中的【创建工序】按钮，打开【创建工序】对话框，如图 9-115 所示。在【类型】下拉列表中选择【mill contour】，修改位置参数，填写名称，然后单击 ZLEVEL_PROFILER 图标按钮，打开【深度轮廓加工】对话框。

步骤 02：指定部件。在【深度轮廓加工】对话框的【几何体】选项区域中，单击【指定部件】图标按钮，弹出【部件几何体】对话框，如图 9-116 所示。在绘图区单击模具模框，单击【确定】按钮返回。

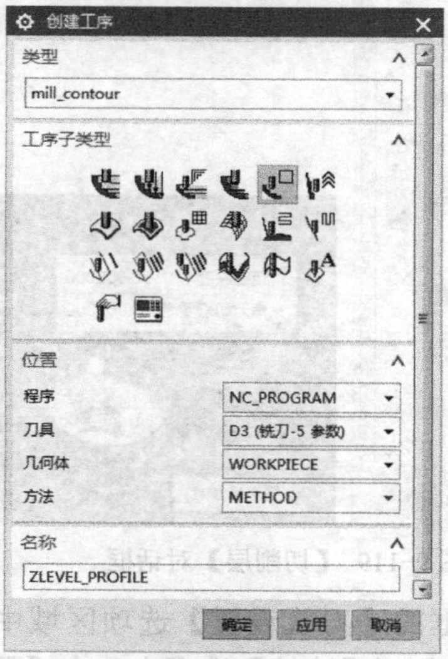

图 9-115 【创建工序】对话框

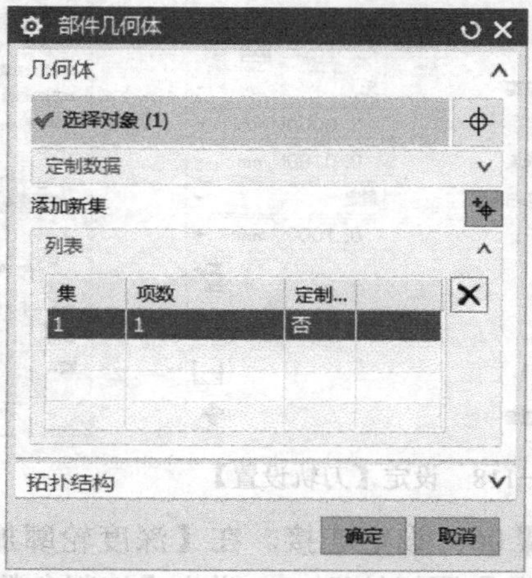

图 9-116 【部件几何体】对话框

步骤 03：指定切削区域。在【深度轮廓加工】对话框的【几何体】选项区域中，单击【指定切削区域】图标按钮，弹出【切削区域】对话框，在绘图区的模具模框上指定切削区域，如图 9-117 所示。

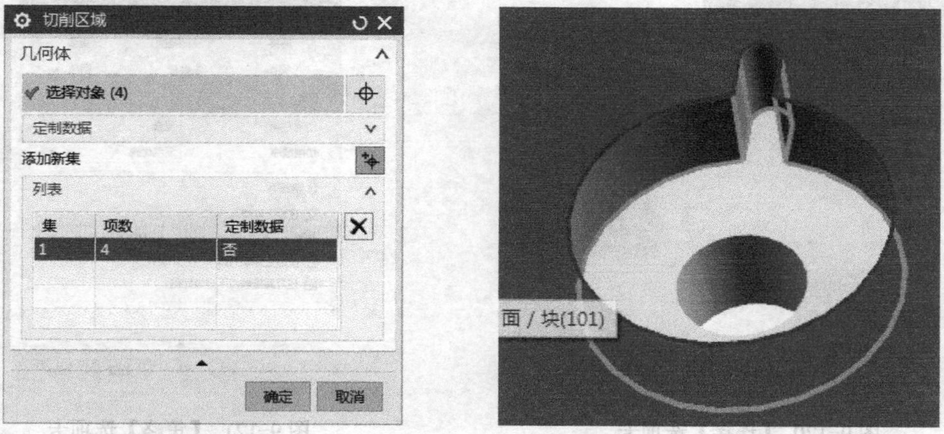

图 9-117 【切削区域】对话框

步骤 04：设定陡峭空间范围。在【深度轮廓加工】对话框的【刀轨设置】选项区域【陡峭空间范围】下拉列表中选择【无】，其他选项设定如图 9-118 所示。

步骤 05：切削层的设置。在【深度轮廓加工】对话框的【刀轨设置】选项区域组中单击【切削层】图标按钮，弹出【切削层】对话框。【每刀切削深度】设定为“0.1”，如图 9-119 所示。

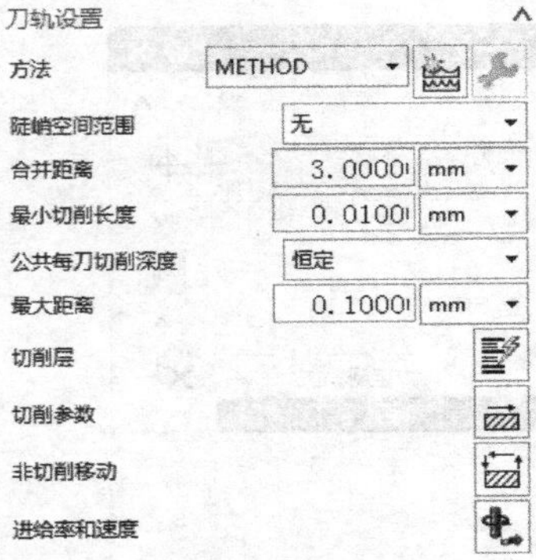

图 9-118 设定【刀轨设置】

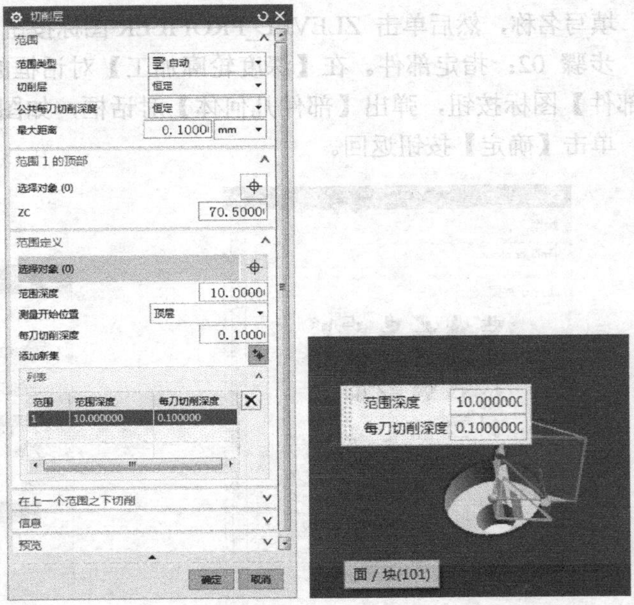

图 9-119 【切削层】对话框

步骤 06：设定连接。在【深度轮廓加工】对话框的【刀轨设置】选项区域中，单击【切削参数】图标按钮，弹出【切削参数】对话框，打开【连接】选项卡，在【层到层】下拉列表中选择【直接对部件进刀】，如图 9-120 所示。

步骤 07：设定切削策略。在【切削参数】对话框的【策略】选项卡中设置【切削方向】为【混合】，【切削顺序】为【深度优先】。在【延伸路径】选项区域中，选中【在边上延伸】复选框，【距离】设置为“1”“mm”，如图 9-121 所示。

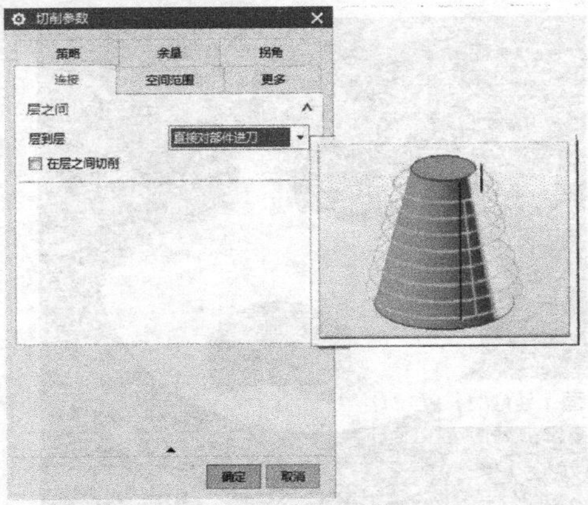

图 9-120 【连接】选项卡

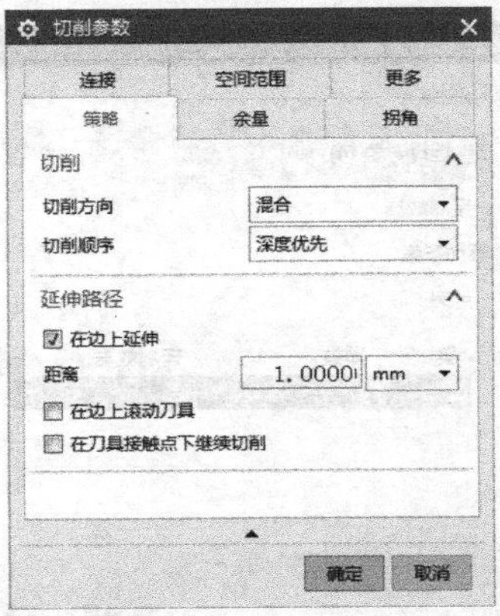

图 9-121 【策略】选项卡

步骤 08：设定切削余量。在【切削参数】对话框的【余量】选项卡中，修改【部件侧面余量】为“0”，【部件底面余量】为“0”，【内公差】和【外公差】均设定为“0.01”，如 9-122 所示，单击【确定】按钮。

步骤 09：设定非切削移动参数。在【深度轮廓加工】对话框的【刀轨设置】选项区域中，单击【非切削移动】图标按钮，打开【非切削移动】对话框，在【封闭区域】选项区域按如图 9-123 所示设置。

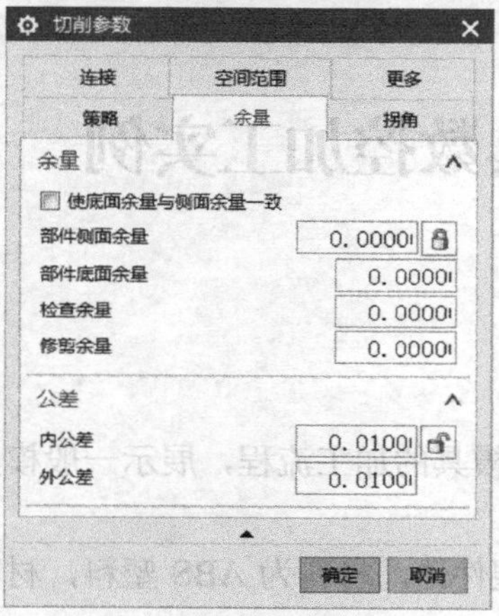

图 9-122 【余量】选项卡

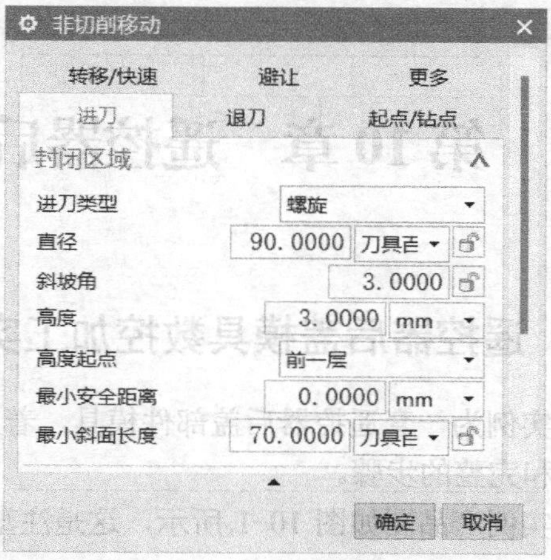

图 9-123 【非切削移动】对话框

步骤 10：设定进给率和速度，在【深度轮廓加工】对话框的【刀轨设置】选项区域中，单击【进给率和速度】图标按钮，打开【进给率和速度】对话框，在【主轴速度】选项区域中，选中【主轴速度】复选框，在文本框中输入“2200”，【进给率】选项区域的【切削】设置为“1500”“mmpm”，其他参数设置如图 9-124 所示。

步骤 11：生成刀位轨迹，单击【生成】图标按钮，系统计算出深度轮廓加工的刀位轨迹，如图 9-125 所示。

图 9-124 【进给率和速度】对话框

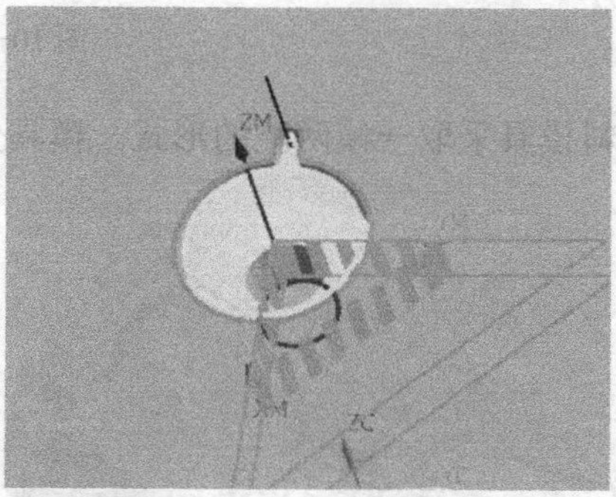

图 9-125　深度轮廓加工的刀位轨迹

9.3　本章小结

本章按照工艺流程系统，通过介绍肥皂盒模框的加工过程，完整地介绍模框的加工过程，完成注塑模的模框的加工过程的细节。模框的加工思路是先用型腔铣开粗，再用深度轮廓加工铣半精加工和精加工，最后点孔、钻孔、扩孔和镗孔等。

第 10 章　遥控器后盖模具数控加工实例

10.1　遥控器后盖模具数控加工实例分析

本实例为一套遥控器后盖部件模具，着重讲解塑料模具的加工流程，展示一般模具加工的思路和完整的步骤。

本实例产品图如图 10-1 所示，这是注塑成型后的塑件体，材料为 ABS 塑料，材料收缩率为 1.005。

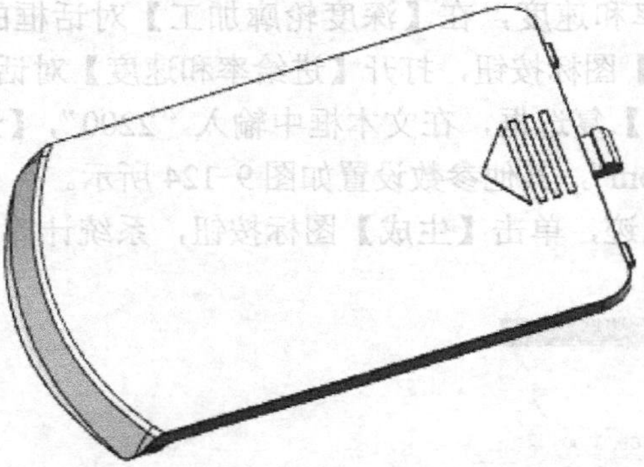

图 10-1　产品图

此塑料模具采取一模两腔的形式。模具分为凹模（见图 10-2）和凸模（见图 10-3）。

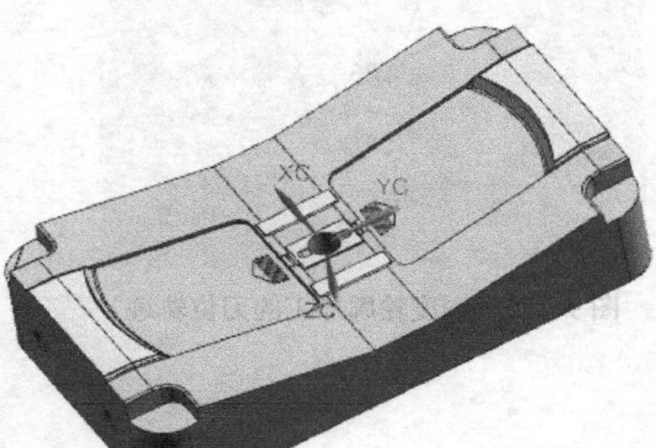

图 10-2　凹模

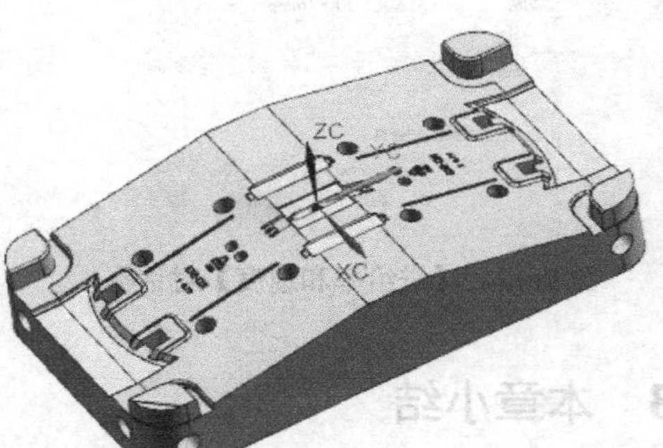

图 10-3　凸模

10.2　遥控器后盖凹模数控加工

工程案例导入：遥控器后盖凹模座如图 10-4 所示。

加工方法：依据凹模的特征，采用型腔铣、深度轮廓加工铣、面铣、区域轮廓铣、平面铣等综合加工方法对其进行操作。

项目要求：本实例要求使用综合加工方法对模具各表面的尺寸、形状、表面粗糙度加工到位。

凹模加工工艺方案见表 10-1。

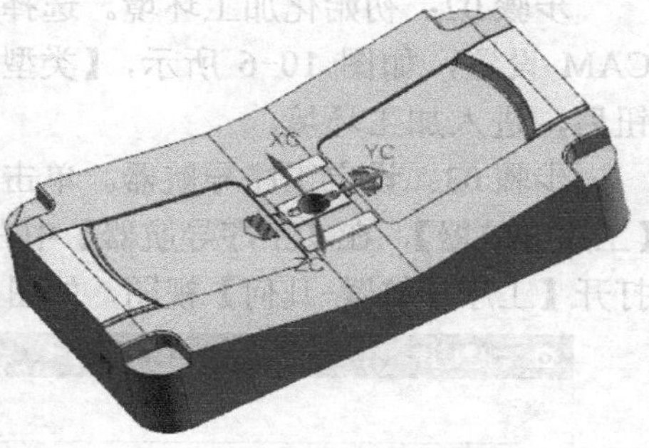

图 10-4　电池盖凹模座

表 10-1　凹模的加工工艺方案　（单位：mm）

工 序 号	加 工 内 容	加 工 方 式	余量侧面/底面	刀　具	夹　具
10	下料 220×120×53	铣削	0.5	面铣刀 D30	压板
20	铣六面体	铣削	0	面铣刀 D30	压板
30	凹模的开粗	型腔铣	0.35/0.15	D16 铣刀	压板
30.1	钻 ϕ12mm 的底孔	啄钻	0.35	D3 钻头	
30.2	凹模的半精加工(1)	区域轮廓铣	0.2	D6R3 铣刀	
30.3	凹模的半精加工(2)	深度轮廓加工	0.2/0.1	D6 铣刀	
30.4	凹模的精加工(1)	区域轮廓铣	0	D6 铣刀	
30.5	凹模的精加工(2)	区域轮廓铣	0	D6 铣刀	
30.6	凹模的精加工(3)	面铣	0	D6 铣刀	
30.7	ϕ12mm 铰孔	铰孔	0	D12 钻刀	
30.8	ϕ4 圆形流道的加工	平面铣	0	D4R2 球铣刀	

10.2.1　凹模的开粗 CATIVY_MILLING

步骤 01：调入工件。单击【打开】按钮，弹出【打开】对话框，如图 10-5 所示。选择本书配套资源中的“\课堂练习\10\10-1.prt”文件，单击【OK】按钮。

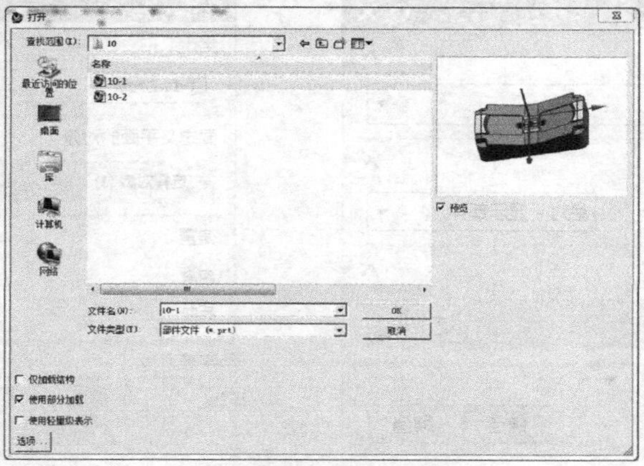

图 10-5　【打开】对话框

10-1　型腔粗加工

步骤 02：初始化加工环境。选择菜单【启动】→【加工】命令，进入加工模块，进行 CAM 设置，如图 10-6 所示，【类型】下拉列表中选择【mill_contour】，单击【确定】按钮后，进入加工环境。

步骤 03：设定工序导航器。单击界面左侧资源条中的【工序导航器】图标按钮，打开【工序导航器】，在【工序导航器】中右击，在打开的快捷菜单中选择【几何视图】命令，则打开【工序导航器-几何】视图，如图 10-7 所示。

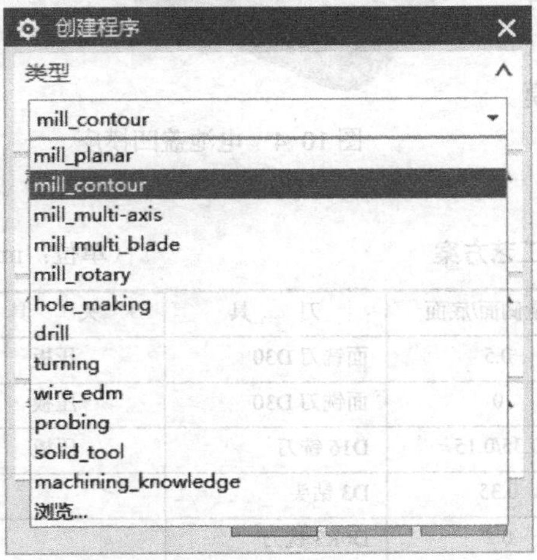

图 10-6 【创建程序】对话框

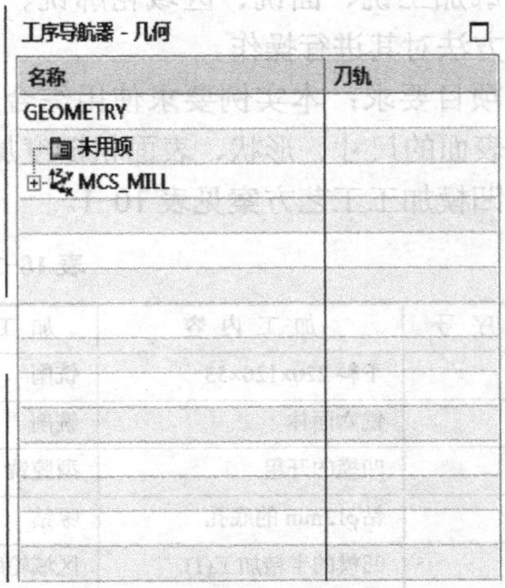

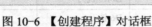

图 10-7 【工序导航器-几何】视图

步骤 04：设定坐标系和安全高度。在加工模块下，【工序导航器-几何】视图中双击坐标系“MCS_MILL”，打开【MCS 铣削】对话框。【机床坐标系】选项区域中单击【指定 MCS】图标按钮，打开【CSYS】对话框，如图 10-8 所示。在【类型】下拉列表中选取【动态】，双击 Z 坐标轴上的反向箭头，将 Z 轴朝上，设定加工坐标系在平面的中心单击【确定】按钮返回【MCS 铣削】对话框。

在【MCS 铣削】对话框的【安全设置】选项区域中，【安全设置选项】下拉列表中选取【刨】，打开【刨】对话框，在【类型】下拉列表中选取【自动判断】，并在【距离】文本框中输入“20mm”，即安全高度为 Z20，如图 10-9 所示。单击【确定】按钮完成设置。

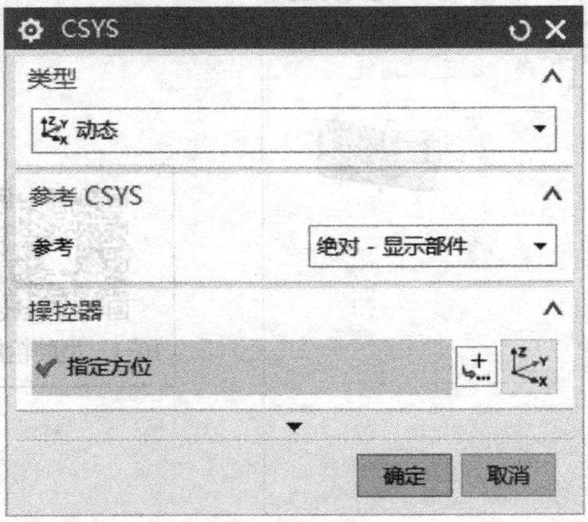

图 10-8 【CSYS】对话框

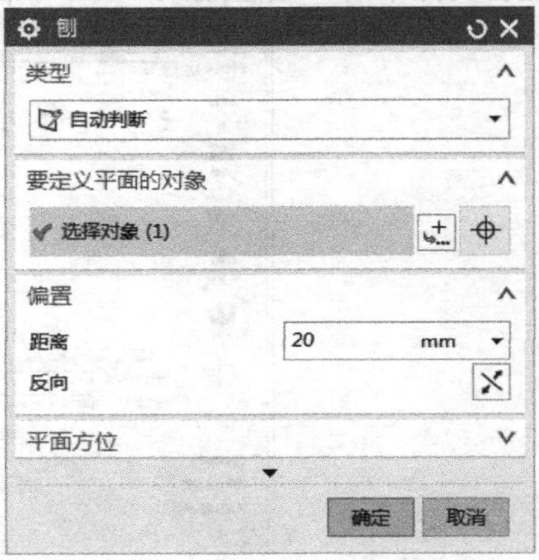

图 10-9 【刨】对话框

步骤 05：创建刀具。单击【插入】工具条中的【创建刀具】按钮，打开【创建刀具】对话框，默认的【刀具子类型】为铣刀图标按钮，在【名称】文本框中输入“D16”，如图 10-10 所示。单击“应用”按钮，打开【铣刀-5 参数】对话框，在【直径】文本框中输入“16”，如图 10-11 所示。这样就创建了一把直径为 16mm 的铣刀，用同样的方法创建其他铣刀。最后打开【工序导航器-工件】视图，可以看见创建的刀具。

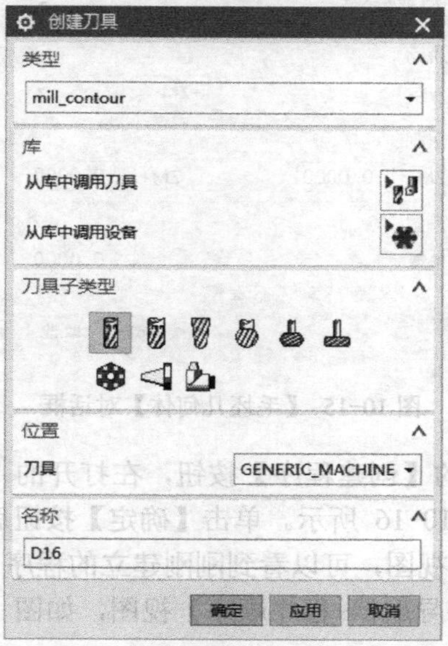

图 10-10 【创建刀具】对话框

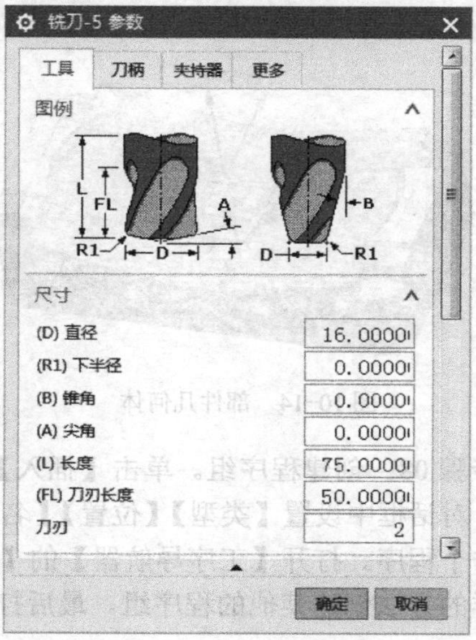

图 10-11 【铣刀-5】对话框

步骤 06：创建几何体。单击【工序导航器-几何】视图中“MCS_MILL”前的“+”号，展开坐标系父节点，双击其下的 WORKPIECE，打开【工件】对话框，如图 10-12 所示。在【几何体】选项区域中，单击【指定部件】图标按钮，打开【部件几何体】对话框，如图 10-13 所示，在绘图区选择凹模和圆形流道补面作为部件几何体，如图 10-14 所示。

图 10-12 【工件】视图

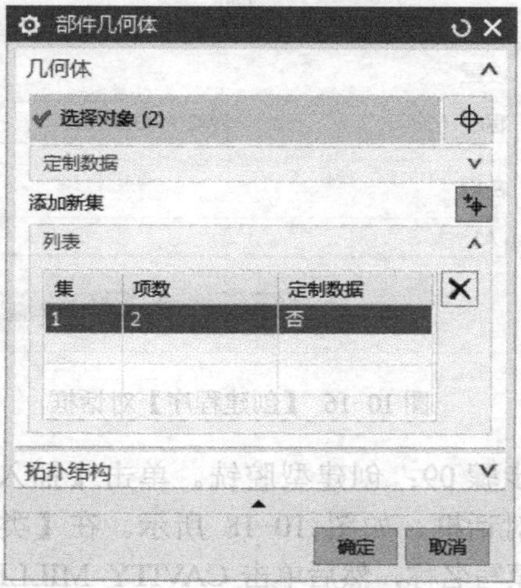

图 10-13 【部件几何体】对话框

步骤 07：创建毛坯几何体。单击【确定】按钮回到【工件】对话框，在对话框【几何体】选项区域中单击【指定毛坯】图标按钮，打开【毛坯几何体】对话框，如图 10-15 所示。选择【部件轮廓】，单击【确定】按钮，系统自动生成毛坯。

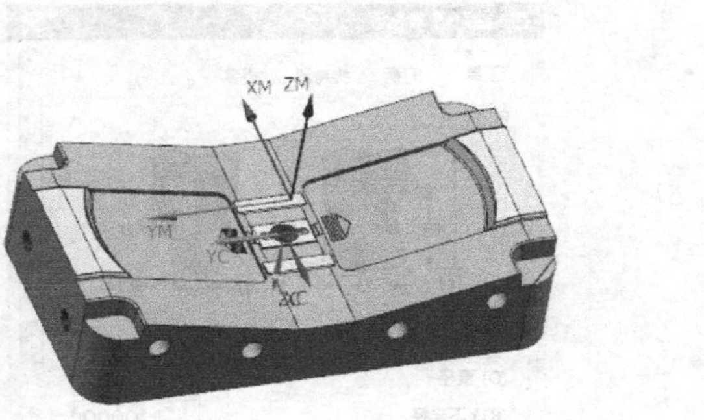

图 10-14　部件几何体

图 10-15　【毛坯几何体】对话框

步骤 08：创建程序组。单击【插入】工具条中的【创建程序】按钮，在打开的【创建程序】对话框中设置【类型】【位置】【名称】，如图 10-16 所示。单击【确定】按钮后就建立了一个程序。打开【工序导航器】的【程序顺序】视图，可以看到刚刚建立的程序 A1。用同样的方法创建其他的程序组。最后打开的【工序导航器-程序顺序】视图，如图 10-17 所示。

图 10-16　【创建程序】对话框

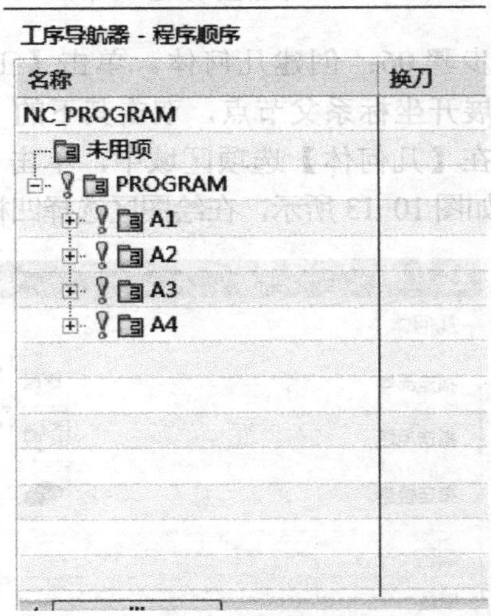

图 10-17　【工序导航器-程序顺序】视图

步骤 09：创建型腔铣。单击【插入】工具条中的【创建工序】按钮，打开【创建工序】对话框，如图 10-18 所示。在【类型】下拉列表中选择【mill_contour】，修改未知参数，填写名称，然后单击 CAVITY_MILLING 图标按钮，打开【型腔铣】对话框，如图 10-19 所示。

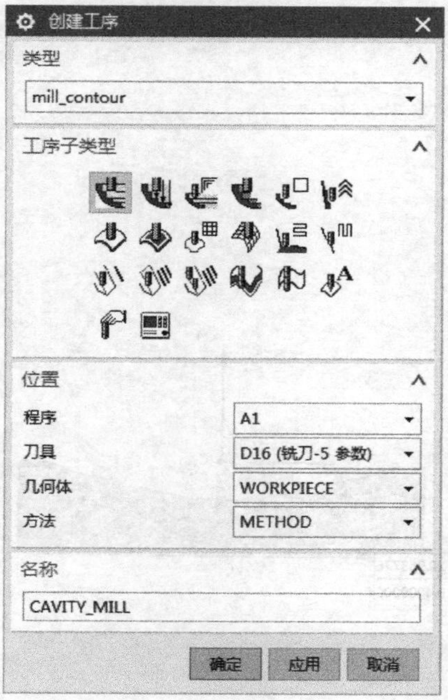

图 10-18 【创建工序】对话框

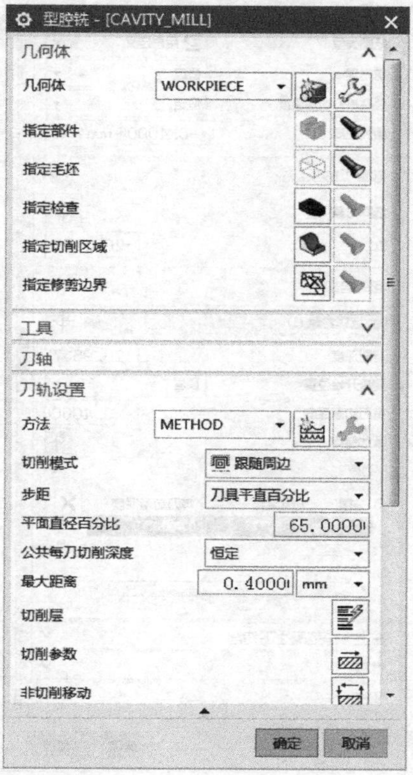

图 10-19 【型腔铣】对话框

步骤 10：修改切削模式和每一刀的切削深度。在【型腔铣】对话框的【刀轨设置】选项区域中选择【切削模式】为【跟随周边】,【步距】设定为【刀具平直百分比】,【平面直径百分比】设定为“65”,【公共每刀切削深度】设定为【恒定】,【最大距离】设定为“0.4”“mm”，如图 10-20 所示。

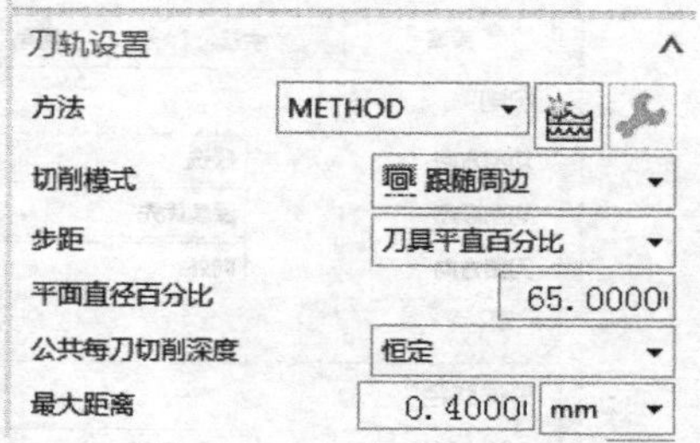

图 10-20 修改切削模式

步骤 11：设定切削层。在【刀轨设置】选项区域中，单击【切削层】图标按钮，打开【切削参数】对话框，在【列表】下删除所有的层数，再单击【选择对象】按钮选定补面，单击【确定】按钮生成图 10-21 所示的切削范围。

步骤 12：设定切削策略。在【刀轨设置】选项区域中，单击【切削参数】图标按钮，打开【切削参数】对话框，在【策略】选项卡中设置【切削方向】为【顺铣】,【切削顺序】为【深度优先】，如图 10-22 所示。

步骤 13：设定切削余量。在【切削参数】对话框中，打开【余量】选项卡，取消选中【使底面余量与侧面余量一致】复选框，修改【部件侧面余量】为“0.35”,【部件底面余量】为“0.15”,【内公差】与【外公差】均设定为“0.05”，如图 10-23 所示，单击【确定】按钮。

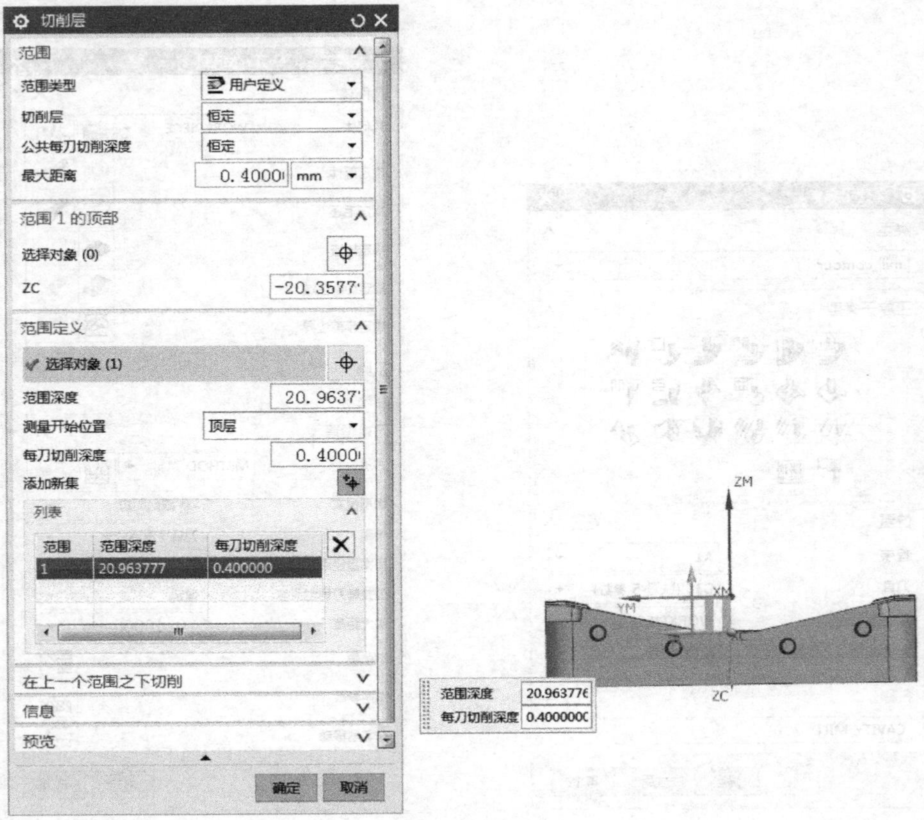

图 10-21　指定切削层

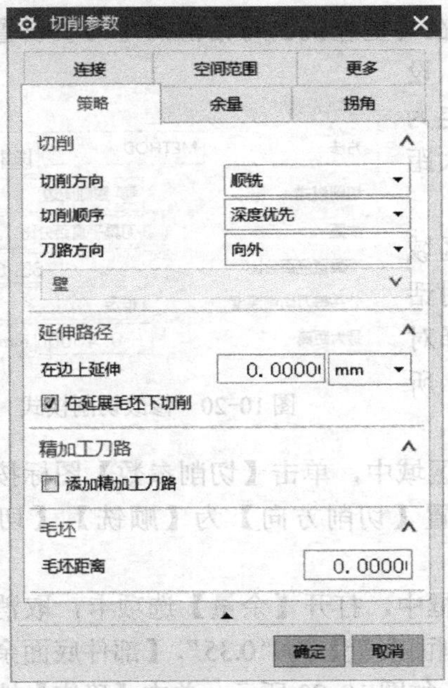

图 10-22　【策略】选项卡

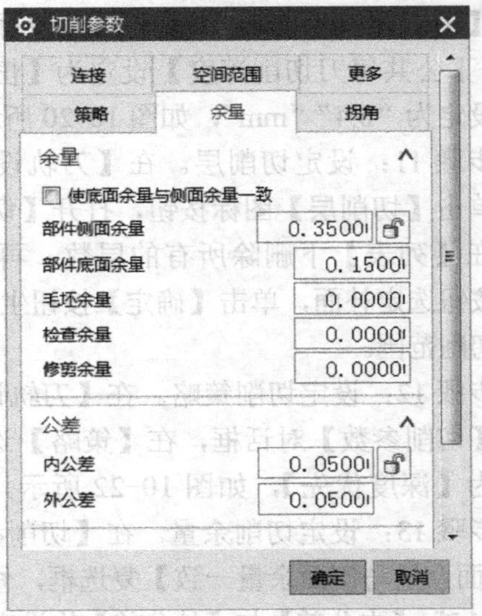

图 10-23　【余量】选项卡

步骤 14：设定进刀参数。在【刀轨设置】选项区域中，单击【非切削移动】图标按钮，弹出【非切削移动】对话框，打开【进刀】选项卡，如图 10-24 所示。在【开放区域】选项区域中，【进刀类型】设定为【圆弧】，【半径】设定为“7”，【圆弧角度】设定为“90”，【高度】设定为“3”“mm”，【最小安全距离】设定为刀具直径的 50%，单击【确定】按钮完成设定。

步骤 15：设定转移/快速参数。打开【转移/快速】选项卡。为了缩短提刀距离，在【区域之间】和【区域内】选项区域的【转移类型】设定为【安全距离-刀轴】，如图 10-25 所示。

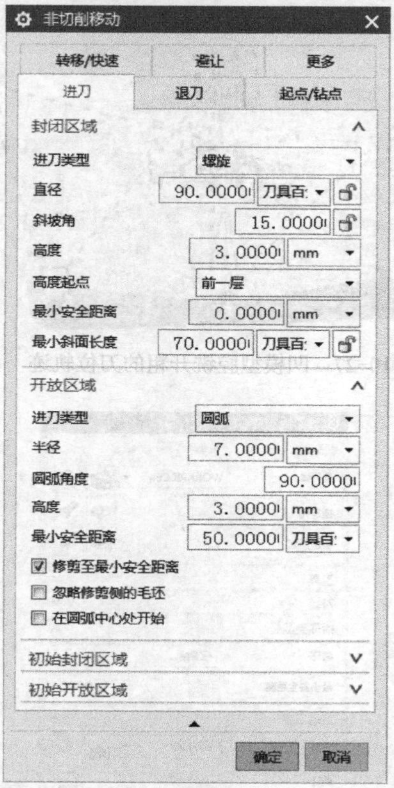

图 10-24　【进刀】选项卡

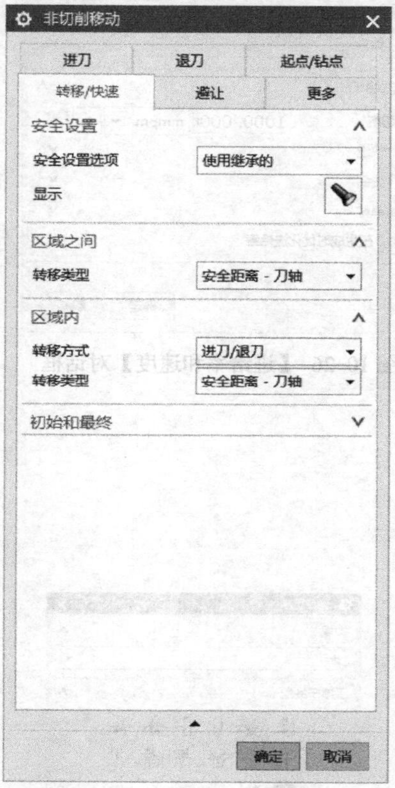

图 10-25　【转移/快速】选项卡

步骤 16：设定进给率和刀具转速。在【刀轨设置】选项区域中，单击【进给率和速度】图标按钮，打开【进给率和转速】对话框，在【主轴速度】选项区域中，选中【主轴速度】复选框，在文本框输入“2200”。在【进给率】选项区域中设定【切削】为“1000”“mmpm”，其他各参数设置如图 10-26 所示。

步骤 17：生成刀位轨迹。单击【生成】图标按钮，系统计算出型腔铣的刀位轨迹如图 10-27 所示。

10-2　钻孔

10.2.2　钻ϕ12mm 的底孔 PECK_DRILLING

步骤 01：创建定心钻。单击【插入】工具条中的【创建工序】按钮，打开【创建工序】对话框，如图 10-28 所示。在【类型】下拉列表中选择【drill】，【位置】选项区域中【刀具】选择ϕ3mm 的中心钻，填写名称，然后单击 SPOT_DRILLING 图标按钮，打开【定心钻】对话框，如图 10-29 所示。

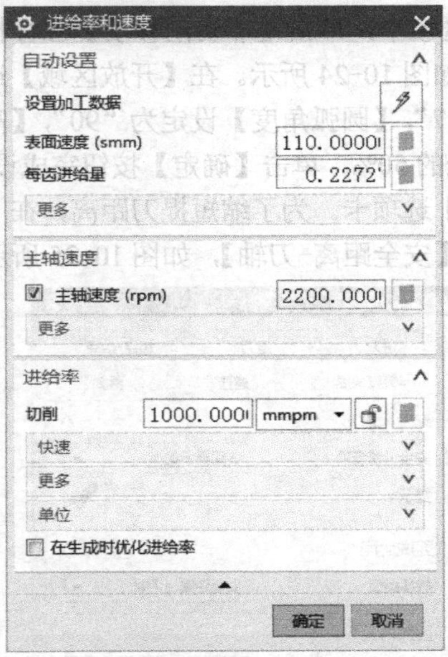

图 10-26 【进给率和速度】对话框

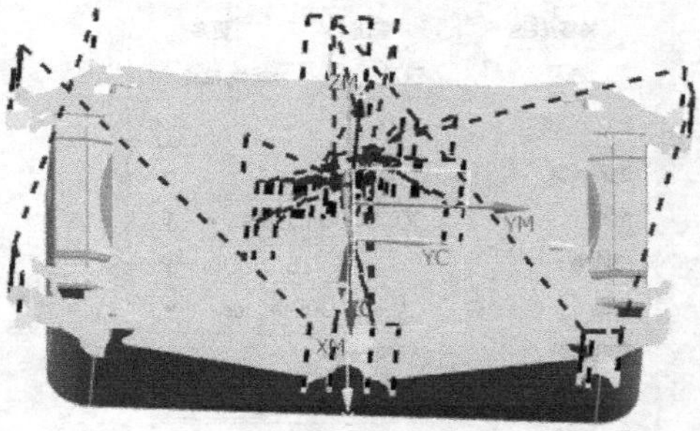

图 10-27 凹模型腔铣开粗的刀位轨迹

图 10-28 【创建工序】对话框

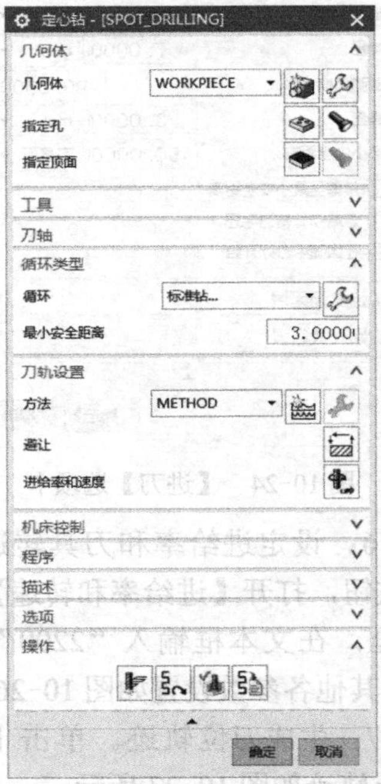

图 10-29 【定心钻】对话框

步骤 02：指定孔。在【定心钻】对话框的【几何体】选项区域中单击【指定孔】图标按钮，弹出【点到点几何体】对话框，如图 10-30 所示。在此对话框中单击【选择】按钮，弹出用于“选择点位”的对话框，如图 10-31 所示，接着单击【一般点】按钮，弹出【点】对话框，如图 10-32 所示。在【类型】下拉列表中选择【两点之间】，并在窗口中先后选择两个点，单击【确定】按钮，如图 10-32 和图 10-33 所示。

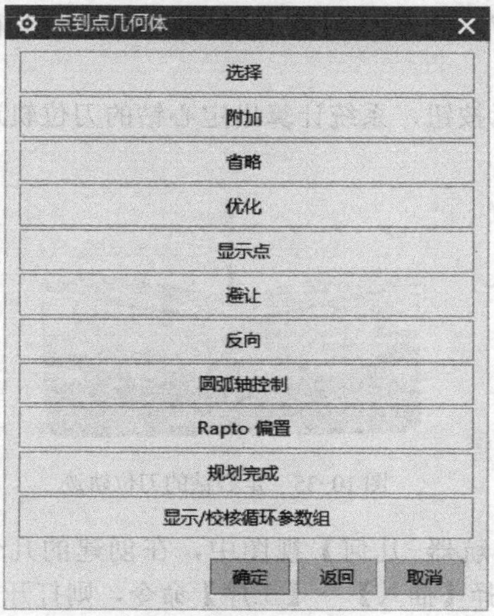

图 10-30 【点到点几何体】对话框

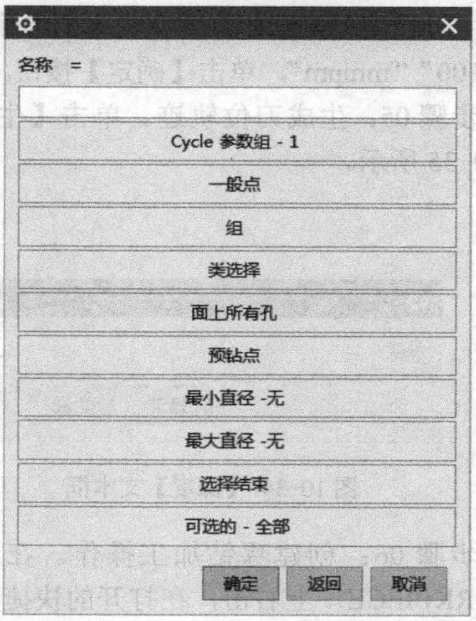

图 10-31 用于“选择点位”的对话框

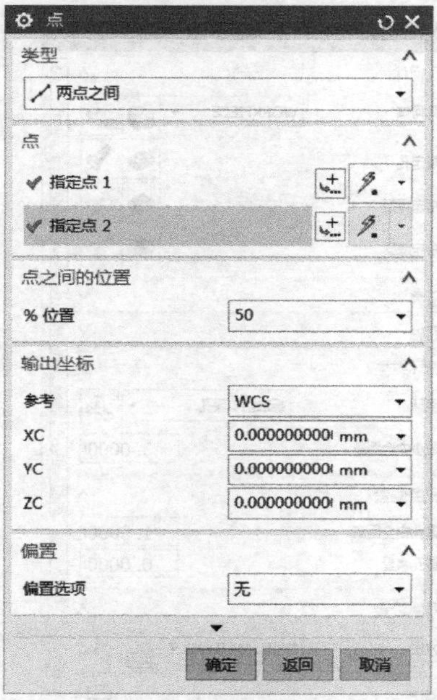

图 10-32 【点】对话框

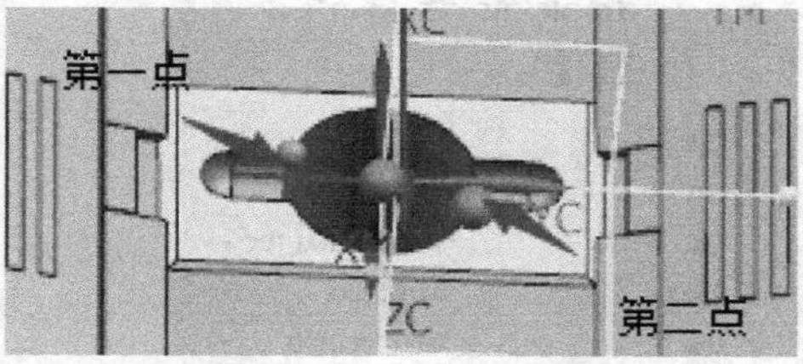

图 10-33 选择两点

步骤 03：设定中心钻深度。在【定心钻】对话框单击【编辑参数】图标按钮，在打开的【指定参数组】对话框中单击【确定】按钮，打开【Cycle 参数】对话框，单击【确定】按钮，打开【Cycle 深度】对话框，单击【确定】按钮，接着在【深度】文本框中输入“3”，如图 10-34 所示。单击【确定】按钮回到【定心钻】对话框。

步骤 04：设定进给率和转速。在【定心钻】对话框的【刀轨设置】选项区域中，单击【进给率和速度】图标按钮，打开【进给率和速度】对话框，在【主轴速度】选项区域中选中【主轴速度】复选框，并在文本框中输入“650”，在【进给率】选项区域中设定【切削】为“100”“mmpm”，单击【确定】按钮。

步骤 05：生成刀位轨迹。单击【生成】图标按钮，系统计算出定心钻的刀位轨迹如图 10-35 所示。

图 10-34 【深度】文本框

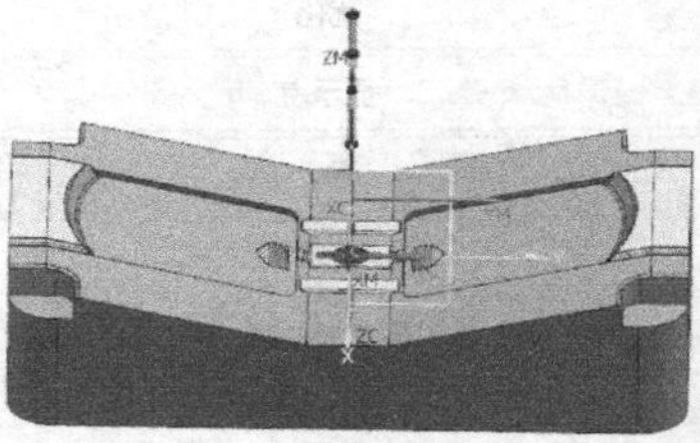

图 10-35 定心钻的刀位轨迹

步骤 06：创建啄钻加工操作。在【工序导航器-几何】视图中，在创建的几何体“WORKPIECE”上右击，在打开的快捷菜单中选择【插入】→【工序】命令，则打开【创建工序】对话框，选择【工序子类型】为啄钻（PECK_LLING）图标按钮，设置其他参数如图 10-36 所示。单击【确定】按钮打开【啄钻】对话框，如图 10-37 所示。

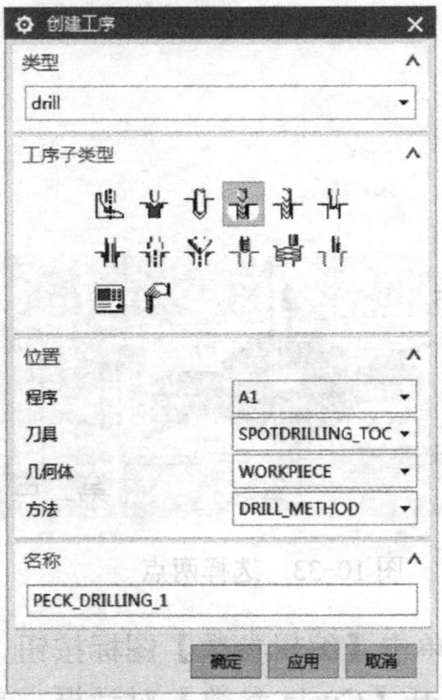

图 10-36 【创建工序】对话框

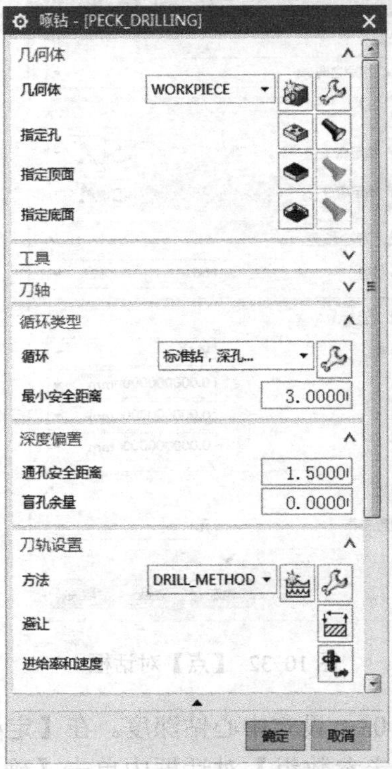

图 10-37 【啄钻】对话框

步骤 07：指定孔。在【啄钻】对话框的【几何体】选项区域中单击【指定孔】图标按钮，弹出【点到点几何体】对话框，选择与中心钻相同的点作为起点。

步骤 08：设定循环类型。在【啄钻】对话框中，【循环类型】选项区域中选择【循环】模式为【啄钻】，如图 10-38 所示。

步骤 09：设定钻削深度和钻削增量。单击图 10-39 所示【啄钻】右侧的【编辑参数】图标按钮，打开用于“步距安全设置”的对话框，如图 10-39 所示。【距离】文本框中输入“1.25”后再单击【确定】按钮则打开【Cycle 参数】对话框，如图 10-40 所示。

图 10-38　循环类型

图 10-39　用于“步距安全设置”的对话框

图 10-40　【Cycle 参数】对话框

单击【Depth-模型深度】按钮，打开【Cycle 深度】对话框，如图 10-41 所示。单击【刀肩深度】按钮，在打开的【深度】文本框中输入“32”，如图 10-42 所示，单击【确定】按钮，回到【Cycle 参数】对话框。

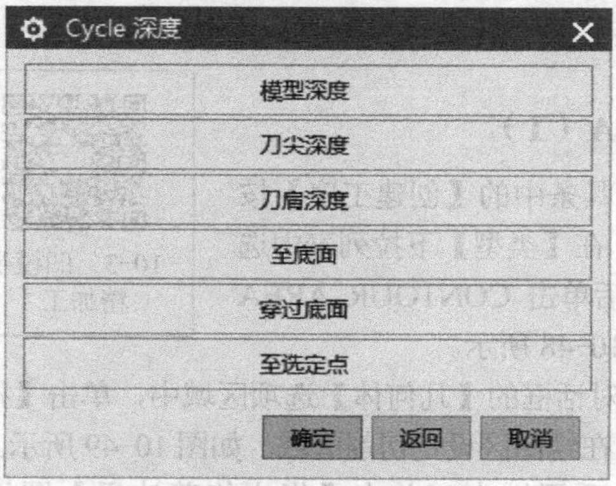

图 10-41　【Cycle 深度】对话框

图 10-42　设定钻削深度

单击【Increment-无】按钮，打开图 10-43 所示的【增量】对话框，单击【恒定】按钮，在打开的对话框的【增量】文本框中输入“5”，如图 10-44 所示。

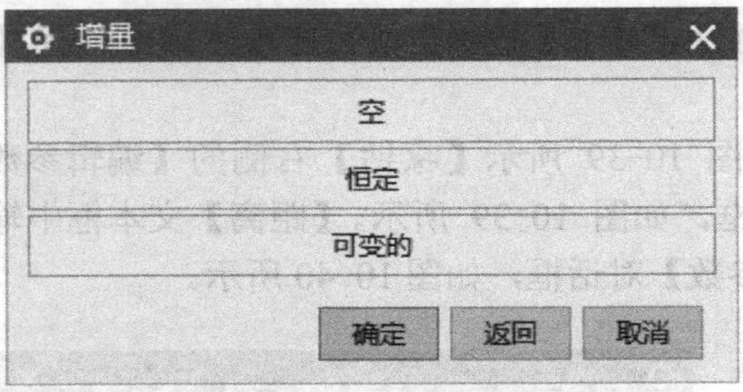

图 10-43 【增量】对话框

图 10-44 【增量】设置

步骤 10：设定进给率和转速。在【啄钻】对话框的【刀轨设置】选项区域中，单击【进给率和速度】图标按钮，打开【进给率和速度】对话框，在【主轴速度】选项区域中选中【主轴速度】复选框，并在文本框中输入“300”，在【进给率】选项区域中设定【切削】为“50”“mmpm”，如图 10-45 所示，单击【确定】按钮。

步骤 11：生成刀位轨迹。单击【生成】图标按钮，系统计算出啄钻的刀位轨迹如图 10-46 所示。

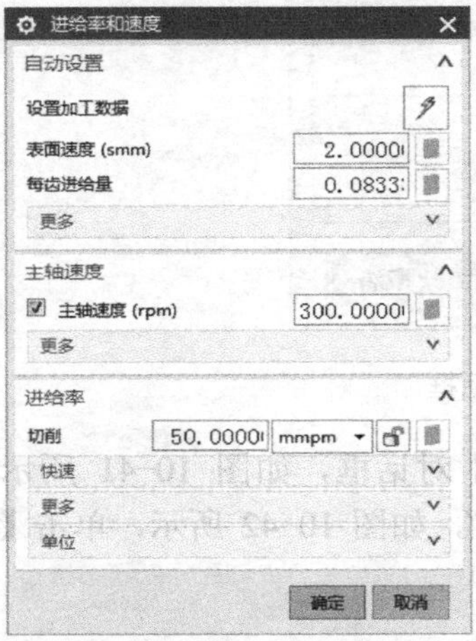

图 10-45 【进给率和速度】对话框

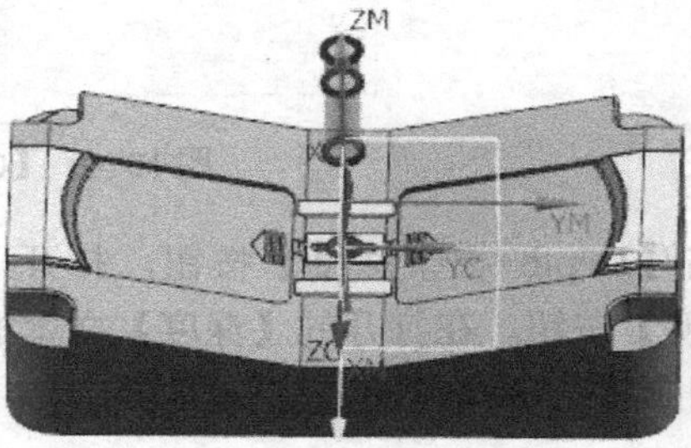

图 10-46 啄钻的刀位轨迹

10.2.3 凹模的半精加工 CONTOUR_AREA（1）

10-3 凹模半精加工 1

步骤 01：创建区域轮廓铣，单击【插入】工具条中的【创建工序】按钮，打开【创建工序】对话框，如图 10-47 所示。在【类型】下拉列表中选择【mill_contour】，修改位置参数，填写名称，然后单击 CONTOUR_AREA 图标按钮，打开【区域轮廓铣】对话框，如图 10-48 所示。

步骤 02：选定切削区域。在【区域轮廓铣】对话框的【几何体】选项区域中，单击【指定切削区域】图标按钮，弹出【切削区域】对话框，在绘图区设定切削区域，如图 10-49 所示。

步骤 03：指定修剪边界。在【几何体】选项区域中，单击【指定修剪边界】图标按钮，弹出【修剪边界】对话框，在【边界】选项区域中，单击【选择对象】按钮，选择曲线边界，【修剪侧】下拉列表选择【内部】，回到【建模】模式下绘制边界，选择边界线作为修剪边界，如图 10-50 所示。

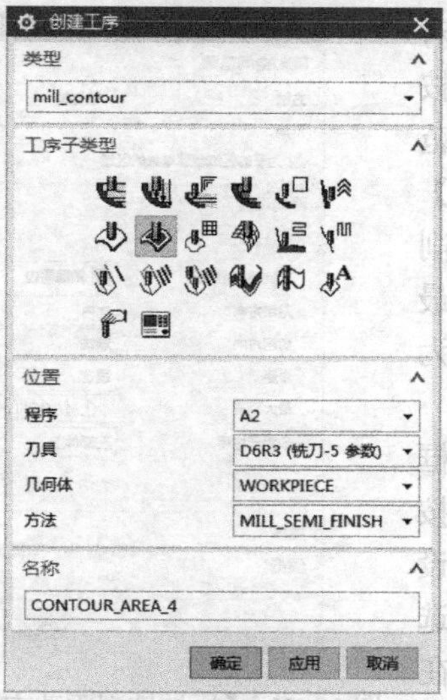

图 10-47　【创建工序】对话框

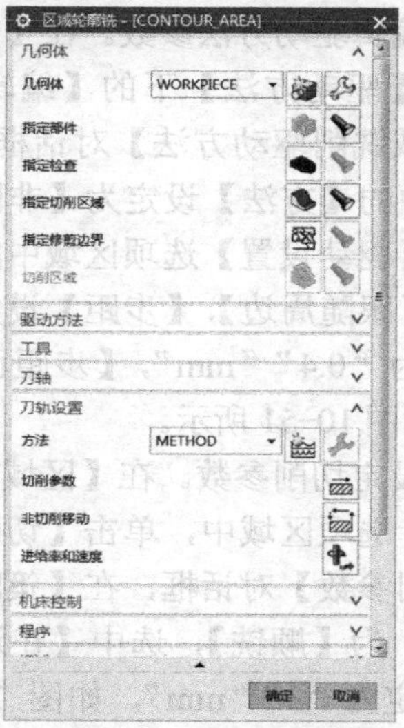

图 10-48　【区域轮廓铣】对话框

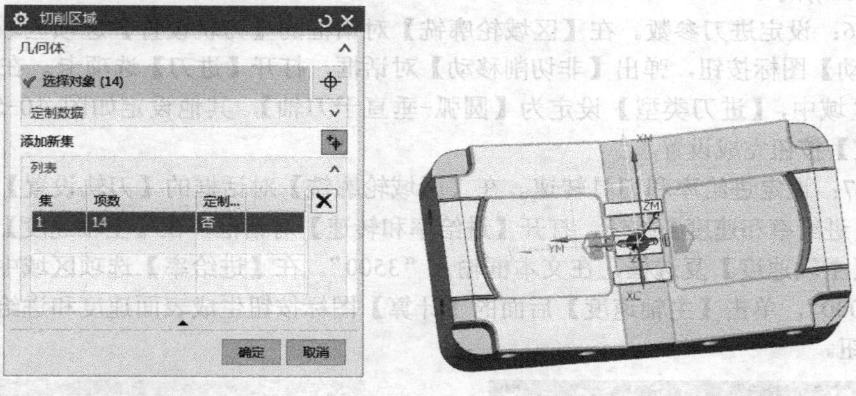

图 10-49　指定切削区域

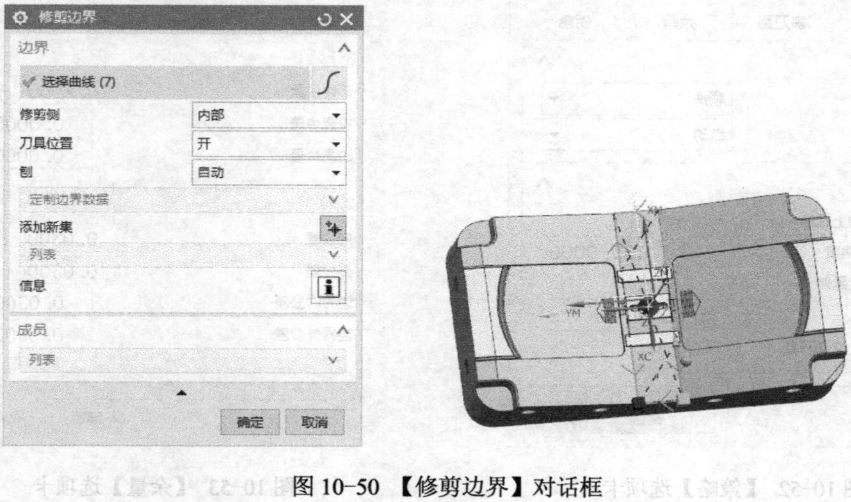

图 10-50　【修剪边界】对话框

步骤 04：编辑驱动方法参数。在【区域轮廓铣】对话框中，单击【驱动方法】下的【编辑参数】图标按钮，弹出【区域铣削驱动方法】对话框。【陡峭空间范围】选项区域中的【方法】设定为【非陡峭】，【陡角】设定为“65”，【驱动设置】选项区域中的【非陡峭切削模式】设定为【跟随周边】，【步距】设为【恒定】，【最大距离】设定为“0.4”“mm”，【步距已应用】设定为【在部件上】，如图 10-51 所示。

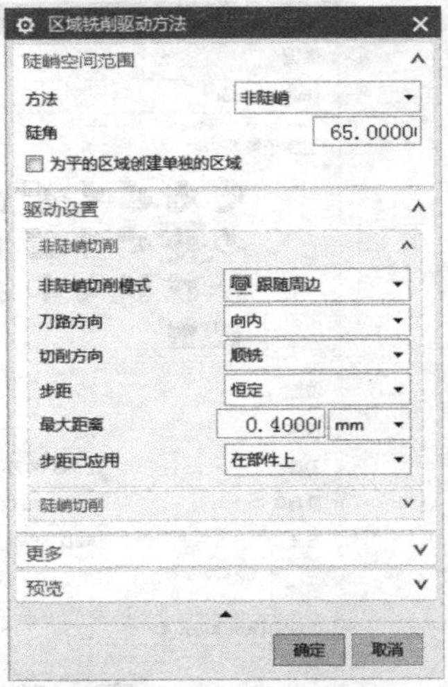

图 10-51 【区域铣削驱动方法】对话框

步骤 05：设定切削参数。在【区域轮廓铣】对话框的【刀轨设置】选项区域中，单击【切削参数】图标按钮，打开【切削参数】对话框，在【策略】选项卡中设置【切削方向】为【顺铣】，选中【在边上延伸】复选框，【距离】设定为“3”“mm”，如图 10-52 所示。在【余量】选项卡中设置【部件余量】为“0.2”，其他设置如图 10-53 所示。

步骤 06：设定进刀参数。在【区域轮廓铣】对话框的【刀轨设置】选项区域中，单击【非切削移动】图标按钮，弹出【非切削移动】对话框，打开【进刀】选项卡。在【开放区域】选项区域中，【进刀类型】设定为【圆弧-垂直于刀轴】，其他设定如图 10-54 所示。单击【确定】按钮完成设置。

步骤 07：设定进给率和刀具转速。在【区域轮廓铣】对话框的【刀轨设置】选项区域中，单击【进给率和速度】按钮，打开【进给率和转速】对话框，在【主轴速度】选项区域中，选中【主轴速度】复选框，在文本框输入“3500”。在【进给率】选项区域中设定【切削】为“1000”，单击【主轴速度】后面的【计算】图标按钮生成表面速度和进给量，单击【确定】按钮。

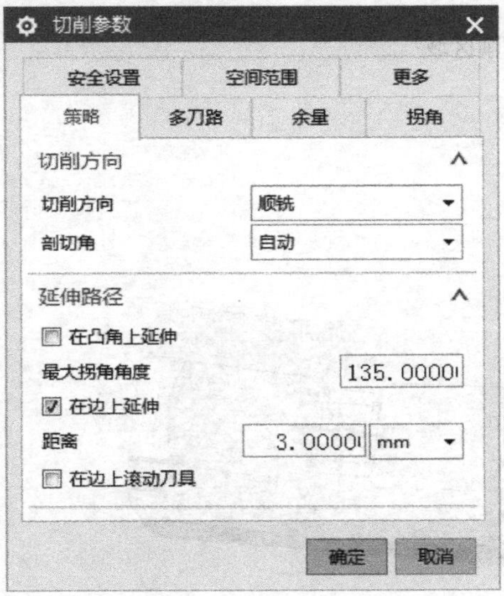

图 10-52 【策略】选项卡

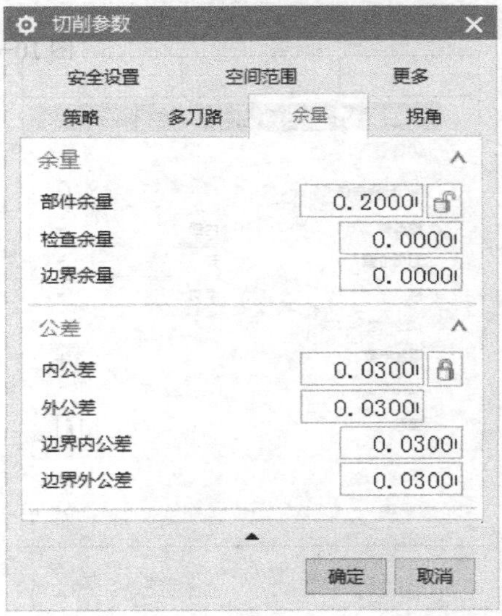

图 10-53 【余量】选项卡

步骤 08：生成刀位轨迹。单击【生成】图标按钮，系统计算出区域轮廓铣的刀位轨迹如图 10-55 所示。

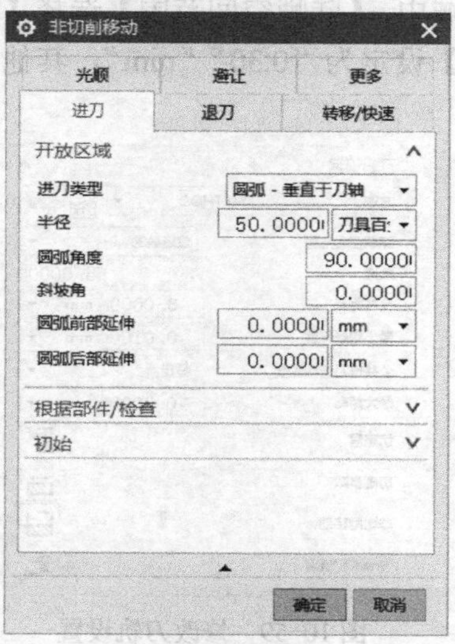

图 10-54 【非切削移动】对话框

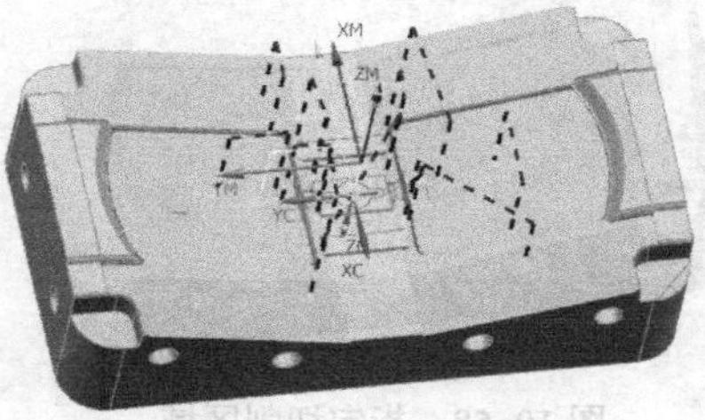

图 10-55　区域轮廓铣的刀位轨迹

10.2.4　凹模的半精加工 ZLEVEL_PROFILE（2）

10-4　凹模半精加工 2

步骤 01：创建深度轮廓加工 ZLEVEL_PROFILE，单击【插入】工具条中的【创建工序】按钮，打开【创建工序】对话框，如图 10-56 所示。在【类型】下拉列表中选择【mill_contour】，修改位置参数，填写名称，然后单击 ZLEVEL_PROFILE 图标按钮，打开【深度轮廓加工】对话框，如图 10-57 所示。

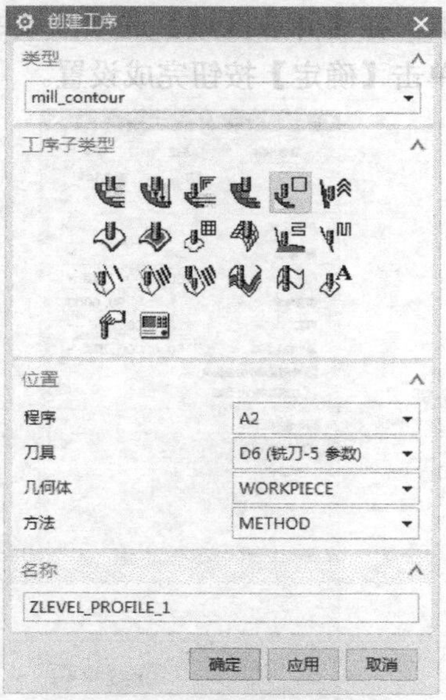

图 10-56 【创建工序】对话框

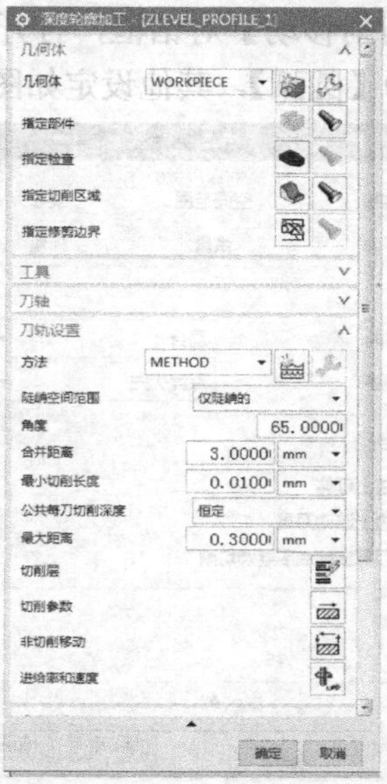

图 10-57 【深度轮廓加工】对话框

步骤 02：选定切削区域。在【深度轮廓加工】对话框的【几何体】选项区域中，单击【指定切削区域】图标按钮，弹出【切削区域】对话框，在绘图区指定图 10-58 所示的切削面。

步骤 03：修改刀轨设置。在【刀轨设置】选项区域中，【陡峭空间范围】选择【仅陡峭的】，【公共每刀切削深度】选择【恒定】，【最大距离】设定为“0.30”“mm”，其他各项设置如图 10-59 所示。

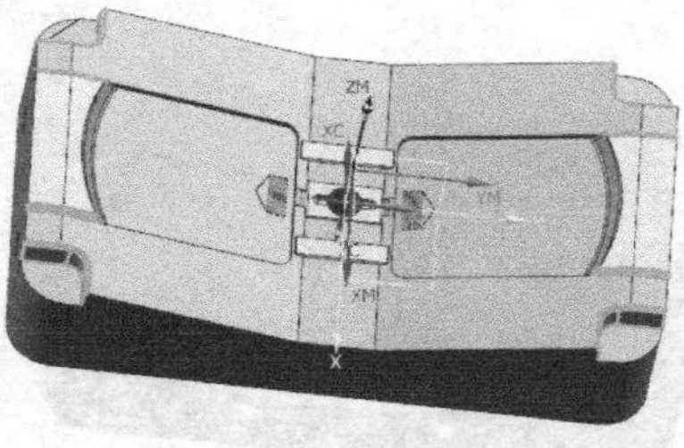

图 10-58　指定切削区域

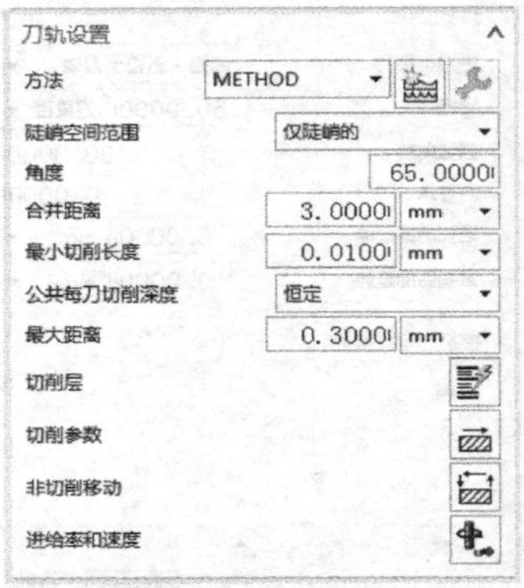

图 10-59　修改刀轨设置

步骤 04：设定切削参数。在【刀轨设置】选项区域中，单击【切削参数】图标按钮，打开【切削参数】对话框，在【策略】选项卡中设置【切削方向】为【混合】，【切削顺序】为【深度优先】，其他各项设置如图 10-60 所示。

步骤 05：设定切削余量。打开【余量】选项卡，取消选中【使底面余量与侧面余量一致】复选项，修改【部件侧面余量】为“0.2”，【部件底面余量】为“0.1”。

步骤 06：设定连接参数。在【连接】选项卡中设置【层与层】为【使用转移方法】，单击【确定】按钮返回【深度轮廓加工】对话框。

步骤 07：设定进刀参数。在【刀轨设置】选项区域中，单击【非切削移动】图标按钮，弹出【非切削移动】对话框，打开【进刀】选项卡。在【开放区域】选项区域中，【进刀类型】设定为【圆弧】，其他设定如图 10-61 所示，单击【确定】按钮完成设置。

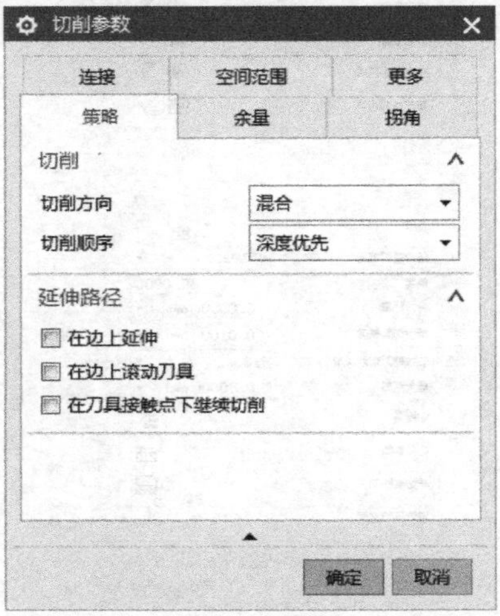

图 10-60　【切削参数】对话框

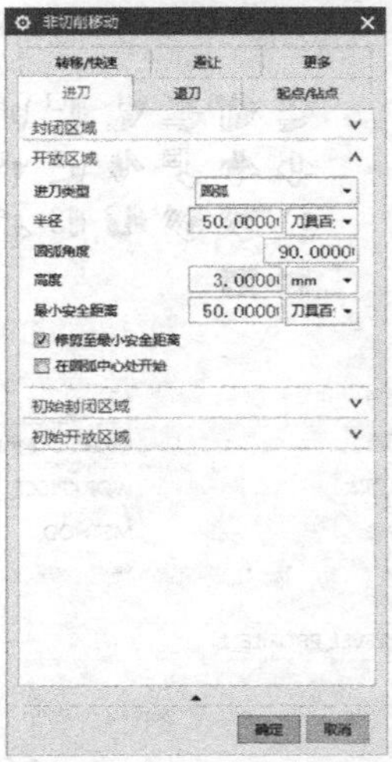

图 10-61　【进刀】选项卡

步骤 08：设定进给率和刀具转速。在【刀轨设置】选项区域中，单击【进给率和速度】图标按钮，打开【进给率和转速】对话框，在【主轴速度】选项区域中，选中【主轴速度】复选框，在文本框输入“3500”。在【进给率】选项区域中设定【切削】为“1000”“mmpm”，其他各参数接受默认设置。

步骤 09：生成刀位轨迹。单击【生成】图标按钮，系统计算出深度轮廓加工的刀位轨迹如图 10-62 所示。

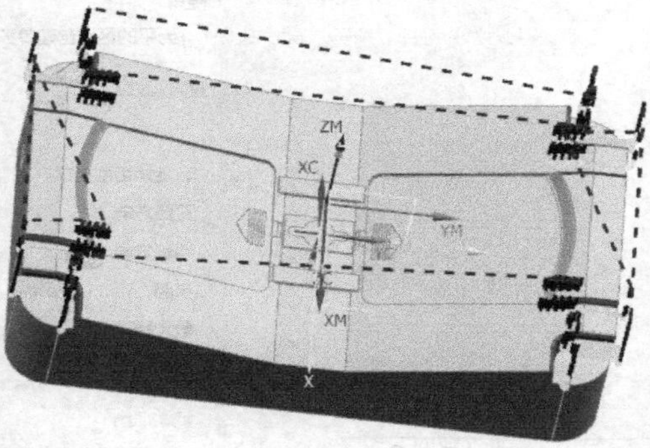

图 10-62　深度轮廓加工的刀位轨迹

10-5　凹模
精加工 1

10.2.5　凹模的精加工 CONTOUR_AREA（1）

步骤 01：复制区域轮廓铣。打开【工序导航器-程序顺序】视图，在区域轮廓铣操作“CONTOUR_AREA”上右击，在打开的快捷菜单中选择【复制】命令，在 A2 上再右击，在打开的快捷菜单中选择【粘贴】命令，这样就复制了一个区域轮廓铣操作，如图 10-63 所示。

步骤 02：修改切削区域。在【工序导航器-程序顺序】视图中双击“CONTOUR_AREA_COPY”，打开【区域轮廓铣】对话框，在【几何体】选项区域中，单击【指定切削区域】图标按钮，弹出【切削区域】对话框，在绘图区重新指定图 10-64 所示的切削面。

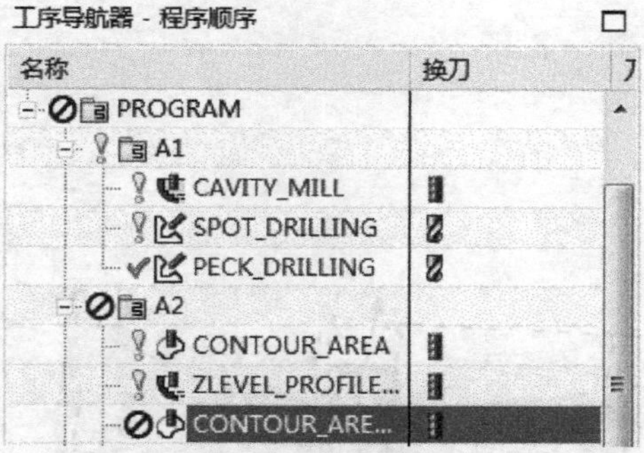

图 10-63　复制区域轮廓铣

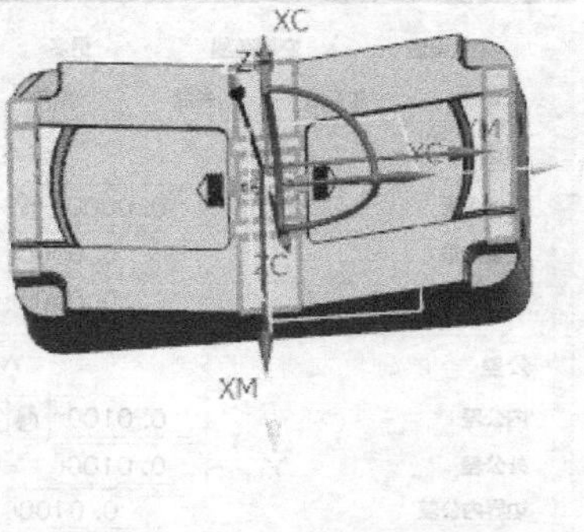

图 10-64　指定切削区域

步骤 03：修改刀具。单击【区域轮廓铣】对话框的【工具】右侧的下三角箭头，将【工具】选项区域展开，修改【刀具】为 D6R3，如图 10-65 所示。

步骤 04：修改驱动方法。在【区域轮廓铣】对话框中，单击【驱动方法】选项区域中

【方法】右侧的【编辑参数】图标按钮，打开【区域铣削驱动方法】对话框，在【驱动设置】选项区域中，【非陡峭切削模式】选择【往复】，【步距】设定为【恒定】，【最大距离】设定为“0.1”“mm”，为了使陡峭的表面得到均匀的刀路，【步距已应用】选择【在部件上】，如图 10-66 所示。

图 10-65　修改刀具

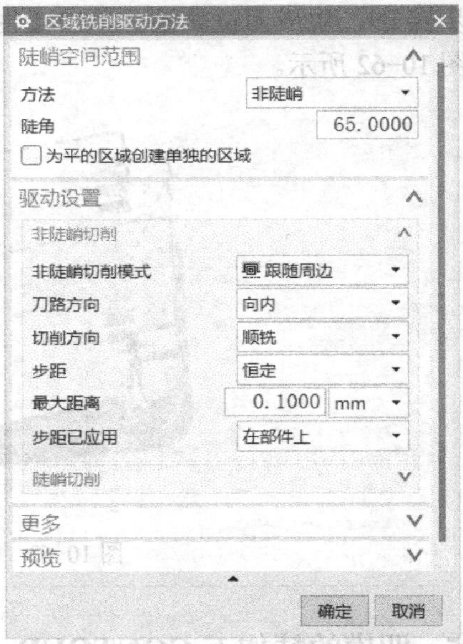

图 10-66　修改驱动方法

步骤 05：修改切削余量。在【轮廓区域】对话框的【刀轨设置】选项区域中，单击【切削参数】图标按钮，打开【切削参数】对话框，在【余量】选项卡中，【部件余量】设定“0”作为模具抛光余量，【公差】中各参数均设定为“0.01”，如图 10-67 所示。

步骤 06：生成刀位轨迹。单击【生成】图标按钮，系统计算出区域轮廓铣的刀位轨迹，如图 10-68 所示。

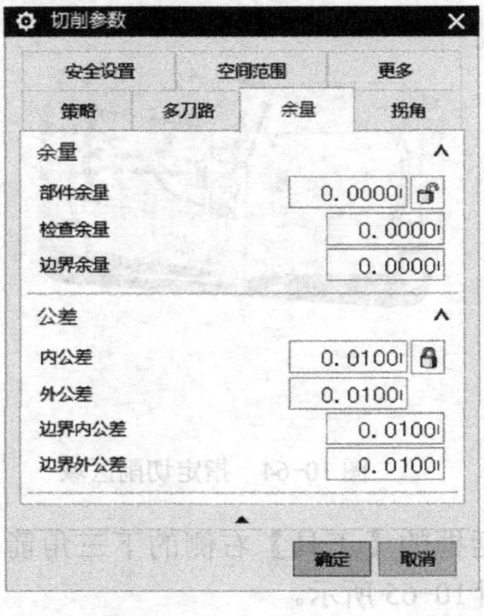

图 10-67　修改余量

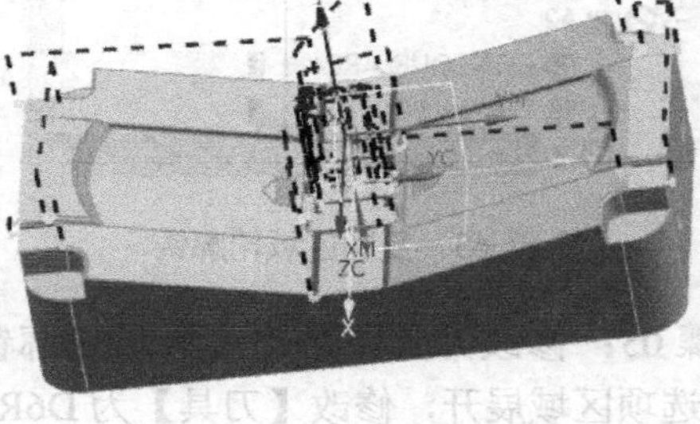

图 10-68　区域轮廓铣的刀位轨迹

10.2.6　凹模的精加工 CONTOUR_AREA（2）

10-6　凹模精加工 2

步骤 01：复制轮廓区域。打开【工序导航器-程序顺序】视图，在区域轮廓铣操作“CONTOUR_AREA”上右击，在打开的快捷菜单中选择【复制】命令，在 A3 上再右击，在打开的快捷菜单中选择【粘贴】命令，这样就复制了一个区域轮廓铣操作，如图 10-69 所示。

步骤 02：修改切削区域。在【工序导航器-程序顺序】视图中双击 CONTOUR_AREA_COPY，打开【轮廓区域铣】对话框，在【几何体】选项区域中，单击【指定切削区域】图标按钮，弹出【切削区域】对话框，在绘图区重新指定图 10-70 所示的切削面。

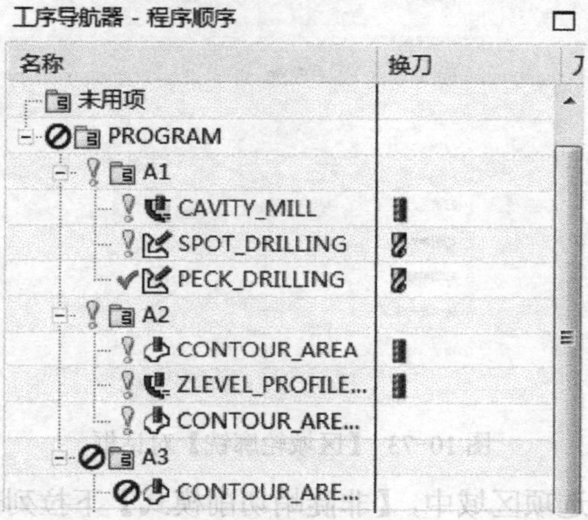

图 10-69　复制区域轮廓铣

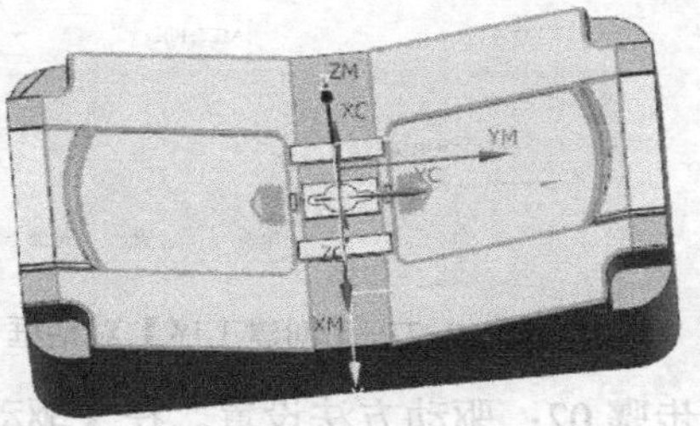

图 10-70　修改切削区域

步骤 03：修改切削余量。在【区域轮廓铣】对话框的【刀轨设置】选项区域中，单击【切削参数】图标按钮，打开【切削参数】对话框在【余量】选项卡中，【部件余量】设定“0”，其他设置不变。

步骤 04：生成刀位轨迹。单击【生成】图标按钮，系统计算出区域轮廓铣的刀位轨迹如图 10-71 所示。

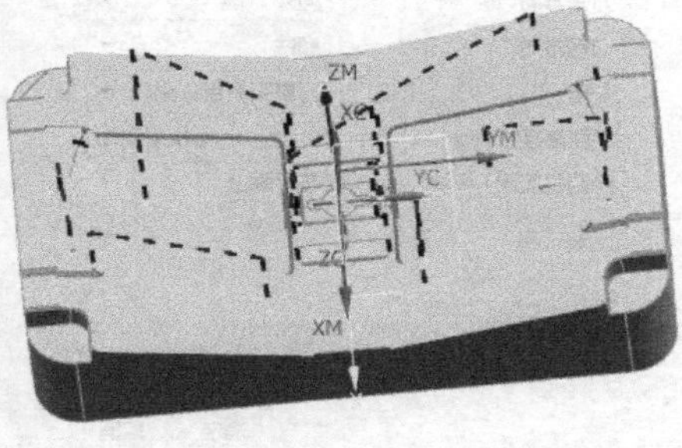

图 10-71　区域轮廓铣的刀位轨迹

10-7　凹模精加工 3

10.2.7　凹模的精加工 CONTOUR_AREA（3）

步骤 01：创建区域轮廓铣，单击【插入】工具条中的【创建工序】按钮，打开【创建工序】对话框，在【类型】下拉列表中选择【mill_contour】，单击 CONTOUR_AREA 图标按钮，其他选项设置如图 10-72 所示，单击【确定】按钮，打开【区域轮廓铣】对话框，如图 10-73 所示。

图 10-72 【创建工序】对话框

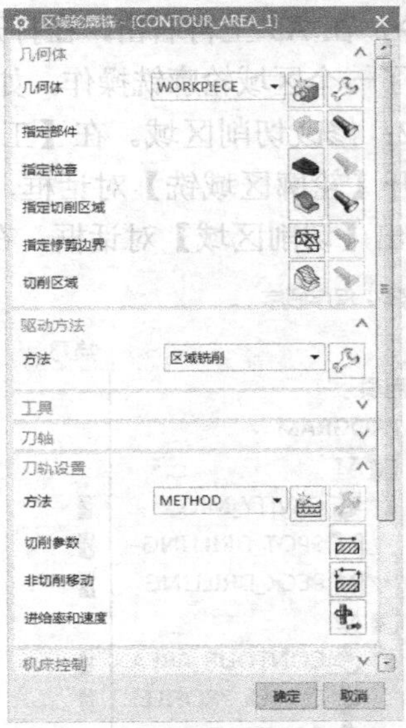

图 10-73 【区域轮廓铣】对话框

步骤 02：驱动方法设置。在【驱动设置】选项区域中，【非陡峭切削模式】下拉列表选择【跟随周边】，如图 10-74 所示。

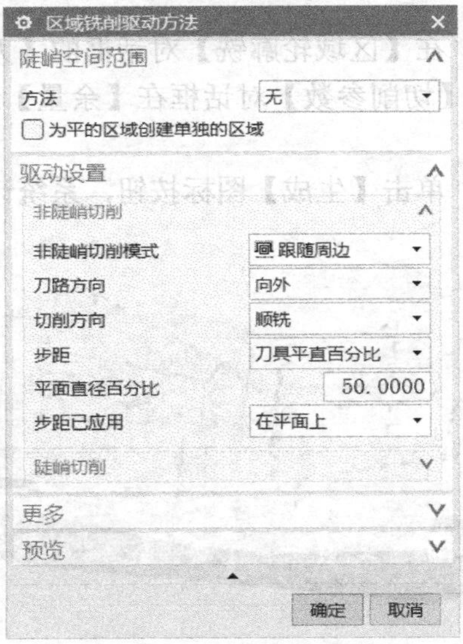

图 10-74 切削设置

步骤 03：设定切削策略。单击【刀轨设置】选项区域的【切削参数】图标按钮，打开【切削参数】对话框，在【策略】选项卡中设置【切削方向】为【顺铣】，如图 10-75 所示。

步骤 04：设定切削余量。在【切削参数】对话框中，打开【余量】选项卡，修改【部件余量】为“0.00”，【内公差】与【外公差】均设定为“0.01”，如图 10-76 所示，单击“确定”按钮。

步骤 05：设定进刀参数。单击【刀轨设置】选项区域中的【非切削移动】图标按钮，弹出【非切削移动】对话框，打开【进刀】选项卡，如图 10-77 所示。在【开放区域】选项区域中，【进刀类型】设定为【圆弧-平行于刀轴】，【半径】设定为刀具直径的 50%，【旋转角度】设定为“0”，【高度】设定为“3”“mm”，【圆弧前/后部延伸】设定为 0，单击【确定】按钮完成设定。

步骤 06：设定转移/快速参数。打开【转移/快速】选项卡。在【区域距离】和【部件安全距离】选项区域的值选择默认，如图 10-78 所示。

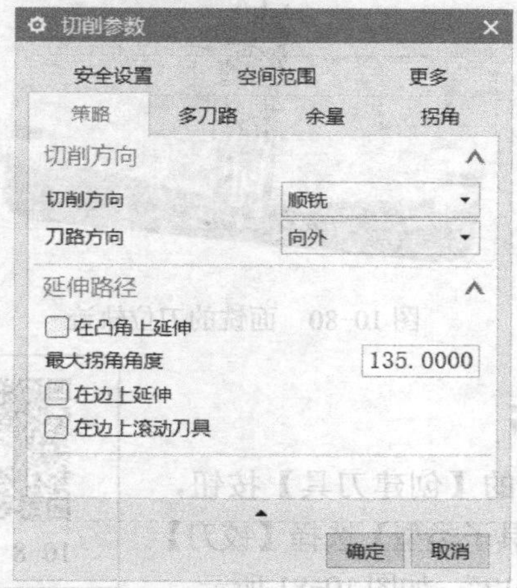

图 10-75 【策略】选项卡

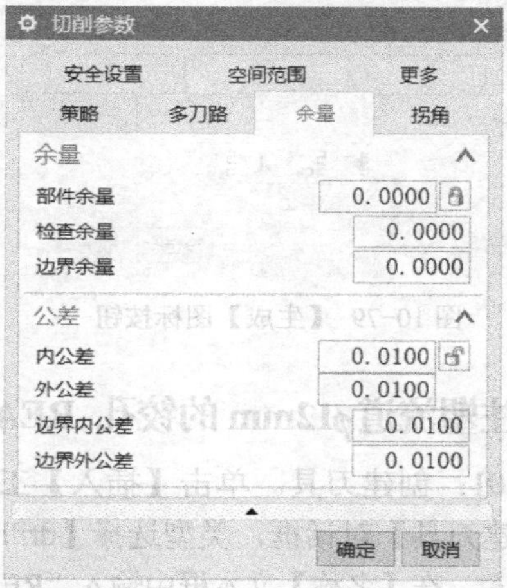

图 10-76 【余量】选项卡

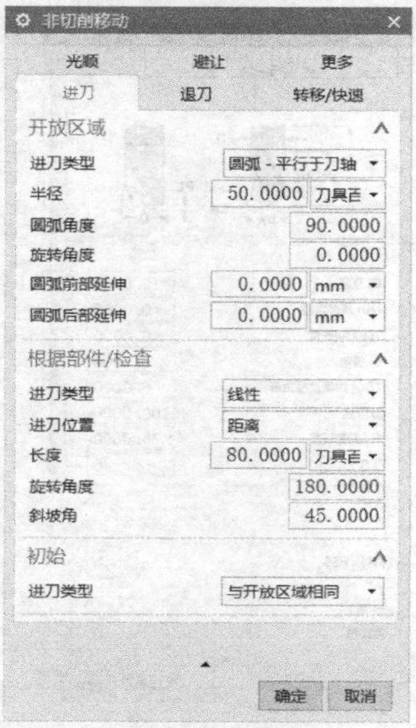

图 10-77 【进刀】选项卡

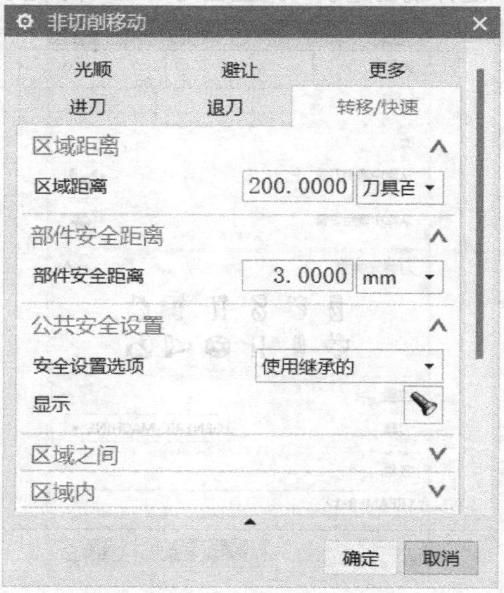

图 10-78 【转移/快速】选项卡

步骤 07：修改进给率和速度。在【刀轨设置】选项区域中，单击【进给率和速度】图标按钮，打开【进给率和转速】对话框，在【主轴速度】选项区域中，选中【主轴速度】复选框，在文本框中输入“3500”。在【进给率】选项区域中设定【切削】为“1000”“mmpm”，单击【主轴速度】后面的【计算】图标按钮，生成表面速度和进给量，单击【确定】按钮。

步骤 08：生成刀位轨迹。单击【生成】图标按钮，如图 10-79 所示。系统计算出面铣的刀位轨迹如图 10-80 所示。

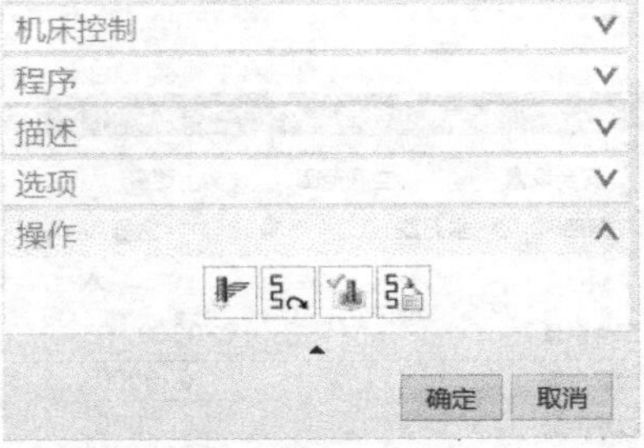

图 10-79 【生成】图标按钮

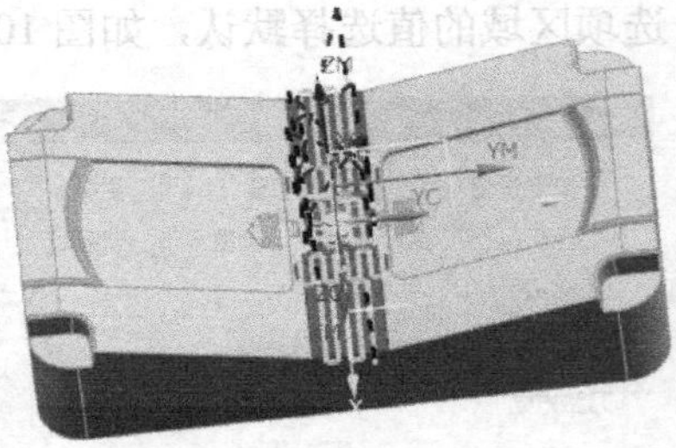

图 10-80 面铣的刀位轨迹

10.2.8 注塑流道ϕ12mm 的铰孔 REAMING

10-8 铰孔

步骤 01：创建刀具。单击【插入】工具条中的【创建刀具】按钮，打开【创建刀具】对话框，类型选择【drill】，【刀具子类型】选择【铰刀】图标按钮，在【名称】文本框中输入“REAMER-12”，如图 10-81 所示。单击【确定】按钮，打开【钻刀】对话框，在【直径】文本框输入“12”，如图 10-82 所示。这样就创建了一把直径为 12mm 的铰刀。

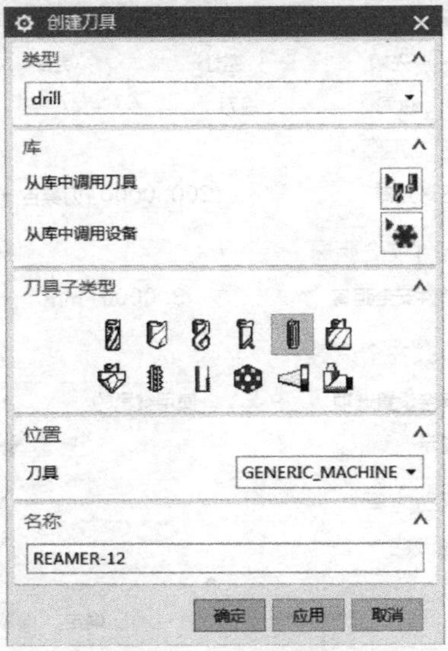

图 10-81 【创建刀具】对话框

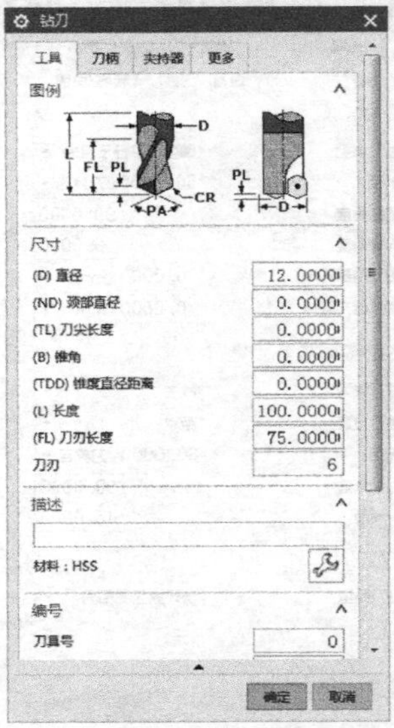

图 10-82 【钻刀】对话框

步骤 02：创建铰孔操作。单击【插入】工具条中的【创建工序】按钮，打开【创建工序】对话框，在【类型】下拉列表中选择【drill】，【工序子类型】选择 REAMER 图标按钮 ，修改位置参数，几何体选择 WORKPIECE，其他如图 10-83 所示。打开【铰】对话框，如图 10-84 所示。

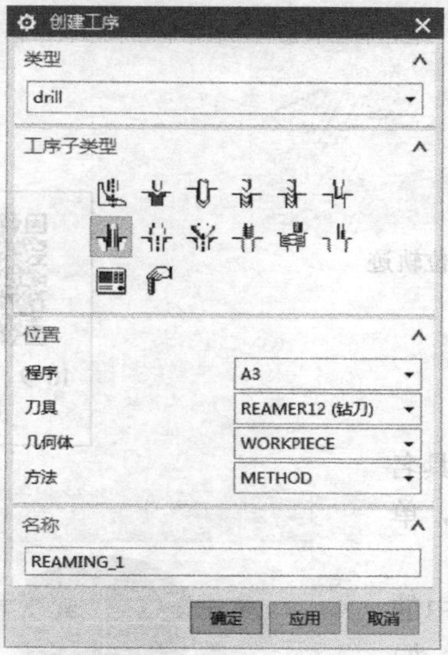

图 10-83　【创建工序】对话框

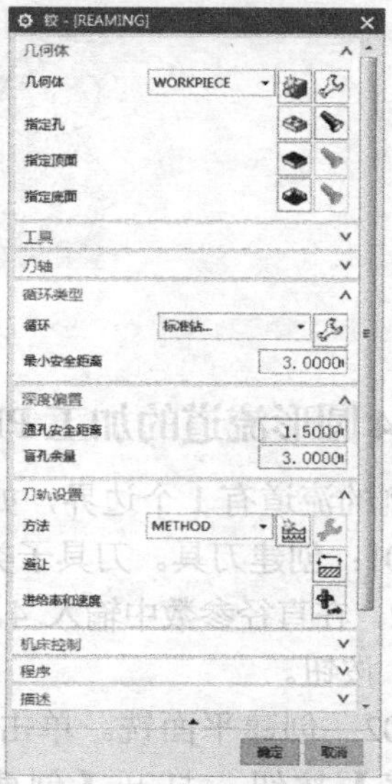

图 10-84　【铰】对话框

步骤 03：指定孔。在【几何体】选项区域中单击【指定孔】图标按钮，弹出【点到点几何体】对话框。在此对话框中单击【选择】按钮，弹出用于"选择点位"的对话框，单击【一般点】按钮，在【类型】中选择【自动判断的点】选项，单击【确定】按钮，如图 10-85 所示。

步骤 04：设定中心钻深度。在【铰】对话框中单击【编辑参数】图标按钮，打开【指定参数组】对话框，单击【确定】按钮，则打开【Cycle 参数】对话框，单击【模型深度】按钮，在打开的【Cycle 深度】对话框中单击【刀尖深度】按钮，接着在【深度】文本框中输入"32"，如图 10-86 所示。单击【确定】按钮回到【铰】对话框。

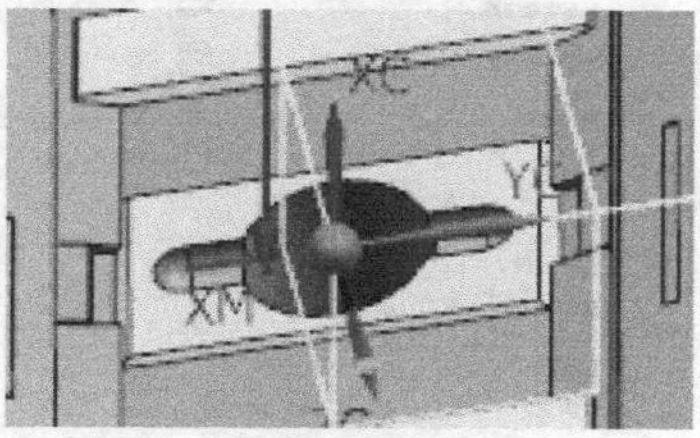

图 10-85　指定孔

图 10-86　【深度】文本框

步骤 05：设定进给率和转速。在【刀轨设置】选项区域中，单击【进给率和速度】图标按钮，打开【进给率和速度】对话框，在【主轴速度】选项区域中选择【主轴速度】复选框，并在文本框中输入"250"，在【进给率】选项区域中设定【切削】为"40""mmpm"，单击【确定】按钮。

步骤 06：生成刀位轨迹。单击【生成】图标按钮，系统计算出铰的刀位轨迹如图 10-87 所示。

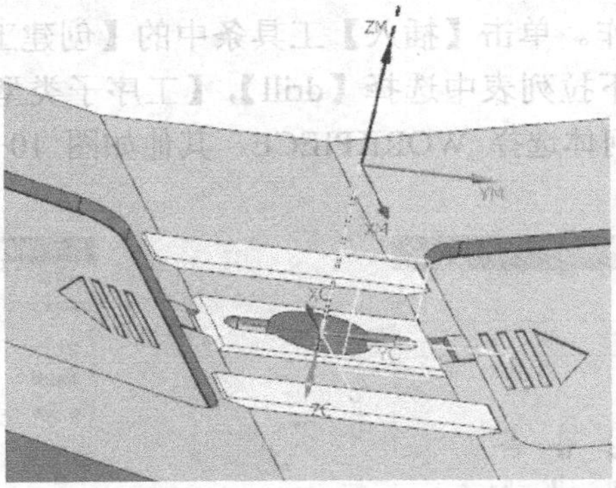

图 10-87　铰的刀位轨迹

10-9　圆形流道加工

10.2.9　ϕ4 圆形流道的加工 PLANAR_MILL

本实例的流道有 1 个边界，如图 10-88 所示。

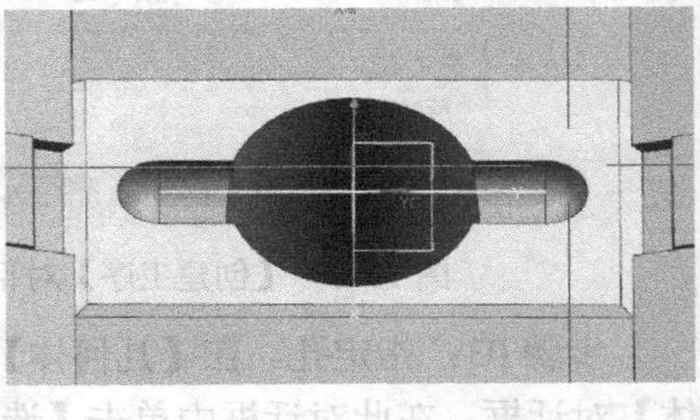

图 10-88　流道

步骤 01：创建刀具。刀具子类型选择铣刀，刀具名称为 D4R2，在直径参数中输入 4，在半径中输入 2，单击【确定】按钮。

步骤 02：创建平面铣。单击【插入】工具条中的【创建工序】按钮，打开【创建工序】对话框，如图 10-89 所示。在【类型】下拉列表中选择【mill_planar】，【刀具】选择球头铣刀【D4R2】，修改位置参数，填写名称，然后单击 PLANAR_MILL 图标按钮 ，打开【平面铣】对话框，如图 10-90 所示。

图 10-89　【创建工序】对话框

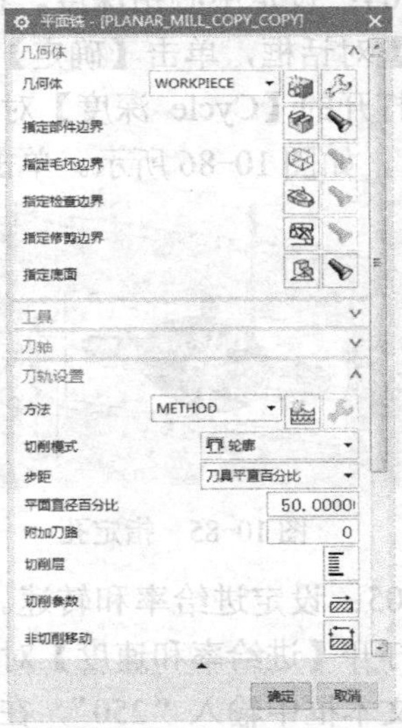

图 10-90　【平面铣】对话框

步骤 03：创建边界。在【平面铣】对话框的【几何体】选项区域中，单击【指定部件边界】图标按钮，打开【边界几何体】对话框，在【模式】下拉列表中选择【曲线/边】，打开【编辑边界】对话框，【类型】下拉列表中选择【开放的】，如图 10-91 所示。在绘图区选择边界 1，如图 10-92 所示，单击【确定】按钮返回【平面铣】对话框。

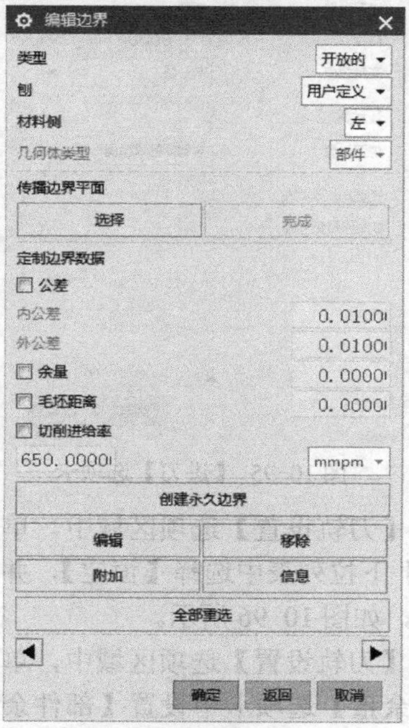

图 10-91　【编辑边界】对话框

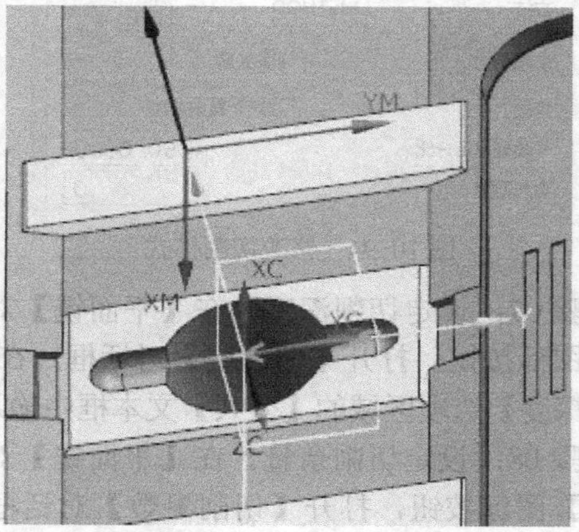

图 10-92　指定部件边界

步骤 04：指定底面。在【几何体】选项区域中单击【指定底面】图标按钮，打开【刨】对话框，在【类型】下拉列表中选择【固定】，单击【确定】按钮，如图 10-93 所示。

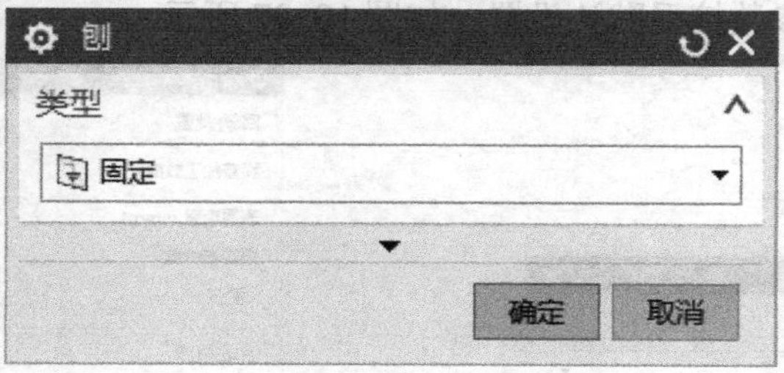

图 10-93　【刨】对话框

步骤 05：修改切削参数。在【平面铣】对话框的【刀轨设置】选项区域中，选择【切削模式】为【轮廓】，如图 10-94 所示。

步骤 06：设定进刀参数。此流道加工不允许有进刀和退刀，否则会产生过切。所以应取消退刀，在【平面铣】对话框的【刀轨设置】选项区域中，单击【非切削移动】图标按钮，弹出【非切削移动】对话框，打开【进刀】选项卡，在【封闭区域】选项区域中【进刀类型】选择【插削】，【开放区域】选项区域中【进刀类型】选择【与封闭区域相同】，如图 10-95 所示。打开【退刀】选项卡，【退刀类型】选择【与进刀相同】。

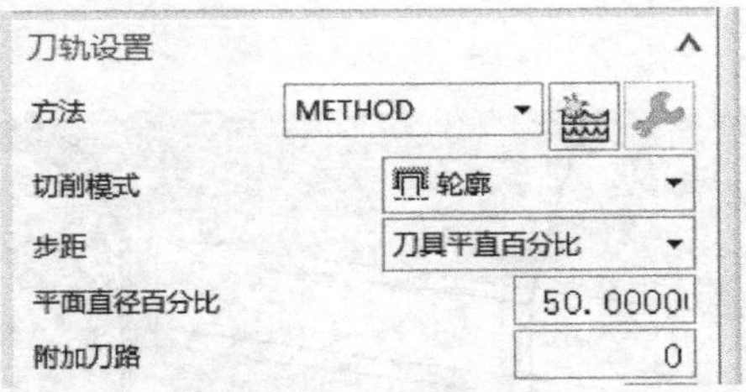

图 10-94　修改切削模式

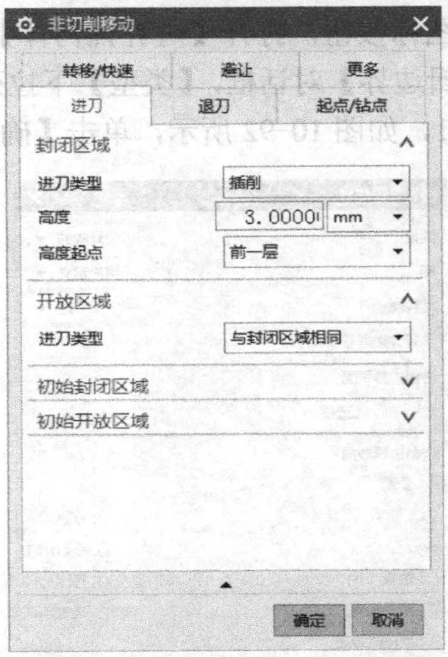

图 10-95　【进刀】选项卡

步骤 07：设定切削深度。在【平面铣】对话框的【刀轨设置】选项区域中，单击【切削层】图标按钮，打开【切削层】对话框，在【类型】下拉列表中选择【恒定】，并在【每刀切削深度】选项区域的【公共】文本框中输入“0.2”，如图 10-96 所示。

步骤 08：设定切削余量。在【平面铣】对话框的【刀轨设置】选项区域中，单击【切削参数】图标按钮，打开【切削参数】对话框，在【余量】选项卡中设置【部件余量】和【最终底面余量】都为“0”，单击【确定】按钮。

步骤 09：设定进给率和刀具转速。在【平面铣】对话框的【刀轨设置】选项区域中，单击【进给率和速度】图标按钮，打开【进给率和速度】对话框，在【主轴速度】选项区域中选中【主轴速度】复选框，在文本框中输入“3500”。在【进给率】选项区域中设定【切削】为“650”，其他各参数接受默认设置，如图 10-97 所示。

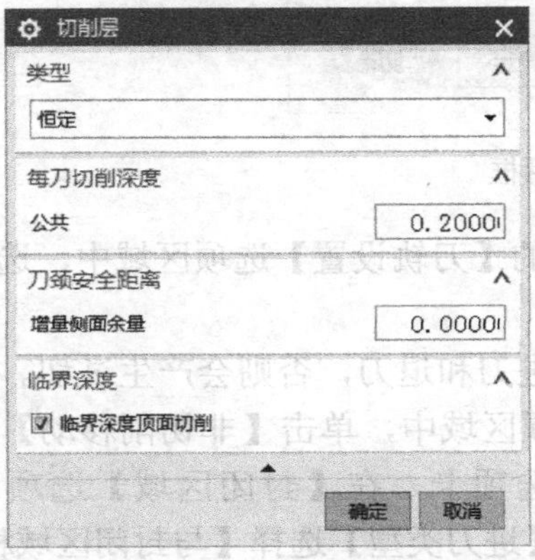

图 10-96【切削层】对话框

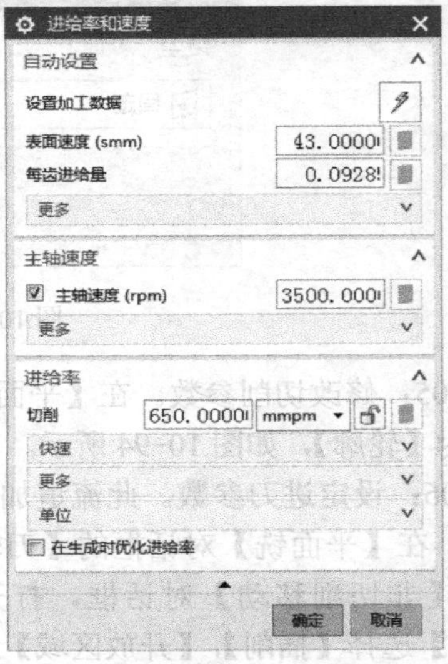

图 10-97【进给率和速度】对话框

步骤 10：生成刀位轨迹。单击【生成】图标按钮，系统计算出ϕ4 圆形流道平面铣的刀位轨迹如图 10-98 所示。

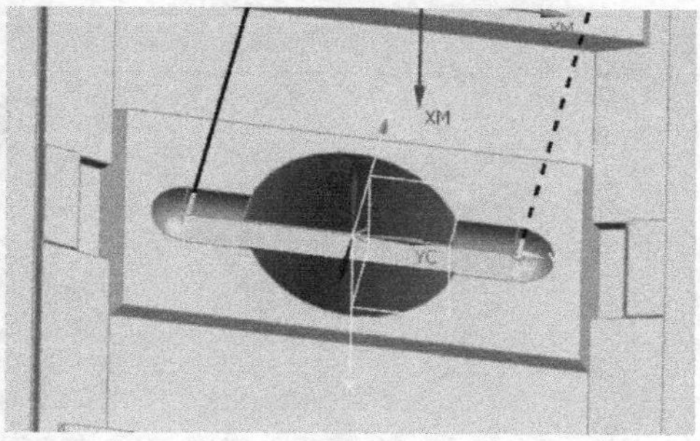

图 10-98　ϕ4 圆形流道平面铣的刀位轨迹

10.3　遥控器后盖凸模数控加工

工程案例导入：遥控器后盖凸模座如图 10-99 所示。

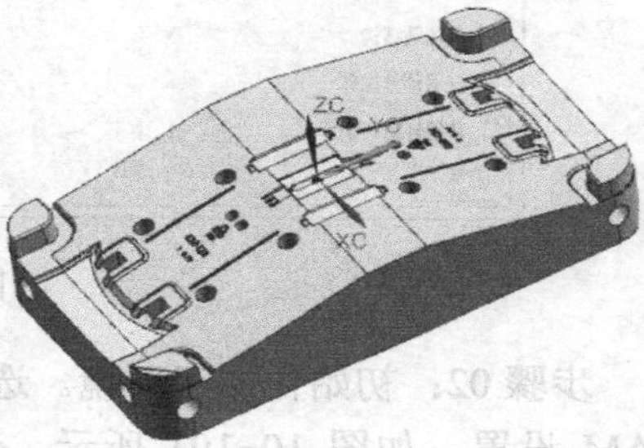

图 10-99　电池盖凸模座

加工方法：依据凸模的特征，采用型腔铣、深度轮廓加工铣、面铣、区域轮廓铣、平面铣等综合加工方法对其进行操作。

项目要求：本实例要求使用综合加工方法对模具的各表面的尺寸、形状、表面粗糙度加工到位。

凸模加工工艺方案见表 10-2。

表 10-2　凸模的加工工艺方案　（单位：mm）

工 序 号	加 工 内 容	加 工 方 式	余量侧面/底面	机　床	刀　具	夹　具
10	下料 220×120×53	铣削	0.5	铣床	面铣刀 D30	压板
20	铣六面体	铣削	0	铣床	面铣刀 D30	压板
30	凸模的开粗	型腔铣	0.35/0.15	铣床	D16 铣刀	压板
30.1	凸模的半精加工(1)	区域轮廓铣	0.1		D6R3 铣刀	
30.2	凸模的半精加工(2)	区域轮廓铣	0.2		D5R2.5 铣刀	
30.3	凸模的半精加工(3)	深度轮廓加工	0.2		D3 铣刀	
30.4	凸模的精加工(1)	面铣	0		D3 铣刀	
30.5	凸模的精加工(2)	区域轮廓铣	0		D5R2.5 铣刀	
30.6	凸模的精加工(3)	区域轮廓铣	0		D5R2.5 铣刀	
30.7	凸模的精加工(4)	深度轮廓加工	0		D6R3 铣刀	

10.3.1　凸模的开粗 CATIVY_MILLING

步骤 01：调入工件。单击【打开】按钮，弹出【打开】对话框，选择本书配套资源中的“\课堂练习\10\10-2.prt”文件，如图 10-100 所示。

10-10　凸模粗加工

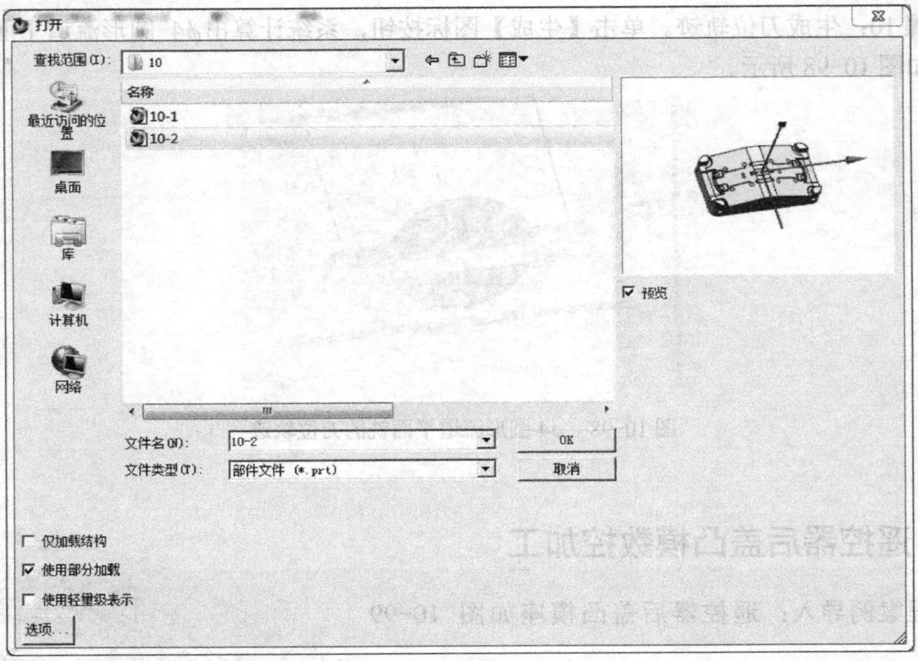

图 10-100 【打开】对话框

步骤 02：初始化加工环境。选择菜单【启动】→【加工】命令，进入加工模块，进行 CAM 设置，如图 10-101 所示，选择【mill_contour】，单击【确定】按钮后，进入加工环境。

步骤 03：设定工序导航器。单击界面左侧资源条中的【工序导航器】按钮，打开【工序导航器】，在【工序导航器】中右击，在打开的快捷菜单中选择【几何视图】命令，则打开的【工序导航器-几何】视图如图 10-102 所示。

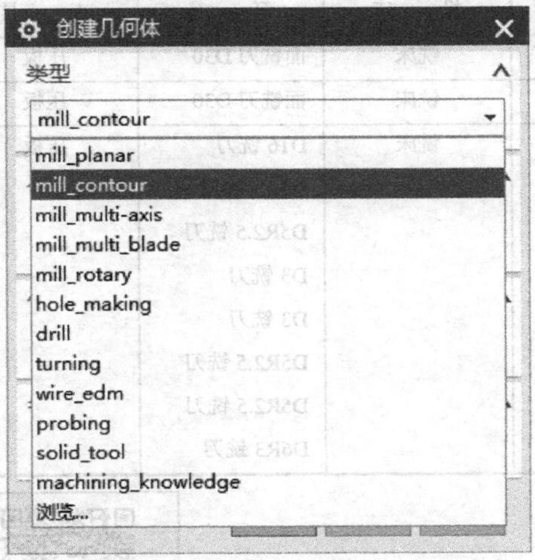

图 10-101 【创建几何体】对话框

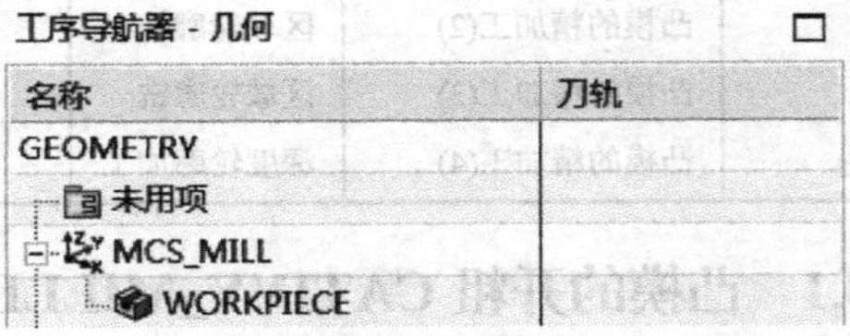

图 10-102 【工序导航器-几何】视图

步骤 04：创建坐标系和设定安全高度。单击【插入】工具条中的【创建几何体】按钮，弹出【创建几何体】对话框。在【类型】中选择【mill_contour】,【几何体子类型】中选择 MCS 图标按钮，【位置】中选择【GEOMETRY】,【名称】文本框中输入“MCS_MILL”。单击【确定】按钮进入【MCS 铣削】对话框。指定 MCS，单击【确定】按钮，弹出【CSYS】对话框，如图 10-103 所示。在【类型】下拉列表中选择【动态】，在绘图区选择凸模中心点坐标，如图 10-104 所示。单击【确定】按钮返回【MCS 铣削】对话框。

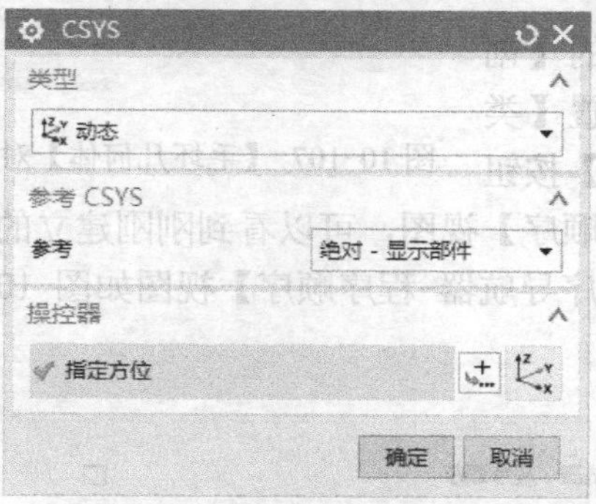

图 10-103　【CSYS】对话框

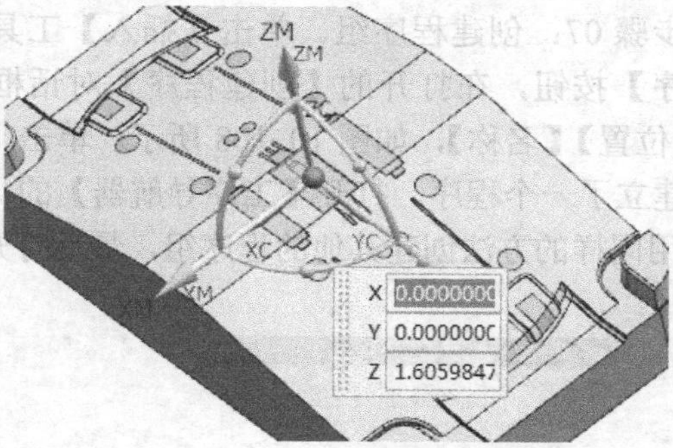

图 10-104　定位加工坐标系

在【MCS 铣削】对话框的【安全设置】选项区域中，【安全设置选项】下拉列表中选取【刨】，单击【指定平面】图标按钮，打开【刨】对话框，在【距离】文本框中输入“20”“mm”，即安全高度为 Z20，单击【确定】按钮完成设置。

步骤 05：创建工件。单击【插入】工具条中的【创建几何体】按钮，打开【创建几何体】对话框。在【类型】下拉列表中选择【mill_contour】,【几何体子类型】中选择 WORKPIECE 图标按钮，【位置】选项区域的【几何体】下拉列表中选择【MCS_MILL】,【名称】文本框中输入“WORKPIECE”，如图 10-105 所示。单击【确定】按钮进入【工件】对话框。单击【几何体】选项区域中的【指定部件】图标按钮，打开【部件几何体】对话框，在绘图区选择凸模和补面作为部件几何体，如图 10-106 所示。

图 10-105　【创建几何体】对话框

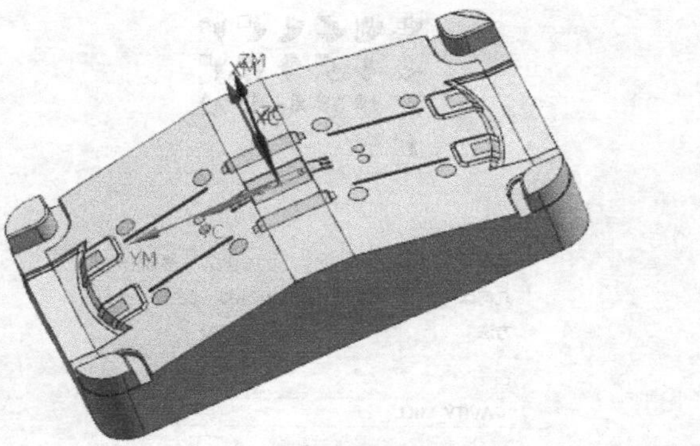

图 10-106　选取凸模和补片

步骤 06：创建毛坯几何体。单击【确定】按钮回到【工件】对话框，在【几何体】选项区域中单击【指定毛坯】图标按钮，打开【毛坯几何体】对话框，如图 10-107 所示。【类型】下拉列表中选择【部件轮廓】，并在【限制】选项区域中的【ZM+】文本框中输入“0”，单击【确定】按钮，系统自动生成毛坯。

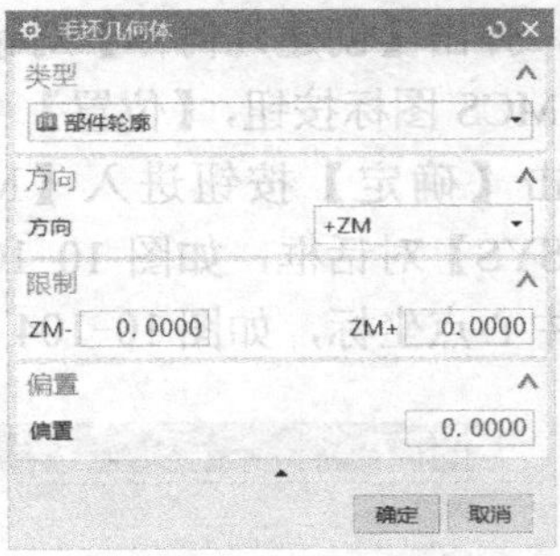

图 10-107 【毛坯几何体】对话框

步骤 07：创建程序组。单击【插入】工具条中的【创建程序】按钮，在打开的【创建程序】对话框中设置【类型】【位置】【名称】，如图 10-108 所示。单击【确定】按钮后就建立了一个程序。打开【工序导航器】的【程序顺序】视图，可以看到刚刚建立的程序 B1。用同样的方法创建其他的程序组，最后打开【工序导航器-程序顺序】视图如图 10-109 所示。

图 10-108 【创建程序】对话框

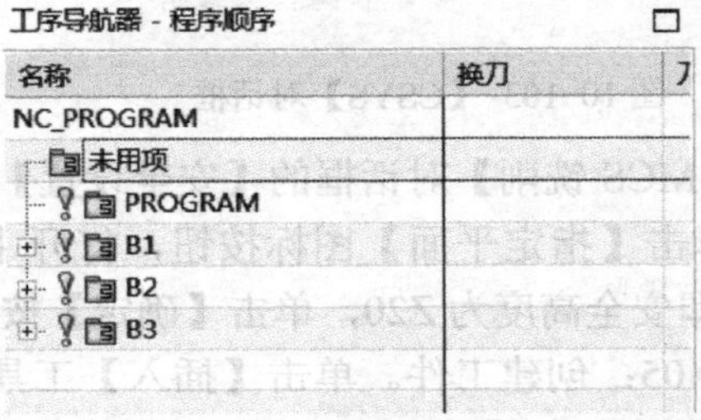

图 10-109 【工序导航器-程序顺序】视图

步骤 08：创建型腔铣。单击【插入】工具条中的【创建工序】按钮，打开【创建工序】对话框，如图 10-110 所示，在【类型】下拉列表中选择【mill_contour】，修改位置参数，填写名称，然后单击 CAVITY_MILLING 图标按钮，打开【型腔铣】对话框，如图 10-111 所示。

图 10-110 【创建工序】对话框

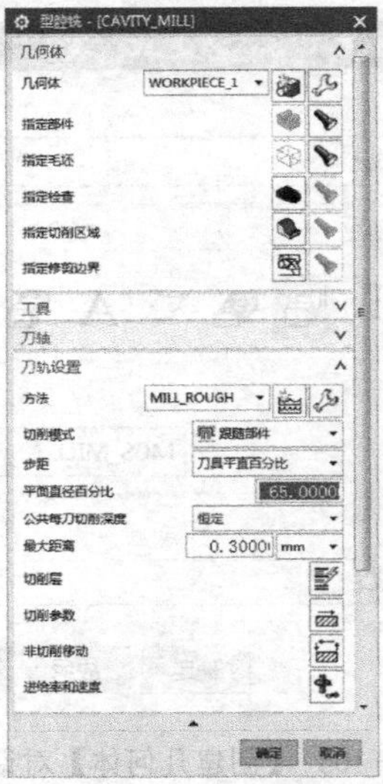

图 10-111 【型腔铣】对话框

步骤 09：修改切削模式和每一刀的切削深度。在【型腔铣】对话框的【刀轨设置】选项区域中，选择【切削模式】为【跟随部件】，【步距】设定为【刀具平直百分比】，【平面直径百分比】设定为“65”，【公共每刀切削深度】设定为【恒定】，【最大距离】设定为“0.3”“mm”，如图 10-112 所示。

步骤 10：设定切削层。在【刀轨设置】选项区域中单击【切削层】图标按钮，打开【切削层】对话框，在【列表】下删除所有的层数，再单击【选择对象】按钮，在绘图区选定补面，单击【确定】按钮，生成图 10-113 所示的切削范围。

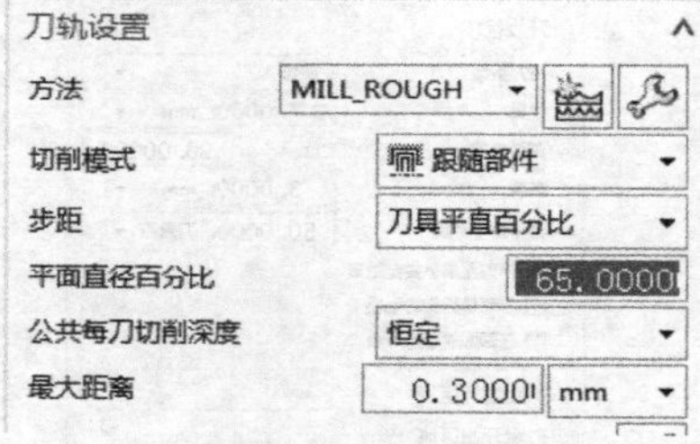

图 10-112　修改切削模式

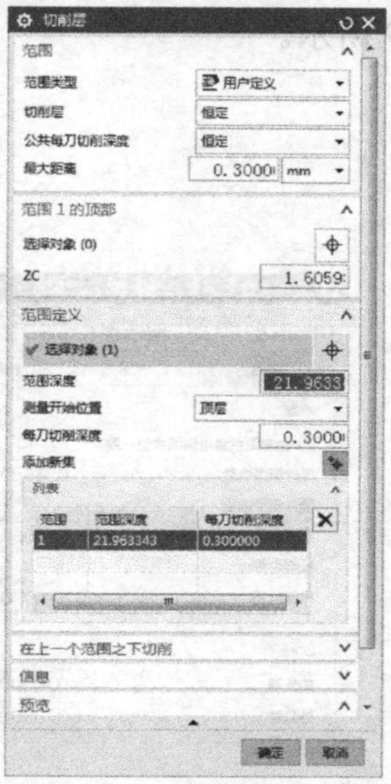

图 10-113　【切削层】对话框

步骤 11：设定切削策略和连接。在【刀轨设置】选项区域中单击【切削参数】图标按钮，打开【切削参数】对话框，在【策略】选项卡中设置【切削方向】为【顺铣】，【切削顺序】为【深度优先】，如图 10-114 所示。在【连接】选项卡中【开放刀路】设置为【变换切削方向】，如图 10-115 所示。

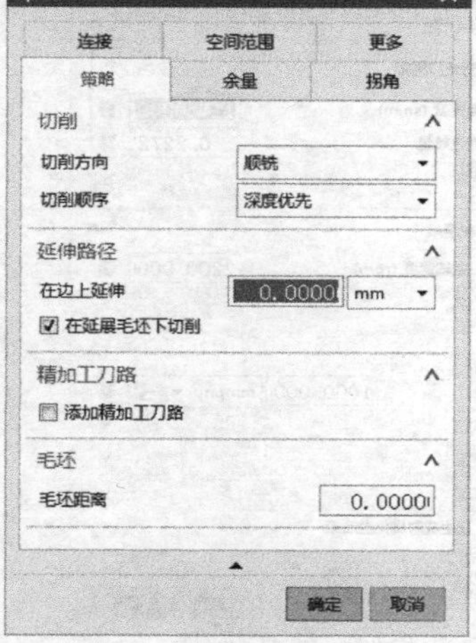

图 10-114　【策略】选项卡

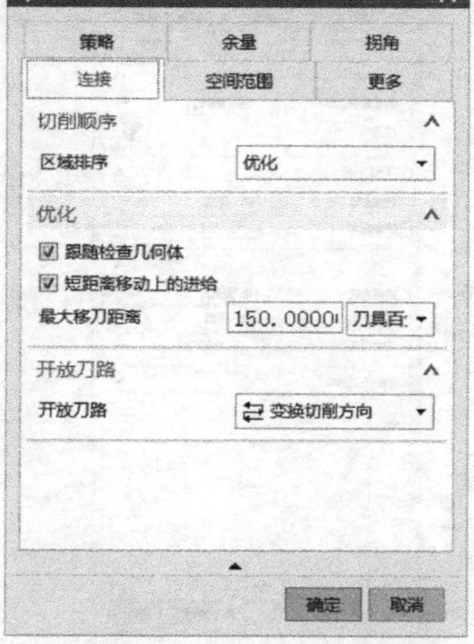

图 10-115　【连接】选项卡

步骤 12：设定切削余量。打开【余量】选项卡，取消选中【使底面余量与侧面余量一致】复选框，修改【部件侧面余量】为“0.35”，【部件底面余量】为“0.15”，【内公差】与【外公差】均为“0.05”，如图 10-116 所示，单击【确定】按钮。

步骤 13：设定进刀参数。在【刀轨设置】选项区域中单击【非切削移动】图标按钮，弹出【非切削移动】对话框，打开【进刀】选项卡。在【开放区域】选项区域中，【进刀类型】设定为【圆弧】，【半径】设定为“7”“mm”【圆弧角度】设定为“90”，【高度】设定为“3”“mm”，【最小安全距离】设定为刀具直径的 50%，单击【确定】按钮完成设置，如图 10-117 所示。

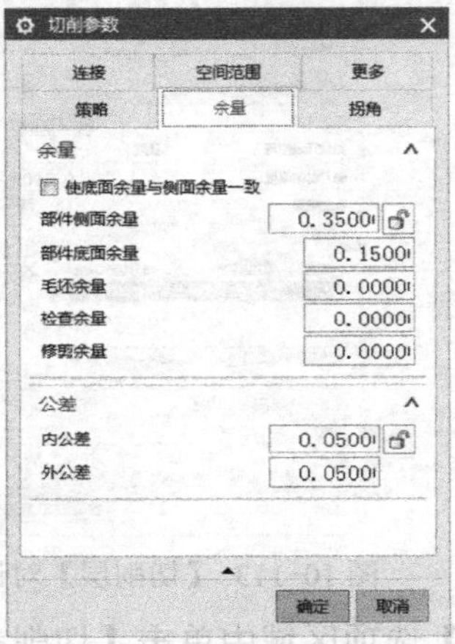

图 10-116 【余量】选项对话框

图 10-117 【进刀】选项卡

步骤 14：设定转移/快速参数。打开【转移/快速】选项卡。为了缩短提刀距离，在【区域之间】和【区域内】选项区域中的【转移类型】设定为【前一平面】，如图 10-118 所示。

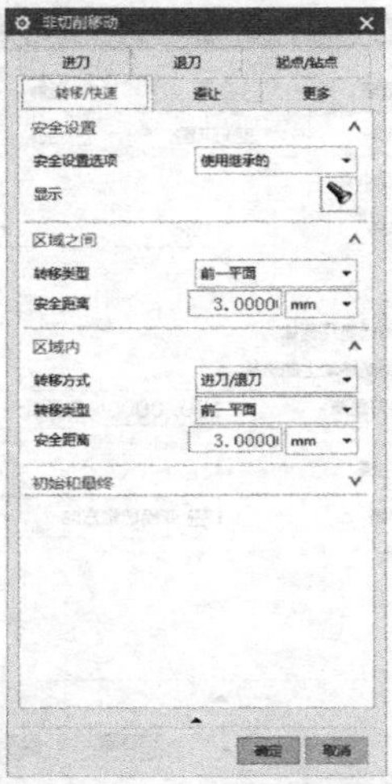

图 10-118 【移动/快速】选项卡

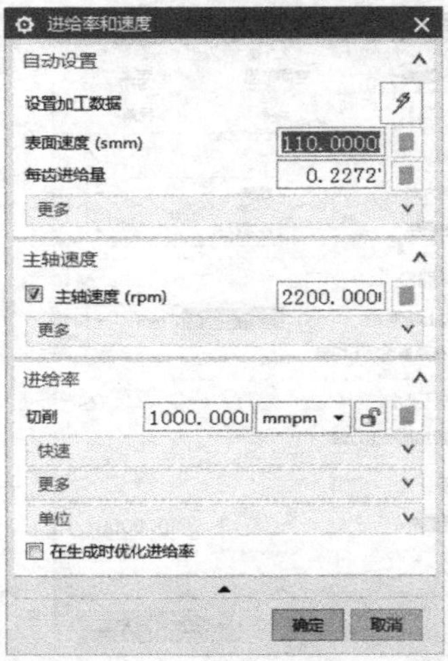

图 10-119 【进给率和速度】对话框

步骤 15：设定进给率和刀具转速。在【刀轨设置】选项区域中单击【进给率和速度】图标按钮，打开【进给率和速度】对话框，在【主轴速度】选项区域中选中【主轴速度】复选框，在文本框中输入“2200”。在【进给率】选项区域中设定【切削】为“1000”“mmpm”，其他各参数设置如图 10-119 所示。

步骤 16：生成刀位轨迹。单击【生成】图标按钮，系统计算出凸模开粗型腔铣的刀位轨迹如图 10-120 所示。

图 10-120 凸模开粗型腔铣的刀位轨迹

10-11 凸模半精加工 1

10.3.2 凸模的半精加工 CONTOUR_AREA（1）

步骤 01：创建区域轮廓铣。单击【插入】工具条中的【创建工序】命令，打开【创建工序】对话框，如图 10-121 所示。在【类型】下拉列表中选择【mill_contour】，修改位置参数，填写名称，然后单击 CONTOUR_AREA 图标按钮，打开【区域轮廓铣】对话框，如图 10-122 所示。

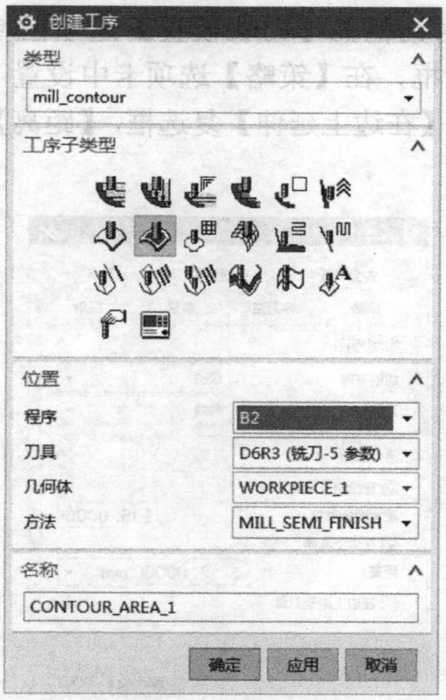

图 10-121 【创建工序】对话框

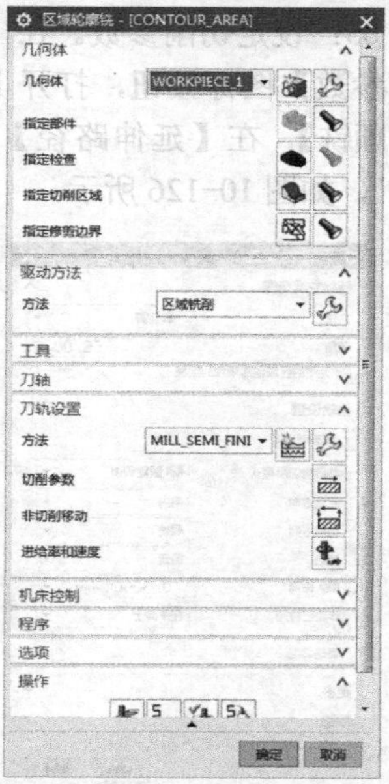

图 10-122 【区域轮廓铣】对话框

步骤 02：指定切削区域。在【区域轮廓铣】对话框的【几何体】选项区域中，单击【指定切削区域】图标按钮，弹出【切削区域】对话框，在绘图区指定切削区域，如图 10-123 所示。

步骤 03：指定修剪边界。在【区域轮廓铣】对话框的【几何体】选项区域中，单击【指定修剪边界】按钮，弹出【修剪边界】对话框，【边界】选项区域中，单击【选择对象】按钮，选择曲线边界，【修剪侧】选择【内部】，回到【建模】模式下绘制边界线，选择边界线作为修剪边界，如图 10-124 所示。

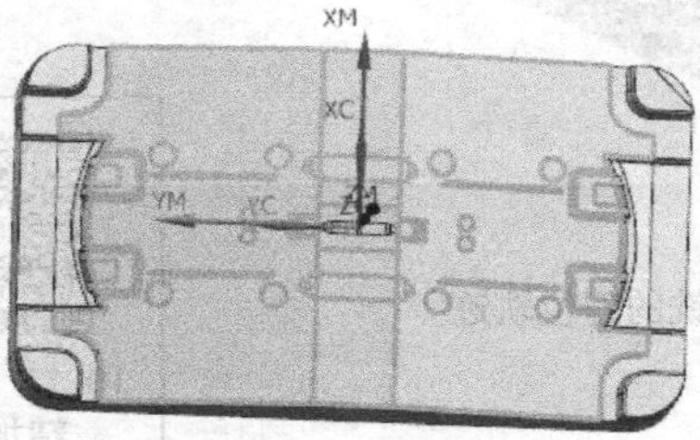

图 10-123　指定切削区域

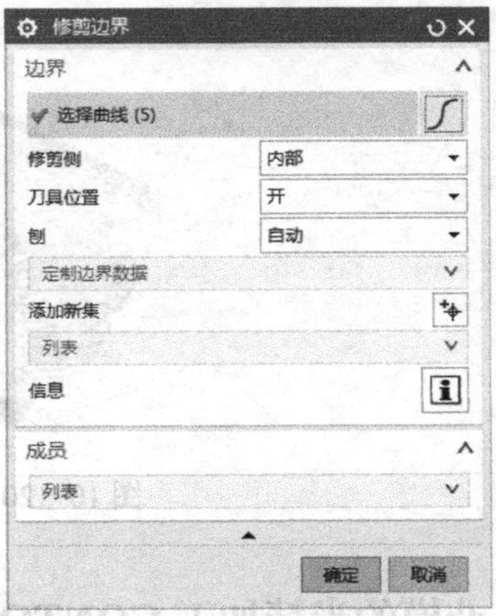

图 10-124　【修剪边界】对话框

步骤 04：编辑驱动方法参数。在【区域轮廓铣】对话框中，单击【驱动方法】选项区域【方法】右侧的【编辑参数】图标按钮，弹出【区域铣削驱动方法】对话框。【驱动设置】选项区域中，【步距】设定为【恒定】，【最大距离】设定为“0.3”“mm”，其他设置如图 10-125 所示。

步骤 05：设定切削参数。在【区域轮廓铣】对话框的【刀轨设置】选项区域中，单击【切削参数】图标按钮，打开【切削参数】对话框，在【策略】选项卡中设置【切削方向】为【顺铣】，在【延伸路径】选项区域中选中【在边上延伸】复选框，【距离】设定为“2”“mm”，如图 10-126 所示。

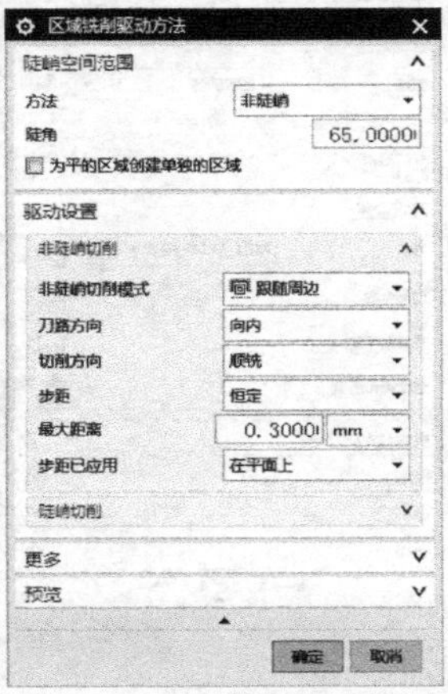

图 10-125　【区域铣削驱动方法】对话框

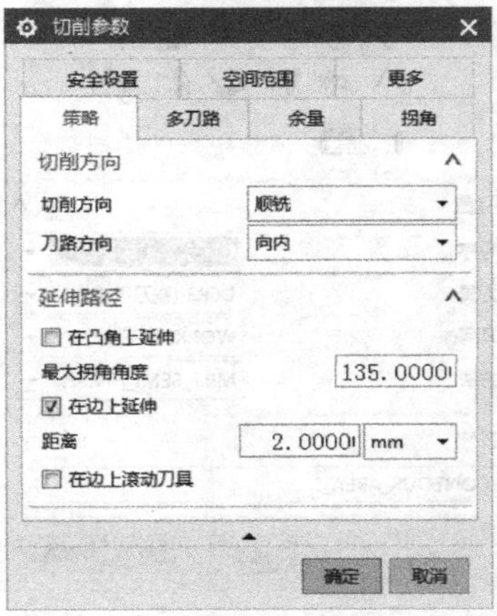

图 10-126　【策略】选项卡

步骤 06：设定切削余量。在【余量】选项卡中，将【部件余量】改为“0.1”。【内公差】和【外公差】修改为“0.03”，如图 10-127 所示。

步骤 07：设定进刀参数。在【区域轮廓铣】对话框的【刀轨设置】选项区域中，单击【非切削移动】图标按钮，弹出【非切削移动】对话框，打开【进刀】选项卡。在【开放区域】选项区域组中，【进刀类型】设置为【圆弧-平行于刀轴】，其他设置如图 10-128 所示。单击【确定】按钮完成设置。

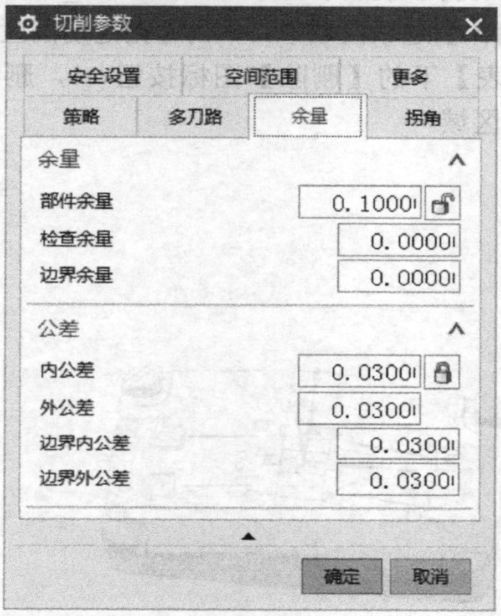

图 10-127　【余量】选项卡

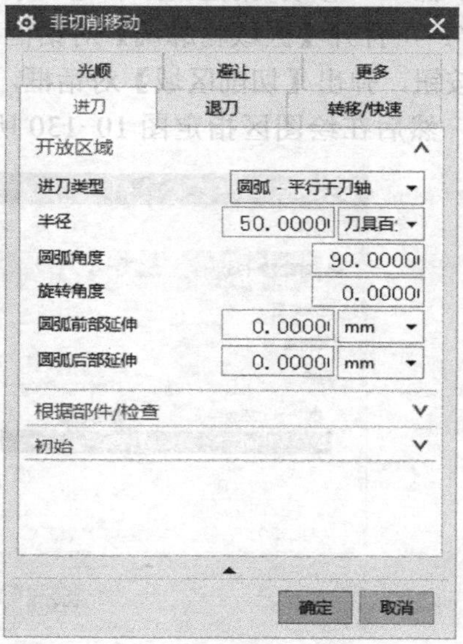

图 10-128　【非切削移动】对话框

步骤 08：设定进给率和刀具转速。在【区域轮廓铣】对话框的【刀轨设置】选项区域中，单击【进给率和速度】图标按钮，打开【进给率和速度】对话框，在【主轴速度】选项区域中，选中【主轴速度】复选框，在文本框中输入“3500”。在【进给率】选项区域中，设定【切削】为“1000”“mmpm”，单击【主轴速度】后面的【计算】图标按钮，生成表面速度和进给量，单击【确定】按钮。

步骤 09：生成刀位轨迹。单击【生成】图标按钮，系统计算出区域轮廓铣的刀位轨迹如图 10-129 所示。

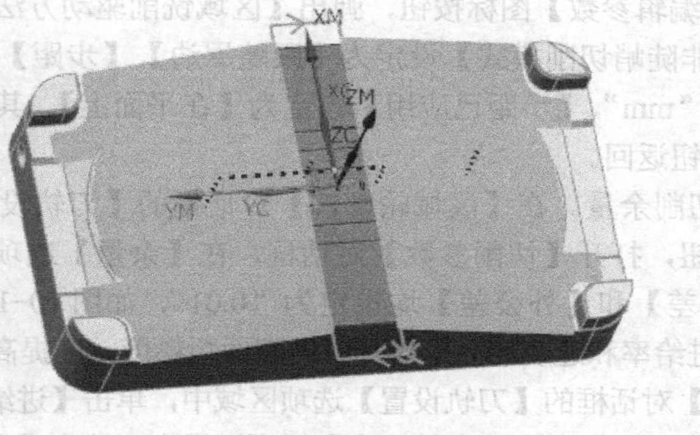

图 10-129　区域轮廓铣的刀位轨迹

10.3.3 凸模的半精加工 CONTOUR_AREA（2）

10-12 凸模半精加工 2

步骤 01：复制区域轮廓铣。打开【工序导航器-程序顺序】视图，在区域轮廓铣操作“CONTOUR_AREA_1”上右击，在打开的快捷菜单中选择【复制】命令，并在“FACE_MILLING”上右击，在打开的快捷菜单中选择【粘贴】命令，这样就复制了一个区域轮廓铣操作。

步骤 02：修改切削区域。在【工序导航器-程序顺序】视图中双击“CONTOUR_AREA_COPY1”，打开【区域轮廓铣】对话框。在【几何体】选项区域中，单击【指定切削区域】图标按钮，弹出【切削区域】对话框，单击【列表】下的【删除】图标按钮 ✕，删除已选集，然后在绘图区指定图 10-130 所示的切削区域。

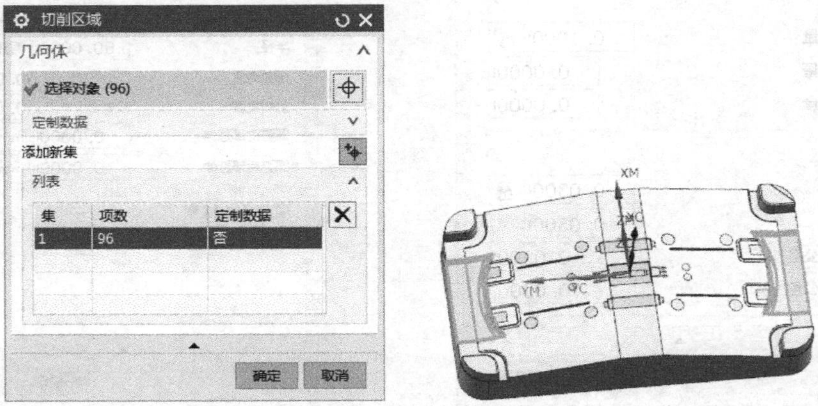

图 10-130 【切削区域】对话框

步骤 03：修改刀具。单击【区域轮廓铣】对话框的【工具】右侧的下三角箭头，将【工具】选项展开，修改【刀具】为【D5R2.5】，如图 10-131 所示。

图 10-131 修改刀具

步骤 04：编辑驱动方法参数。在【区域轮廓铣】对话框中，单击【驱动方法】选项区域【方法】右侧的【编辑参数】图标按钮，弹出【区域铣削驱动方法】对话框。在【驱动设置】选项区域中，【非陡峭切削模式】设定为【跟随周边】，【步距】设定为【恒定】，【最大距离】设定为“0.2”“mm”，【步距已应用】设定为【在平面上】，其他设置如图 10-132 所示，单击【确定】按钮返回。

步骤 05：修改切削余量。在【区域轮廓铣】对话框的【刀轨设置】选项区域中，单击【切削参数】图标按钮，打开【切削参数】对话框，在【余量】选项卡中，【部件余量】设定为“0.05”，【内公差】和【外公差】均设定为“0.01”，如图 10-133 所示。

步骤 06：修改进给率和速度。为了得到好的表面粗糙度，应提高主轴速度，降低进给速度。在【区域轮廓铣】对话框的【刀轨设置】选项区域中，单击【进给率和速度】图标按钮，打开【进给率和速度】对话框，在【主轴速度】选项区域中，选中【主轴速度】复选框，在文本框中输入“3500”，在【进给率】选项区域中，【切削】设定为“800”“mmpm”，如图 10-134 所示。

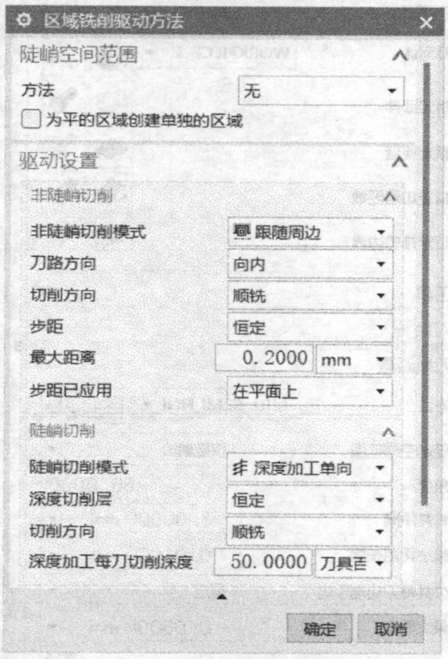

图 10-132 【区域铣削驱动方法】对话框

图 10-133 修改切削余量

步骤 07：生成刀位轨迹。单击【生成】图标按钮，系统计算出区域轮廓铣的刀位轨迹如图 10-135 所示。

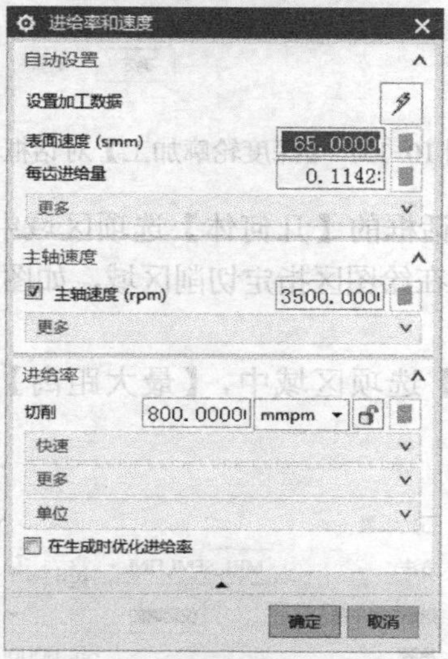

图 10-134 修改给进率和速度

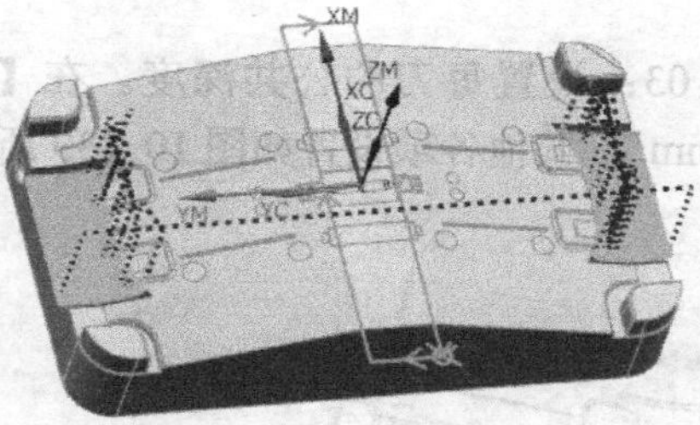

图 10-135 区域轮廓铣的刀位轨迹

10.3.4 凸模的半精加工 ZLEVEL_PROFILE（3）

10-13 凸模半精加工 3

步骤 01：创建深度轮廓加工。单击【插入】工具条中的【创建工序】按钮，打开【创建工序】对话框，如图 10-136 所示。在【类型】下拉列表在选择【mill_contour】，修改位置参数，填写名称，然后单击 ZLEVEL_

PROFILE 图标按钮，打开【深度轮廓加工】对话框，如图 10-137 所示。

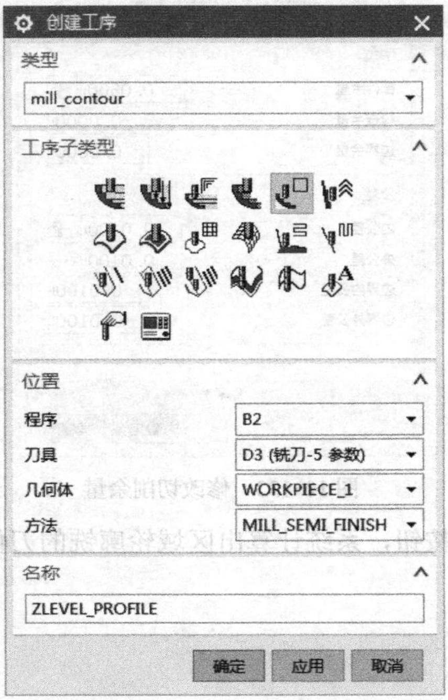

图 10-136 【创建工序】对话框

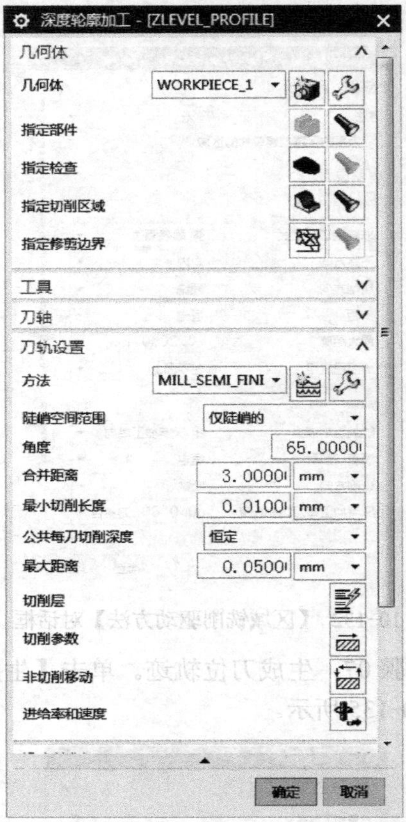

图 10-137 【深度轮廓加工】对话框

步骤 02：指定切削区域。在【深度轮廓加工】对话框的【几何体】选项区域中，单击【指定切削区域】图标按钮，弹出【切削区域】对话框，在绘图区指定切削区域，如图 10-138 所示。

步骤 03：设置每刀的公共深度。在【刀轨设置】选项区域中，【最大距离】设定为“0.05”“mm”，其他各项设置如图 10-139 所示。

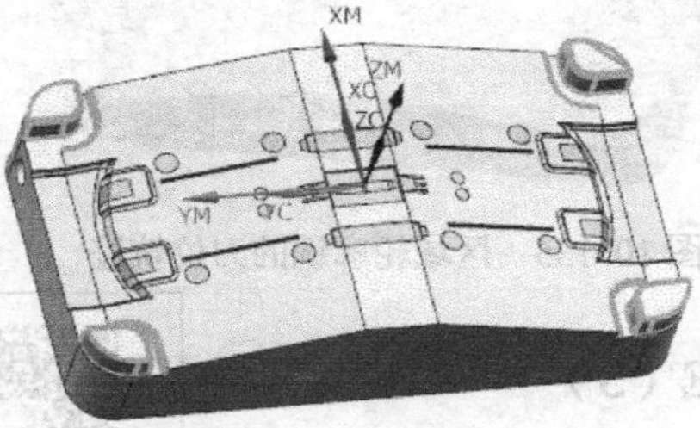

图 10-138 指定切削区域

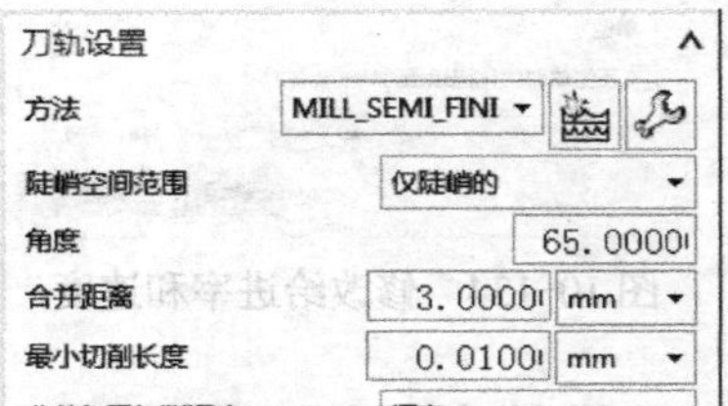

图 10-139 【刀轨设置】选项区域

步骤 04：设定切削参数。在【深度轮廓加工】对话框的【刀轨设置】选项区域中，单击【切削参数】图标按钮，打开【切削参数】对话框，在【策略】选项卡中设置【切削方向】为【混合】,【切削顺序】为【深度优先】，如图 10-140 所示。

步骤 05：设定切削余量。打开【余量】选项卡，取消选中【使底面余量与侧面余量一致】复选框，修改【部件侧面余量】为“0.2”,【部件底面余量】为“0.1”如图 10-141 所示。

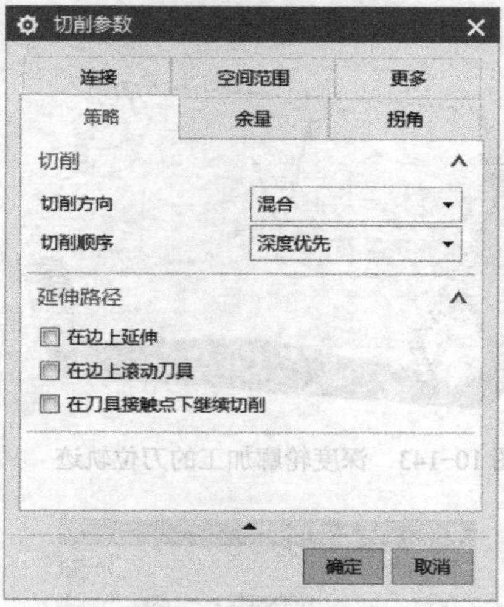

图 10-140　【策略】选项卡

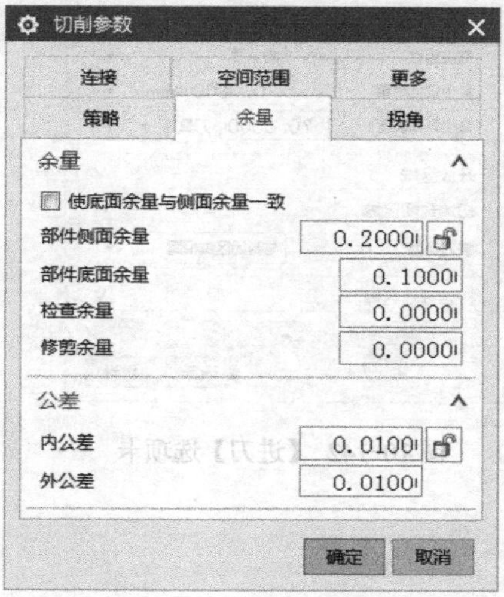

图 10-141　【余量】选项卡

步骤 06：设定进刀参数。在【深度轮廓加工】对话框的【刀轨设置】选项区域中，单击【非切削移动】图标按钮，弹出【非切削移动】对话框，打开【进刀】选项卡，在【封闭区域】选项区域中，【进刀类型】设置为【螺旋】，其他设置如图 10-142 所示，单击【确定】按钮完成设置。

步骤 07：设定转移/快速参数。打开【转移/快速】选项卡。为了缩短提刀距离，在【区域之间】和【区域内】选项区域中的【转移类型】选择【前一平面】。

步骤 08：设定进给率和刀具转速。在【深度轮廓加工】对话框的【刀轨设置】选项区域中，单击【进给率和速度】图标按钮，打开【进给率和速度】对话框，在【主轴速度】选项区域中，选中【主轴速度】复选框，在文本框中输入“3500”。在【进给率】选项区域中设定【切削】为“1000”“mmpm”，其他各参数接受默认设置。

步骤 09：生成刀位轨迹。单击【生成】图标按钮，系统计算出深度轮廓加工的刀位轨迹，如图 10-143 所示。

10-14　凸模精加工 1

10.3.5　凸模的精加工 FACE_MILLING（1）

步骤 01：创建面铣。单击【插入】工具条中的【创建工序】按钮，打开【创建工序】对话框，在【类型】下拉列表中选择【mill_planar】，单击 FACE_MILLING 图标按钮，修改位置参数，【几何体】选择【WORKPIECE】，其他参数设置如图 10-144 所示。打开【面铣】对话框，如图 10-145 所示。

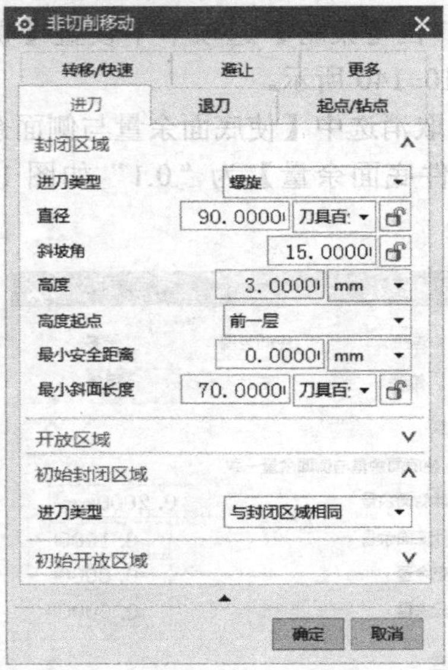

图 10-142 【进刀】选项卡

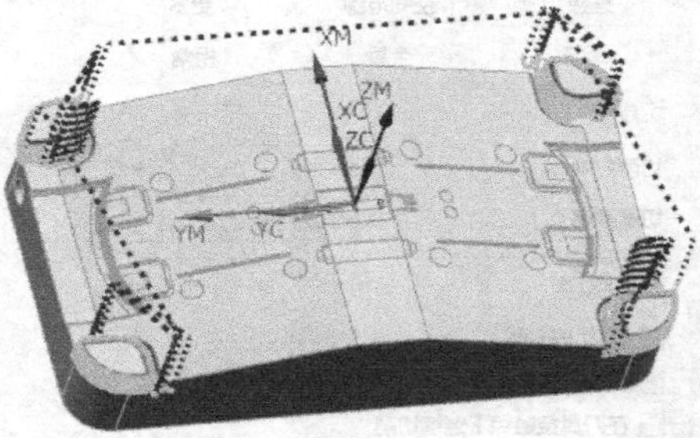

图 10-143 深度轮廓加工的刀位轨迹

图 10-144 【创建工序】对话框

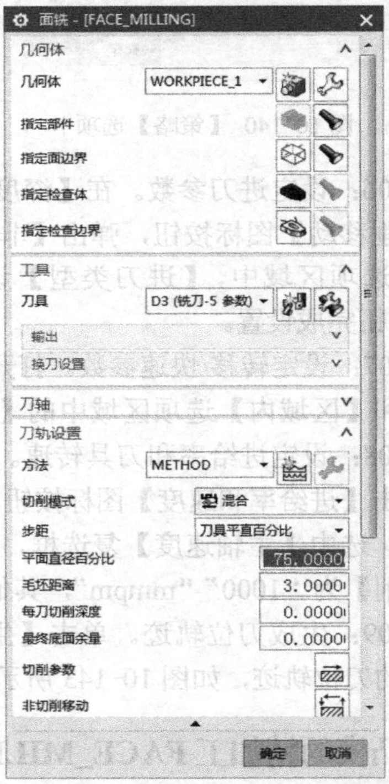

图 10-145 【面铣】对话框

步骤 02：指定部件。在【面铣】对话框的【几何体】选项区域中，单击【指定部件】图标按钮，弹出【部件几何体】对话框，在绘图区指定凸模，单击【确定】按钮返回【面铣】对话框。

步骤 03：指定面边界。在【面铣】对话框的【几何体】选项区域中，单击【指定面边界】图标按钮，弹出【毛坯边界】对话框。选择曲线边界，在绘图区分别指定面几何体，如图 10-146 和图 10-147 所示。

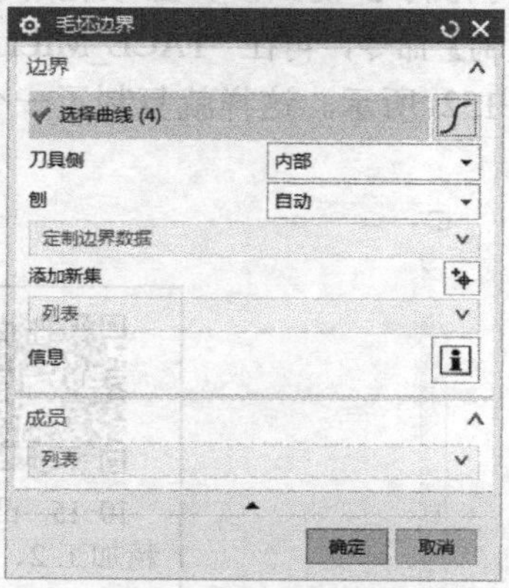

图 10-146 【毛坯边界】对话框

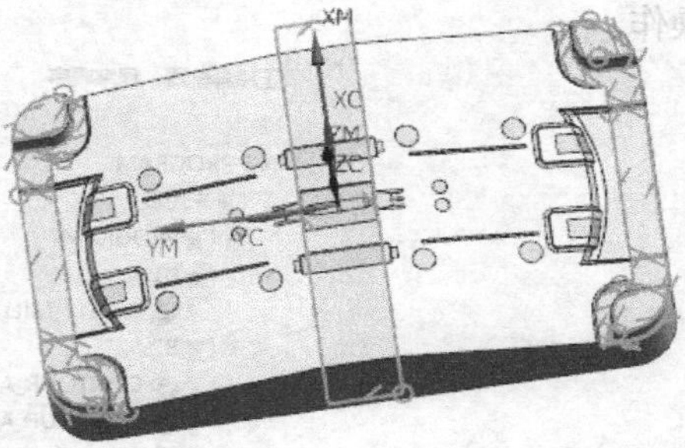

图 10-147 指定面边界

步骤 04：刀轨设置。在【面铣】对话框的【刀轨设置】选项区域中，【切削模式】选择【混合】，【每刀切削深度】设定为“0”，【最终底面余量】设定为“0”，这样就一次进刀完成加工，如图 10-148 所示。

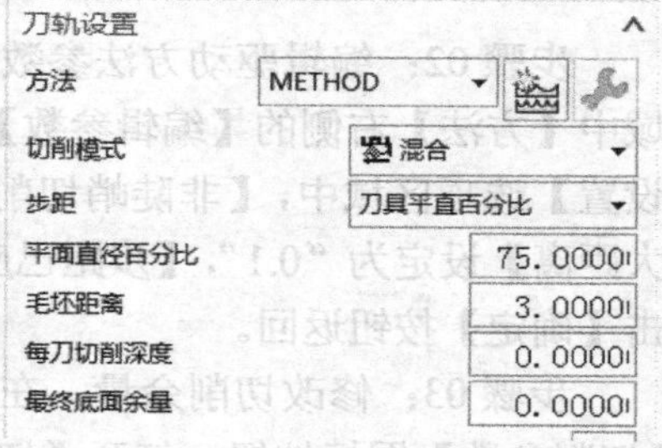

图 10-148 刀轨设置

步骤 05：修改进给率和速度。【面铣】对话框的【刀轨设置】选项区域中，单击【进给率和速度】图标按钮，打开【进给率和速度】对话框，在【主轴速度】选项区域中，选中【主轴速度】复选框，在文本框中输入“3500”，【进给率】选项区域中【切削】设定为“1000”“mmpm”。单击【确定】按钮完成设置。

步骤 06：生成刀位轨迹。单击【生成】图标按钮，弹出【区域切削模式】对话框，7 个面分别选择【跟随周边】切削模式，如图 10-149 所示。单击【确定】按钮完成设置。系统计算出面铣的刀位轨迹，如图 10-150 所示。

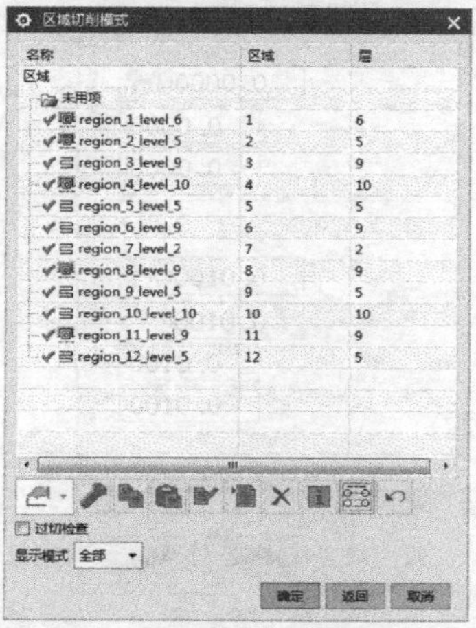

图 10-149 【区域切削模式】对话框

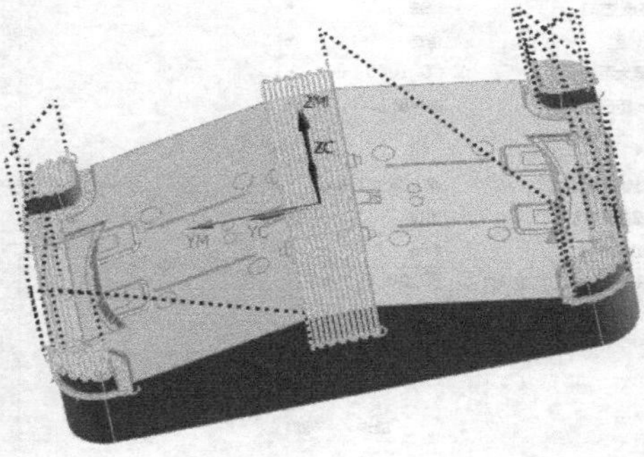

图 10-150 面铣的刀位轨迹

10.3.6 凸模的精加工 CONTOUR_AREA（2）

步骤 01：复制区域轮廓铣。打开【工序导航器-程序顺序】视图，在区域轮廓铣操作“CONTOUR_AREA”上右击，在打开的快捷菜单中选择【复制】命令，再在“FACE_MILLING”上右击，在打开的快捷菜单中选择【粘贴】命令，如图 10-152 所示。这样就复制了一个区域轮廓铣操作。

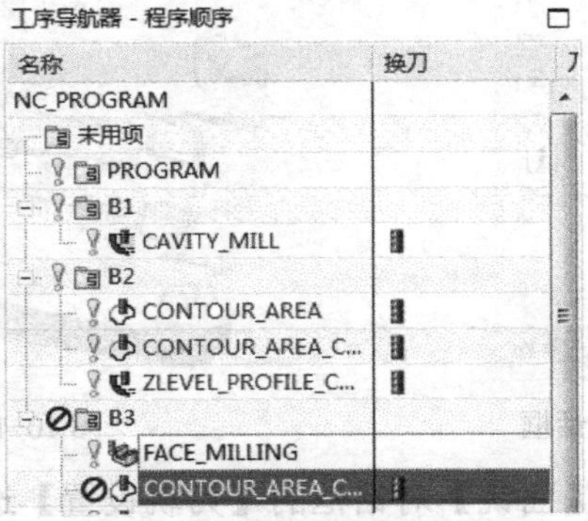

图 10-151 复制区域轮廓铣

10-15 凸模精加工 2、3、4

步骤 02：编辑驱动方法参数。在【区域轮廓铣】对话框中，单击【驱动方法】选项区域中【方法】右侧的【编辑参数】图标按钮，弹出【区域铣削驱动方法】对话框。在【驱动设置】选项区域中，【非陡峭切削模式】设定为【跟随周边】，【步距】设定为【恒定】，【最大距离】设定为“0.1”，【步距已应用】设定为【在平面上】，其他设置如图 10-152 所示，单击【确定】按钮返回。

步骤 03：修改切削余量。在【区域轮廓铣】对话框的【刀轨设置】选项区域中，单击【切削参数】图标按钮，打开【切削参数】对话框，在【余量】选项卡中【部件余量】设定为“0.00”，【内公差】和【外公差】均设定为“0.01”，如图 10-153 所示。

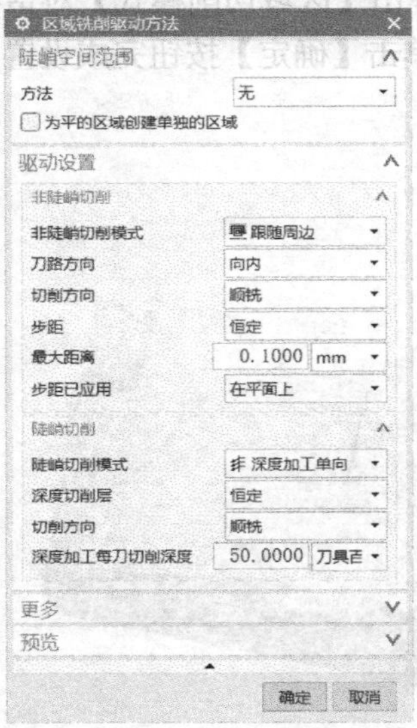

图 10-152 【区域铣削驱动方法】对话框

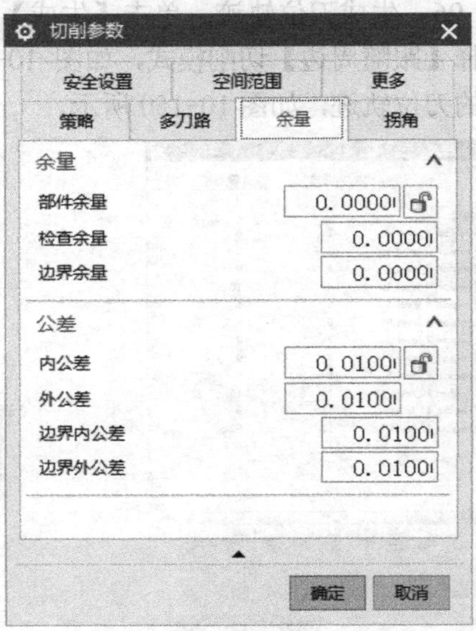

图 10-153 修改切削余量

步骤 04：修改进给率和速度。为了得到好的表面粗糙度，应提高主轴速度，降低进给速度。在【区域轮廓铣】对话框的【刀轨设置】选项区域中，单击【进给率和速度】图标按钮，打开【进给率和速度】对话框，在【主轴速度】选项区域中，选中【主轴速度】复选框，在文本框中输入“3500”，【进给率】选项区域中，【切削】设定为“800”“mmpm”，如图 10-154 所示。

步骤 05：生成刀位轨迹。单击【生成】图标按钮，系统计算出区域轮廓铣的刀位轨迹如图 10-155 所示。

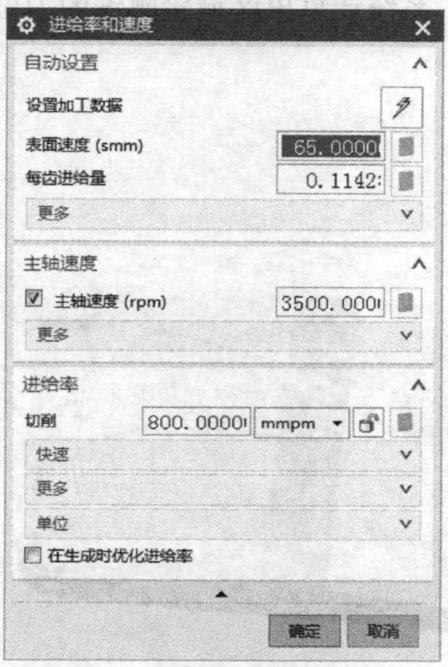

图 10-154 修改进给率和速度

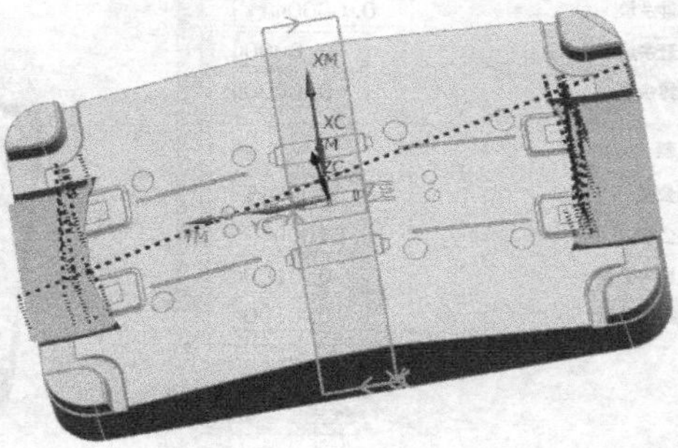

图 10-155 区域轮廓铣的刀位轨迹

10.3.7 凸模的精加工 CONTOUR_AREA（3）

步骤 01：复制区域轮廓铣。打开【工序导航器-程序顺序】视图，在区域轮廓铣操作“CONTOUR_AREA”上右击，在打开的快捷菜单里选择【复制】命令，再在“CONTOUR_AREA_COPY”上右击，在打开的快捷菜单里选择【粘贴】命令，如图 10-156 所示。这样就复制了一个区域轮廓铣操作。

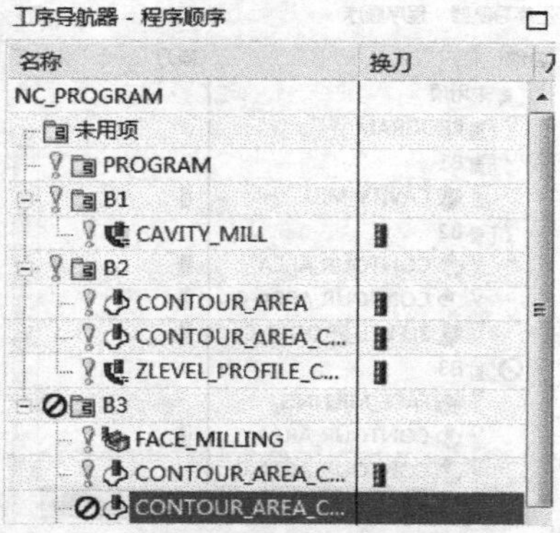

图 10-156 复制区域轮廓铣

步骤 02：修改切削余量。在【区域轮廓铣】对话框的【刀轨设置】选项区域中，单击【切削参数】图标按钮，打开【切削参数】对话框，在【余量】选项卡中【部件余量】设定为“0”，【内公差】和【外公差】均设定为“0.01”，如图 10-157 所示。

步骤 03：修改进给率和速度。为了得到好的表面粗糙度，应提高主轴速度，降低进给速度。在【区域轮廓铣】对话框的【刀轨设置】选项区域中，单击【进给率和速度】图标按钮，打开【进给率和速度】对话框，在【主轴速度】选项区域中，选中【主轴速度】复选框，在文本框中输入“3500”，【进给率】选项区域中，【切削】设定为“800”“mmpm”。

步骤 04：生成刀位轨迹。单击【生成】图标按钮，系统计算出区域轮廓铣的刀位轨迹如图 10-158 所示。

图 10-157　修改切削余量

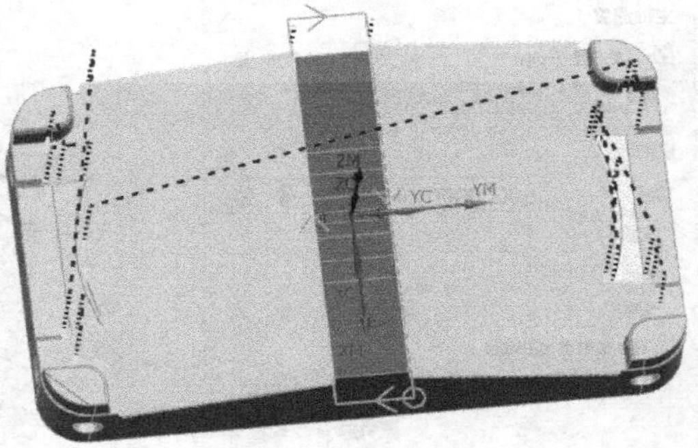

图 10-158　区域轮廓铣的刀位轨迹

10.3.8　凸模的精加工 ZLEVEL_PROFILE（4）

步骤 01：复制深度轮廓加工。打开【工序导航器-程序顺序】视图，在深度加工轮廓加工操作“ZLEVEL_PROFILE”上右击，在打开的快捷菜单里选择【复制】命令，再在“CONTOUR_AREA_COPY”上右击，在打开的快捷菜单里选择【粘贴】命令，这样就复制了一个深度轮廓加工操作，如图 10-159 所示。

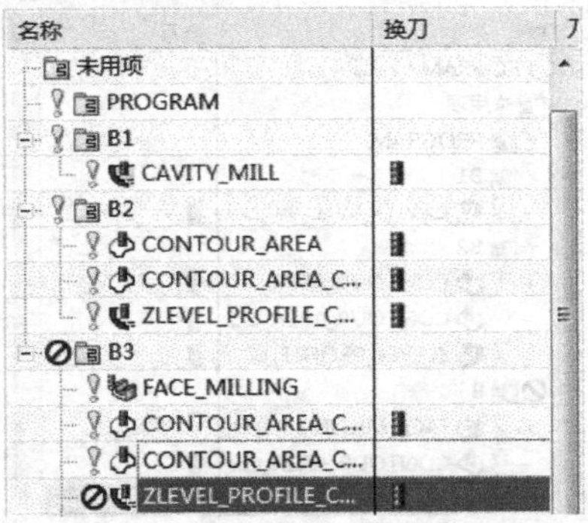

图 10-159　复制深度轮廓加工操作

步骤 02：修改切削余量。在【深度轮廓加工】对话框的【刀轨设置】选项区域中，单击【切削参数】图标按钮，打开【切削参数】对话框，在【余量】选项卡中修改【部件侧面余量】为“0”，如图 10-160 所示。

步骤 03：生成刀位轨迹。单击【生成】图标按钮，系统计算出深度轮廓加工的刀位轨迹，如图 10-161 所示。

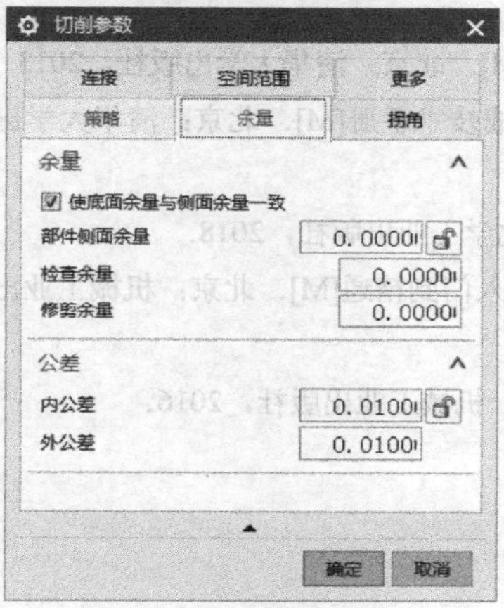

图 10-160　修改切削余量

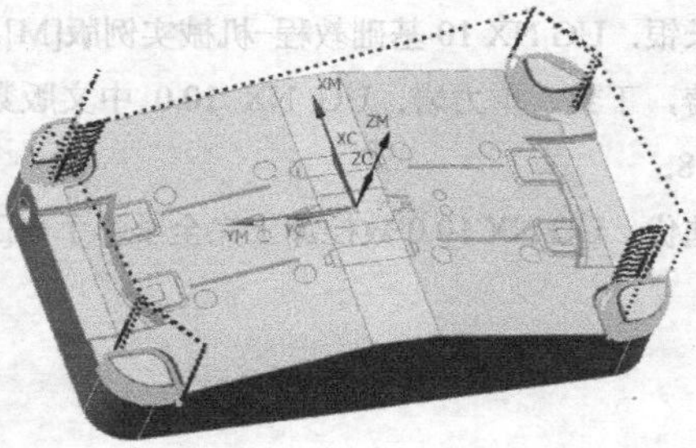

图 10-161　深度轮廓加工的刀位轨迹

10.4　本章小结

本章按照工艺流程系统，通过介绍遥控器后盖凸模和凹模的加工过程，完整地介绍了整套模具加工的过程，涉及简单注塑模的所有关键部件及曲面加工的细节。凸模和凹模的加工思路是先用型腔铣开粗，再用区域轮廓铣和面铣进行半精加工，深度轮廓加工进行精加工，最后清根等。

参 考 文 献

[1] 赵耀庆，罗功波，于文强．UG NX 数控加工实证精解[M]．北京：清华大学出版社，2013．

[2] 金大玮，张春华，华欣．中文版 UG NX 12.0 完全实战技术手册[M]．北京：清华大学出版社，2018．

[3] 高长银．UG NX 10 基础教程-机械实例版[M]．北京：化学工业出版社，2018．

[4] 钟涛，丁黎，单力岩．UG NX 10.0 中文版数控加工从入门到精通[M]．北京：机械工业出版社，2018．

[5] 展迪优．UG NX 10.0 数控加工完全学习手册[M]．北京：机械工业出版社，2016．